防治和减轻
自然灾害研究的
新进展

张明龙　张琼妮　编

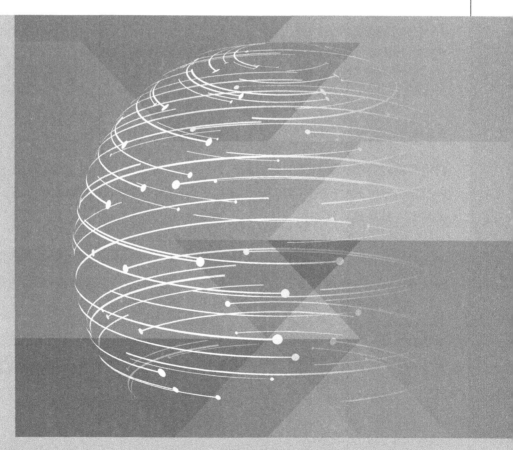

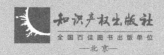
知识产权出版社
全国百佳图书出版单位
—北京—

图书在版编目（CIP）数据

防治和减轻自然灾害研究的新进展 / 张明龙，张琼妮编 . — 北京 : 知识产权出版社，2024.1
ISBN 978-7-5130-8986-9

Ⅰ . ①防⋯ Ⅱ . ①张⋯ ②张⋯ Ⅲ . ①自然灾害—灾害防治—研究 Ⅳ . ① X43

中国国家版本馆 CIP 数据核字 (2023) 第 225806 号

内容提要

本书系统考察国内外防治和减轻自然灾害领域的研究成果。从世界各地防灾减灾研究活动中搜集和整理有关资料，博览与之相关的论著，细加考辨，取精用宏，抽绎出典型材料，经过精心提炼和分层次系统化，形成全书的章节框架。本书分析了世界各地在防治和减轻洪涝灾害与干旱灾害、气候突变造成的气象灾害、产生岩石断层和地面破裂的地震灾害、自然因素或人为因素诱发的地质灾害、海洋自然环境异变导致的海洋灾害、病虫害和杂草等带来的农作物生物灾害，以及生物与非生物因素引起的森林灾害等领域的创新信息。本书以简洁明快的格调和通俗易懂的语言，阐述防灾减灾研究领域的前沿学术知识，宜于雅俗共赏。

本书适合防灾减灾工程人员、应急管理部门人员、高校师生、经济管理人员和政府工作人员等阅读。

责任编辑：王 辉　　　　　　**责任印制：孙婷婷**

防治和减轻自然灾害研究的新进展
FANGZHI HE JIANQING ZIRANZAIHAI YANJIU DE XINJINZHAN

张明龙　张琼妮　编

出版发行： 知识产权出版社有限责任公司		**网　址：** http：//www. ipph. cn	
电　话： 010-82004826		http：//www.laichushu.com	
社　址： 北京市海淀区气象路 50 号院		**邮　编：** 100081	
责编电话： 010-82000860 转 8381		**责编邮箱：** wanghui@cnipr.com	
发行电话： 010-82000860 转 8101		**发行传真：** 010-82000893	
印　刷： 北京中献拓方科技发展有限公司		**经　销：** 新华书店、各大网上书店及相关销售网点	
开　本： 720mm×1000 mm　1/16		**印　张：** 25	
版　次： 2024 年 1 月第 1 版		**印　次：** 2024 年 1 月第 1 次印刷	
字　数： 430 千字		**定　价：** 140.00 元	

ISBN 978-7-5130-8986-9

前　言

自然灾害，通常指破坏人类生存环境并给生命财产带来损害的自然现象。人类居住的地球，其表面环境由大气、岩石、水和生物等要素共同构成。在正常条件下，它们彼此之间处于一种动态的平衡中，通过相互联系和相互制约形成一个统一整体。这些要素看上去貌似静悄悄的，而实际它们无时无刻不在发生变化。大气方面，可形成严寒酷暑的极端气候，可制造狂风暴雨的突变气象，还可产生酸雾灰霾的污染天气。岩石方面，会由于地质结构变动而断裂，进而产生崩塌、滑坡和泥石流等破坏生存空间的现象。水方面，一旦过于充裕，就会引起山洪泛滥，出现农田渍涝，而过于缺乏又会造成干旱，导致农作物歉收甚至绝收。生物方面，要是大面积暴发突发性虫害和流行性病害，就会对农作物造成严重危害。不难看出，自然灾害就孕育于地球表面的环境中，它随时随地都可能发生。人们不可能消灭自然灾害，只能通过采取预防和治理措施，尽量削弱其带来的危害性，并减轻由此造成的损失。

2018 年 3 月，我国专门成立了应急管理部，把自然灾害类应急救援作为主要职能之一，承担国家应对特别重大灾害的指挥部工作，以指导火灾、水旱灾害和地质灾害等防治。21 世纪以来，世界各地学者高度重视防灾减灾领域的研究，迅速推进这方面的学术探索。收集和梳理相关创新信息，可以发现它们主要有以下特色。

（一）注重自然灾害形成机理的研究

近年来，无论国内还是国外都十分注重防灾减灾方面的科学原理和技术工程研究，充分发挥科技创新对防灾减灾工程的支撑保障作用。特别是有关专业人员深入探索自然灾害的形成机理，揭示产生自然灾害的内在原因，以便采取精准的有效办法，促使自然灾害的防治水平不断提升。

1. 研究气象灾害形成机理的新进展

气候异常是导致诸多灾害的共同原因。气候变暖不仅会提高热浪量级，会加剧全球降水分布不均衡引发洪涝灾害，还会产生高温酷暑的极端天气，导致土壤水分不足，出现干旱灾害，而干旱灾害又会加剧土地荒漠化和沙化趋势，促使沙尘暴等灾害频繁出现。同时，气候变暖会促使海冰融化和冰川消退，造成海平面上升现象，将严重威胁海岸附近的生命财产安全。另外，气候变暖会影响生物繁衍，使很多动植物物种面临生存挑战，还会导致蝗虫、毛虫等害虫更加活跃，可能会给世界粮食供应带来灾难性后果。气候变暖会对森林植被、林业产品和森林树木产生不利影响，特别是会进一步加剧森林火灾。研究表明，尽管促使气候变暖的因素多种多样，但最主要的是温室气体排放。可见，减少温室气体排放是一项从源头上防治自然灾害的措施。

2. 研究地质灾害形成机理的新进展

主要探索了地震内部断层地质结构的变动方式，以及破裂现象的产生机制与运行规律。研究发现，地震会直接导致岩石出现断层，引发山体崩塌，产生地面裂缝和塌陷，破坏地面上的房屋建筑以及各类人工建造的基础设施，损毁农田和灌渠水利工程，威胁人畜生命安全。同时，地震会造成滑坡、崩塌落石、泥石流、河道堵塞、堰塞湖决口，以及大洋海啸等自然方面的次生灾害。还会破坏道路桥梁导致交通瘫痪，爆裂煤气管道引发火灾，压碎下水道污染饮用水源，损毁网络基础设施造成通信中断，撞开毒气或放射性污染源导致污染扩散，从而产生一系列社会方面的次生灾害。由此可知，尽量降低地震的危害性是防治和减轻地质灾害的重中之重。

3. 研究生物灾害形成机理的新进展

着重揭示蝗虫聚群成灾的内在机理。首次鉴定出群居型飞蝗特异性挥发的化合物 4- 乙烯基苯甲醚是导致飞蝗聚群的关键性群聚信息素，从而揭示出蝗虫聚群成灾的奥秘。另外，研究发现蝗虫飞行肌中的能量代谢过程的差异是群居型和散居型飞蝗飞行特征和能力分化的主要原因，并揭示出两种类型飞蝗为适应种群密度变化而导致后代数量改变的分子机制。在分析生物灾害形成机理之际，还研究了农作物抵抗灾害的功能，发现农作物不仅对病害有自我防御机制，对虫害也有自我防御机制，而且对寄生植物侵染具有抗性机制。为了从分子机制上增强农作物的抗病虫害能力，研究中成功激活稻瘟病防卫基因的控制机制，克隆水稻白叶枯病的持久抗病基因，找到小麦抗条锈病和赤霉病基因，发现农作物抵抗害虫小叶蝉的特异性代谢产物。

（二）注重自然灾害监测预警的研究

1. 气象灾害监测预测研究的新进展

开发出洪水智能监测系统和预测软件，利用卫星数据和计算机模型预测水灾；研发城市暴雨内涝灾害预测系统，用于预报全球重大水灾的软件系统，建立可提前预防洪灾风险的区域水力学模型。用地震传感器跟踪监测冰川变化，用卫星监测全球冰川活动。建成全球海洋及陆相气候变化监测记录网，推出预测极端天气影响的超级计算机，建立预测北极气候变化的数字平台系统。完善温室气体排放的监测评估系统，我国建成首个温室气体观测网。通过制造人为雪崩场景进行灾害预测，长期坚持在雪崩前沿观测雪崩现象。利用次声波帮助预测龙卷风，研制精准辐射计预测飓风，通过人工智能技术预测台风。开发出闪电活动预测模型，并能准确预告闪电发生的时间和地点。

2. 地质灾害监测预警研究的新进展

利用激光探测仪探测潜在的地震断层，利用雷达成像仪探测地震断层，利用科学钻探测量和分析地震断裂带。利用晴空闪电预测地震，利用大气电离层电子变化预测地震，利用宇宙射线引起的地下声波预测地震，利用人工智能技术预测地震；发现地下水中氢和钠的变化，以及氦和钍射气组合浓度变化或可用于预测地震，发现监测慢地震可预测大地震；通过在地震断层植入传感器预测地震。利用智能手机完善地震预警系统，利用重力信号提供更早的地震预警；我国建成世界最大的地震预警系统，并首次实现对破坏性地震的成功预警，日本运用紧急地震速报系统发出地震警报。构建新型实时地震灾害监测分析网，利用通信光缆建设地震监察系统，利用海洋漂浮物监测海底地震。借助人工智能估算出监测地震的震源机制参数，开发光速级地震监测人工智能模型。

开发出山体崩塌的声学实时监测系统。把卫星遥感技术与无人机测绘及钻探分析方法有机地结合起来，提高大型泥石流等地质灾害的预警能力，研发出泥石流地声预警仪。研发滑坡等损害铁路的早期预警系统。利用潮汐周期帮助预测火山爆发，开发出可由无人机搭载的火山监测装置，创建全球首个自动化火山预警系统。

部署监测海啸的深海评估报告浮标网络，通过监测地球引力场微弱变化来预测海啸规模，利用全球定位系统软件预警海啸，用深海声重力波理论帮助海啸预警；发现监测海底板块慢滑动有助于海啸预警。印度洋海啸预警系统建成后已实现有效运行。

3. 生物灾害监测预测研究的新进展

发布全球小麦病虫害遥感监测报告，通过模型预测害虫对粮食供应带来的影响，研究为棉花黄萎病病原的分子流行提供监测预报。建成可对冷水珊瑚大面积长时间观测的海底观测站。利用安装在飞机上的激光扫描仪测量生物多样化与监测森林健康状况，利用新型机载遥感成像方法监测油橄榄林木病害。

（三）注重自然灾害防治措施的研究

1. 研发防治自然灾害的新技术

开发检测和净化饮用水的新技术，开发低能耗可持续的海水淡化技术，以及从浓雾中结网捕水技术。找到减少地下水硝酸盐污染的新方法，发明水源地蓝藻无害化处置新方法，研制出减少水资源浪费的封堵水管渗漏技术。开发用激光雷达精确探测近地雾霾的新技术，研制有助于更准确预测恶劣天气的人工智能技术，推出用二氧化碳制造燃料的新方法。探索能以柔克刚的隔震减震技术。设计出能固定住流动沙丘的沙障方法，开发用柽柳植物治理沙漠技术。开发以土壤改良为主的盐碱地长期治理技术、改良盐碱地的粉垄技术、苏打盐碱土的精准改良技术，开发把油污染土壤变为沃土的热解技术。推出利用水压变化快速预报海啸的新技术，研制出深海漏油快速测定技术。运用激光开发测量森林碳汇变化的新方法，利用卫星数据和机器学习研制出监测森林火灾的新技术。

2. 研发防治自然灾害的新材料

制成可快速去除饮用水中重金属的吸附材料，开发出可更好淡化海水的石墨烯氧化物薄膜，发现可高速低耗淡化海水的含氟纳米结构材料，发明能从沙漠雾里采集水分的捕雾棉材料，以及可从空气中高效收集水的仿生材料。开发防治雾霾天气威胁的专用窗纱，能同时回收两大温室气体的超级催化剂，可减少温室气体排放的固态制冷剂，能捕获和滤除二氧化碳的聚合物。发明透光拒热的防热浪智能玻璃，可在高温下使用的散热用硅润滑油，以及耐极寒的有机粘结剂。制成可使房屋更抗震的弹性水泥。用自组装单层膜、木棉树纤维和碳纳米管制成不同类型的漏油吸附材料。从泥炭藓中提取农作物抗病生物制剂，制成蝗虫克星真菌孢子生物杀虫剂，开发出灭杀森林害虫的新型高效昆虫信息素。研制防治森林火灾的消防服材料，以及耐高温隔热的防火材料。

3. 研发防治自然灾害的新设备

开发检测和净化饮用水的新设备，用不锈钢拧曲管制成高效海水淡化装置，研制从空气中取水的凝水和集水装置，制成大型人工增雨（雪）无人机。研发更快速预测天气变化的气象雷达，研制收集和捕获二氧化碳的捕集器，设计出可潜入强风暴的彪悍无人机，推出微电容瞬变的避雷器件。成功研制出能预测地震的浅水浮标，发射首颗地震电磁监测试验卫星，建成用于防震研究的冷弯薄壁型钢结构房屋振动台。开发地质灾害救援的仿生机器人，能自动越障或飞行的救灾机器人，能自主择路前行的救灾机器人，可用于紧急支援的四足机器人。开发灾区搜寻营救的远程遥控装置，可探测9米深被埋人心跳的新设备，可拯救灾民生命的便携探测器。研制用于地质灾害救援的卫星通信设备、运送车辆和专用桥梁。建成世界最大的人造海啸实验装置，研制用于探索海洋生物的声波驱动水下相机，开发可丈量南极海冰的水下潜水器，建造海洋科考与海上灾害救援船舶。开发仿生低成本新型森林火灾报警器，研制扑灭森林大火的新式水陆两用飞机，发明可飞入森林火灾现场的微型救灾直升机。

本书由7章内容组成。分别阐述防治洪涝与干旱灾害、气象灾害、地震灾害、地质灾害、海洋灾害、农作物生物灾害和森林灾害研究的新信息。本书密切关注世界各地防灾减灾领域的创新活动，所选材料主要是近十年来的研究成果。本书披露了大量鲜为人知的前沿信息，可为遴选防灾减灾领域研究课题和制定相关政策提供重要参考。

张明龙　张琼妮
2023年4月20日

目　录

第一章　防治洪涝与干旱灾害研究的新信息

　　洪涝灾害包括洪水灾害和雨涝灾害两部分。洪水灾害主要由强降雨和冰雪融化等因素，引起江河暴涨而泛滥成灾。雨涝灾害多因无法及时排除大量降雨积水而形成灾情。干旱灾害常由酷暑等极端高温天气引起，并致使土壤水分不足，造成农作物减产或歉收。21世纪以来，国内外在防治洪涝灾害领域的研究主要集中于：探索洪涝灾害的不同类型、发展趋势、造成影响和产生原因。探索防治和减轻洪涝灾害的对策措施，如完善洪涝灾害监测系统，开发洪涝灾害预测软件，研制洪涝灾害预报软件与预防模型，设计有助于减轻城市暴雨径流的排水设施，培育具有抗洪耐涝能力的粮食作物。在防治干旱灾害领域的研究主要集中于：分析干旱灾害的现状和发展趋势，探索与干旱灾害有关的沙尘暴等现象。揭示生物的耐干旱基因及性状组合，探索增强农作物的耐干旱能力，培育耐干旱农作物，发展节水型农业生产。在开发利用水资源领域的研究主要集中于：研制净化饮用水的新技术、新材料和新设备。通过海水淡化、空气取水和利用雨水等办法增加可用水资源。查找新水源并了解地下水变化状况。加强水源污染防治，探索粮食生产过程的合理用水。此外，还对水资源重要组成部分高山冰川进行研究，并采取一定保护措施。

第一节　防治和减轻洪涝灾害研究的新进展

一、洪涝灾害及其成因研究的新成果

（一）探索不同类型洪涝灾害的新信息

1. 研究冷涡暴雨现象的新进展

分析影响京津冀地区的冷涡暴雨现象。[1]2017年6月21日，中国气象新闻

网报道，从当天开始，华北、黄淮和东北地区南部将迎来一次强降雨过程。这次强降雨过程主要受到高空冷涡的影响，也就是所谓的冷涡暴雨现象。据分析，此轮降雨具有持续时间长、短时降水强度大等特点，应严加防范。

中央气象台首席预报员孙军介绍，所谓冷涡，就是在高空旋转的冷性涡旋系统，它的中心温度比周边低，因此称为"冷涡"。与之对应的，像台风，它的中心温度比周边高，就是暖性涡旋。而冷涡暴雨就是由高空的冷性涡旋控制下形成的暴雨。这种高空冷性涡旋系统每年春末夏初在我国内蒙古、东北地区出现频率高。

冷涡暴雨在形成过程中，由于冷暖空气对比比较明显，因此它表现为降雨局地性强，有时候比较分散，防御难度大。有时尽管雨量不大，但在极短的时间降下来，致灾性也很强。另外，冷涡产生过程表现得非常剧烈，往往伴有雷雨大风、冰雹等强对流天气。但如果低空低涡系统较强，也会出现较大范围的暴雨、大暴雨天气。

防御这样的天气，首先要在人员、物资上做好准备。另外，要及时注意气象部门发布的气象预报预警信息。孙军说："即便你所在的地区不在降雨预报预警覆盖范围，只是在它周边，但因为这种降雨分散性强，也必须及时关注预报和实况信息。"

2. 研究随飓风而来洪水的新进展

分析纽约地区由飓风带来的大洪水。[2] 2017年10月23日，一个由气候学专家组成的研究小组在美国《国家科学院学报》发表论文称，2017年的大西洋飓风季节几乎每一项指标都打破了常规纪录，新气候模型显示，美国纽约市可能会出现让超级飓风桑迪变得更稀松平常的天气。他们在研究报告中指出，飓风带来的洪水将会加剧海平面上升，到2030年，原来每500年才出现一次的洪水，可能每5年就出现一次。

研究人员利用新泽西州海岸沉积物岩心重建850年到近代的洪水事件。1800年之前，超过海平面2.25米的洪水、略低于桑迪的2.8米的涌浪，平均每500年发生一次。1970—2005年，这一高度的洪水每25年发生一次。

为了预测这一趋势，研究小组使用最近开发的模型预测南极冰盖的崩塌，再加上全球大型数据集，以适应特定的大西洋热带气旋数据并建立"合成"风暴，从而模拟未来的气候模式。当与预计海平面上升的数据相结合后，研究预测，2030—2045年，每5年就会出现一次海拔超2.25米的洪水，足以造成数百亿美元的损失。

此外，到 21 世纪末，洪水将达到 5.1 米的高度，到 2300 年它将会达到 15.4 米的高度，足以覆盖纽约市拉瓜迪亚机场和全部自由女神岛。

当然，这些数字只是推测的结果，其中包括南极冰盖的部分坍塌，随着时间的推移其可靠性或会不断降低。如果说有什么好消息的话，那么新研究也表明，未来的气候变化可能会使大西洋飓风离海岸更远，潜在地阻止了海平面上升和飓风增多相结合带来的致命后果，可能会让纽约少一些类似桑迪飓风的直接打击。

（二）探索洪涝灾害发展趋势的新信息

1. 研究表明洪涝灾害呈现加剧发展趋势

（1）认为陆地极端降水事件在 21 世纪内还将加剧。[3] 2016 年 4 月，气候学专家马库斯·多纳特等人组成的研究小组在《自然·气候变化》杂志网络版上发表论文称，近年陆地极端降水事件的发生，在全球最干旱和最湿润地区都有所增加。

科学家认为，在经历过"涝区越涝，旱区越旱"的趋势后，全球变暖会使得水文循环增强。但是，科学家一直不清楚这种气候模式是否会在陆地形成普遍现象，以及各种不同方面的降水，包括总降水或极端降水，会如何呈现区域性变化。

该研究小组分析了全球不同气候地区总降水和极端降水的变化情况，其中重点关注了干旱和湿润地区。他们通过分析观测数据和模型发现，自 1950 年起，上述两种地区的每日极端降水量，呈现每年 1%~2% 的增长趋势，气候模型显示，至少到 21 世纪末为止，这种趋势预计还将持续。

研究人员认为，这与气温上升所引起的大气水分含量增加有着直接关系。他们得出的结论是，全世界都需要制定适应措施来应对更多的极端降水情况，对那些尚未准备应对措施的干旱地区来说尤其紧迫。

（2）模型预测表明极端洪水事件可能会快速增加。[4] 2020 年 4 月 16 日，来自美国地质调查局、伊利诺斯大学芝加哥分校、夏威夷大学的研究人员莫森·塔汉尼、肖恩·韦托塞克等人组成的研究团队在《科学报告》上发表论文称，他们研究发现，如果海平面继续按预期上升，美国沿海地区的极端洪水事件每 5 年就会增加一倍。目前"一生一遇"的极端水位每 50 年出现一次，但到 21 世纪结束前，美国大部分海岸线的水位可能每天都会超过这个水平。

研究团队此次调查了美国海岸线 202 个验潮站测得极端水位的频率，并将这个数据与海平面上升的情景相结合，模拟了未来洪水事件的可能增加速度。

在研究使用的验潮站中，73%的验潮站发现，50年一遇的极端水位与日均最高水位之间的差距还不到1米，而大部分预测结果显示，到2100年的海平面上升幅度会超过1米。研究团队的模型预测，到2050年，当前的极端水位会从50年一遇的所谓"一生一遇"洪水事件，变成在美国70%的沿海地区一年一遇的事件。而在2100年结束前，此次测量中93%的地区，预计每天都会超过现在"一生一遇"的极端水位。

这些数据表明，当前的极端水位在接下来的几十年里会很常见。低纬度地区将是最危险的地区，那里发生海岸洪水的频率预计每5年会增加一倍。对于夏威夷和加勒比海岸带最危险的地区而言，海平面每上升1厘米，那里出现极端水位的频率可能也会增加一倍。

近年来，气候变化已引起极端洪水事件频发，而极端洪水事件会对人类重要基础设施以及人员生命安全造成极大损失，甚至将是人类未来面临的最大威胁之一。研究团队认为，与此相关的海岸灾害，如海滩和悬崖侵蚀，可能会随洪水风险的增加而加速发生。

2. 研究表明河流三角洲地区面临的洪涝风险会更大

研究表明全球河流三角洲人口将面临更大的洪涝风险。[5]2020年10月，美国印第安纳大学一个研究团队在《自然·通讯》杂志发表论文称，全球有数亿人居住在河流三角洲。

河流三角洲由于海拔较低，尤其易受沿海洪涝灾害影响。预计到21世纪末，热带气旋等事件将导致沿海洪涝更严重。研究团队开发了一个包含2174个三角洲地区的全球数据集，以分析居住在这些地区的人口数量及其可能受到的洪涝灾害影响。

研究发现，2017年有3.39亿人居住在河流三角洲，其中3.29亿人来自发展中经济体或最不发达经济体。从地理上看，全球89%居住在河流三角洲地区的人口，与大多数热带气旋活动处于相同纬度区域，他们居住地区面临较大的洪涝风险。

该研究团队还专门分析了热带气旋所致的百年一遇特大洪涝风险，认为全球有7600万人可能面临这种风险，其中有3100万人居住在河流三角洲，而其中的2800万人生活在发展中经济体或最不发达经济体，这些地方缺少减灾所需的基础设施。

研究人员表示，未来还需更多的海拔和热带气旋数据来提升计算结果的精确度，从而更好地评估这方面的风险，为三角洲地区应对洪涝灾害提供参考。

（三）探索洪涝灾害造成影响的新信息

1. 研究洪水造成海洋污染的新发现

洪水把大量塑料颗粒冲入海洋。[6] 2018 年 3 月 13 日，英国一个由环境科学家组成的研究团队在《自然·地球科学》杂志发表研究成果称，英国曼彻斯特附近的默西河盆地是全世界塑料污染最严重的流域，每平方米河床拥有 50 多万个塑料颗粒。这是他们在绘制全球首幅水域塑料污染地图时，获得的最引人瞩目的发现之一。当大的暴风雨让河水肆意横流，聚集在那里的塑料便被冲入海洋，这意味着河流是污染全球海洋的塑料垃圾重要来源。

为阐明塑料如何从陆地进入海洋，研究人员计算了 2015 年节礼日洪水前后，10 条河流的沉积物中被称为微塑料的塑料颗粒数量。微塑料由阳光将大片塑料分解成微小的，甚至是用显微镜才能看见的塑料片构成。在默西河和艾威尔河流域，包括英格兰西北部城市、郊区和农村的 40 个地方，在 2015 年节礼日遭遇的洪水是该区域有记录以来规模最大的洪水事件。研究发现，此次洪水清除了其中 7 个地方的所有塑料碎片，并将 70% 的塑料（相当于 430 亿个颗粒或者约 0.85 吨塑料）直接冲入海中。

当研究人员分析河床中的塑料片密度时发现，该流域超过 1/3 的微塑料，或者说 170 亿个塑料颗粒在海水中漂浮。据估测，仅 2015 年节礼日洪水一次事件，便为全球海洋"贡献"了全部漂浮垃圾的 0.5%。研究人员表示，这意味着全球海洋中的塑料数量比此前想象得更多。不过，该研究团队认为，像最近在美国和英国通过的抑制使用微型塑料珠这样的管理策略或许能缓解河流中的塑料污染。

2. 研究洪灾对生命和财产影响的新发现

分析表明欧洲洪灾对生命和财产影响正在发生变化。[7] 2018 年 6 月，荷兰代尔夫特理工大学多米尼克·费罗特尼博士及其同事组成的研究小组在《自然·通讯》杂志上发表论文称，从 1870 年以来的数据分析可知，洪水淹没面积和受灾人数在整个欧洲都有所增加，但相关的经济损失和死亡人数却有所下降。

研究小组分析了欧洲的自然灾害历史分析数据库，它涵盖了 1870—2016 年的数据。他们检查了自 1870 年以来的 1564 次洪水事件及其对生命和财产的影响，发现整个欧洲被洪水淹没的地区面积增加了，同期欧洲总人口显著增加 1.3 倍，城市人口增幅更大，达到 10 倍。尽管如此，在 1950 年之前，洪水造成的死亡人数一直呈逐渐下降趋势（每年 1.4%）。而在 1950—2016 年，每年减少 4.3%。

研究人员发现，在财产方面呈现类似的趋势，1950—2016 年，尽管欧洲的整体财富增长了 20 倍，但洪水造成的经济损失却下降了，每年最大降幅为 2.6%。不过他们也提醒说，以上是全欧洲的整体趋势，各个国家之间存在差异。另外，较小规模的洪水往往报告不充分，因而可能对本地财产损失的趋势判断造成影响。

（四）探索洪涝灾害产生原因的新信息

1. 发现地质灾害可以引发洪水

冰岛火山再度喷发融化冰川引发洪水。[8] 2010 年 4 月 15 日，美国国家地理网站报道，冰岛艾雅法拉火山 4 月 13 日再度喷发，由于这次喷发是在表面覆盖积雪的区域，融水迅速汇成洪流，使当地河水水位急剧上升。鉴于此，冰岛当局已经疏散了附近数百居民。

在一张冰岛海岸警卫队摄于 2010 年 4 月 14 日的航空照片中，顶部覆盖冰川的冰岛火山不断往外喷射蒸汽，形成烟柱。最新喷发始于 4 月 13 日，当天，邻近的一座无冰火山口的熔岩喷涌强度正在减弱。火山喷发散发的热量令覆盖在火山口上 200 米厚的冰川迅速融化，这个火山口是艾雅法拉火山的一部分。据冰岛大学地球科学研究所的地球物理学家帕尔·埃纳森介绍，由于担心火山喷发引发洪水，冰岛当局在最早发现第二次喷发的迹象以后，就疏散了附近约 800 名居民。初步报告显示，冰川融化造成当地河水水位最多上升 3 米。据悉，一条重要交通干道已被关闭，融水继续汇入附近大海，截至 2010 年 4 月 14 日，尚无人员伤亡的报道。

2010 年 4 月 14 日，冰川融水穿过冰岛平原向海洋汹涌而去。据科学家介绍，前一天的火山喷发强度，是 3 月艾雅法拉火山无冰区喷发的 10~20 倍，由于这次喷发位于冰川下面，使得艾雅法拉火山顶端的一座冰川迅速融化，导致洪流倾泻而下引发当地河水水位猛涨。

2. 发现气候变化可以引发洪涝灾害

（1）气候变暖或将加剧全球降水分布不平衡。[9] 2013 年 5 月，美国航天局戈达德航天中心科学家组成的一个研究小组在《地球物理通讯》上发表论文称，他们新近的研究成果显示，全球变暖可能会加剧全球降水分布不平衡，其中多雨地区降雨会更多，干旱地区将更干旱。

研究人员通过对 14 种气候模型进行电脑模拟分析，测算出全球变暖对降雨模式的影响。分析显示，全球气温每升高 1℃，暴雨量增加 7%，影响最大的是赤道附近的热带地区，其中太平洋赤道地区和亚洲季风区出现暴雨的概率将增加。与此同时，部分地区也将更干旱少雨。该研究显示，全球气温每升高1℃，全球无雨时间将增加4.6%。在北半球，受影响最大的包括美国西南部、中国西北部、巴基斯坦和北非、中东等干旱地区；在南半球，南非、澳大利亚西北部、巴西东北部以及中美洲沿岸地区等可能会面临更多干旱。

（2）认为德国洪灾或与气候变化有关。[10] 2021年7月17日，新华网报道，日前，德国西部莱茵兰-普法尔茨州（莱法州）和北莱茵-威斯特法伦州（北威州）因持续暴雨引发洪涝灾害。截至当地时间16日晚，此次洪灾已造成至少106人死亡，其中莱法州至少63人，北威州43人，另有多人失踪。多名专家表示，德国遭遇的此次气象灾害可能与气候变化有关。

德国气象信息公司气象专家于尔根·施密特表示，笼罩在德国上空的低气压"贝恩德"缓慢移动了近24小时，因此降水量很大，引发这次洪水。施密特解释道，北极地区显著升温导致北极和赤道之间温差变小，低气压因此移动得愈加缓慢。低气压14日当天正好笼罩在德国上空，从东部来的暖湿空气和西部来的冷空气汇集，从而引发大量降水。

德国波茨坦气候影响研究所教授斯特凡·拉姆斯托夫表示："我们不能说这一气象灾害是全球变暖的结果。但可以确定的是，由于全球变暖，这类（极端天气）事件正变得越来越频繁。"他说，地球大气每升温1℃，就能多吸收7%的水蒸气，并在日后形成降水。测量数据已证实，在包括德国的中北纬地区，下小雨的天数在减少，而下暴雨的天数增多。

瑞士伯尔尼大学气候与环境物理研究所研究员雅各布·谢施勒表示，十几年前的气候研究就已指出，随着气候变化，极端降水会变得更加强烈与频繁，这主要是因为温暖的大气可吸收更多水蒸气，然后形成降雨，未来只要继续排放二氧化碳，这种强降水将变得更加极端。

二、防治和减轻洪涝灾害措施研究的新成果

（一）洪涝灾害监测与预测工作的新信息

1. 完善洪涝灾害监测系统的新进展

开发出洪水智能监测系统。[11] 2006年10月，英国电子科学核心计划署发表新闻公报称，由英国电子科学核心计划研究署科学家负责，英国莱斯特大学研究人员参与的一个研究小组最近开发出一种洪水智能监测系统，可以对突然暴发

的洪水发出预警。目前这一系统正在约克郡进行测试。

新系统利用网络计算可及时发出洪水警报，以便采取预防措施，降低洪水造成的损失。

新闻公报称，该监测系统由 13 个智能回声传感器和一部数码相机组成。每个传感器装有一个比口香糖包还小的高性能计算机，以无线方式与网络中的其他传感器相通，形成计算网。这些传感器可以被安置在洪灾易发地点，专门向这些地点发出快速警报。

当洪水来临时，传感器可根据情况改变它们的协作运行方式，即使某些传感器被水淹没或冲走，网络仍可继续监测洪水的情况。此外，传感器还有自身能耗调节功能，干旱时将电池储备起来，供洪水一旦发生网络加速运行时用。

2. 加强洪涝灾害预测工作的新进展

（1）开发出洪水预测软件。[12] 2005 年 8 月，日立制作所和日本气象协会联合组成的研究小组开发出洪水预测软件，用以改善针对台风和暴雨引发洪水的防御对策。这一洪水预测软件，将预测范围从原来的方圆 250 米精确到 50 米，能够模拟包括中小河流在内的大部分河流洪水发生时的情况。使用时，只要把可能决堤的地点及受灾规模输入电脑，根据气象厅的降雨预报和地理数据，电脑屏幕就会显示出三维地图，计算出溢出水量，绘制洪水随时间漫溢图，并用不同颜色表示受灾地区不同水深。

根据日本 2005 年 7 月开始实施的《改正水防法》，日本各地方政府有义务绘制全国各地约 2000 条中小规模河流的受灾预测地图。受灾预测地图的精度提高后，日本地方政府将能够实施更加有效的防灾对策。

（2）研发城市暴雨内涝灾害预测系统。[13] 2019 年 5 月 20 日，有关媒体报道，日本早稻田大学当天发布新闻公报称，该校与东京大学等机构联合组成的一个研究小组研发出城市暴雨内涝灾害预测系统，并争取在近日开始试运行，希望能有助于大城市及时应对暴雨灾害。

报道称，虽然日本现在也制作并发布城市"内涝受灾地图"和"洪水受灾地图"，但无法实时动态预测积水深度，且可信度方面存疑。为向城市居民提供更可靠的积水信息，该研究小组根据日本气象厅的雨量观测数据和预测数据，结合东京的地形、河流以及建筑物密集度等，成功研发出暴雨时东京城市内涝灾害预测系统。

报道称，这一系统可提前 20 分钟对东京的暴雨内涝区域进行预测，每 5 分钟更新一次，并用不同颜色来显示不同的积水深度。

研究小组认为，近年来城市暴雨灾害多发，这一系统将有助于减轻城市暴雨灾害的影响。相关预测方法不仅适用于东京，也可在其他城市应用。

（二）洪涝灾害预报与预防工作的新信息

1. 做好洪涝灾害预报工作的新进展

不断提高洪水预报的准确度。[14]2020 年 7 月 23 日，《科技日报》报道，据水利部水文水资源监测预报中心副主任刘志雨等人介绍，洪水预报模型基本上都是先确定好相关参数，然后结合观测到的历史水文资料，对洪水进行预报，这样的预报方案在实时预报时，会不可避免地产生一定误差。为了进一步提高预报精度，预报人员通常利用雨水情报汛和水文应急监测信息，对洪水预报进行实时校正，以尽可能地提高预报精度。

刘志雨说，事实上，提高洪水预报精度，延长预见期，一直是水文预报人员追求的方向。近年来，水利部采取了有力措施推动水文测报科技发展。有关资料显示，1998 年，我国只有 3300 个报汛站，现在发展到超过 12 万个；1998 年采用电报传送方式，集齐 3300 个报汛站的信息需要两个小时，而现在借助水情信息交换系统，集齐 12 万多个报汛站的信息只要 10~15 分钟；采用气象水文预报耦合、人机交互技术等方法，我国洪水预报精度不断提高，南方主要江河预报准确度能达到 90%。目前多源信息融合、数据同化、集合预报、人工智能、大数据、分布式模拟等技术有了长足的发展，未来将会进一步应用到洪水预报业务中，提升洪水影响预报和风险预警能力，为水旱灾害防御提供强有力的支撑。

2. 探索提前预防洪灾风险的新方法

开发可提前预防洪灾风险的区域水力学模型。[15]2013 年 9 月上旬，美国法特瑞互助保险公司的曲轶众博士领导的一个研究小组，在 2013 年度国际水利学大会上，做了题为"一种可用于编制大流域河流洪水灾害图的区域水力学模型方法"的学术报告，并发表了同题论文，受到政府、企业和公众的关注。

这项成果，对于提前有效预防洪灾风险、综合洪水风险分析以及减灾防灾，有着至关重要的作用。相关水利研究部门，在制作洪水风险图的过程中，因为所使用的方法和基于数据不同，可能会导致所制作的洪灾风险图质量良莠不齐，所传达的信息可能大相径庭。

该研究小组从工程技术角度，制定洪水风险图与现实防灾减灾的需求与差距，开发出一种可用于编制大流域河流洪水灾害图的区域水力学模型方法。

研究人员表示，为了更好地处理大量的数字地图和监测站实测数据资料，他们开发出一套处理空间数据的工具。这套工具，可以有效地从地形数据中，导出并验证高密度河网和流域特征等参数数据，从而用于建立相应的水文、水力学模型。对于大型河流，使用基于统计学的洪水频率分析方法；而对于小的河流、河段，利用水文模型并使之结合到相关的统计数据中，从而推断出此段河流所迎来的洪峰频率及最大流量。水力学模型被用来从洪峰流量计算洪水水位。当得到所有的水文、水利模型以及相关数据以后，曲轶众利用"洪水淹没模拟"工具，绘制准确率较高的洪水风险图。

目前，这种由区域水力学模型所制作出来的洪水风险图，已经被实际应用到德国的一个大型水域流域，相应的实验结果，在已有的数据比较中得到了验证。

（三）培育具有抗洪耐涝能力的粮食作物

1. 培育出具有抗洪能力的水稻新品种

利用基因工程培育出"抗洪水稻"。[16] 2006 年 8 月 10 日，国际水稻研究所、美国加州大学戴维斯分校与河边分校 3 个机构组成的一个国际研究小组在《自然》杂志上发表研究成果称，他们发现了水稻中的"抗洪基因"，并利用这一基因培育出了长时间被洪水淹没却能存活的"抗洪水稻"。科学家表示，这个水稻新品种，将给洪水多发地区的农户带来福音。

水稻是全球 30 亿人口的主要粮食作物，它离不开丰沛的水灌溉。但多数现有水稻品种不能在大水没顶时长期存活，一般在水下超过两三天就会死亡，因此水稻抗洪水的能力不佳。据统计，每年洪水给全世界水稻种植带来的经济损失高达 10 亿美元。

研究人员借助全基因组分析的方法找到水稻的"抗洪基因"。他们说，一些籼稻品种的抗淹没能力远比粳稻强，被洪水完全淹没后一周还能生存，因此他们将籼稻和粳稻的基因组进行比较。结果表明，在水稻第 9 染色体着丝点附近的 3 个基因可能与抗淹没性有关。

通过对这 3 个基因的进一步分析，研究人员发现其中一个名为 $Sub1A$ 的基因与水稻的抗淹没性关系最密切。这个基因在籼稻和粳稻中的"版本"是不一样的。研究人员把籼稻的 $Sub1A$ 基因植入粳稻基因组后发现，粳稻的抗淹没能力显著提高了，这表明这个基因就是水稻的"抗洪基因"。

研究人员对印度的一个粳稻品种进行"抗洪基因"改造，并增强"抗洪基因"的表达。试验种植表明，新培育的"抗洪水稻"能在大水完全淹没两星期后生存，同时还保持了原先品种的产量和其他优异特性。目前，他们已培育了适合老挝、孟加拉国、印度等洪水多发地区种植的"抗洪水稻"品种。研究人员还计划运用类似方法培育"抗洪玉米""抗洪大豆"等农作物。

2. 培育出具有耐涝能力的小麦新品种

培育出耐涝能力更强的小麦新品种。[17]2010 年 10 月，俄罗斯媒体报道，当洪涝灾害发生后，在旱地生长的小麦植株，如果长期被水浸泡，就有可能因根部缺氧而死亡。为解决这一问题，俄罗斯研究人员通过诱导小麦的愈伤组织，培育出耐涝性大大提高的小麦新品种。

俄科学院植物生理学研究所的科研人员发布的公报显示，他们将取自某种小麦的一组细胞放入含生长素的培养液中，诱导其产生组织团块，这便是愈伤组织。将这种组织置于固态培养基中，可分化成新的小麦植株。

然而，为了提高小麦的耐涝性，俄研究者将小麦愈伤组织泡在装有液态培养基的烧瓶中，并向烧瓶里注入氮气，将瓶中的含氧空气"挤走"，促使愈伤组织在浸泡和缺氧环境下分化生长 32 小时。此后，经过如此"加工"的愈伤组织，被取出分割成体积相同的小块，继而放入固态培养基中，在正常通风条件下继续培育。一个月后，部分愈伤组织最终发育成小麦植株。

在此后的对比实验中，研究者在 26℃的环境下，将新培育出的上述小麦的根部浸泡在水中 16 天，结果有 2/3 的小麦植株最终存活下来。而对照组的普通小麦中，只有三分之一的植株幸存。此后持续进行的实验显示，这种新品种小麦的耐涝特性能力，稳定遗传给了它们的第二代和第三代。

第二节　防治和减轻干旱灾害研究的新进展

一、干旱灾害及其发展趋势研究的新成果

（一）审视干旱灾害现状的新信息

1. 分析北美洲西南部干旱灾害现状的新发现

研究表明北美洲西南部遭遇 1200 年以来最严重干旱。[18]2022 年 2 月 14 日，美国加利福尼亚大学洛杉矶分校地理学家帕克·威廉姆斯等人组成的研究小组在《自然·气候变化》杂志上刊登的研究成果表明，北美洲西南部地区过去 22 年遭

遇1200多年以来最为严重的特大干旱,该区域的旱情很可能持续至2022年年末。

研究显示,自2000年以来,受降水量少和高温天气影响,北美洲西南部地区经历异常干旱,2021年的旱情尤为严重。2000—2021年的22个水文年,该地区的平均降水量比1950—1999年50年间水平下降8.3%,气温较平均水平升高0.91℃。这22个水文年,成为该地区至少自800年以来最为干旱的22年。水文年是指每年10月至次年9月的12个自然月。

研究指出,自2000年以来,北美洲西南部地区一直经历旱情,可部分归因于人类活动造成的气候变化。2021年夏天,位于科罗拉多河流域的北美洲两大水库:米德湖和鲍威尔湖的水位降至有记录以来的最低水平。

威廉姆斯表示,如果不是气候变化,这个区域也不会遭遇历史上最为严重的特大干旱之一。所有气候模型均显示,当温室气体被排入大气,气温上升,更易导致生态系统中水资源的流失。

2. 分析非洲之角干旱灾害现状的新发现

非洲之角将迎来连续第五个降水不足的雨季。[19]2022年8月25日,有关媒体报道,世界气象组织当地时间8月25日发布报告,非洲之角千百万人正在遭受40年来最漫长的干旱,部分地区准备迎接连续第五个降水不足的雨季。

在大非洲之角季节性气候展望论坛上发布的10月至12月预测显示,该区域大部分地区的天气很有可能比往年更干燥,特别是埃塞俄比亚、肯尼亚和索马里等受干旱影响的地区。到2022年年底,其降水总量大大低于正常水平。

世界气象组织东非区域气候中心兼政府间发展组织气候预报和实施中心主任古列德·阿坦坦言:"根据数据模型分析,非洲之角将迎来连续第五个降水不足的雨季。在埃塞俄比亚、肯尼亚和索马里,我们正处于一场史无前例的人道主义灾难的边缘。"

由于水文气象和预警服务有可能减少负面影响,世界气象组织宣布启动一个新的价值520万美元的项目,帮助区域和国家实体开发并使用气象、天气和水文服务,包括早期预警系统。

(二)研究干旱灾害发展趋势的新信息

1. 探索中国干旱灾害发展趋势的新进展

认为中国未来骤发干旱事件或将增多。[20]2016年8月11日,中国科学院大气物理研究所研究员袁星领导的研究团队在《科学报告》网络版发表论文称,中国未来或将发生更多骤发干旱事件,可能给农业生产和人民生活带来很大影响。目前,科学家们正在就骤发干旱形成的机理和预测预警方式进行深入研究。

袁星介绍,骤发干旱是科学家最近提出的新观点,与发生缓慢、持续时间长的传统干旱相比,骤发干旱往往由一波高温或热浪导致,突发性强、发展迅速、强度高。骤发干旱一般持续 7~10 天,非常严重的才会持续一个月左右。

为了搞清楚中国骤发干旱事件的规律,研究人员分析了中国 2474 个气象站 1961—2014 年的每日地面气温和降水量数据,得出两个结论:第一,骤发干旱更有可能在湿润和半湿润地区发生,比如中国南方和东北地区。第二,1979—2010 年的 30 余年间,中国骤发干旱的发生次数增加了 109%。

袁星认为,骤发干旱与全球气候变化直接相关,它与高温、热浪相伴,而全球变暖则会导致高温等极端天气事件增加。研究团队预测,骤发干旱的这种增加趋势很有可能将持续下去,气候变暖可能会在未来几十年中加重中国的骤发旱情。

2. 探索欧洲干旱灾害发展趋势的新进展

研究表明欧洲极端干旱发生频率预计将上升。[21] 2020 年 8 月,德国亥姆霍兹环境研究中心维塔尔·哈里及同事组成的一个研究小组在《科学报告》杂志上发表论文称,如果温室气体预估排放量不会下降,那么到 21 世纪末,像 2018—2019 年中欧干旱那样的破纪录两年期干旱的发生频率,预计将上升。

该研究小组通过分析 1766—2019 年的全球气候长期数据,对 2018—2019 年中欧干旱的影响进行评估,发现 2018 年和 2019 年夏季的干燥程度均高于均值,属于有记录以来最热夏季前三之列。中欧 50% 以上的区域遭受了有记录以来规模最大、影响最强的两年期严重干旱,紧随其后的是 1949—1950 年的干旱,但是其影响范围小 33%。

研究小组利用全球气候变化计算机模型来预测未来几十年两年期干旱的发生频率可能发生什么变化,以及温室气体排放是否会产生影响。在模拟温室气体排放增速最高的气候场景下,他们预测欧洲在 21 世纪下半叶（2051—2100 年）的两年期干旱数量将增加 7 倍。预测结果还显示,中欧受干旱影响的农地面积将增加近一倍,包括 4000 多万公顷的耕地。

在模拟温室气体中排放的气候场景下,预测的两年期干旱数量减少近一半;在低排放的气候场景下,干旱发生频率将降低 90% 以上。同时,这两种场景下的干旱易发地区数量预计将分别减少 37% 和 60%。

论文作者认为,以上研究分析的预测表明,采取措施降低未来的碳排放或许可以降低欧洲频繁发生连续性干旱事件的风险。

(三)研究干旱灾害的其他新信息

1.探索干旱与沙尘暴关系的新进展

发现干旱产生多尘天气可引发超强红色沙尘暴。[22] 2009年9月23日,美国《连线》杂志网站报道,9月23日早晨,一场由干旱引起的超强沙尘暴突袭澳大利亚海滨城市悉尼,将城市天空染成橘红色,能见度很低,以至于很多居民担心世界末日即将到来。

悉尼市民马库斯·沙比在发给美国《连线》杂志网站的一封邮件中描述道:"好像一觉醒来就到了火星上。"从悉尼当地拍摄的许多照片显示,悉尼早晨的天空血红一片,不过随着时间的推移,已经明显亮了很多。只是在临近中午的时候,天空显得更加昏暗。尽管悉尼位于海边,碧海蓝天、空气清新,但是,其实澳大利亚东部居民,一直以来都不得不努力抗击变幻莫测的沙尘暴,因为来自干燥的内陆地区的劲风会卷起沙尘吹到城市里来。

新南威尔士州气象局负责人巴里·汉斯特鲁姆对美国彭博通讯社说:"北部强低压地区产生风力,形成强西风,从澳洲大陆干燥的中部地区携带起大量的沙尘。"

尽管事先知道将要发生什么,强烈的沙尘暴还是让悉尼居民措手不及,因为没有人曾经见到过如此强度的沙尘暴。在近期澳大利亚历史上仅有一次相似的情况,那就是墨尔本在1983年发生了超强沙尘暴。

在澳大利亚南部其他地区,如新南威尔士州西部内陆地区的布罗肯希尔,风暴更加剧烈。虽然造成这种恶劣天气的直接原因是风,但很难弄清楚澳大利亚气候的潜在变化是否也为风暴的产生推波助澜。

澳大利亚东部地区的干旱已经持续了13年,干旱产生的多尘天气很容易引发风暴。而且干旱还似乎与全球变暖关系密切。政府间气候变化专门委员会的澳大利亚影响摘要中坚称,该国已经产生了地区性的气候变化。1950年以来,气温升高了0.4~0.7℃,而且澳大利亚南部和东部降水量越来越少。

2.探索干旱与冰川关系的新进展

研究认为亚洲冰川是抵御干旱的重要防线。[23] 2017年5月9日,英国剑桥大学南极调查局科学家哈米什·普里查德主持的一个研究小组在《自然》杂志发表论文称,亚洲的高山冰川在保护下游人口免受干旱影响方面发挥了极其重要的作用,但这种作用被低估了。来自这些冰川的夏季融水足以满足1.36亿人的基本需求,也就是说,可以满足巴基斯坦、塔吉克斯坦、土库曼斯坦、乌兹别克斯坦和吉尔吉斯斯坦 5 国每年市政和工业需求的绝大部分。

亚洲高山区域的冰川密度全球最高，至少有 8 亿人一定程度上依赖于这些冰川的融水。冰川融水有助于避免极端缺水情况的发生。在干旱的夏季，融水占到了印度河和咸海上游流域注入水量的绝大部分。然而，对冰川物质平衡，即冰川物质净得失的直接测量成果很少，人们此前也并未全面评估过冰川融水在干旱期的重要性。

此次，研究小组估计了上述流域范围内多年代际冰川物质平衡，并结合平均降水和干旱期降水数据，量化了冰川对流域注入水量的贡献。论文作者发现，亚洲的高山冰川每年夏季总计产生了 23 立方千米的融水。没有这些冰川，印度河上游流域夏季每月的注入水量最多将会减少 38%，干旱情况下最多减少 58%；咸海盆地部分区域夏季甚至无水注入。

二、防治和减轻干旱灾害影响的新成果

（一）研究生物耐干旱现象的新信息

1. 探索植物耐干旱性能的新发现

（1）研究发现修改脱落酸受体可让植物更耐干旱。[24] 2011 年 12 月 20 日，美国加州大学河滨分校综合基因组生物学研究所的植物生物学家肖恩·卡特勒率领的研究团队在《美国国家科学院学报》上发表论文称，他们发现，通过修改脱落酸受体可以提高植物对干旱的耐受性。这项研究成果有望让科学家们早日研制出耐旱农作物。

当植物遭遇干旱天气时，它们会自然产生帮助对抗干旱环境的应激激素脱落酸。脱落酸是一种抑制生长的植物激素，因能促使叶子脱落而得名。它具有控制气孔关闭、影响种子发芽等重要的生理功能，对于保护植物对抗逆境具有至关重要的作用。脱落酸会开启植物体内的受体，产生包括关闭叶子上的细胞以减少水分流失、让植物停止生长以减少水分消耗等有用的反应来帮助植物存活。

该研究团队以拟南芥作为实验对象，对其受体基因进行遗传修改，结果发现，通过修改脱落酸受体可使其能随时打开并保持打开状态，从而成功增强植物的压力反应通路。卡特勒解释道，每个应激激素受体都有一个盖子，可像门一样打开或关闭。当受体处于打开状态时，才能诱发植物的耐旱性。他们利用修改后的基因制造出 740 多种应激激素受体并进行逐一测试，结果发现，每种受体"单枪匹马"只能满足研究人员的部分需求，但把合适的受体堆积在一起时，就达到

了理想的效果：受体锁定在能激活植物体内的压力反应通路的这种状态。

这项发现有望被科学家们用来对农作物进行转基因修改，以使其在遭遇干旱天气时，生存能力更强且产量更高。研究人员打算接下来让这项研究成果走出实验室，进入田间地头，不过，他们也表示，这一过程可能还需要一些时间。

（2）发现植物体内存在着耐旱非编码核糖核酸。[25] 2017年9月，美国得克萨斯农业与机械大学一个研究小组在《植物生理学》杂志上发表论文称，他们发现一种长链RNA（核糖核酸），能增强实验植物拟南芥耐受干旱的能力，这项发现将有助于开发农作物新品种。

RNA通常由DNA（脱氧核糖核酸）转录而成，在生物体内普遍存在。该研究小组新发现的长链RNA属于非编码RNA，不参与编码蛋白质，但能调节其他基因表达，从而提高植物对恶劣环境的耐受力。研究人员说，这种RNA被称为DRIR，正常情况下在植物体内含量较少，但是当植株遇到干旱等压力环境时，其水平就会上升。使用一种抑制植物生长、促进叶子脱落的激素脱落酸可人为提高植物体内DRIR的水平。

实验表明，用脱落酸使拟南芥体内DRIR含量上升，可显著提高缺水土壤里植株的生存率。此外，有一种基因变异可增强DRIR的表达，同样具有增强植株耐旱能力的效果。基因分析显示，植物体内高水平的DRIR改变了许多基因表达，影响植株的水分输送、抗压能力和脱落酸信号传导等。人们一度认为非编码RNA是无用的"垃圾RNA"，但近年来逐渐发现许多这类RNA在催化生化反应、调控基因表达中扮演重要角色。

2. 探索植物耐干旱性状组合的新发现

发现性状组合罕见的马齿苋在耐旱同时能保持高产。[26] 2022年8月，耶鲁大学生态学和进化生物学教授埃里卡·爱德华兹等人组成的研究小组在《科学进展》杂志上发表论文称，他们研究发现，马齿苋这种普通植物由于具有罕见的性状组合，使自己成为"超级植物"，不仅能够耐受干旱，而且能够保持高产。了解其这种特有的性状组合可以帮助科学家设计出新方法，使玉米等作物能够抵御长期干旱。

植物在漫长的进化过程中，已经独立进化出各种不同的机制来改善光合作用。例如，玉米和甘蔗进化出所谓的C4光合作用，使它们能在高温下保持产量。仙人掌和龙舌兰等多汁植物则采用另一种名为CAM的光合作用，能帮助它们在沙漠和其他缺水地区生存。

研究人员在论文中指出，常见杂草马齿苋整合了这两种不同的代谢途径，创造出一种新型的光合作用，使其能够既耐旱又高产，这对植物来说是不太可能的组合。爱德华兹说："这是一种罕见的性状组合，创造出一种'超级植物'，有望应用于作物工程等领域。"

此前，大多数科学家认为 C4 和 CAM 在马齿苋叶内独立运作。但研究小组对马齿苋叶子内的基因表达进行了分析，发现 C4 和 CAM 完全整合在一起运作。它们在相同的细胞中运作，CAM 反应的产物通过 C4 的途径进行处理。该系统在干旱时为 C4 植物提供了不同寻常的保护。此外，研究人员还建立了代谢通量模型，预测了 C4+CAM 集成系统的出现，反映并证实了他们的实验结果。

研究小组表示，了解这一新的代谢途径，可以帮助科学家设计出新方法，使玉米等作物能够抵御长期干旱的环境。爱德华兹说："尽管在将 CAM 循环编入 C4 作物（如玉米）之前，还有很多工作要做。但我们已经证明，这两种途径可以有效整合。C4 和 CAM 比人们想象的更兼容，所以可能还有更多 C4+CAM 物种等待被发现。"

（二）增强农作物耐干旱能力研究的新信息

1. 通过给种子穿新"外衣"来提高作物的抗旱能力 [27]

2021 年 7 月 8 日，麻省理工学院土木与环境工程学贝尼代托·马雷利教授领导的研究团队在《自然·食品》杂志上发表论文称，随着世界气候持续变暖，许多干旱地区将面临越来越大的农业生产压力。他们发明了一种很有前景的新包衣工艺，给种子穿上新"外衣"使其能锁住水分，可降低种子关键发芽阶段面临的缺水现象，甚至同时可为种子提供额外营养，使作物能长得更好。

该研究团队开发的是双层种子包衣。此前的版本能使种子抵抗土壤中的高盐分，但新版本的目标是解决种子的缺水问题。马雷利解释道，有明确证据表明，气候变化将影响地中海地区的盆地，因此，研究人员想制造一种专门应对干旱的种子包衣，帮助缓解气候变化对农业生产带来的用水压力。

新双层包衣的外层是一种凝胶状的涂层，包裹种子，为其"锁住"一切水分。包衣的内层含有保存下来的被称为"根际细菌"的微生物，以及一些促进种子生长的营养物质。当种子暴露在土壤和水中时，微生物会将氮固定在土壤中，为成长中的幼苗提供营养肥料，帮助其生长，还能使土壤变肥沃。

研究人员介绍道，种子包衣的第一层可通过浸渍实现，第二层可通过喷洒实现，过程简单且成本低廉，可在干旱地区广泛部署。同时，涂层所需材料经常用于食品工业，很容易获得，可完全生物降解。马雷利说，虽然这一过程会增加种子本身的成本，但它也可以通过减少对水和肥料的需求来节省开支。

研究人员使用摩洛哥试验农场的土壤对新种子进行早期测试。从根质量、茎高、叶绿素含量和其他指标来看，新包衣的应用很有前景。下一步，该研究团队将利用新技术，培育出从种子到果实的完整作物，以测试是否在干旱条件下提高了农产品产量。未来，研究人员还将设计适应不同气候模式的包衣剂，有可能实现根据特定生长季节的预测降雨量，为种子量身定做包衣。

2. 通过改良根系使作物更好地适应干旱环境 [28]

2022 年 8 月，美国斯坦福大学一个研究团队在《科学》杂志上发表论文称，他们正在研究操纵植物生物过程的方法，以帮助它们在干旱环境下更有效地生长。研究人员设计出一系列合成遗传回路，能控制不同类型植物细胞的生长。他们在论文中介绍了用这些工具来种植具有改良根结构的植物。这些方法有助于设计出能更好地从土壤中收集水分和养分的作物，并为设计、测试和改进植物中其他功能的遗传回路提供框架。

全球粮食生产日益受到气候变化的影响，随着极端热浪和干旱越来越普遍，作物需要能更快地适应变化的环境。为了实现对植物行为的精细控制，研究团队构建了合成 DNA。这个 DNA 像计算机代码一样工作，具有指导决策过程的逻辑门。在此条件下，研究人员使用这些逻辑门来指定某些细胞表达某些基因，从而使它们在不改变植物其余部分的情况下调整根系中的分支数量。

植物根系的深度和形状，会影响它从土壤中提取不同资源的效率。例如，具有许多分枝的浅根系可停留在地表附近，更善于吸收磷，而在底部分枝的较深根系更善于收集水和氮。使用这些合成遗传回路，研究人员可设计、种植并测试各种根系，从而为不同的环境创造出最有效的作物。在未来，还能赋予植物自我优化的能力。

研究人员设计了 1000 多个潜在回路，以操纵植物中的基因表达。他们发现了 188 种有效设计，正在将这些设计上传到合成 DNA 数据库，供其他科学家使用。

研究人员在烟草植物的叶子中测试了一种回路，观察能否让叶细胞产生一种在水母中发现的发光蛋白质。此外，他们还使用其中一种回路来创建逻辑门，该逻辑门能在精确定义的拟南芥根细胞中修改特定发育基因的表达。实验证明，该回路可改变拟南芥根系的生长结构。

研究人员称，气候变化正在改变植物生长的环境，而种植是人类获取食物、燃料、纤维和药物原材料的基本途径。这项工作旨在帮助人类在环境条件变得恶劣，如越来越干旱时，也拥有可种植的品种。

（三）培育耐干旱农作物的新信息

1. 培育出节水型水稻新品种[29]

2007 年 5 月 20 日，孟加拉国《每日星报》报道，孟加拉国农村发展学会和孟加拉国水稻研究所共同组成的研究小组，培育出多个节水型水稻新品种，可节约灌溉用水最高至 50%。

孟加拉国农村发展学会副会长扎卡里亚介绍说，目前在孟加拉国每生产 1 千克稻谷需要 5 吨灌溉用水，如果按这样的用水量计算，未来几年孟加拉国将面临水荒。而培育出的 90 多个水稻新品种，能节约灌溉用水 33%~50%。

扎卡里亚还说，有些水稻新品种成熟期也提前了，可以在 120~130 天之内成熟，而普通水稻成熟期通常需要 150 天。

2. 培育出超强转基因抗旱烟草[30]

2007 年 12 月 4 日，美国加州大学戴维斯分校的植物学家罗莎·黎伟罗与日本理化学研究所横滨植物科学中心米尉可·克基玛等人组成的研究小组在美国《国家科学院学报》上发表论文称，为应对世界干旱地区不断扩大的趋势，他们最近成功培育出一种能在极度干旱地区存活，且只需少量水分就能茁壮成长的转基因烟草。其中采用的转基因技术推广后，可望大幅度提高农作物的抗旱能力。

美国气象研究中心资料显示，日益严重的干旱给全球农业生产带来了巨大损失，特别是最近 30 年来，全球严重干旱地区的面积就翻了一番。为此，人类必须采取积极的应对措施，包括培育具有强抗旱性状的转基因农作物。

那么，如何提高植物，尤其是农作物的抗旱能力呢？黎伟罗认为，关键在于弄清植物在干旱的情况下是怎样死亡的。据他推测，这是由于缺水不恰当地激活了植物体内的叶子凋亡程序。若能抑制住这个程序，就可能大大提高植物的抗旱能力，而有一种名为 IPT 的基因就恰好可以延迟植物叶子的凋亡进程。

研究小组对 IPT 进行了转基因研究，接着他们把含有 IPT 的基因片段添加到烟草的 DNA 内，之所以选择烟草是因为它植株较大，生长迅速。然后，观察含有 IPT 的转基因烟草与不含 IPT 基因的普通烟草在不同环境下的生长情况。

结果表明，正常环境下，转基因烟草与普通烟草长得一样好。在其后 15 天的模拟干旱环境中，普通烟草叶子失去了叶绿素，变得枯萎，而转基因烟草则保持绿色，并且没有出现较明显的枯萎现象；恢复供应水分一周后，普通烟草没能缓过来，死掉了，转基因烟草则很快恢复生机，且产量减幅很小。

　　研究人员还发现，转基因烟草需水量也很小，在不影响产量的情况下，其正常生长所需的水量仅相当于普通烟草的30%。黎伟罗惊讶地说："在实验中，尽管转基因烟草两周多没有浇水，其体内仍保持有相当高的水分，且继续进行着光合作用。"从实验结果看，转基因烟草不仅具有极强的抗旱性状，而且有助于节省大量的农业灌溉用水。此外，将这种转基因技术应用于番茄、水稻、小麦、棉花等农作物后，将可能培育出具有更强抗旱、节水性状的农作物品种。研究人员准备在温室实验结束后，在室外进行更真实的实验。

（四）发展节水型农业生产的新信息

1. 研究农业灌溉中节约用水的新进展

　　（1）发展农业生产中应对干旱的节水浇灌系统。[31]2011年5月，国外媒体报道，以色列是干旱缺水国家，其在耕地资源和淡水资源严重缺乏的条件下，大举发展规模化高效农业，采用新思路，研究应对干旱的节水浇灌新技术，以最少的水量投入获得最大的经济效益。

　　以色列浇灌用水从水源地到农田的各个环节，都采取相应的节水措施，组成一个完整的节水浇灌技术系统，包括水资源优化调配技术、节水浇灌工程技术、农艺及生物节水技术和节水管理技术。其中节水浇灌工程技术，是该技术系统的核心。以色列的节水工程浇灌技术堪称世界一绝，节水装备已出口到很多国家。

　　水资源的自然枯竭，迫使以色列最大限度地采用节水浇灌方法，他们提出浇灌新概念：即给农作物浇水，而不是给土壤浇水。获得普遍推广应用的节水压力浇灌技术已成为一个系统工程，该系统把水通过塑料管道直接送到植物最需要水的根部，用水效率高。压力浇灌先将化肥融入水，水肥浇灌一路完成，这给施肥技术带来了极大的变化，它导致了另一个全新的概念："水肥浇灌"的运用。

　　以色列各地区的节水浇灌系统并不雷同，而是按照气候、土壤、地形、水源和各种植物生长特点具体设计，如滴灌由于器材成本高昂，仅用于温室和园艺等高附加值作物。喷灌一般用于大田作物，浇灌水利用率为70%~80%。

　　（2）以无人机帮助庄稼灌溉时节约用水。[32]2017年1月，一个由多学科专家组成的研究团队，在《生物地球科学》杂志发表论文称，每天数十亿加仑的淡水被用于灌溉庄稼，但很多水却因为浇灌已经成熟或即将死亡的庄稼而被浪费。现在，他们利用由无人驾驶飞机捕捉的图像给大麦田绘图，并由此决定哪一排植物最需要水。

　　由于对可见光和红外光敏感的相机可收集光学和热量信息，该研究团队将其装载在由电池驱动的无人机上，并让它在大麦田上方 90 米的高度飞行。利用在春夏季获得的机载成像图，研究人员测量了大麦的绿度和温度，其中温度可反映附近空气和土壤的含水情况，并计算了每 25 平方厘米面积田野的水压水平。

研究人员利用从田野中直接获取的土壤水分含量信息，对其研究结果进行了检验，他们表示其基于空气传播的观察能够可靠地区分庄稼的成熟度，了解哪些庄稼需要更少的水。类似的水压图，能够精确地描述最需要灌溉的植物，从而让农民尽可能地减少水的应用，以及降低污染径流。

2. 优化水库农业灌溉的合理用水调配

改进水库农业灌溉用水的三级计算机模型。[33] 2006 年 3 月，意大利佩鲁贾大学土木环境系的研究小组，根据灌溉、环境、生活及工业等多种目标，改进水库的季节内逐周优化三级计算机模型。这种经过改进的三级模型优化了季节内和季节间不同作物区块的水库泄水量。所得结果可以精确描述不同层次的时空用水竞争，提供各种可能的管理方法。

一级模型，模拟季节间的土壤灌溉湿度动力、"土壤—作物"单元体的作物产量，以及每种作物的系列产量。

二级模型，优化多作物区块层次的农业区灌溉体积季节间用水量分配，并产生一系列"收益—水量"方程。

三级模型，优化多作物区块层次的季节内和季节间水库泄水量分配。

这种三级方法包括动力参数程序和分析解答，结果可以反复迭代，计算所有的变量。

通过在台伯河上游流域的应用，研究人员验证了该模型的可靠性。这种三级管理模型可以获得季节内多目标水库的优化管理方法。而且该模型还考虑了不同用水类型条件下的供水可能性，模拟了流域内"土壤—气候"综合变化情况，获得了精确的数值解。模型综合了季节内水库泄水、流域季节水量分配决策（每个单元的用水量）、多作物区块用水块分配决策（作物类型优化、单位灌溉体积、最大季节收益）和季节间作物用水分配决策（灌溉程序和相应的作物产量）。优化分配步骤解决了不同时间尺度（每周、每季和季度间），以及不同空间尺度（流域内的农业区和农业区内的不同作物区块）的用水竞争问题。

第三节　开发利用水资源研究的新进展

一、净化饮用水研究的新成果

（一）开发净化饮用水的新技术

1. 研究饮用水检测技术的新进展

（1）开发出能确定饮用水中所含细菌的检测技术。[34] 2013 年 9 月，有关媒体报道，英国谢菲尔德大学凯瑟琳·比格斯教授主持的一个研究小组开发出一种基因检测技术，用以确定饮用水中所含细菌的具体种类。

研究人员发现，水管中几种常见细菌结合体可以形成一种生物薄膜，成为其他可能对人体更为有害的细菌繁衍的"温床"。他们把 4 种细菌分离出来，并发现其中任何一种细菌都无法独立形成生物薄膜。但是，当这些细菌与任何一种甲基杆菌属细菌混合在一起时，就可以在 72 小时内形成生物薄膜。

比格斯说："我们的研究结果表明，这种细菌可以起到桥梁的作用，使其他细菌与其表面接合并产生生物薄膜。很可能不止这一种细菌能起到这样的作用。"

研究人员表示，这意味着，人们可以通过确定这些特定菌种，来控制甚至阻止饮用水中这类生物薄膜的形成，通过这种方式，就可以减少水处理中所添加的化学剂含量。目前，净化饮用水的措施，就像是在不清楚究竟感染了何种细菌的情况下滥用抗生素。尽管这很有效，但需要大量使用化学试剂，并使消费者在一段时间内暂时无法用水。目前的测试方法，要花很多时间才能得出结果，而在此期间试样中的细菌已经开始繁衍。

比格斯说："我们现在进行的基因测试研究，将能提供一种更快、更精密的替代方法，让自来水公司能够精准地确定供水系统中发现的菌种，并有针对性地进行处理。"

（2）发明目视快速测定水溶液中重金属离子的新方法。[35] 2015 年 6 月，俄罗斯托木斯克国立大学网站报道，该校化学系一个研究小组开发了一种检测重金属离子的新方法，可以通过目视，快速确定水溶液中存在的钴、铜、镍和锰等重金属离子。

报道称，研究小组使用一种用于降低水硬度的普通吸附材料，作为指示剂。

利用该吸附材料，在吸收溶液中一些金属离子时，会附着上特征颜色的性质。当含有重金属离子混合物的溶液，通过被吸附材料填充的试管时，在吸收过程中即可观察到着色分区。

研究人员介绍，这种测试方法，不仅能确定金属离子的存在，而且能够确定数量。可以在任何条件下进行分析，无须任何复杂的实验室设备和专业人员。只需观察被分析的水溶液穿过试管指示器，然后与校准刻度对比立即就可以获得分析结果。

研究人员说，与类似的但是要求利用另外的 X 射线仪器的分析方法相比较，它的优势还在于不仅能检测一种化学元素，而且能立即检测两种或它们的混合物液体。应用这种技术，不需要过多地花费，1 千克吸附材料价值 50~100 卢布，一支分析试管仅需装填 0.5 克。

这种新的分析方法，应用领域非常广泛，可用于水质和工业废水的监测，生产企业事故状态下水质分析等。研究人员已提交了发明专利申请，目前正在进一步开展扩大测试能力和金属离子范围（包括一些稀土元素）的研究。

2. 研究饮用水净化技术的新进展

开发出半小时清除水中 99% 双酚 A 的新技术。[36] 2017 年 8 月 2 日，《新科学家》网站报道，双酚 A 几乎无处不在，与日常生活有着千丝万缕的联系。无论是 DVD、信用卡、牙科填充物，还是罐装食物及饮料瓶，甚至土壤、空气和饮用水中，都含有对人体有害的双酚 A。近日，美国卡耐基梅隆大学科学家泰伦斯·柯林斯领导的一个研究小组研发出一种简单方便的新技术，能在 30 分钟内清除水中 99% 的双酚 A，而且任何人都可随时随地使用。

几十年来，人类对双酚 A 的消费量持续增加。虽然存在争议，但大量研究证明，双酚 A 能导致心血管疾病和肝功能异常等一系列健康问题。最严重的是，鱼类、哺乳动物和人体试验均证明，它能"冒充"孕妇体内的一种雌激素——雌二醇，破坏内分泌功能，对生殖系统和胚胎发育造成不良影响。欧盟和美国正在考虑逐渐从市场上淘汰双酚 A，但其替代产品可能也有健康隐患。

柯林斯研究小组经过长达 15 年的研发，终于找到这种从水中清除双酚 A 的简单方法。他们向被双酚 A 污染的水中，先后加入一组铁四氨基大环配位体（Fe-TAML）催化剂和过氧化氢。催化剂与过氧化氢结合后，在 pH 值为中性的废水中，能加速双酚 A 聚合，使其在 30 分钟内快速形成大分子的寡聚体，并从水中过滤出来。

该研究小组还在铁四氨基大环配位体催化剂处理过的水中，培育酵母细菌和斑马鱼胚胎，结果没有出现与双酚 A 有关的任何发育异常。双酚 A 是地球上最难攻克的污染物之一，该成果证明他们的技术已能有效将其清除。

（二）开发净化饮用水的新材料

1. 研制净化饮用水的过滤材料

（1）发现可滤掉水中放射性碘的生物材料。[37]2011 年 4 月 14 日，美国物理学家组织网报道，美国北卡罗来纳州大学生物材料学副教授乔尔·帕夫拉克领导的一个研究小组发现，一种由林业副产品和甲壳类动物外壳组成的生物材料或能帮助人们从水中过滤掉放射性污染物。

帕夫拉克说，正如我们目前在日本所看到的，由核电事故引发的众多灾害中，放射性碘化物对饮用水水体的污染是其中的一大问题。由于放射性碘化学性质与非放射性碘化物相同，人体无法通过感官进行区分，而这种物质一旦进入人体，就会在甲状腺中形成沉积，如果不及时采取措施，便有可能引发癌症。

研究人员称，他们发现的这种生物材料是一种半纤维素的复合物，外形如同塑料泡沫一般，主要由林业副产品和壳聚糖组成，外部涂有一层木质纤维。该材料在水中能与放射性碘相结合，并将其捕获。在使用时，只需将其浸入需要净化的水中即可，不需要电力和专门的装置。此外，该研究小组还发现，这种材料也能清除淡水或海水中的砷等重金属物质。

帕夫拉克说，在发生自然灾害等紧急事件时，供电一般都会出现紧张，复杂的大型电力净化装置，一般都难以派上用场。此时，这种新材料的优势便会体现出来。该材料应用起来也较为方便灵活：小尺度应用中，可将这种材料像茶包一样浸入杯中实现净水；在大规模净化中，则可以将其制成大型过滤装置，让需要净化的水从其中通过即可。

（2）研制出可高效去除重金属和细菌的净水滤纸。[38]2018 年 4 月，有关媒体报道，美国斯坦福大学医学中心副教授程震等人组成的一个研究小组在科罗拉多州丹佛市举行的美国水质协会年会上报告说，他们最新开发出新型纳米净水滤纸，这种介孔陶瓷膜产品在不使用电压、化学品或重力自流过滤的情况下，能高效过滤掉铅和砷等重金属以及细菌和病毒。

程震介绍道，该产品的核心技术是夹在两层纸中间的介孔陶瓷层，在半张 A4 纸大小的陶瓷层里隐含着超过 180 亿个纳米钩子。

美国夏威夷大学和中国医科大学等机构的实验室研究显示，在不使用化学药物和紫外线消毒等传统灭菌方法的情况下，这种滤纸可快速过滤掉细菌和病毒。

程震说："当细菌或病毒经过滤纸时会被钩住，同钓鱼用的爆炸钩原理一样，它们的保护膜会被破坏，从而使其 DNA（脱氧核糖核酸）失去活力。"

研究人员说，这种滤纸可广泛用于普通家庭水质过滤、工业重金属废水过滤、核污染废水处理和农业灌溉等。研究人员还在报告会上展示了这种净水滤纸。

2. 开发净化饮用水的吸附材料

（1）研制出可快速去除饮用水中三种重金属的吸附材料。[39] 2017 年 7 月，中国科学院合肥物质科学研究院刘锦淮、孔令涛等学者组成的一个研究小组在《应用表面科学》杂志发表论文称，他们近期制备出一种环糊精聚合物吸附材料，可实现对饮用水中铅、铜、镉三种重金属的快速深度去除。

饮用水中的铅、铜、镉等重金属含量超标，会对人类健康造成威胁。在现存各种去除重金属方法中，吸附法因设备简单、操作简便、运行成本低成为主要方法，但吸附速度慢，通常需要几小时甚至几十个小时才能达到吸附平衡。

该研究小组通过把 β- 环糊精单体交联聚合成 β- 环糊精聚合物，在重金属吸附实验中，这种吸附剂在 5 分钟内就能达到吸附平衡，效果好于目前的常规材料。此外，这种吸附剂在吸附后，可以通过简单的酸泡实现脱附再生，从而降低成本。实验结果表明，β- 环糊精聚合物可以发展成一种高效快速的重金属吸附剂，具有较好应用前景。

（2）研制出可清洁水的吸油海绵。[40] 2018 年 7 月，为应对日益增长的水资源短缺，美国阿贡国家实验室研究人员塞思·达林主持的研究小组在《应用物理学杂志》上发表论文，描述了能解决全球清洁水可获得性的研究创新。该论文聚焦理解并控制材料和水之间的界面，界面决定了水质传感器、滤膜甚至管道等各种技术的表现。达林实验室正致力于研究吸附剂，以便促进水处理技术的发展。吸附剂是清洁水的最好工具之一。在这个过程中，污染物粘到多孔材料表面，从而将比表面积最大化。

目前，高孔隙度活性炭是最广泛使用的，因为它丰富而廉价。沸石能将整个分子困在 3D 水晶笼结构中，使其得以选择性地粘住来自水性溶液的特定化合物。聚合物基吸附剂在设计中拥有极大的灵活性。

可重用性是吸附材料的一个关键指标。它可显著减少成本，并且增加处理过程的可持续性。于是，聚合物泡沫海绵成为有前景的候选者。

达林正带领研究小组设计一种吸油海绵。它能在整个水层中吸收重量是其自身 90 倍的油。为创建吸油海绵，研究人员实施了一项被称为连续渗透合成的技术。利用这种新技术，他们在泡沫纤维中生长出金属氧化物，从而将在弹性坐垫中发现的常见聚氨酯泡沫塑料，转变成一种油性吸附剂。

这种氧化物充当了可被亲油分子依附的"胶水"。可重复使用的油被从海绵中抽取出来，因此它可被多次使用。

研究人员还在设计拥有更高特异性的下一代吸附剂，即对个别污染物有更好的黏合力。理想情况下，他们能量身定制界面性质，以吸附特定分子，从而捕捉像营养物质和重金属一样的水污染物。

（三）开发净化饮用水的新设备

1. 研制饮用水检测设备的新进展

（1）推出几分钟测得精确结果的快速饮用水检测器。[41] 2013年10月，德国弗劳恩霍夫应用固体物理研究所发表研究公报称，该所一个研究小组利用激光技术推出一种饮用水快速检测法，仅需几分钟就可得出检验结果。

研究人员表示，一种特殊的红外线激光器，可对自来水厂的饮用水样本进行自动分析。这种激光器的体积仅为鞋盒大小，其工作原理是，每种化合物分子都有特定的吸收光谱，用红外线激光照射水样本，并分析其吸收光谱，就可以确认化合物的种类。

这套红外线激光器已在德国黑森林地区的金齐希河自来水厂进行试用。在6周的时间里，这套仪器每隔3分钟就会对饮用水样品进行自动检测，共进行了约2.1万次检测，结果非常精确。

除对饮用水进行日常检验分析外，这套仪器还能快速检验出水中的危险物质，这将有助于政府部门对水污染事件作出快速反应。

（2）研制出30秒内完成水质检测的新设备。[42] 2016年5月17日，国外媒体报道，英国伯明翰大学教授约翰·布里奇曼领导的一个研究团队宣布，他们开发出一种新型光学设备，能够根据水中荧光特征，在30秒内快速检测出水质是否达到可饮用的安全标准，有望用于灾区救援、污水处理等方面。

据研究人员介绍，所有水体都会散发荧光，但人眼对特定波长的光线敏感度不够，因此这些荧光不易被肉眼察觉。此前一些研究显示，由于水中污染物会有各自不同的荧光特征，可通过分析水体荧光来识别水质污染情况。

研究团队开发的这种设备，能探测特定波长的荧光，以此判断水中是否存在相应的微生物和有机碳。研究人员说，使用这种设备"扫描"水体，在短短30秒内就能完成检测。相比而言，传统的方法需要超过12小时才能完成水质检测，并且要使用成本相对较高的生化试剂，这无法满足灾区以及贫困地区快速寻找干净水源的需求。

　　布里奇曼说，这种新设备的操作非常简单，普通人也能很快学会使用，有利于未来在偏远地区普及。据介绍，研究团队已经与中国一家公司合作，利用这套新设备来协助广州一家污水处理厂提高污水处理效率。

**　　2. 研制饮用水净化设备的新进展**

　　（1）研制出能有效净化污水的太阳能泡沫蒸馏器。[43] 2016 年 8 月 23 日，美国麻省理工学院机械工程师陈刚率领的一个研究团队在《自然·能源》杂志上发表研究报告称，他们研制出一种用泡沫包装和其他简单材料构成的廉价太阳能蒸馏器。

　　人类使用太阳能蒸馏器，已经有数千年的历史。最基础的版本是具有黑色底部（能够吸收太阳光）的充满水的容器，它能够增加水的蒸发量。位于顶部的玻璃或其他透明材料能够捕获水蒸气，随后冷凝水滴入一个收集容器中。为了加速上述过程，现代版本的太阳能蒸馏器，则利用透镜或镜子收集了约 100 倍的光线。但这种太阳能集光器的成本很高，通常每平方米开支约 200 美元，这使得很多人难以承受。

　　两年前，陈刚团队研制出一种由漂浮在炭泡沫上的石墨层构成的高效太阳能吸收器。由于上下两层是通透的，因此下面的水可以通过毛细作用到达石墨层，从而被阳光加热。这套装置能够工作，但大部分的能量都在阳光下辐射掉了。如果要想使水沸腾，蒸馏器需要安装附加装置以集中 10 倍的周围光线，从而克服红外损失。

　　研究人员想要去掉这些附加装置，他们把一个海绵状的绝缘体漂浮在水面上。在试验中，他们利用薄薄一层商业太阳能热水器中使用的蓝色金属和陶瓷复合材料，取代了石墨太阳能吸收器。这种材料，可以有选择地吸收来自太阳的可见光和紫外线，但它不会以红外线的方式辐射热量。在这层材料与泡沫之间，研究人员放置了一块薄片铜，这是一种极好的热导体。他们最终像之前一样，在这个三明治般的东西上打满了孔。

　　然而，依然有一个难题没有得到解决。复合材料吸收的大部分能量被对流一扫而空，热量都损失在蒸馏器表面上方的空气中。而最终，陈刚的 16 岁女儿，当时正在为参加一个科学展览试验而设计廉价温室，她想出了问题的解决办法。她发现，一个顶层的泡沫包装能够充当极佳的绝缘体。

　　陈刚和他的学生乔治·尼，最终把他们的太阳能蒸馏器用泡沫包装包裹起来。研究人员报告说，这套装置能够使水沸腾并且蒸馏水，而没有使用额外的太阳能集光器。陈刚估计，在未来的某一天，他们将能够利用这项技术制造出大面积的太阳能蒸馏器，而其成本仅为常规技术的1/20。

（2）研发出可用于极端条件的高效净化水装置。[44] 2017年5月，俄罗斯媒体报道，托木斯克工业大学一个研究小组，研发出高效净化水装置，可用于包括春汛灾区在内的极端条件，装置净化效率高、便于携带，适用于净化任何原水。

此项技术的创新点，是为专门研发出多种不同净化作用的吸附剂。其生产原料为廉价的沙子、珊瑚，以及建筑废料等，采用独特的纳米技术对原材料进行处理，使每种吸附剂对某一种或某几种污染物具有最佳的吸附效果。净水滤芯中逐层填充不同的吸附剂，不同性能吸附剂的相互配合可获得水的最佳净化效果。究其净化机理，实际上同时进行了离子交换、机械和化学吸附、催化、电动力学去除细菌、病毒及化学污染物等净化过程。

其中一种型号的净水器，其外形为长约20厘米的短管，重量约300克，管中含有八层左右的不同吸附剂，可同时去除水中的重金属（锌、铜、铅、铁等元素）、农药、石油污染物、盐类、细菌、病毒以及寄生物，每小时可获得净水3~5升。装置为便携式，适于野外作业时携带。

此项技术，引起了俄罗斯应急状态部的兴趣。因为俄罗斯几乎每年都发生春汛，由于洪水冲毁了大田，水中含有农药及各种病菌、病毒，此项成果如果用于春汛灾区，可迅速在当地获得急需的饮用水，帮助灾民渡过缺水的难关。

二、增加可用水资源研究的新成果

（一）通过海水淡化增加可用水资源

1. 探索海水淡化的新技术

（1）开发用海浪能低成本淡化海水的新技术。[45] 2013年1月，芬兰阿尔托大学研究人员研发出一种新型海水淡化系统，该系统直接利用海浪能，实现使用新能源低成本淡化海水的目标。

据介绍，该系统主要包括一个海浪能量转换器和一个反渗透设备。其工作原理是：安装在海水中的能量转换器对海水加压，使海水通过管道输送到陆地上的反渗透设备中，反渗透作用将盐分从海水中去除，再进一步做出后续处理，则能确保生产的淡水适于饮用。

阿尔托大学的可行性研究结果表明，该套系统的最大淡水日产量约为3700

立方米，每立方米淡水生产成本可低至 0.60 欧元，成本与目前利用其他能源的海水淡化方法几乎持平。

研究人员表示，该系统适用于海浪能丰富，又存在大量饮用水需求的沿海地区，如美国西海岸、非洲南部、澳大利亚、加那利群岛和夏威夷等地。

据联合国水机制组织预计，到 2025 年，世界上将有 18 亿人口生活在缺乏饮用水的地区。与此同时，全球化石能源渐趋枯竭，环境污染日益加剧。阿尔托大学研究人员认为，他们的新技术有助于缓解饮用水缺乏，还为利用清洁能源开辟了新途径。

（2）提出低成本苦咸水淡化新方法。[46]2020 年 11 月，河海大学水文水资源学院院长杨涛、徐兴涛博士和在读研究生林鹏等人组成的研究小组在《材料地平线》杂志上发表论文称，他们基于金属有机框架材料，提出一种低成本淡化苦咸水的新方法。

论文第一作者徐兴涛介绍，常见净水方法有两种：一是吸附过滤，二是反渗透。自然状态下，水分子通过半透膜，从淡水向咸水扩散，这就是渗透作用。反渗透要实现咸水中盐与水的分离，这不仅需要渗透膜，还要消耗大量能量。

虽然反渗透是目前苦咸水淡化的主流方法，但存在能耗大、渗透膜成本高、废液处理难等缺陷，科学界也一直在尝试更加节能、环保的淡化技术，"电容去离子"就是其中之一。"电容去离子"又被称为电吸附法，将盐溶液中的电极通电，盐分的阴阳离子就会被分别吸附到电极的正负两极，实现淡化目的。

这项技术的优点在于它所需电压很小，相当于一节普通干电池的电压。而且只要把电压反接，吸附在电极上的盐分就会重新回到溶液中，电极也实现了再生。"电容去离子"的关键问题在于，目前主流的碳吸附材料性能不佳，容易受到溶解氧的腐蚀，寿命缩短，变相增加了成本。

该研究团队把金属有机框架材料在氮气中热解，得到了一种铁、氮元素掺杂的碳材料。研究人员把这种新材料制成的电极置于氧气饱和的盐溶液中，测试结果表明，电极不仅保持了良好的耐腐蚀性，对盐分的吸附量也显著提升。

杨涛表示，目前，该院利用这种新材料试制的苦咸水淡化设备已完成实验室阶段的测试，下一步将在我国西北缺水地区开展试验，如果达成既定目标，将对解决当地居民清洁饮水问题具有重要意义。

（3）开发低能耗可持续的海水淡化技术。[47]2022 年 2 月，哈尔滨工业大学环境学院马军院士项目组与阿卜杜拉国王科技大学赖志平教授项目组联合组成的研究团队在《先进材料》杂志上发表研究成果称，他们在膜法水处理技术研究领域取得重大突破，已设计合成超高通量多孔石墨烯膜，并利用低品质热源实现了高效可持续的海水淡化。

全球日益严重的水资源短缺和当前海水淡化技术的高碳足迹，促使人们寻求一种低能耗可持续的解决方案。膜蒸馏利用热量驱动水蒸气通过膜，获得高品质清洁水，是一项具有重大应用前景的海水淡化技术，同时也是诸多零排放工艺中的关键核心技术。但蒸馏膜通量低是限制该技术广泛应用的主要瓶颈。

鉴于此，该研究团队提出一种制备超高通量纳米多孔石墨烯膜的新工艺，这个过程无须二次打孔和转移。所得石墨烯膜为水蒸气提供了极短且快速的传输路径，比迄今为止报道的蒸馏膜通量高一个数量级、脱盐率大于 99.8%，在海水淡化中显示出巨大的应用潜力和优势。

2. 研制海水淡化的新材料

（1）开发用于海水淡化并可高效除硼的逆渗透膜。[48] 2006 年 8 月，有关媒体报道，日本东丽公司研究中心一个研究小组通过实验证实，用于海水淡化的逆渗透膜次纳米级孔径，与对人体有害物质硼的去除率之间存在相关关系。在此基础上，他们利用自主分子设计技术，开发出能够以次纳米精度，对孔径进行控制的"高效除硼逆渗透膜"。该公司打算以饮用水及农业用水匮乏的中东及北非各国为主，向那些需要保证水源的地区推销该产品。

利用逆渗透膜进行海水淡化时，能够去除盐分、重金属离子及有机物等绝大部分杂质，不过在对付对生殖系统有伤害的、导致柑橘类植物发生枯萎病的硼时，由于该元素较小，所以如果只进行一级处理，去除效果就会很有限。因此，在实际操作中，通常采用将一级处理后的水，再用逆渗透膜过滤的二级处理，或者与来自其他水源的低硼水混合来解决。

在各逆渗透膜厂商就硼的去除性能展开激烈竞争的情况下，该研究小组把目光锁定在了"逆渗透膜的离子分离构造"上。在该领域，目前存在两种主张，一是无空孔的"溶解扩散构造"，二是有空孔的"透过构造"。最近"逆渗透膜中存在 1 纳米以下的超微空孔，孔径决定了性能"的看法正在成为主流。这一观点就是第二种主张的"透过构造"。不过，此前一直没有能够准确测定极为关键的孔径的方法。

该研究小组使用把阳离子注入物质、根据阳离子的寿命来测定孔径尺寸的"阳离子消灭寿命测定法"，成功地测定了海水淡化用逆渗透膜的孔径。从而得出硼的去除率与孔径分布相关的结论。根据这一结论，在不降低透水性的情况下，采用最佳孔径设计，便可开发出硼高效去除逆渗透膜，与原来的硼去除海水淡化逆渗透膜相比，硼的去除性能可提高 20%。

（2）研制出可更好淡化海水的石墨烯氧化物薄膜。[49] 2017 年 4 月 3 日，英国曼彻斯特大学教授拉胡尔·奈尔等人组成的一个研究团队在《自然·纳米技术》杂志上发表研究报告说，他们开发出的一种新型石墨烯氧化物薄膜，能更高效地过滤海水中的盐，未来在海水淡化产业中有非常好的应用前景。

氧化石墨烯薄膜在气体分离和水处理方面，已经展示了很大的应用潜力。但现有的这类薄膜，还无法适应海水淡化工艺的要求。该研究团队在此前的研究中发现，如果把这类薄膜浸泡在水中，它会轻微膨胀，微小的盐离子会随着水流渗透薄膜，无法完成对盐的过滤。

为解决这个问题，研究人员利用环氧树脂涂层在薄膜两边形成"阻隔墙"，有效控制薄膜在水中的膨胀程度。这一方法能够更精确地控制薄膜上微空隙的大小，不让它因薄膜膨胀而变得过大，从而实现对细小盐离子的过滤。由于微空隙大小可控，也能更精确地调整盐的过滤程度。

奈尔说，这种新方法，能够有效提升海水淡化技术的效率，未来如果技术发展成熟，就可以大规模生产能过滤不同大小离子的氧化石墨烯薄膜。

（3）发现含氟纳米结构材料可高速低耗淡化海水。[50] 2022 年 5 月 12 日，日本东京大学化学与生物技术系副教授伊藤洋敏等人组成的研究团队在《科学》杂志上发表论文称，世界各地面临日益严峻的水资源短缺问题，海水淡化是生产饮用水的一种方法，但往往需要耗费巨大的能源成本。近日，他们首次使用基于氟的纳米结构材料成功过滤了水中的盐。与目前主要的海水淡化方法（热能法和反渗透膜法）相比，氟离子纳米通道的工作速度更快，需要的压力和能量更小，是更有效的过滤器。

用含有聚四氟乙烯涂层的锅做饭，煮熟的饭不会粘在锅上。其中奥秘在于聚四氟乙烯的关键成分氟，是一种天然憎水或疏水的轻质元素。聚四氟乙烯也可用于管道内衬以改善水流。

该研究团队试图探索由氟制成的管道或通道如何在一个纳米尺度上运行，以测试其在选择性过滤不同化合物方面的效果，特别是水和盐。研究人员通过化学合成纳米氟环来创建测试滤膜，这些纳米氟环堆叠并嵌入其他不渗透的脂质层中，类似于构成细胞壁的有机分子。他们创造了几个宽度大约在 1~2 纳米之间的氟环测试样本，而人类的头发几乎有 10 万纳米宽。为了测试膜的有效性，研究人员测量了测试膜两侧的氯离子的存在。

伊藤洋敏说："测试中较小的通道完全拒绝了盐分子的传入，而较大的通道相对于其他海水淡化技术甚至尖端碳纳米管过滤器也有所改进。真正让我惊讶的是，这个过程发生得非常快，比典型的工业设备快几千倍，比基于碳纳米管的实验性海水淡化设备快约 2400 倍。"

氟是电负性的，它排斥负离子，如盐中的氯。这带来的好处是分解了本质上松散结合的水分子基团（水簇），因此它们可更快地通过通道。该研究团队的氟基水淡化膜更有效、更快、操作需要的能量更少，而且非常易于使用。研究人员未来希望改进合成材料的方式，提高膜的寿命并降低运行成本。

（二）通过空气取水增加可用水资源

1. 开发从空气中取水的新技术

利用结网技术从浓雾中"捕"水。[51]2012 年 6 月，有关媒体报道，智利天主教大学地理研究所比拉尔·塞雷塞达领导的一个研究小组，采用结网捕水的技术，解决了干旱地区民众的用水问题，使荒芜的沙漠渐渐变成了绿洲。

智利中北部阿塔卡马沙漠南缘有个叫丘贡戈的海边渔村，几十年前这里的人一年也难洗一次澡，而现在他们不仅可以天天洗澡，还可以养花种菜。这都得益于立在山头的巨大的塑料网，来自太平洋的浓雾在网上凝结成水，解决了长期困扰渔村的用水问题。

丘贡戈村位于厄尔多福山脉脚下，地处干旱沙漠地带，居民以下海采集贝类为生，人均年收入不到 300 美元。长年来，渔民们的生活用水来源于附近铁矿的一处泵站，40 年前政府关闭了铁矿，渔民们又无力维持泵水系统，200 户居民只能靠运水车，每周一次从附近城市运水。

村民萨斯玛雅说："以前洗澡不能打肥皂，因为只能用一次水。洗完衣服的水用来洗澡，刷碗的水用来浇菜。"当年铁矿关闭后，因为缺水，村里的年轻人纷纷外出打工，萨斯玛雅选择留了下来。如今他家的前庭后院，已种上了橘子树和玫瑰花，一小块蔬菜地能够提供一家人的每日所需。

这一神奇的变迁来自一项结合了地理学与气候学的社会发展项目：结网捕捉云雾中的水汽。人们把一张张约 50 平方米的聚丙烯网，竖立在厄尔多福山顶上，潮湿、浓密的水雾，从太平洋沿海沿着厄尔多福山爬升时，撞击在细密的网眼上凝结成水珠，在重力作用下，水珠沿细塑料管流到山下的容器内。试验表明，平均每平方米网眼每天能捕获 4~15 升水，目前设置的 80 张网每天能捕获约 2 万升水。

塞雷塞达从 20 世纪 80 年代初，就参与了这个项目。她介绍说，智利北部太平洋沿海水域，有秘鲁寒流流过，海水温度比周围气温低 7℃~10℃，使近海岸洋面多云雾，在距离海岸线不远的地方，由于安第斯山脉的阻挡，大量云雾沿山坡爬升。这项结网捕水技术，并非智利首创，但智利是全世界第一个把它付诸实践并取得成效的国家。

塞雷塞达研究小组，最早受雇于智利国家林业局，研究通过结网捕水，为恢复废弃铁矿区生态提供条件，后来他们发现了铁矿附近这个严重缺水的渔村。在智利林业局和国际机构的资助下，1987 年他们在丘贡戈村设置了 50 张捕水网试验项目的可行性，1992 年 5 月，项目正式开始供水。当时，居民们久旱逢水，欣喜若狂。

现在，捕水系统已完全由丘贡戈村村民管理。由于平均每 5 年需要更新聚丙烯网，每 10 年需要更新管道，村民们自发设立了基金用于维护和更新系统。此外，村里还成立了水资源管理委员会指导统筹用水。

看到这些变化，塞雷塞达深有感触地说："有了水之后，丘贡戈村道路两旁种上了树木，村里开始养牛养羊，种上了蔬菜，很多背井离乡者重返故土。水让这个渔村重新活了过来。"

2. 发明从空气中取水的新材料

（1）发明能从沙漠雾里采集水分的捕雾棉材料。[52] 2013 年 1 月，荷兰媒体报道，在干旱的地方，有时会产生通宵的大雾，有些人便利用"雾水收集器"来获得淡水。这通常都通过一片片的网来收集雾滴，然后让它们滚动到下方的容器里。许多研究人员已经尝试增加这些收集器的效率，比如通过亲水性（吸水）和疏水性材料的组合。现在，荷兰埃因霍恩科技大学埃斯特维斯·卡塔琳娜博士、香港理工大学辛·约翰教授带领的一个研究小组，创建了一个以棉为主的捕雾新材料，能够在完全的亲水性和疏水性之间切换。

研究小组是从普通的织物棉开始研究的。通常情况下，普通棉花只能吸收空气中约占自身体重 18% 的水分，该研究小组随后应用了一种凝胶基聚合物的涂层。在温度达到 34℃ 时，该聚合物具有亲水性的海绵状结构。这种涂层棉吸收的液滴，能够高达自身重量的 340%。一旦温度变得更高，聚合物的结构就会"关闭"并显现疏水性质。在处理过的棉花身上，就会导致其所吸收的水分以液滴的形式被释放出来。

报道称，收集到的水是纯净和安全的，而且该聚合物能够反复循环使用。此外，传统的雾水收集器需要一定程度上的风力摇动，以使收集到的液滴松散开，而新材料可以在完全静止的条件下释放液态水。

棉花的价格不高，这种凝胶基聚合物据说也会相当地便宜。研究人员的想法是，处理后的棉花可以铺设在作物（或容器）上，到了晚上它就能自行吸收水汽和释放水滴了。不过也有人建议说，该材料可用于制作集水帐篷，或者用于排汗的运动服。目前，该研究小组正在寻找提高聚合物亲水性质的方法，并降低其变成疏水性质的温度。

（2）研制出可从空气中高效收集水的仿生材料。[53] 2016年2月24日，物理学家组织网报道，美国哈佛大学约翰·保尔森工程与应用科学学院研究员帕克主持，副院长基姆为主要成员的研究小组，在最新一期《自然》杂志上发表论文称，他们受沙漠甲虫、仙人掌和猪笼草的启发，结合多种生物体的特性，设计出一种高性能仿生材料，可更加有效地从空气中收集水。这一方法，不仅可用于解决某些地区干旱缺水的问题，也为未来仿生学发展打开了新的思路。

一些生物可在干旱的环境中生存，因为它们已进化出可从稀薄而潮湿的空气中收集水的机制。例如纳米布沙漠甲虫，其翅膀上有一种超级亲水纹理和超级防水凹槽，可从风中吸取水蒸气。当亲水区的水珠越聚越多时，这些水珠就会沿着甲虫的弓形后背滚落入它的嘴中。

据报道，在本质上，新的系统是受沙漠甲虫崎岖不平的壳、仙人掌上刺的不对称结构和猪笼草光滑表面的启发而设计的。新材料利用这些自然系统的特性，再加上该研究小组开发的湿滑液体注入多孔表面技术，收集空气中的水。

收集大气中的水，面临的主要挑战是如何控制水滴大小、形成速度及其流向。与以前着重对甲虫壳凝水机制的研究不同，新研究的灵感来自背壳凸起部分也可集水这一发现。

帕克指出，实验发现，甲虫背部单独的几何形状凸块，可方便凝结水滴，而通过详细的理论模型优化，并将凸块的几何形状与仙人掌刺的不对称，以及几乎无摩擦涂层的猪笼草结合，他们设计出的新材料，比其他材料可在更短时间内收集和运输较大的水量。如果没有这些参数，整个系统将无法协同工作。

基姆说："目前，这项研究迈出了令人兴奋的第一步。我们将开发出一个可以有效收集水，并引导其流到水库的系统。此外，这种方法还能用在工业热交换器上，可显著提高其整体能效。"

3. 研制从空气中取水的新设备

（1）研制出从沙漠空气中"挤"水的新装置。[54] 2017年4月13日，美国加州大学伯克利分校奥马尔·亚吉、麻省理工学院伊夫林·王共同负责的一个研究团队，当天在《科学》杂志上发表的一项研究成果表明，即便在沙漠地区，人们也有望借助一种新设备，从无所不在的空气中"吸水"。

研究人员说，人们无法从一块石头中挤出水来，但是从沙漠的天空中"拧"出水来现在却是可能的。如今，通过一种新研制的海绵状装置，人们可以利用太阳光从空气中吸取水蒸气，即使在很低的湿度下也是如此。

据介绍，该设备所包含的每千克海绵样吸收器，每天可生产近3升水，而研究人员说，未来的产品将会更好。这意味着，那些生活在世界上最干燥地区的家庭，可能很快就将有一个太阳能设备为其提供所需的全部用水，而这一装置也有望使数亿人从中受益。

研究人员报告说，他们研制的这种原型设备，仅利用太阳能，每天就可从湿度低至20%的干燥空气中制取出数升水。

亚吉在一份声明中指出："这是解决从低湿度空气中'吸水'这个长期挑战的一个重大突破。现在还没有其他方法能够这样做，除非动用额外的能源。家用的除湿机需要耗电，用这种方式'生产'水成本非常昂贵。"

在新研究中，亚吉研究小组利用金属锆与己二酸研制出一种叫"金属有机框架"的细砂状多孔材料，而麻省理工学院伊夫林·王研究小组把这种材料制成了吸水器，细砂状多孔材料被夹在一块太阳能吸收器与一块冷凝板中间。

设备工作时，细砂状多孔材料从空气中吸附水蒸气，太阳能板负责加热，促使水蒸气释放进入冷凝板，在冷凝板上凝结成液态水，最后滴入用于收集水的容器中。

研究人员说，在湿度为20%~30%的空气中，每千克这种细砂状多孔材料12小时能收集2.8升水。他们计划，接下来进一步改进这种材料及设备的"吸水"效率。

亚吉说："我们希望做到的是，如果您被丢在沙漠中，靠这种设备就能存活。"并未参与该项研究的西北大学化学家梅科瑞·卡纳茨迪斯表示，从沙漠的空气中收获水曾经是一个长时间的梦想。这项研究是一个重要的概念证明。

亚吉指出，新的设备还有很多需要改进的地方。首先，锆的价格是每千克150美元，这使得水收集设备因成本太高而无法广泛使用。不过，亚吉说，他的研究团队已经在用铝替代锆，在抓取水的"金属有机框架"的设计中获得初步成功，而铝的价格只有锆的1%。这可能使得未来水收集设备因为成本低，不仅能够满足干旱地区人们对水的需求，甚至能够为沙漠中的农民提供水资源。

（2）发明零能耗"空气凝水"装置。[55] 2021年7月8日，俄罗斯卫星通讯社报道，瑞士苏黎世联邦理工学院一个研究小组，率先发明以零能耗从空气中凝结水蒸气的装置。该设备可让带有辐射防护罩的自冷系统 24 小时不间断工作，这为解决全球水资源匮乏问题带来希望。

目前，一些饮用水短缺的地区，不得不对海水进行淡化处理，但这会消耗很多能量。一些距海较远的地区连这样的机会都没有。现在，这个问题，可以通过凝结空气中的水蒸气来解决。瑞士研究小组近日发明的这个装置，能够全天候集水，即便在烈日之下也适用，而且完全不消耗能量。

该装置由一个锥形罩和一块玻璃板构成。玻璃板带有特殊涂层，可以反射阳光、散去热量。它可以把自身热量降低到比周围环境低 15℃。在装置内部，水蒸气会凝结成水。这个过程，就像冬天隔热不良的窗户上发生的冷凝现象一样。

以前的技术，通常需要把凝结的水从表面擦掉，但这样会消耗一些能源。然而，要是没有这个步骤，大部分凝结的水会附着在表面上而无法使用。现在，瑞士研究小组发明的装置，是在玻璃底部涂一层用特制聚合物打造的超防水涂层，这样凝结的水就可以自行收集在一起，并滑落到接水的桶里。

（3）开发利用太阳能的大气集水装置。[56] 2021 年 10 月，美国艾克斯开发公司一个研究小组在《自然》杂志发表论文称，他们以假设装置为模型的全球评估表明，利用太阳能技术在大气中集水，或可为约 10 亿人提供安全饮用水。这项发现，或有助于为新兴和未来集水技术设计提供参考。

该论文介绍，全球约 22 亿人无法获得安全的饮用水，人口最多的地区是撒哈拉以南非洲、南亚和拉丁美洲。一般认为，太阳能大气集水装置有助于解决水资源短缺，该类装置有两种工作方式：被动集水装置，完全依赖天气条件，收集预先凝结的露水或雾气；主动装置则相反，它们或会利用太阳能在夜间湿度较高时采集并凝水，或者连续循环工作，这缩小了装置所需尺寸。不过，这些装置的性能及全球潜力尚未得到分析。

该研究小组展示了一个评估太阳能大气集水装置提供安全饮用水潜力的地理空间工具。这个工具体现了全球湿度模式、气温和阳光辐射，基于假设的太阳能大气集水装置（有 1~2 平方米太阳能集热面积）。

其研究结果表明，该工具通过持续白天运行，强烈的阳光和超过 30% 的湿度事实上可充分配合，平均每天支持产生 5 升水。如得到广泛部署，这类装置有可能为生活在此类气候条件下的约 10 亿人提供安全的饮用水。研究人员还以现有装置的潜力比较了这些结果，表明新设备有望达成这些目标。

（三）通过利用雨水增加可用水资源

1. 研究全球降雨影响因素的新发现

发现非维管植物或对全球降雨产生重大影响。[57]2018年8月，瑞典斯德哥尔摩大学、美国佐治亚南方大学，以及德国马克斯普朗克生物地球化学研究所联合组成的一个国际研究团队，在《自然·地球科学》发表论文指出，非维管植物，可能会对全球降雨的截留和蒸发产生重大影响，从而成为影响气候变化的因素。植物的截流是陆地水文循环的重要组成部分。

非维管植物是没有木质部和韧皮部维管束的植物，如地衣、苔藓和绿藻等。虽然非维管植物缺乏此类特殊的组织，但一部分非维管植物会通过自身特有的组织在体内输送水分。非维管植物已被证明可以截留大量的降雨，这可能会影响从某一区域到整个大陆范围的水文循环和气候。然而，非维管植物对降雨截留的直接测量仅限于局部尺度，这使得推断其在全球层面的影响存在困难。

该研究团队使用基于过程的数值模式和观测数据，评估比较非维管植物对全球降雨截留的贡献。研究结果表明，模拟的植物平均全球蓄水量（包括非维管植物在内）为2.7毫米，与野外观测结果一致。当包括非维管植物时，来自森林冠层和土壤表面的自由水的总蒸发量增加了61%，导致全球降雨截留通量为地面蒸发通量的22%。

2. 发明人工降雨的新技术

（1）利用激光技术进行人工降雨。[58]2010年5月，瑞士日内瓦大学物理学家热罗姆·卡斯帕里安主持的一个国际研究小组在《自然·光子学》杂志发表研究报告说，目前人工降雨技术一般是在空中播撒碘化银颗粒作为凝结核，促使水蒸气凝结，而他们发明了一种新技术，尝试用激光把空气分子离子化，使之成为天然的凝结核，从而达到人工降雨的目的。

据介绍，这种新技术的原理，是向空气中发射一种高能量短脉冲激光，它会使照射路径上的氮气分子和氧气分子离子化。这些离子化的空气分子就成为天然的凝结核，促使水蒸气凝结为水滴。

研究人员向含有水蒸气的实验装置中发射这种激光，可以马上观察到直径约50微米的水滴形成，这些小水滴还会进一步合并为直径约80微米的大水滴。户外实验也显示，在空气湿度较高的情况下，发射这种激光可以促使空气中水滴的形成。

卡斯帕里安说，这一技术目前还处于初级阶段，不能马上用于人工降雨，因为一束激光只能促使其所照射的路径上形成水滴。下一步研究将探索是否能通过用激光扫过天空的方式，促使水滴在更大面积的空气中形成。还有观点认为，虽然一束激光不能直接用于人工降雨，但可以通过测量它所促使形成的水滴规模来判断空气湿度，从而帮助降雨预测。

（2）利用系留气球进行人工降雨。[59] 2012 年 1 月，国外媒体报道，通常情况下，人工降雨只有在雨云湿度高于 95% 的情况下才可以实施。但是，俄罗斯列别捷夫物理研究所宇宙射线实验室的主任帕夫柳琴科领导的研究小组提出了一种新的方法，使得在雨云湿度不大的情况下进行人工降雨变为可能，从而更加有效地改善局部干旱状况。

俄研究小组的方法基于气旋原理。我们知道，气旋是三维空间上的大尺度涡旋，其中心气压低、四周气压高，是一种近地面气流向内辐合、中心气流上升的天气系统。由于地球自转与科氏力作用，使得气旋在北半球作逆时针旋转。空气在上升的过程中，逐渐变冷，水蒸气开始凝结，最后形成降雨。根据这个原理，只要解决两个问题就能实现人工降雨，一是将空气提升到一定高度，二是形成带负电荷的凝结核。

俄研究小组通过系留气球，利用太阳辐射以及地球磁场，解决了上述两个问题。系留气球用缆绳拴在地面绞车上，并可控制其在大气中飘浮的高度。

这种新人工降雨的具体操作方法是：将系留气球涂成黑色，并按照环形或螺旋形层层排列后升空。气球的黑色表面吸收太阳辐射而变热，并把热量传递给周围的空气，使得空气温度开始升高，并逐渐冷却。由于在地面和电离层间存在 300~500 千伏的电位差，当到达一定高度时，安装在气球层上的接地导体便通过电晕放电自动生成电离子，使之成为天然的凝结核，促使水蒸气凝结，最终实现降雨。

俄罗斯研究人员称，利用该方法进行降雨的同时，也能产生风，因此还能满足一些盆地地区通风的需求。

3. 研制人工降雨的新设备

第一架大型人工增雨（雪）无人机首飞。[60] 2021 年 1 月 6 日，中国新闻网报道，中国气象局、甘肃省政府等主办的"甘霖 -I"人工影响天气无人机首飞仪式，当天在甘肃金昌市举行。这是目前中国第一架大型人工影响天气无人机，其技术在世界人工影响天气领域处于领先地位。

当日，首飞成功的"甘霖 -I"无人机，具备远距离气象探测能力、大气数据采集能力和增雨催化剂播撒能力，同时拥有可靠的防除冰能力，具备复杂气象条件下的作业能力，提高了人工影响天气作业的效能。作为生态修复的"科技制高点"，突破了大型无人机人工影响天气作业的关键，丰富了人工影响天气作业手段。

甘肃人工影响天气无人机工程项目，起源于祁连山生态修复对人工增雨（雪）的需求。据介绍，祁连山区大型无人机增雨（雪）试验的成功，不仅可极大提高人工增雨作业效率，还可进一步发挥西北区域人工影响天气能力建设工程的效益，并在全国起到大型无人机增雨的示范引领作用，带动有关省份逐步建设大型无人机人工增雨能力。

中国气象局副局长余勇说，该局将进一步与甘肃加强合作，支持开展祁连山区无人机人工增雨（雪）业务试验工作，支持甘肃建设无人机飞行和试验示范基地，推进无人机增雨系统从试验向业务转化，推广应用。推动建立健全无人机人工增雨的相关行业标准，规范无人机行业发展与相关行业的业务应用，推动将无人机人工影响天气技术列入重大科研计划项目。

4. 研发净化雨水的新方法

发明用生物滤膜净化雨水的新技术。[61] 2011 年 3 月 24 日，《耶路撒冷邮报》报告，以色列的研究人员亚龙·诚尔博士发明了一种应用生物滤膜净化雨水的新技术。这项技术的问世，将有助于以色列解决水资源短缺的问题。

以色列每年有近 20 万立方米的雨水排入大海。而实验证明，收集到的雨水含有多种有毒物质。污染了的雨水排入大海后，进一步污染近海水域。

这项技术的核心部位是生物滤膜，它由好几层构成，最上层是由具有净化作用的植物组成，底层是由能促进水质净化的厌氧细菌组成，整个系统协同工作，能有效地净化雨水并除去包括重金属离子、有机残留物和土壤颗粒等粒子。经检验，净化后的水各项指标均符合饮用标准。

5. 研究雨水回收利用的新进展

（1）发明有利于环境保护的雨水回收系统。[62] 2005 年 3 月，有关媒体报道，法国人罗得曼发明的雨水再利用系统，引起社会广泛瞩目。他发明的雨水回收系统只需在屋顶的雨水槽边安装导管，将雨水引入地下蓄水池中，过滤净化后进入生活用水体系。这类水可用作冲厕所、洗浴、清洗等二类生活用水，与饮用水分开。

据罗得曼说，雨水回收利用在欧洲非常普遍，北欧国家目前有近 10 万个雨水回收系统。德国和比利时 30 多年前就已开始尝试将雨水回收再利用，效果还挺理想。而这种系统在法国刚刚兴起，人们之所以对它感兴趣，直接原因是越来越贵的自来水费，以及人们越来越强的环保意识。

（2）建设和完善城市雨水循环利用系统。[63] 2015年8月，有关媒体报道，瑞士是世界上最富裕的国家之一，同时也可谓是世界上最节省的国家之一。瑞士并不缺水，境内湖泊众多，有1484个，最大的日内瓦湖面积约581平方千米。但瑞士政府一向提倡节约用水，鼓励民众在下雨时吸水、蓄水、净水，并通过大力建设和完善雨水管网系统，促使雨水得到循环利用。

自20世纪末开始，瑞士在全国大力推行"雨水工程"。这是一个花费小、成效高、实用性强的雨水利用计划。通常来说，城市中的建筑物都建有从房顶连接地下的雨水管道，雨水经过管道直通地下水道，然后排入江河湖泊。瑞士则以一家一户为单位，在原有的房屋上动了一点儿"小手术"：在墙上打个小洞，用水管把雨水引入室内的储水池，然后再用小水泵将收集到的雨水送往房屋各处。瑞士以"花园之国"著称，风沙不多，冒烟的工业几乎没有，因此雨水比较干净。各家在使用时，靠小水泵将沉淀过滤后的雨水打上来，用以冲洗厕所、擦洗地板、浇花，甚至还可用来洗涤衣物、清洗蔬菜水果等。

如今在瑞士，许多建筑物和住宅外部都装有专用雨水流通管道，内部建有蓄水池，雨水经过处理后使用。一般用户除饮用之外的其他生活用水，用这个雨水利用系统基本可以解决。瑞士政府还采用税收减免和补助津贴等政策鼓励民众建设这种节能型房屋，从而使雨水得到循环利用，节省了不少水资源。

在瑞士的城市建设中，最良好的基础设施是完善的、遍及全城的城市给排水管道和生活污水处理厂。早在17世纪，瑞士就已出现结构简单、暴露在道路表面的排水管道，迄今在日内瓦老城仍能看到这些古老的排水管道。从1860年开始，下水道已经被看作是公共系统重要的组成部分，瑞士的城市建设者开始按照当时的需要建造地下排水系统。瑞士今天的地下排水系统则主要修建于第二次世界大战后。当时，瑞士开展了大规模的城市化建设，诞生了很多卫星城市。在这一时期，瑞士制定了水使用和水处理法律，并开始落实下水管道系统建设规划。

在瑞士，日常生活污水和雨水是通过不同的管道进行处理的。早在140年前，苏黎世就建立了污水净化设施。生活污水通过单独的管道流到污水处理站，进行净化处理，未经收集的雨水则通过简单的过滤处理后流入湖水或其他自然水体。污水和雨水流入不同的管道，含有大量油污的厨房污水就不会流入雨水管道并堵塞管道，应该说这在一定程度上有利于避免大规模降水时造成的城市洪涝现象。

由于瑞士城市里下水口密布，排水管道设置合理，污水处理系统遍布全城，再加上一些古老的下水道至今仍能发挥作用，因此瑞士的地下排水系统基本可以应对排水的需要，城市里很少发生洪涝现象。

三、水源管理与高山冰川保护的新成果

（一）查找与管理水源的新信息

1. 查找水源及其变化的新进展

（1）惊喜发现海床下储存着大量淡水资源。[64] 2013 年 12 月，澳大利亚弗林德斯大学文森特·波斯特等人组成的一个研究小组在最新一期《自然》杂志上发表论文称，他们在海床下发现大量淡水，有助于缓解日益严峻的水资源危机。

研究人员为科研和油气开采目的探究海床下水资源状况时发现，澳大利亚、中国、北美和南非附近大陆架海床下存在低盐度水，总量估计达到 50 万立方千米。

波斯特说："研究人员确认，海床下淡水属于常见现象，并非特殊环境下才能产生的反常事物。这些淡水储备的形成，始于数十万年前。"

那时海平面远比现在低，雨水得以渗入海床以下。海平面升高后，位于海床下的蓄水层因覆盖层层黏土和沉积物而保存完好。波斯特说，海下淡水资源储量，比人类 1900 年以来抽取的地下水量高 100 倍。

（2）首次查明我国地下水年度变化量。[65] 2021 年 1 月 30 日，《人民日报》报道，从自然资源部中国地质调查局获悉：2019—2020 年，该局组织完成全国地下水位统一测量和全国地下水资源年度评价工作，首次查明我国地下水年度变化量，为地下水超采治理、地面沉降防治与水资源合理开发提供重要依据。

2020 年全国主要平原盆地地下水总储存量年度增加 10.9 亿立方米，其中浅层地下水储存量年度增加 28.4 亿立方米，深层地下水储存量年度减少 17.5 亿立方米。三江平原、四川盆地等 11 个平原盆地地下水储存量年度整体增加。华北平原、黄淮平原等地下水储存量仍呈亏损状态。

全国多数平原盆地地下水位稳中有升。2020 年与 2019 年同期相比，全国 17 个主要平原盆地浅层地下水位多数稳中有升。江汉洞庭湖平原、长江三角洲、柴达木盆地等 7 个平原盆地浅层地下水位以上升为主。塔里木盆地、松嫩平原等 7 个平原盆地浅层地下水位基本稳定。华北平原地下水超采治理取得成效，京津冀主要城区地下水位止跌回升，广大农灌区地下水位下降速率减缓。

据了解，中国地质调查局建立了覆盖全国主要平原盆地和部分生态脆弱区的地下水统测网。在国家地下水监测工程 20 469 个站点基础上，利用 4.7 万眼民用

井，部署完成了 2019 年和 2020 年同期地下水位统一测量，测点总数达到 6.7 万个。监测面积由 350 万平方千米拓展到 400 万平方千米，填补了内蒙古高原中段、塔克拉玛干沙漠南缘、罗布泊等地区地下水监测空白，重点监测区测点密度由每百平方千米 0.6 个提升至 1.7 个。

2. 加强河流和地表水管理的新进展

（1）建立地中海沿岸国家水流域数字模型。[66] 2015 年 6 月，有关媒体报道，由西班牙瓦伦西亚理工大学牵头，欧盟多个成员国科技人员参与的一个研究团队，经过两年多时间的努力，成功建立起地中海沿岸国家包括季节河流和溪流在内的水流域数字模型。已成功应用于地中海部分沿岸国家和地区的水资源管理，正在其他地中海国家进行推广应用。

研究人员表示，合理准确地进行水资源管理，对于地中海沿岸国家相对集中的人口、动物、植物密集区的生存和可持续发展至关重要。

研究团队的工作主要由两大部分构成：各类数据的收集整理分析与建模，以及模型的现场实地验证。研究人员已分别在希腊、西班牙和意大利对建立的数字模型进行了实地验证，初步显示出良好的效果。例如，不同河流水位变化预测沿河流域栖息动植物种群的生存状况，与当地的历史数据基本吻合。研究团队采用目前世界上最先进的环境生态系统评价方法，为保护受到大坝和水电站威胁的生态系统以及濒危物种，积极向有关各方提出切实可行的最佳选择方案建议。

研究团队正在为部分大坝和水电站管理人员提供应用数字模型的业务指导，如释放水量的最佳方式和不破坏下游生态系统的最大水量释放控制等。这个数字模型，不仅为人类水资源有效管理提供服务，而且为水流域动植物栖息地生态系统提供服务。

（2）绘制出全球地表水分布变化情况图。[67] 2016 年 12 月 7 日，欧盟联合研究中心学者弗朗科斯·佩凯尔及其同事组成的一个研究团队在《自然》杂志网络版发表论文说，他们以高分辨率绘制出过去 30 年全球地表水分布的变化情况图，并认为导致变化的主要因素是干旱、水库修建（如筑坝）和水提取。

地表水是人类生活用水的最重要来源之一，更是各国水资源的主要组成部分。过去已有研究绘制全球地表水的分布情况，并且跟踪地表水随时间推移所发生的地方性和区域性变化。但是直到现在，一直没有出现全球性的、方法统一的有关地表水逐渐变化的定量研究。

此次，欧盟研究团队分析了拍摄于 1984—2015 年间的 300 多万张地球资源卫星图片，以 30 米 ×30 米的分辨率，量化了地表水的月度变化。研究团队使用一种算法，把30米×30米的区域，划分为陆地或开放水域（包括淡水和咸水水域，但不包括海洋）。

团队成员表示，过去32年里，有将近9万平方千米的永久性地表水消失了，约相当于苏必利尔湖的面积，其中70%发生在中东和中亚地区。但是，他们也指出，其他地方也会有新的永久性地表水形成，面积约是已消失地表水的两倍，约为18.4万平方千米；而且除大洋洲净减少1%外，各大洲的永久性地表水均出现净增长。

论文作者最后总结道，此次最新数据为认识气候变化和气候振荡对地表水分布的影响补充了进一步的信息，而且捕捉了人类对地表水资源分布的影响。

（二）防治水源污染研究的新信息

1. 研究地下水砷污染的新发现

（1）发现地下水超采可能导致水源砷浓度上升。[68] 2018年6月5日，美国斯坦福大学科学家瑞恩·史密斯主持的一个研究小组在《自然·通讯》杂志发表一项环境学研究模型。它显示，在2007—2015年间，美国加利福尼亚州圣华金河谷地下水超采，可能导致这处水源中砷的浓度上升。

地下水是指埋藏在地表以下各种形式的重力水，这是水资源的重要组成部分，由于其水量稳定、水质好，是农业灌溉、工矿和城市的重要水源之一。但在一定条件下，地下水的变化也会引起沼泽化、盐渍化，以及滑坡、地面沉降等不利自然现象。

加州中央谷地占美国地下水取水量的20%左右，地下水也是圣华金河谷（中央谷地区）约100万人口的主要饮用水来源。而砷是地下水中的天然污染物，在含水层内黏土的孔隙水中，砷含量很高。在安全的地下水抽取水平下，砷仍留在黏土内。

此次，该研究小组开发了一个定量模型，来预测地下水的砷浓度，发现圣华金河谷地下水超采引起的地面沉降速率，与砷浓度存在关联。研究表明，地面沉降是黏土变形的结果，含有高浓度砷的孔隙水从黏土中释放，随后污染主要的含水层水体。

砷原本是自然界中一种微量元素，存在于多种天然矿物中，但在自然及人为因素的诱导下，含水介质中的砷释放进入地下水中，进而导致砷含量异常。目前，高砷地下水在世界范围内广泛分布，据2016年的统计数字，全球70多个地区近1.5亿人口，均不同程度地受到高砷地下水威胁，而长期饮用高砷地下水可导致一系列健康问题，包括皮肤癌、肺癌、肝脏和肾脏疾病等。斯坦福大学的研究小组认为，以加州为例，如能够避免在圣华金河谷超采地下水，将可以改善水质。

（2）发现砷借助微生物新陈代谢污染地下水。[69]2018年9月，加州理工学院地质生物学教授纽曼领导的一个国际研究团队在美国《国家科学院学报》上发表论文称，近年来，砷污染及砷中毒事件，在全球范围内频发，遭受砷污染的饮用水成为人类健康的重大威胁。近日，他们研究发现，砷是借助微生物的新陈代谢进入地下水的。这对于预测砷迁移转化对环境的影响有重要意义。

砷是俗称"砒霜"中的主要成分，是自然界中存在的一种有毒元素。全世界至少有1亿人饮用的水砷含量超标。此前研究表明，摄入砷可能会增加人罹患肺癌、膀胱癌和皮肤癌等癌症的风险。

砷酸盐是自然界中常见的含砷化合物，它通常吸附在沉积环境中的铁矿物表面，难以溶解到地下水中。那么水中的砷污染从何而来？该研究团队发现，当环境缺氧时，一些微生物会进入厌氧代谢模式，将砷酸盐转化为易溶于水的亚砷酸盐，从而污染地下水。

在这一过程中，砷酸盐呼吸还原酶扮演了关键角色。这种酶的结构微小，即使在显微镜下也难以看到。研究人员运用X射线衍射技术，来准确显示其结构及其与砷酸盐结合的位点，这对了解它的功能有重要帮助。

进一步研究发现，砷酸盐之所以对人体有毒，原因在于它在化学上与磷酸盐相似，而磷酸盐是细胞产生三磷酸腺苷的必要化合物，三磷酸腺苷是细胞能量的来源。如果砷酸盐过量，细胞会优先与砷酸盐结合而不是磷酸盐，从而破坏产生三磷酸腺苷的能力，导致细胞死亡。

纽曼表示，研究砷酸盐呼吸还原酶在相关环境中如何发挥作用，有助于了解砷如何通过细菌进入饮用水，从而帮助解决复杂的环境安全问题。

2. 研究防治水源硝酸盐污染的新技术

找到减少地下水硝酸盐污染的新方法。[70]2017年2月，德国不莱梅大学乌尔里希·库尔策教授领导中国等国相关专家参加的一个研究团队在《欧洲无机化学杂志》上刊登研究成果称，他们找到一种解决地下水硝酸盐污染的新方法：利用多金属氧酸盐可有效降低地下水中过量的硝酸盐。

地下水硝酸盐污染是德国一个长期已知的问题，根据德国政府2016年的地下水硝酸盐监测报告，德国有近1/3的地下水水质硝酸盐含量超标，这与过度使用农业化肥有关。类似的情况在许多国家也很严重。地下水硝酸盐过量，会影响饮用水质量，并对农业和工业用水产生不良后果，通常允许的地下水硝酸盐含量上限为每升 50 毫克。

该研究团队发现，一种合成的多金属氧酸盐，对于减少硝酸盐水污染有特殊作用，这种纳米结构物质在水中对硝酸盐还原起电催化效果。其有效成分主要是镍和铜金属原子，含镍多金属氧酸盐可使水中的硝酸盐含量降低 4 倍，而含铜的金属氧酸盐甚至可以使硝酸盐含量降低达 50 倍。

库尔策对这一新研究成果寄予厚望，因为使用多金属氧酸盐，比使用传统方法处理地下水中过量硝酸盐更高效和更环保，可大大减少二氧化碳的排放。现在还需进一步研究该方法是否能适用于日常生活中。

（三）合理利用水资源研究的新信息

1. 减少水资源浪费研究的新进展

研制出减少水资源浪费的封堵水管渗漏技术。[71] 2009 年 12 月，特拉维夫媒体报道，以色列库拉管道公司开发出一种封堵水管细微裂缝或小孔的技术，可有效减少因水管渗漏造成的水资源浪费，具有广泛的应用前景。

该公司在现有水管清洁技术基础上开发出这种防渗漏新方法。通常，水管理部门清洗水管时，会将一些小海绵体放入管中，利用水压推动它们在管内穿行，以达到清除管内水垢或其他沉积物的目的。

为了封堵渗漏，研究人员开发了一种特殊装置，以两个海绵体为一组，中间为密封胶；将其放入水管后，遇有裂缝或小孔时，该装置能将密封胶注入其中，待固化后即可封住小孔。研究显示，利用该技术可减少渗漏 30%。

由细微裂缝或小孔导致的水管渗漏，因渗水量很小，一般不太引起人们的注意。但这些看似微不足道的渗漏造成的水资源浪费却十分可观。据世界银行估计，全球每天从水管小孔中渗走的水达 880 亿升，这种情况无论在发达国家还是在发展中国家都普遍存在。目前，大部分水管理部门只把这种现象看作供水过程中难以避免的损耗，而不是检查现有基础设施或更换新的水管。即使采取措施也只是通过降低水压减少渗漏，但这些简单方法并非总是十分有效，而如果专门检修则费用昂贵。

库拉管道公司首席执行官彼得·帕兹表示，现有水管探测装置一般只能发现较大规模的渗漏，针孔渗漏很难发现。他们研发的技术较好地解决了这一问题。下一步，他们准备将这一技术用于天然气管道，这对减少能源损失和温室气体排放都有现实意义。

2. 合理用水与粮食生产关系研究的新进展

（1）建议通过合理利用水资源来缓解粮食危机。[72] 2009 年 5 月，瑞典斯德哥尔摩大学与德国波茨坦气候影响研究所等专家组成的一个研究小组在美国《水资源研究》杂志上发表的论文称，如果人类能够合理管理和科学利用各种水资源，将能缓解全球未来可能出现的粮食危机。

报告指出，目前人类对水资源的管理和利用，往往更多地考虑"蓝水"，即来自河流和地下水的水资源，而忽视了"绿水"，即源于降水、存储于土壤并通过植被蒸发而消耗掉的水资源。这使人类应对水资源匮乏的措施受到限制。

该研究小组对地球的"蓝水"和"绿水"资源进行了量化分析。电脑模拟结果显示，到 2050 年，全球 36% 的人口将同时面临"蓝水"和"绿水"危机。这意味着，这些人口将因缺水而无法实现粮食自给。

报告说，为了应对因水资源匮乏而导致的粮食危机，人类在合理管理和科学利用"蓝水"资源的同时，也要对"绿水"资源进行科学管理和合理应用。全球气候变暖加剧和人类需求增加，将导致全球 30 多亿人面临严重缺水，如若科学利用"绿水"资源，不仅能大大减少面临缺水的人口，而且在"蓝水"资源缺乏的国家，人们依然能生产出足够的粮食。

（2）发现粮食贸易模式影响地下水过度消耗。[73] 2017 年 4 月，英国伦敦大学学院资源管理专家卡罗尔·达林牵头组成的一个研究团队在《自然》杂志发表的一项可持续发展研究成果显示，就全球绝大多数人口所在国家所消费的大部分进口粮食作物而言，生产这些作物的地区在过度利用地下水资源，这与现有粮食贸易模式有关。鉴定正在耗尽地下水供应的国家、作物和粮食贸易关系，或有助于推动提高全球粮食生产与地下水资源管理的可持续性。

蓄水层是富含水分的土壤或岩层，更是一种可为上亿人口提供水的地下资源。但目前在主要的粮食生产地区，蓄水层正在快速减少，其关键原因是人类的抽水灌溉。这种情况既影响本地的粮食生产可持续性，也通过国际粮食贸易进而影响到全球的粮食生产可持续性。不过，对于国际粮食贸易对地下水耗竭的详细影响，迄今人们仍知之甚少。

鉴于此，该研究团队决定尝试量化这一关系。调查中他们发现，大约 11% 的非可持续性地下水抽取与粮食贸易相关，而巴基斯坦、美国和印度的粮食出口总量，占全球粮食贸易所耗地下水的 2/3，这些国家的出口产品主要为水稻和小麦作物。

研究结果显示，墨西哥、伊朗和美国等国的粮食和水危机风险居于高位，这是因为它们既生产粮食，又进口那些利用正在快速消耗的蓄水层进行灌溉而生产的粮食。

研究团队提出，有许多方法可以使灌溉用的地下水消耗最小化，譬如种植更抗旱作物，或规范地下水的抽取。此外他们认为，如果一个国家进口的粮食作物，是利用被过度消耗的蓄水层系统灌溉生产的，那么此类国家应该对可持续性灌溉做法予以支持。

（四）研究与保护高山冰川的新信息

1. 发现高山冰川体积正在不断缩小

（1）研究发现喜马拉雅山 75% 冰川萎缩。[74] 2011 年 5 月 16 日，《印度时报》报道，印度空间应用中心专家阿贾伊博士等人组成的一个研究小组通过比较 1989—2004 年的卫星图像，发现喜马拉雅山 75% 的冰川在萎缩。

报道说，在这个由印度环境和森林部等完成的项目中，研究人员比较了喜马拉雅山 2190 条冰川在不同时期的卫星图像。阿贾伊说："我们发现，75% 的冰川在萎缩，只有 8% 的冰川面积增长，17% 的冰川显示稳定。"虽然数据并不乐观，但阿贾伊表示，喜马拉雅山的多数冰川仍处于健康状态，不会在短时间内消失。

联合国政府间气候变化专门委员会曾报告说，喜马拉雅山的冰川可能会在 2035 年消逝，但此后发现这份报告并没有严谨的科学依据。

印度空间研究组织在 2010 年 3 月，曾公布一份对喜马拉雅山 1317 条冰川的研究，发现这些冰川自 1962 年以来萎缩了 16%。

（2）亚洲冰川这个可靠"水库"正在收缩。[75] 2019 年 6 月，英国南极调查局专家哈米什·普里查德单独在《自然》杂志上发表的研究报告显示，在亚洲，季节性冰川融水能满足约 2 亿人的基本用水需求，或者周边国家一年的市政和工业用水需求。或许，提起冰川融化，人们除了注意到海平面上升带来的风险，还应意识到其生态系统服务功能。

气候记录显示，亚洲冰川地区周边的干旱可能持续数年，并可能同时影响几个国家。干旱通常是由一系列弱夏季季风引起的。当降雨量较低时，河流、湖泊、水库和土壤开始干涸，但冰川能够在干旱的夏季继续融化，因此这些融水的供应不受干旱天气的影响。这意味着对于一些流域来说，冰川在抵御干旱维持水资源供应方面扮演着重要的角色，而此时下游的地区正面临着水资源短缺的压力。

在这项研究中，普里查德计算了亚洲高山冰川每年夏天释放的水量。这是由每年融水的量平衡降雪量，加上由于气候变暖导致冰川收缩而释放的额外水量组成的。结果显示，亚洲高山冰川夏季融水约 36 立方千米，足以满足 2.21 亿人的基本需求，或满足巴基斯坦、阿富汗、塔吉克斯坦、土库曼斯坦、乌兹别克斯坦和吉尔吉斯斯坦的大部分城市和工业年度需求。然而，由于冰川正在收缩，这种供应是不可持续的。平均来说，冰川每年流失的水量是新降雪带来水量的 1.6 倍。

如果没有这些冰川，在干旱的夏季，雅鲁藏布江上游地区的自然水资源供应将减少 15%，恒河上游地区供水将减少 14%，印度河上游地区将减少一半，咸海上游地区将减少 95%。普里查德说："这将使下游人口暴露在干旱引起的水压力峰值之下，可能对相关地区造成严重的不稳定。"

然而，目前人们对亚洲高山地区水资源的认识还存在许多空白。尤其是冰川的冰量难以测量，因此，普里查德正在推进喜马拉雅山河床图项目，以测量更多冰川的冰层厚度，2019 年下半年，该项目将在尼泊尔开始进行。另外，高山的降雪量同样鲜为人知。因此，他开发了一种测量高山降雪量的方法，希望在接下来的几年里能在喜马拉雅山上使用。

（3）发现瑞士冰川体积缩小一半。[76] 2022 年 8 月 22 日，法新社报道，瑞士苏黎世联邦理工学院丹尼尔·法利诺教授与瑞士联邦森林、雪地及景观研究所专家等共同组成的研究小组在《冰冻圈》杂志上发表论文称，他们重建了 1931 年瑞士冰川的模型，并与 21 世纪的相关数据相比较，最终得出结论：面对全球气候的不断变化，冰川体积在 1931—2016 年之间缩小了一半。

这项研究，涵盖瑞士约 86% 冰川区域的变化情况。研究人员比对不同年份图像之间的差异后发现，瑞士冰川体积变化巨大。例如，菲舍尔冰川在数十年间，由一片巨大的"白色海洋"消减到只剩零星遗存。此外，研究发现瑞士冰川体积的减少速度也在加快，仅在 2016 年之后的 6 年间，瑞士冰川体积就缩小了 12%。

研究人员在声明中表示，冰川的消退不是持续的，在 20 世纪 20 年代和 80 年代，瑞士冰川体积曾在短期内出现大规模增长。法利诺表示，尽管在未来，冰川存在短期内出现增长的可能，但其总体体积缩小的大趋势不可忽视。

2. 发现高山冰川发生崩塌现象

阿尔卑斯一座高山冰川发生崩塌。[77] 2022 年 7 月 4 日，国外媒体报道，7 月 3 日，意大利北部阿尔卑斯山脉马尔莫拉达山区一座高山冰川发生崩塌，造成至少 7 人死亡、多人受伤和失踪。有专家指出，此次事故原因可能与近日意大利遭遇极端高温天气有关。

据了解，马尔莫拉达山主峰海拔 3343 米，正常年份山顶温度一直在摄氏零度以下，但近日这座山所处的威尼托大区海平面温度高达 40℃，山顶温度因此升到 10℃ 左右。

专家介绍，最近 20 年来，冰川消融最强烈的区域出现在南安第斯山、新西兰、阿拉斯加、欧洲中部和冰岛。这次发生冰川崩塌的马尔莫拉达冰川位于欧洲中部地区，属于全球冰川消融最强烈的区域之一。

随着气候变暖加剧和冰川的消融，冰川不稳定性增强，灾害风险加剧，常见的灾害包括冰川崩塌、冰川跃动和冰湖溃决等。冰川崩塌的发生会诱发一连串的次生灾害，形成灾害链，从而放大了灾害后果，例如导致滑坡、冰碛物碎屑流、洪水和泥石流等。

3. 研究冰川快速消融原因的新发现

（1）发现气候变暖导致冰川体积大量减少。[78] 2015 年 4 月，加拿大科学家加里·克拉克、安德烈亚斯·维利等人组成的一个研究小组在《自然·地球科学》网络版发表研究报告称，与 2005 年相比，到 2100 年，加拿大西部的冰川体积将损失 70%。模拟显示，由冰川消融产生的冰水汇入河流的峰值，将出现在2020—2040 年间。

由于气候变暖的影响，全球范围内的高山冰川都在融化。这些冰川储存的水资源相当可观，而其流失可能影响到水资源的可用性。

克拉克等人针对加拿大西部的环境，开发出一套高清晰区域冰川模型，可以清楚模拟冰川滑动的物理情况。套用多个全球气候模型集成获得的气候变化假设条件，他们发现沿海区域的冰川，有可能出现冰川体积大量减少的情况，但仍然存在。但内陆地区的冰川，则有可能完全消失。

维利认为，在此项研究中，冰川消退如此迅速，将会对区域水文学、水资源以及未来格局产生重要影响。

（2）研究证实大气污染物会加速冰川消融。[79] 2019 年 7 月，中国科学院冰冻圈科学国家重点实验室康世昌研究员领导的研究团队在《国家科学评论》期刊上发表研究成果称，他们研究证实了大气污染物与冰冻圈退缩存在重要关联。

康世昌介绍，以青藏高原为主体的第三极地区是全球中低纬度地区冰冻圈最为发育的区域。当前，第三极冰川快速退缩、冻土显著退化，对其变化机理及其影响的研究广受关注。

研究显示，大气污染物特别是具有吸光性的黑碳气溶胶等沉降到冰川、积雪后，可降低雪冰表面反照率，进而促进冰冻圈的消融；同时，冰冻圈贮存的重金属和持久性有机污染物等可随冰冻圈消融而释放，对区域生态环境造成潜在影响。

相关监测和分析数据可有力支撑这一结论。根据研究团队 2015 年得到的数据，黑碳和粉尘对地处青藏高原东南部的仁龙巴冰川等 4 条冰川消融的影响量可达 15%。同时，通过对祁连山老虎沟 12 号冰川的监测和模拟研究，研究人员发现，黑碳和粉尘分别可以贡献冰川消融的 22.3% 和 19.5%，而天山乌鲁木齐河源 1 号冰川自 1984 年之后，受黑碳、粉尘等吸光性物质影响，冰川消融加剧了约 26%。

研究团队经综合分析认为，南亚等周边地区的大气污染物通过高空和山谷输入青藏高原并加速了冰冻圈消融，进而对区域生态环境造成潜在影响。

4. 保护冰川生态环境的新举措

为冰川覆盖土工布以遏制其消融之势。[80] 2021 年 1 月 1 日，新华社报道，中国科学院西北生态环境资源研究院王飞腾研究员率领的研究团队经过近半年探索后发现，利用人工措施为冰川"盖被子"，能够在冰面阻挡太阳辐射和冰面的热交换，达到减缓冰川消融之势的目的。

2020 年 8 月，研究团队在位于四川省阿坝藏族羌族自治州黑水县境内的达古冰川消融带，建立了 500 平方米的试验区。他们为试验区覆盖了一层环保绿色的土工布，以起到隔热效果，减缓冰川消融。

研究人员发现，"盖被子"区域的冰体消融速度减缓。王飞腾说："'盖被子'地方比不'盖被子'地方冰的厚度高了一米，这高出来的一米就是'盖被子'的效果。"

据介绍，研究团队还采用了冰川 3D 激光扫描雷达对冰川进行测量，进一步定量研究冰川"盖被子"试验的效果，为接下来冰川消融减缓试验提供精确的数据支撑。

研究人员表示，我国面积小于 1 平方千米的小冰川很多。一旦小冰川呈现全面消融态势，如果不加以人工干预，则很难逆转，因此需要科技工作者不断探索和尝试新办法，以减缓气候变化对冰川带来的影响。接下来，他们还将在受气候变化影响显著的冰川和旅游价值丰富的冰川，试验和推广人工覆盖隔热的措施。

第二章　防治和减轻气象灾害研究的新信息

　　气象灾害，一般指大气变化对人类生命财产和社会经济等造成的各种损害，它是出现频率最高而又相当严重的自然灾害。气象灾害内含的种类很多，前一章分析的洪涝灾害和干旱灾害，实际上也是其重要组成部分，本书为了突出重点以加深读者印象，才将它们独立出来。21 世纪以来，国内外在气候变化及其影响领域的研究主要集中于：探索全球气候变化趋势和极地气候变化状况。探索气候变化带来的雾霾灾害、风暴与旱涝灾害，以及造成的经济损失与灾难性危险。探索温室气体、臭氧层、气溶胶污染物、浮游粉尘、北极冻土融化等因素对气候变化的影响。探索气候变化对生物生存、动物体型和行为方式、植物生理现象及其种类变迁的影响。同时，探索应对气候变化的新方法与新设备。在防治温室效应加重领域的研究主要集中于：分析温室气体种类、排放惯性和浓度，出台减少温室气体排放的新措施。研究二氧化碳浓度变化，探索捕获和封存二氧化碳，利用二氧化碳制造燃料，拓展二氧化碳的新用途。在防治和减轻高温灾害领域的研究主要集中于：揭示全球各地破纪录的高温天气，研究高温天气的发展趋势，探索形成和加剧高温天气的原因。发明用来评估和预测热浪量级的气候指数，开发防治高温灾害的新技术，研制防高温或耐高温的新材料。在防治冷冻灾害领域的研究主要集中于：加强防治雪崩灾害的探索，开发防治公路积雪危害的新技术，研制出耐极寒有机黏接剂和锂离子电池。探索生物防冷抗冻蛋白质及酶，揭示生物防冷抗冻基因，培育防冷抗冻农作物。在防治和减轻雷暴灾害领域的研究主要集中于：发现北极地区遭遇连续雷暴，发现全球闪电最密集地区，测量到有史以来最长闪电，发现全球变暖致使闪电活动更加频繁。通过制造人工闪电研究雷暴灾害，开发出闪电活动预测模型，研究铁路和航空部门降低雷击风险的新方法。另外，推出微电容瞬变的避雷器件。

第一节　气候变化及其影响研究的新进展

一、研究气候变化及其带来的气象灾害

（一）探索全球气候变化趋势的新信息

1. 分析全球气候变暖趋势的新发现

（1）全球气候模型预测显示气候变暖趋势无法改变。[1]2012 年 7 月，俄罗斯媒体报道，气候变化是人类遇到的主要问题之一，各国学者也一直致力于研究出更加精准的全球气候变化预测模型。日前，俄罗斯科学院大气物理研究所一个研究小组，利用其最新研制出的全球气候模型，预测未来 300 年的全球气候变化。根据其预测结果，即使人类保持最为谨慎的活动，也无法改变全球气候变暖的趋势。

研究小组为该模型设定测试了三种前提情况：

其一，研究人员以当前人类活动情景作为气候模型预测基础，同时也考虑人类生产活动强度、温室气体排放量、平流层及对流层中硫酸盐悬浮物变化，以及太阳辐射等常量数据和农业种植面积变化等因素，对 850—2300 年间的气候进行了多次推演试验。结果显示，气候模型真实地反映了全球过去和现在的气候变化，包括地表气温变化。1906—2005 年，温度上升的速度为每百年（ 0.74 ± 0.18 ）℃。

至于未来气候变化，21 世纪全球气温根据人类生产活动的强度不同将升高 1.1~2.9℃。如果将人类的活动降为最小，那么最乐观的预测结果，是 23 世纪末全球温度与 21 世纪末相比降低 0.5℃，不过这个温度也比现在高 0.6℃。因此，气候变暖将导致靠近北极的永冻层开始融化，其分布面积开始缩小，而 300 年过后部分永冻层得以恢复，面积将达到 1200 万平方千米。

其二，研究人员采用较为严重的情景进行预测，结果显示，22 世纪至 23 世纪全球气候变暖，温度将升高 0.2~3.3℃，而北半球北回归线以北的大陆则升高 6~10℃，永冻层的面积将由目前的 1800 万平方千米缩小到 400 万 ~1100 万平方千米。如果将人类 22 世纪至 23 世纪的活动强度设为最大，那么全球的永冻层就

全部消失，不复存在。

其三，研究人员指出，如果全球气候变暖的趋势一直持续的话，将导致二氧化碳的排放大于吸收，地球生态系统现在可能正在向大气中排放二氧化碳，而不是像 20 世纪那样吸收二氧化碳。这种情况如果继续到 21 世纪末，即便是最轻微的人类活动，也将导致地球生态系统向大气中排放二氧化碳。

（2）研究表明地球容不得温度升幅在限定值内再升半度。[2] 2016 年 4 月 21日，国外媒体报道，史上首个关于气候变化的全球性协定《巴黎协定》提出，将全球平均温度升幅与前工业化时期相比控制在 2℃以内，并继续努力、争取把温度升幅限定在 1.5℃内。瑞士与德国、奥地利、荷兰等国科学家联合组成的研究小组在《地球系统动力学》上发表的研究报告认为，如果全球温度升幅从 1.5℃到 2℃，这增加的 0.5℃，将会给气候变化带来重大影响。

他们的研究表明，到 2100 年，因全球变暖，如果温度升幅从 1.5~2℃，这增加的 0.5℃将意味着全球海平面将再上升 10 厘米，并且较长时间的热浪会导致几乎所有的热带珊瑚礁处于危险之中。研究人员表示，他们考虑了 11 个不同的指标，包括极端天气事件、水的供应、农作物产量、珊瑚礁退化和海平面上升等，研究显示，温度升高 1.5℃和 2℃，这些指标将有显著的差异变化。

他们发现，在全球一些热点地区，预计温度升幅 2℃的话，其对气候的影响显著大于 1.5℃的情况，例如地中海地区，会遭遇因气候变化引起的持续干燥。随着全球气温上升 1.5℃，该地区的淡水供应将比 20 世纪末减少 10%。而上升 2℃时，研究人员预计淡水供应则会减少 80% 左右。

在热带地区，因这 0.5℃升温造成的气候变化的差异可能对农作物产量带来不利后果，特别是在美国中部和非洲西部。平均而言，当气温升幅从 1.5℃上升到 2℃，当地热带玉米和小麦减产的数量将增加两倍。

研究结果进一步表明，气候风险发生的威胁程度超出之前的想象，并为支持应对气候变暖脆弱的国家发出的呼吁提供了科学证据。

2. 分析气候变化趋势对地球磁场关系的新发现

发现气候变化具有长期影响地球磁场强度的趋势。[3] 2013 年 9 月，日本海洋研究开发机构的一个研究小组在《物理评论快报》杂志上发表论文称，他们研究发现，地球磁场强度发生变动是由于极地冰盖增减，导致地球自转速度出现变化造成的。这将有助于研究气候变化与地球磁场变化之间的关系。

地球磁场不仅能避免对生物来说有害的宇宙射线和太阳风，还能防止大气的散逸。科学界早已认识到，地球磁场是不断变化的，不仅强度不恒定，磁极也会发生变化。最近的一次磁极逆转发生在约70万年前。通过调查海底沉积物，也发现了地球磁场强度曾出现大幅变动的证据，不过与气候变化之间存在怎样的关联并不清楚。

地球以数万年为一个周期，反复出现高纬度地区被冰盖覆盖的冰川期和冰川衰退、比较温暖的间冰期。

研究小组发现，冰盖大小出现变化后，地球自转速度就会受到影响。他们为了调查地球自转速度变化与地球磁场变化的关系，利用计算机模型推算发现，地球磁场强度会随地球自转速度的变化而变化。即使自转速度只有2%的变化，磁场强度的变化会达到20%~30%。

这一研究成果显示，地球磁场会受到气候变化趋势的长期影响。研究人员认为，由于全球气候在变暖，冰盖正在不断减少，虽然规模还相当小，但是地球的自转速度和磁场强度有可能相应出现变化。

（二）探索地球极地气候变化的新信息

1. 研究南极地区气候变化的新进展

（1）发现南极冰芯含有过去大规模气象变迁痕迹。[4] 2017年3月，日本理化学研究所一个研究小组在《地球化学杂志》网络版上发表研究成果称，他们对2001年在南极内陆挖掘的含有各种成分的冰芯进行离子浓度分析，结果发现，冰芯存在来自平流层的成分和过去大规模气象变化的痕迹。

南极内陆被厚度平均超过2000米的冰床覆盖。冰床由降雪堆积而成，以各种形式保存着过去的气候变动和环境变迁等信息。日本南极科考队在南极富士圆顶附近，钻探到超过3000米深的冰芯，这些冰芯的历史可追溯至72万年前；而深约至85米的浅层部分则有2000年历史。迄今为止，科学家尚未对南极冰芯按年份进行系统分析，而此类分析能够发现详细的化学特征，获得过去气候变动和环境变迁的重要信息。特别是浅层冰芯记录了人类历史活动，可以评估自然现象和人类活动对气候和环境的影响。

研究小组在报告中说，他们把65~7.7米深的冰芯，按年份划分（每一年份为3~4厘米），600—1900年，并制作出1435个冰芯样本。随后，利用高感度离子色谱装置，对10种负离子和5种阳离子浓度进行测定，精度在5%之内。结果发现，1435个样本的平均化学成分与来自海水的海盐成分完全不同。

研究小组解释说，这是因为南极富士圆顶附近雪中含有的物质，不仅是对流层，即距地表约8千米从沿海运送来的海盐等物质，还有从平流层，即距地表8

千米至 50 千米而来的众多其他物质。研究人员对各种离子浓度进行分析，结果发现了数个样本的钠离子和氯离子浓度非常高。这显示出，在冰芯记录的 1300 年间，至少发生了数次大规模的气象变动现象，即非常大的低气压侵入内陆，气流从沿海携带海盐成分至南极内陆。但引起这种气象的原因，还有待今后研究。

（2）首次量化气候变化对南极无冰区的影响。[5] 2017 年 7 月，澳大利亚昆士兰大学生态学家贾斯敏·李领导的一个研究小组在《自然》杂志发表的一篇论文，报告了关于 21 世纪气候变化对南极无冰区影响的量化评估结果，这在国际生态研究上尚属第一次。

无冰区仅占南极洲面积的 1%，但却是南极全部陆地生物多样性的所在。一直以来，无冰区基本被研究人员忽略了，因此，有关气候变化对于南极物种、生态系统及其未来保护的影响，存在着较大的认知空白。

长期以来，大量资源都被用来研究气候变化对于南极冰盖和海平面的影响。相比之下，人们近年来才开始评估气候变化及相关冰融对南极原生物种，如海豹、海鸟、节肢动物、线虫、微生物和植物等的影响。

此次，澳大利亚研究小组发现，南极半岛未来的预期气候变化最大。在联合国政府间气候变化专门委员会模拟的两种气候作用力场景中，他们取其中更极端的一种场景：到 21 世纪末，无冰区将扩大约 1.7 万平方千米，增长近 25%；而南极半岛无冰区若扩大三倍，则可能彻底改变生物多样性栖息地。

南极洲栖息地扩大和连通性提高，一般被解读为对生物多样性变化有正向意义。但现在科学家们仍不清楚其潜在的负面效应是否会超过生物多样性收益。论文作者假设，这些变化最终也可能导致区域尺度上生物同质化，竞争力较弱物种灭绝，入侵物种扩散。

他们研究的结论表示，如果温室气体排放减少，并且人为造成的升温维持在 2℃以内，那么，无冰区栖息地以及依赖于它们的生物多样性，所受影响将有望降低。

2. 研究北极地区气候变化的新进展

（1）多国科学家同赴北极研究气候变化。[6] 2019 年 9 月 23 日，新华社报道，来自 19 个国家的科学家团队日前乘坐德国"北极星"科考船前往北极。他们要在为期一年的全季节周期里，以北极为中心，展开对全球气候变化的科学研究。这是迄今最大规模的北极科学考察项目。

这一科考项目耗资约 1.4 亿欧元。据项目官网介绍，来自德国、美国、中国、俄罗斯等 19 个国家，超过 70 个科研机构的联合科学家团队，已于 20 日夜间乘船从挪威北部特罗姆瑟起航，目前正在奔赴北极途中。

团队途中就会在冰上布置科研观测站，科学家会轮流开展各项科学研究。据悉，整个项目期间参与其中的科学家约有 600 人。

团队负责人、来自德国阿尔弗雷德·韦格纳研究所的马库斯·雷克斯，在出行前新闻发布会上介绍，他们希望能在北极收集急需的数据和信息来理解地球气候。

雷克斯说，北极是全球"气候变化的中心"，却是人类在气候系统中了解最少的一环。在当前气候研究领域的诸多气候模型中，北极地区都是存在"最大不确定性"的区域，但又是全球变暖最快速的地区。

（2）研究显示因三十年升温 10℃ 而正在形成"新北极"。[7] 2020 年 9 月，美国科罗拉多州国家大气研究中心劳拉·兰德勒姆和玛丽卡·霍兰德等专家组成的研究小组在《自然·气候变化》杂志上发表研究成果，他们的研究显示，长期冻结的北极地区已经开始进入全新的气候系统，其特征是冰层融化、温度上升和降雨天数的增加，这三个数值已远远超出了以往的观测范围。

挪威的朗伊尔城位于斯瓦尔巴群岛上、朗伊尔河谷的下游，这里地处北纬 78 度，距离北极点只有 1300 千米，是世界上距离北极最近的城市。这里曾经冰川覆盖率高达约 60%，岛上有白雪皑皑的山脉和绵延不绝的峡湾。如今，全球变暖正在对斯瓦尔巴群岛产生巨大的影响。根据挪威的气象数据，过去 30 年来，该岛冬季平均气温上升了 10℃，这对当地整个生态系统造成了破坏。

研究小组专门考察了北冰洋海冰面积、气温和降水模式的变化。他们发现，海冰减少的变化程度远超过去几十年。换句话说，在气候变化的推动下，至少有一个信号意味着"新北极"已经出现，即海冰的减少。

随着时间的推移，海冰减少的情况只会变得更糟糕。在极端气候下，夏季海冰覆盖面积最晚将在 21 世纪 70 年代降至 100 万平方千米以下。大多数科学家认为，这意味着北极"无冰"状态出现的时间将会提前。

据了解，海冰会对北极的温度产生深远的影响。冰有一个明亮的反射性表面，有助于将太阳光从地球上散射出去。厚厚的海冰还有助于使海洋隔热，在冬天将热量"锁"在地下，并防止热量"逃逸"到北极寒冷的空气中。随着海冰变薄和消失，海洋在夏天能够吸收更多的热量。而在冬天，热量将会轻易穿过变薄的冰层散逸到空中，从而使大气变暖。

而海冰减少的研究结果证实，一个新的北极已经出现。如果全球气温继续以目前的速度上升，21 世纪末之前，全球气候系统将会变得"面目全非"。海冰的变化是一个明确的迹象，这表明气候变化不是未来的问题，它已经极大程度上重塑了今天的地球。同时，这也为北极生态系统和依赖它生存的人类带来巨大的困扰和担忧。

"新北极"将变得更温暖、更多雨、冰层面积更少。过去常见的动物可能会消失，取而代之的是新迁入的物种。人类利用海冰狩猎和捕鱼的机会也可能会减少。兰德勒姆说："人类需要立即采取行动。对那些生活在北极的人们来说，无论是人类、动物还是植物，气候变化都不是未来的事，这是此刻正在发生的事情。"

（3）发现气候变暖使北极冰湖融化逐步提早。[8]2016 年 12 月，英国南安普敦大学教授贾杜·达什等专家组成的一个研究团队在《科学报告》杂志上发表论文称，北极那些冬季冰封的湖泊会在每年春季升温时融化，他们的研究结果显示，在全球变暖的大背景下，这些冰湖的融化时间正呈现越来越早的趋势。

研究团队通过卫星图像对北极地区 1.3 万多个湖泊在 2000—2013 年间的结冰和融化状况进行长期观察。这些湖泊分布在北极地区的 5 个区域：阿拉斯加、西伯利亚东北部、西伯利亚中部、加拿大东北部和欧洲北部。

他们的论文显示，在这一期间，结冰湖泊在春季开始融化的时间每年平均会提前一天。达什说，这一观察结果与其他相关研究成果都进一步展示了不断升高的气温，对北极地区带来的影响。

此外，研究人员还观察到，晚秋时节这些北极地区的湖泊表面开始结冰的时间点也比以往推迟，导致整个结冰期缩短，但研究人员强调这还需要进一步的观察来确认。

（4）气候变暖或会引发北极永久冻土内汞释放。[9]2018 年 2 月，美国地质勘探局的水文学家保罗·舒斯特领导的一个研究小组在《地球物理研究快报》杂志上发表研究报告称，他们在北半球永久冻土内发现了大量的天然汞。分析显示，其数量相当于人类以往 30 年所排放汞的 10 倍。随着气候变暖，这一层冻土有消融的危险，可能会对全球人类健康和生态系统产生重大影响。

汞俗称水银，是自然界存在的元素，会与植物结合。通常植物腐烂分解时，会把汞释放到大气中，但北极地区植物不会完全分解，因此造成汞留在植物中。

该研究小组对阿拉斯加北部 13 个地点的永久冻土进行了深入钻探，结果在其中发现了大量的汞，约为 7.93 亿千克。基于 2016 年的数据，这几乎是过去 30 年来人类排放出的汞数量的 10 倍。而据研究人员估计，北部冻土内的汞储量总和为 16.56 亿千克，这使其成为已知的地球上最大"汞库"。

舒斯特表示，此前科学家已经了解全球汞循环会给北极带去汞，但却没想到数量如此之高。这一发现极大地改变了科学家对全球汞循环的认识。

更严重的是，这层冻土有因气温升高和气候变化而解冻的危险。汞释放起初会对北极野生动物造成风险，但最终将分散到整个地球。目前，该"汞库"对人类和食物链的影响仍是未知数，因为尚不清楚有多少会随着地球变暖进入生态系统。在某些形式下，汞是一种强大的神经毒素，会侵害中枢神经系统，引发行动障碍、出生缺陷等问题，当汞在食物链中传播下去，处在食物链顶端的人类因此也会遭受影响。而这些都是研究人员目前要量化和估算的重点。

（5）气候变暖使北极降雨量超过降雪量的时间早于预期。[10]2021年11月30日，加拿大曼尼托巴大学气候学专家米歇尔·麦克克里斯托尔及其同事组成的一个研究团队在《自然·通讯》杂志网络版上发表论文称，他们研究表明，北极降雨量增加速率可能高于此前的预测，北极总降雨量超过降雪量的时间可能比此前认为的早数十年，并造成多种气候、生态系统和社会经济后果。

人们已经知道极地变暖的速度快于全球其他地方，在该区域造成巨大的环境变化。研究表明，在21世纪某个阶段，北极降雨量会超过降雪量，但还不清楚这一转变将于何时发生。

此次，该研究团队利用耦合模式比较计划的最新预测，评估了到2100年的北极水循环。研究人员发现，预计降水（如降雨和降雪）在所有季节都将增加。依季节和地区不同，预计降雨成为主要降水形式的时间，会比此前估计早10~20年，这与变暖加重和海冰更快减退有关。例如，此前的模型预计北极中心将于2090年转变为以降雨为主，但现在预计这一转变将发生于2060年或2070年。

研究人员认为，北极转变为以降雨为主的温度起点，可能比此前模型估计的更低，甚至某些地区可能只需变暖1.5℃即会发生这种转变，如格陵兰地区。研究团队指出，我们需要更严格的气候缓解政策，因为当北极降水转变为以降雨为主，将会影响冰层融化、河流和野生动物种群，并且有重大的社会、生态、文化和经济影响。

（三）探索气候变化带来的雾霾灾害

1. 研究大气中细颗粒物霾的新进展

（1）PM2.5首次成为霾预警指标。[11]2013年1月29日，《中国科学报》报道，1月28日，中国气象局预报与网络司针对霾预警信号标准进行修订，首次把PM2.5作为发布预警的重要指标之一。同日，中央气象台首次单独发布霾预警。

据了解，此次修订把霾预警分为黄色、橙色、红色三级，分别对应中度霾、重度霾和极重霾，以反映空气污染的不同状况。在预警级别的划分中，首次把反映空气质量的 PM2.5 浓度与大气能见度、相对湿度等气象要素并列为预警分级的重要指标，使霾预警不仅反映大气视程条件变化，更体现空气污染或大气成分的状态。同时，在霾预警中引入 PM2.5 浓度指标，也使得单独发布霾预警更具科学性和可操作性。

据介绍，雾由水汽组成，霾则由大量 PM2.5 等颗粒物飘浮在空气中而形成，一般呈灰色或黄色，是污染源排放和气象条件共同作用的结果。霾对百姓日常生活的影响较大，因此，针对霾的预警要兼顾时效性和准确性，在条件许可的情况下尽可能提前发布。

另外，据 2013 年 4 月 19 日央视新闻网报道，在征询了相关部门和专家的意见后，PM2.5 的中文名字，今天终于尘埃落定，叫作"细颗粒物"。

（2）研制能分析空气中单个霾微粒的光学显微镜。[12] 2014 年 2 月，日本媒体报道，日本工学院大学教授坂本哲夫等人组成的研究小组宣布，他们开发出一种新型光学显微镜，能够分析大气中细颗粒物（PM2.5）的单个霾微粒成分和内部结构，从而帮助鉴定这些霾微粒的来源、成分比以及对人体的危害程度。

PM2.5 微粒是空气中直径小于等于 2.5 微米的颗粒物，它们能较长时间悬浮于空气中，导致污染。此前由于技术限制，通常只能分析这些微粒的平均成分，难以探清每个微粒的特征。研究人员报告说，通过让显微镜内产生大量离子，形成直径约 0.04 微米的离子束，可以切断 PM2.5 微粒或者削掉霾微粒表面，让他们能够观察霾微粒的内部结构。分析结果可以直观地以图像形式显示在计算机上。

PM2.5 微粒有各种来源，如燃烧煤炭和石油时产生的气体，在大气中发生化学反应形成的硫酸盐和硝酸盐等。坂本哲夫说，希望能利用新型装置更好地分析出相关微粒的特征和源头，从而采取相应的治理措施。

2. 研究雾霾天气成因的新进展

（1）指出导致雾霾天气频发主要有三大原因。[13] 2013 年 2 月 14 日，中国新闻网报道，中国气象局在 2 月新闻发布会上宣布，入冬以来，中东部大部地区雾霾频发，雾霾日数普遍在 5 天以上。气象专家表示，造成近期雾霾天气偏多、偏重的原因，主要有以下三方面。

一是 1 月影响我国的冷空气活动较常年偏弱，风速小，中东部大部地区稳定类大气条件出现频率明显偏多，尤其是华北地区高达 64.5%，为近 10 年最高，易造成污染物在近地面层积聚，从而导致雾霾天气多发。

二是我国冬季气溶胶背景浓度高，有利于催生雾霾形成。

三是雾霾天气会使近地层大气更加稳定，会加剧雾霾发展、加重大气污染。雾霾天气形成既受气象条件的影响，也与大气污染物排放增加有关，建议进一步加大大气环境治理和保护力度，特别是要加强多部门会商联动，完善静稳天气条件下大气污染物应急减排方案，以防范和控制重污染天气的出现。

（2）发现气候变化会加剧含有雾霾的空气停滞事件。[14] 2014 年 6 月 22 日，美国加利福尼亚州斯坦福大学气候建模研究人员丹尼尔·霍顿领导的一个研究小组在《自然·气候变化》杂志上发表研究成果称，气候变化将使全球许多地区的空气质量加剧恶化。到 21 世纪末，全世界超过一半的人口将暴露在越来越多的含有雾霾的空气停滞事件中，而这将使热带与亚热带地区首当其冲，遭遇更多空气污染的冲击。

研究小组利用 15 个全球气候模型，追踪空气停滞事件的数量，以及持续时间的变化情况。空气停滞事件是指静止的空气团发展，并使得煤烟、尘埃和臭氧在下层大气中积聚的现象，这是形成雾霾天气的重要原因。

含有雾霾的空气停滞事件，起因于 3 种气象条件：微风、低层大气稳定，以及一天里很少或根本没有降水将污染物冲走。

在一个高温室气体排放量的场景中，霍顿研究小组计算后发现，到 2099 年，55% 的全球人口，将经历越来越多的空气停滞事件。印度的大部分地区、墨西哥和亚马逊流域，每年将发生超过 40 天的空气停滞事件，这一数字相对于这些国家和地区，1986—2005 年的年平均空气停滞天数，分别增加了 40%、19% 和 28%。与此同时，研究人员在北半球高纬度地区、撒哈拉以南非洲和澳大利亚大部分地区，并没有发现较明显的变化。

研究人员随后将现有的人口数量，纳入计算以量化人类暴露在日常空气停滞事件，以及大气污染中的情况。结果表明，由此带来的影响在印度、墨西哥和美国西部变得尤为强烈。

霍顿指出，迄今为止，人类暴露总量的最大上升出现在印度，这可能缘于该国庞大的人口数量，以及空气停滞事件的增加。

研究人员指出，雾霾等室外空气污染物是罹患中风、心脏病、肺癌和包括哮喘在内的呼吸道疾病的一种重要致病因素。世界卫生组织（WHO）估计，在 2012 年，雾霾等室外空气污染物在全球导致了 370 万早逝病例。

霍顿认为，世界各国可以通过限制温室气体、细颗粒物，以及包括一氧化氮、二氧化氮和挥发性有机化合物在内的臭氧前体的排放，从而减轻空气污染的影响。

研究人员指出，最新的研究并没有考虑人口规模和分布的变化，或进入大气层的污染物的数量变化。但是，德国波茨坦市气候影响研究所城市气候学家苏珊娜·克拉克认为，这项研究仍然预示着可怕的后果。她说："这些停滞气团与极端高温混合在一起，将会使许多人最终坐在急诊室里。"

3. 研究雾霾致病机理的新进展

阐明雾霾导致呼吸道疾病的机理。[15]2015 年 12 月，浙江大学呼吸疾病研究所所长沈华浩教授负责的研究小组在细胞生物学专业期刊《自噬》杂志网络版上发表论文称，他们经过长期研究，首次阐明了超细颗粒物诱导气道炎症和黏液高分泌的一种新机制。

大气细颗粒物（PM）暴露可增加哮喘、慢性阻塞性肺疾病和肺癌等呼吸道疾病的发病率和病死率，但其致病机理却一直不清楚。该研究小组不久前通过高倍电子显微镜观察发现，只有头发丝 1/500~1/100 大小的超细颗粒物，能被内吞进入人体的气道上皮细胞，在细胞内沉积形成黑暗颗粒，继而诱发炎症反应和黏液高分泌。

在"细胞自噬"这一细胞的自我保护行为作用下，细胞会试图通过"自噬"包裹住这些黑暗颗粒并降解这些侵入的超细颗粒、无用蛋白质等。然而，由于这些超细颗粒含有大量无机碳、重金属等有毒物质，很难被细胞自噬降解。在一系列复杂过程下，最终导致了气道炎症和黏液的大量分泌，最终引发慢性呼吸道疾病。

这也是科学家们在全球范围内，首次证实细胞自噬行为与雾霾导致的气道疾病之间的关系。沈华浩说："运用反向推导可知，如果能够阻断细胞的自噬过程，就能有效降低气道疾病反应。"如果这个结论成立，可望为因雾霾导致的相关呼吸疾病提供全新的治疗突破点。目前，研究人员已在小白鼠等小动物身上，通过阻断细胞自噬行为，成功论证了这一理论。

4. 研究精确探测近地雾霾的新技术

运用激光雷达实现近地雾霾的高清探测。[16]2019 年 12 月，中国科学院合肥物质科学研究院副研究员王珍珠等人组成的研究团队在《地球与空间科学》杂志发表论文称，他们研究探霾激光雷达取得新进展，可消除传统探测技术的盲区，更加精确、清晰地对从地面到 500 米高空的近地雾霾进行垂直立体探测，有助于解析污染成因从而精准治霾。

激光雷达是探测雾霾的先进技术手段，近年来由中国科学院合肥物质科学研究院牵头研制的我国新型探霾激光雷达项目，可实时监测从地面到 10 千米高空范围内的雾霾分布并分析其成分，目前已在国内京津冀、长三角、川渝等多个区域组网观测。

但这种新型雷达采用的后向散射技术方案，在近地面探测方面存在盲区，对 500 米以下范围的雾霾探测效果有待进一步改善。

近期，该研究团队基于双成像探测器件和连续激光器，采用侧向散射技术方案，研发出一种激光雷达新技术，可对从地面到 2 千米高空范围内的雾霾进行精确、清晰的垂直立体探测，解决了从地面到 500 米高空范围内存在的近地面盲区问题。经外场试验表明此项技术可行，并具备核心器件国产化、小型化、成本低等优点。

王珍珠说："近地面空间与人类的生产生活联系最紧密，新技术使得我们无论是白天还是夜晚，都可以对雾霾进行高精度的探测和研究，为进一步治理提供依据。"

5. 开发防治雾霾天气的新材料

（1）研制能大幅降低雾霾威胁的防微尘窗纱。[17] 2015 年 6 月 26 日，德国璀泰可公司（Trittec AG）在北京举行中国市场战略合作伙伴签约仪式授权，宣布在 130 多个城市正式发售不用电、安装方便、无后续费用，微尘阻隔率却高达 73.6% 的防微尘窗纱。此款被业界认为是"全球首款真正的防微尘窗纱"，将有利于大幅降低雾霾对城市居民的健康威胁。

璀泰可公司（中国）总经理吴彤介绍，这款防微尘窗纱是《在居住环境下由静电支持的花粉和微尘降低》科研项目的最新成果，该项目由德国经济部出资。发明者克鲁格先生介绍，雾霾是自外而内的污染，应该改变传统净化设备污染后的被动净化方式，尽可能的将微尘污染阻隔在室外。

据悉，这种防微尘窗纱，采用"高磁纤维"材料制成，当风拂过，就会因摩擦而产生不被人感知的负极静电，并长时间维持。绝大部分微尘因携带负电粒子，在"负负相斥"的作用下被阻隔在外；而携带正电粒子的微尘靠近时，就会被迅速吸附。它和普通窗纱相比，网格密度基本相似，但采光性、透气性更好。窗纱上有灰尘时，只需用棉布蘸清水擦拭即可。

2015 年 2 月 27 日该纱窗在德国正式发布后，被业界惊呼为"一块神奇的窗纱"，据中国国家级实验室出具的检测报告显示：在室外 PM2.5 ≥ 500，人们被警告尽量不要留在室外的情况下，安装此窗纱，在通风状态下室内空气指标仍处于"优、良"状态。德国璀泰可公司拥有此防微尘窗纱的完整技术，并已经在中国及欧美申请专利保护。

（2）研制出可净化室内雾霾的"智能窗纱"。[18]2019 年 2 月，中国科学技术大学俞书宏教授率领的研究团队在《交叉科学》杂志发表研究成果称，他们通过"浸染自组装"方法研制出一种制备速度快、成本低廉的"智能窗纱"材料，对室内空气的净化效率最高可达 99.65%，能在 50 秒内将空气中的 PM2.5 浓度从"严重污染"净化至"优"。

大气污染是当前困扰人类社会的重要问题，近年来，科研人员提出了静电吸附、聚合物纤维吸附等多种方案，用于收集过滤室内漂浮的雾霾微粒。但依据这些方案制备的"智能窗户"价格昂贵。

该研究团队以传统的商业尼龙网纱（聚酰胺）为基底，成功研制出超大面积的柔性透明"智能窗纱"材料。据介绍，制备约 7.5 平方米的"智能窗纱"成本仅需约 100 元人民币。这种材料不仅能够和热致变色染料相结合，改变室内的光照强度，还能作为高效的雾霾收集器净化室内空气。

同时，这种"智能窗纱"在净化雾霾之后，只需在乙醇中浸泡 20 分钟，就可以清洗干净并再次使用。经过上百次的重复循环，其净化效率依然保持稳定。

（四）探索气候变化带来的风暴与旱涝灾害

1. 气候变化带来的风暴灾害

发现气候变化或致欧美风暴发生频率增加两倍。[19]2018 年 11 月 27 日，英国埃克塞特大学气候专家马特·哈考夫特领导的一个研究小组在《环境研究通讯》杂志上发表论文称，如果气候变化按当前趋势继续发展，到 21 世纪末欧洲和北美的强风暴发生频率可能增加两倍。

研究人员在论文中写道，他们利用最新计算模型及风暴追踪技术分析了当前以及未来的风暴形成情况，结果发现，除非温室气体排放量出现显著下降，北半球大范围区域内温带气旋发生频率预计将大幅上升。

研究人员表示，温带气旋中心气压低于四周，对北美及欧洲大范围区域内的天气变化有着重要影响。温带气旋增多，强风暴也变得越加频繁，这将给欧美带来更大规模的洪涝灾害，从而给当地社区带来严重冲击。

哈考夫特说，这项研究评估了气候变化对欧美温带气旋发生频率和强度的影响，发现欧美的强风暴发生频率到 21 世纪末可能增加两倍，相信这些信息将为有关政策制定及气候适应规划提供帮助。

2. 气候变化带来的旱涝灾害

（1）发现全球变暖导致各地极端降水增加。[20] 2016 年 3 月 8 日，澳大利亚新南威尔士大学气候科学家马库斯·多纳特主持的一个研究团队在《自然·气候变化》杂志上发表论文称，气候变化已经开始导致全球大部分地区极端降雨和降雪的增加，哪怕在干旱地区也是如此，并指出这种趋势将随着全球气候变暖持续下去。

多纳特表示："无论在潮湿还是干旱的地区，我们都能看到强降水显著而猛烈地增加。"

温暖的空气中含有更多的水分，而之前的研究发现，全球变暖已经增加了极端降水事件的可能性。但对于其如何在区域尺度上发挥作用，气候模型通常有不同的结论。一些模型显示，干旱地区可能变得更加干燥，然而新的发现证实，这种情况并非适用于所有地区。实际上，一些地区会越来越干燥，但大多数地区则变得更加湿润。

苏黎世瑞士联邦理工学院气候科学家索尼雅·塞内维拉特指出："这篇论文是有说服力的，并且提供了一些有用的见解。"他说："这项工作的新颖之处在于，证明了在干旱地区观察到的变化。"

多纳特研究团队把"极端降水"定义为一天中的最大降雨或降雪量，并采集了约 1.1 万个气象站 1951—2010 年的极端降水数据。

研究人员确定了比全球平均水平更潮湿和更干旱的地区，然后跟踪了日常降水情况的变化，以及这些地区积累的年降水量。

研究结果表明，在干旱地区年降水量和极端降水每十年增加 1%~2%，这些地区包括北美洲西部、澳大利亚和亚洲部分地区。而包括北美洲东部和东南亚在内的潮湿地区，在极端降水的规模上则表现出了类似的增加，而年降水量则增加得较少。

研究人员随后把实际观察结果，与根据政府间气候变化专门委员会第五次评估报告开发的气候模型进行比较。多纳特表示，全球气候模型很难模拟极端条件，并且在局部和区域尺度上它们经常会讲述不同的故事。

为了解决这个问题并确定一致的降水模式，研究人员着眼于随着气候变暖，每个单一模型的湿润与干旱地区是如何变化的。虽然每个模型对于在哪里以及如何降雨降雪存在差异，但它们都在自身模拟的气候中表现出了相同的趋势：随着温度上升，极端降水在最潮湿和最干旱的地区都在增加。多纳特表示："我们在观测结果和模型之间取得了很好的一致。"

（2）发现气候变化将给欧洲带来更多强降雨天气。[21]2021年7月，英国纽卡斯尔大学工程学院海利·福勒教授及其同事与英国气象局学者共同组成的一个研究小组在《地球物理通讯》杂志上发表论文称，连日来，欧洲多地持续暴雨引发洪涝灾害，冲毁大量房屋和道路，致使上百人遇难。他们研究发现，受气候变化影响，未来产生强降雨风暴在欧洲发生的频率，可能会显著增加。

研究小组使用英国气象局哈德利中心先进的气候模型进行分析。结果发现，在欧洲产生强降雨风暴可能会随着气候变化而移动得更慢，而这种较慢的风暴运动，会增加当地积累的降雨量，从而使整个欧洲发生洪涝的风险增加。

研究人员说，目前，这种移动缓慢的强风暴在欧洲并不常见，但未来在整个欧洲大陆的发生概率都将增加。该研究的预测显示，在温室气体高排放的情景下，到21世纪末，缓慢移动的强风暴在欧洲大陆发生的频率可能会增加14倍。

福勒指出，这项研究表明，极端风暴会导致整个欧洲发生毁灭性洪涝的频率增加。他说："这项研究与当前欧洲发生的洪涝一起敲响了警钟，需要我们改进紧急预警和管理系统，并将气候变化安全因素纳入我们的基础设施设计中，以使其在面对这些恶劣天气事件时更加稳固。"

研究人员表示，准确预测强降雨事件的未来变化，是制定有效适应和缓解计划的关键，从而帮助降低气候变化带来的不利影响。

（五）探索气候灾害造成的经济损失与灾难性危险

1. 揭示主要气候灾害造成的经济损失

报告2021年十大气候灾害导致的经济损失。[22]2021年12月27日，英国广播公司报道，英国一家援助机构的最新报告显示，2021年十大气候灾害造成的损失超过1700亿美元，比2020年多出200亿美元。

2021年全球范围内造成损失最严重的气象灾害，为8—9月间席卷美国的飓风"艾达"，共造成约650亿美元的损失；其他造成损失较为严重的灾害，还有7月德国和比利时的洪灾，以及美国得克萨斯州的冬季暴雪寒潮。当时，欧洲的洪灾造成约430亿美元的损失、美国的冬季风暴"乌里"造成了约230亿美元的损失。在这些极端天气灾害中，共导致至少1075人死亡，约130万人流离失所。

这项报告同时指出，报告中所统计的气象灾害损失主要涵盖的是富裕国家，因为这些国家的基础设施相对较好，并购买了一定的保险，因此可以更清楚地计算出灾害给这些国家造成的损失金额，相较之下，贫困国家遭受的气象灾害损失难以量化。

2. 发现气候变化正在酝酿多个灾难性危险

研究显示气候变化已达多个灾难性临界点。[23] 2022年9月，德国波茨坦气候影响研究所所长约翰·罗克斯特伦教授、理查德·温克尔曼研究员，以及英国埃克塞特大学阿姆斯特朗·麦凯博士等专家组成的研究团队在《科学》杂志上发表论文称，他们近期进行的一项重要研究显示，迄今为止，人类活动导致全球气温上升1.1℃，由此引发的气候变化，已经令世界濒临5个灾难性临界点。

研究人员指出，触发临界点将给世界带来巨大影响，为维持地球上的宜居条件并使社会保持稳定，人们必须竭尽所能防止越过临界点。通过立即快速减少温室气体排放，人类可以减少跨越临界点的可能性。

研究团队评估了2008年以来的200多项研究，这些研究涉及过往临界点、气候观测和建模，总共发现了16个临界点的证据，其中9个全球性临界点包括：格陵兰岛冰盖融化、南极西部冰盖崩塌、南极东部一处冰盖崩塌、南极东部另一处冰盖崩塌、大西洋经向翻转环流局部崩溃、大西洋经向翻转环流全部崩溃、亚马逊雨林消亡、永久冻土融化，以及北极地区海冰在冬季流失。

研究显示，世界濒临5个危险的临界点：格陵兰岛冰盖融化、北大西洋一条关键洋流崩溃、富含碳的永久冻土突然融化、拉布拉多海对流的崩溃以及热带珊瑚礁的大规模死亡。

该研究报告称，在气温升高1.5℃（目前预计的最低升温幅度）的情况下，这5个临界点中的4个会从"有可能达到"变为"很有可能达到"，另有5个临界点变为"有可能达到"，包括北方大片森林发生变化和几乎所有高山冰川消失。达到临界点指的是，越过一个气温临界值，导致气候系统发生即使全球变暖结束也无法停止的变化。

麦凯表示："我们可以看到南极西部和格陵兰冰原部分地区、永久冻土区、亚马逊雨林以及潜在的大西洋翻转环流已经出现不稳定迹象。"

达到临界点将给世界带来重要影响，比如格陵兰岛冰盖融化最终会导致海平面大幅上升，北大西洋的关键洋流崩溃则会扰乱数十亿人获取食物所依赖的降雨。

最近的研究显示，亚马逊雨林出现了不稳定的迹象。亚马逊雨林的消失将对全球气候和生物多样性以及格陵兰岛冰盖和大西洋经向翻转环流产生深远影响。而且，在评估亚马逊雨林相关临界点时，研究人员没有将砍伐森林的影响考虑在内。麦凯说："气候变暖和砍伐森林的共同作用可能会大大加速这一进程。"

研究人员指出，即使温度停止上升，一旦冰盖、海洋或雨林超过临界点，它也将继续改变到一个新的状态。过渡所需的时间取决于系统,从几十年到数千年不等。如生态系统和大气环流模式变化很快,而冰盖崩塌速度较慢,仍会不可避免地导致海平面上升几米。

温克尔曼表示,越过一个临界点通常很有可能触发其他临界点,进而产生级联效应。但这种效应仍在研究中,因此并未包含在这份研究报告中。这意味着这份报告展示的可能是最低危险。

二、研究影响气候变化因素的新成果

(一)探索温室气体影响气候变化的新信息

1. 研究大陆架甲烷水合物影响气候变化的新进展

指出富含甲烷水合物的东西伯利亚大陆架是全球气候变暖的源头之一。[24] 2015年7月9日《俄罗斯报》报道,俄科学院远东分院太平洋海洋研究所极地地球化学实验室主任伊戈尔·谢米列托夫主持的研究小组在接受俄媒体记者采访时指出,东西伯利亚大陆架对全球气候影响是相当大的,北极地区的科考工作,得出了令人惊奇的结论。实际上,美国和欧洲主要大学的学者早就认为,富含甲烷水合物的东西伯利亚大陆架是全球气候变暖的重要源头。

谢米列托夫说,以前人们普遍认为,东西伯利亚大陆架蕴藏丰富的甲烷水合物,被冰土严实地包裹着。然而,事实是这些终年积冰在北极大陆架的水下部分,已出现了700余处大洞,它们中的一些直径达1千米,形象地说,这些大洞就像是独特的筛子。

他接着说,甲烷水合物位于大陆架下面数十米深处,如果它们与温水相遇,就会遭到破坏。在深水区,甲烷氧化成二氧化碳,而后钻出海面。在浅水区,大量甲烷没有足够时间氧化,直接逃逸进大气层,在更大程度上影响全球气候。

谢米列托夫还指出,地球大部分甲烷在人类出现以前就集中在北极上空。地球上甲烷浓度在其温暖期及间冰期较冰川时代要高10%。众所周知,北极地区是全球气温变化最快的地方,北冰洋一些地区的气温近年来上升了3℃~5℃,这些地区正好是东西伯利亚大陆架所处的海洋区域。据悉,最近10年来,北极大陆架已经有3%~5%的水合物甲烷排入大气,要消除其对全球气候的影响,需要大约7000亿美元的投入。

2. 研究湖泊排放温室气体影响气候变化的新进展

首次研究西伯利亚北极地区湖泊排放温室气体对全球变暖的影响。[25] 2019

年 4 月 23 日，塔斯社报道，俄罗斯托木斯克国立大学、瑞典于默奥大学和法国南比利牛斯天文台科学家组成的一个国际研究团队在《自然·通讯》杂志上发表成果称，他们首次对西伯利亚北极地区的湖泊进行全面研究，以确定其内含温室气体对北极气候的影响。

在西伯利亚北极地区存在大量热熔湖，它们向大气中排放大量温室气体。世界各国科学家，特别是预测全球气候变化的学者对这些湖泊非常感兴趣。当前气候预测数据仅来自 5~10 个湖泊的信息，没有充分考虑到西伯利亚北极地区水体的复杂性，并没有全面反映温室效应的变化。

该研究团队在春、夏、秋三个季节，分别对 76 个湖泊进行了三次取样。其间，测量了湖水中的溶解碳浓度、二氧化碳排放量以及水体表面甲烷的排放量。研究人员成功确定了影响排放活动的因素：湖水深度、水和空气的温度、大气压力、气流等，并据此评估出温室气体的排放强度。

根据这项研究成果可知，温室气体的最大排放发生在春季，当春季湖水开化后，积累了一冬天的二氧化碳气体大量排放。当秋季长时间降水期到来之际，土地浸水面积显著增加，排放量从南向北增大并在连片永久冻土带地域达到最大值，北部的排放量比南部多 1~4 倍。

研究人员表示，这些研究成果，未来将可用于针对北极地区更加准确的气候预测。

（二）探索影响气候变化其他因素的新信息

1. 研究臭氧层及其对气候变化的影响

（1）发现四种破坏臭氧层的新气体。[26] 2014 年 3 月，英国东英吉利大学一个研究小组在《自然·地球科学》杂志上发表论文指出，他们对空气成分（这些空气有的采自 20 世纪 70 年代）进行多次分析后发现了新的物质，它们在大气中的积累让人感到不安。

研究人员说，臭氧层的空洞没有封闭，这令科学界为之担忧。他们最近发现，四种破坏这个大气保护层的新气体，但尚不清楚它们从何而来。

位于地面上空约 30 千米处的臭氧层，在过滤紫外线方面发挥着重要作用，过强的紫外线能致癌，并影响动物的生殖系统。1985 年，英国科学家发现南极臭氧层出现一个空洞，这促使国际社会在 1987 年签订保护臭氧层的《蒙特利尔议定书》，以限制破坏臭氧层气体的排放。当时，专家们确定氯氟烃物质，会破坏臭氧层。这些氯氟烃物质，是 20 世纪 20 年代发明的，被广泛应用于气雾剂和制冷剂，它们可存在 50~100 年。

然而，最新研究显示，20 世纪 70 年代之前的空气中，还有人类生产的未被发现的新气体。这四种新气体，进入大气的方式尚不清楚，其中三种气体含有氯氟烃成分，另一种是氟氯化碳。

专家在分析 20 世纪 70 年代以不同方式获取的空气样本，以及从格陵兰冰雪层中获得的气泡时，发现了这些新气体。科学家估计已有大约 7.4 万吨的新气体排放到大气中，并以令人担忧的速度累积，虽然它们破坏臭氧层的速度很慢，但也因此可能长时间停留在臭氧层中，即便采取限制排放的措施也无济于事。

科学家表示，不清楚这些气体是从哪里释放出来的，可能的来源包括杀虫剂或者清洗电子元件的溶剂等化学品。

（2）发现春季北极臭氧层损耗会改变北半球气候。[27] 2022 年 7 月，瑞士苏黎世联邦理工学院科学家玛丽娜·弗里德尔负责的一个研究团队在《自然·地球科学》发表的论文表明，由于人类排放破坏臭氧层气体，致使在北极反复出现的春季臭氧损耗，会暂时改变北半球的气温和降雨模式。

该论文介绍，来自太阳的紫外线辐射具有潜在危害，要吸收这些紫外线辐射，地球大气的臭氧层至关重要。近几十年来，人类活动释放氯氟烃等气体，导致臭氧层受到破坏，影响了大气的能量平衡。南极上空持续存在的臭氧层空洞对南半球地表环境的影响，已为人所知，但人们尚不了解北半球是否有类似的地表气候影响。

该研究团队通过分析 1980—2020 年的 40 年间气候数据，识别出北极上空臭氧层出现明显损耗的年份。他们发现，通常在春季臭氧水平特别低的时间段的几周以后，欧洲北部会出现较湿润的状况，而欧洲南部和欧亚地区则会出现较为温暖、干燥的环境。

研究人员使用两种气候模型（包括对臭氧化学的准确体现），成功分离了臭氧损耗的效果和不相干的大气环流过程。他们发现，臭氧损耗使平流层（第二层地球大气）更冷。这一冷却效果拉长了极地涡旋进一步存在于春季的时间，而极地涡旋会把寒冷的北极空气带向南面，导致北半球的地表温度和降水异常。

研究人员总结说，考虑臭氧层的反馈，对改进北半球提前数周乃至数月的气候条件预测，可能大有帮助。

2. 研究气溶胶污染物对气候变化的影响

发现气溶胶污染物是影响全球气候变化的重要因素。[28] 2006 年 7 月 20 日，以色列魏茨曼环境研究所宜兰·库仁主持，美国戈达德航天飞行中心约拉姆·考夫曼等专家参加的一个研究小组在《科学快讯》杂志网络版上发表论文称，他们发现空气中的细微颗粒物是造成气候变化的原因，它对气候的影响比温室气体更大。

以色列魏茨曼科学研究院的研究人员，早在几年前，就提出了气溶胶这种细微颗粒物可能是影响气候变化的原因，而且那时已经就此展开了广泛的争论。但是理解这样的颗粒物如何影响云层的形成，仍然存在许多不确定性。

此次，研究小组在论文中，把大气气溶胶的两个相反的作用联合起来进行分析，并全面阐述了它们是如何影响气候的。库仁表示，通过这项研究结果，希望决策者能够从一个不同的角度来解决气候变化问题。不仅要考虑气溶胶和温室气体的全球影响，还要考虑局部效应。

3. 研究北极冻土融化对气候变化的影响

推进北极冻土融化对全球气候影响的探索。[29]2022 年 1 月，有关媒体报道，北极多年冻土区储存有近 1.7 万亿吨冻融碳。人为因素导致全球气候变暖可能会将未知数量的冻融碳释放到大气中，在被称为多年冻土碳循环的过程中对气候产生影响。多年冻土融化还会对极地和高海拔基础设施的完好性构成巨大威胁。《自然综述：地球与环境》刊登多篇论文，来自芬兰、加拿大、美国、瑞典和德国的科学家们探讨了北极多年冻土融化对全球气候的严重影响。

芬兰奥卢大学研究团队指出，受到人为变暖的影响，到 21 世纪中叶，多年冻土地区约 69% 的住宅、运输和工业基础设施将位于近地表多年冻土融化风险很高的区域。相应的，到 21 世纪下半叶，与多年冻土退化相关的基础设施损失可能会达数百亿美元。比如，如果俄罗斯现有公路网络不进一步扩大，2020—2050 年因多年冻土退化造成的公路基建维护总成本预计将达 70 亿美元。论文作者指出，目前已有多项技术能缓解这些影响，比如气冷路堤（在路堤内使用多孔石层产生对流，能增加散热）。但他们也指出，为了保证减缓措施发挥效果，有必要增进对高风险区域的进一步认识。

加拿大自然资源部地质调查局研究团队的论文指出，由于气候、植被、积雪、有机层厚度和地下含冰量之间的相互作用，多年冻土的温度增加具有空间上的差异。在亚北极区域观察到的温度偏高的多年冻土（温度接近 0℃）中，每 10 年的升温幅度一般低于 0.3℃。而在高海拔北极这类温度偏低的多年冻土（温度低于 -2℃）中，每 10 年的升温幅度明显逼近 1℃。研究人员认为，有必要深入理解多年冻土与它周围环境的长期相互作用，从而减少与多年冻土热状态以及其未来适应情况有关的未知因素。

三、研究气候变化对生物影响的新成果

（一）探索气候变化影响生物生存的新信息

1. 研究气候变化影响生物存亡的新发现

认为非正常暖冬可能造成动植物死亡。[30]2014 年 1 月 10 日，俄罗斯媒体报道，世界自然基金会俄罗斯气候项目专家科科林 1 月 10 日在莫斯科说，他在研究中发现，俄罗斯欧洲部分的非正常暖冬对自然界弊大于利，有可能造成一些动植物死亡。

科科林说，过高的温度会造成植物提前发芽甚至长出新叶，打乱植物生长节奏，如果之后春天并未来临，一些植物可能死亡。由于气温升高，这个冬季莫斯科有很多候鸟没有飞走越冬，而暖冬之后突然降临的寒潮会对动植物造成巨大威胁。

俄罗斯中部地区 2013 年年底平均气温比往年高 8℃~10℃。莫斯科的气温也持续比往年同期偏高，10 日当天下起大雨，已能看到一些柳树、番红花等植物提前发芽。

另有媒体报道，俄罗斯西北部圣彼得堡市以及亚洲部分西伯利亚等地，今冬气温也比往年偏高。据俄罗斯国家气象中心消息，俄罗斯欧洲部分将在 1 月中旬迎来一股来自北极的冷空气，同时带来降雪和降温；2 月气温将比往年偏低，而俄亚洲部分将持续暖冬。

2. 研究气候变化影响生物共生关系的新发现

发现气温升高会破坏植物花朵与蜜蜂的共生关系。[31]2019 年 7 月 25 日，德国维尔茨堡大学生物学家桑德拉·克尔伯格主持的一个研究小组在《公共科学图书馆·综合》杂志上发表论文称，他们研究发现，随着全球变暖，平均气温升高，植物与传粉昆虫间的共生互利关系也遭到了破坏。

为了研究不同温度是如何影响植物和传粉昆虫的，研究人员选择了欧洲白头翁花和欧洲果园蜜蜂，以及红色梅森蜜蜂两种独居蜂作为实验对象。通过测算冬季和春季的两种独居蜜蜂的孵化时间，以及白头翁开花的开始时间，得出实验结果。

欧洲白头翁花是春季最早开花的植物之一，对气温非常敏感，气温上升会促使它每年提早开花，其主要的繁殖方式是由独居蜂传递花粉播种繁殖。然而，独居蜂却不能像白头翁花那样随着温度的升高而提前孵化。这可能会导致植物种

子产量减少并危及繁殖，同时要求独居蜂们转向其他植物觅食以补偿食物供应缺乏。

克尔伯格描述道，试验伊始，研究人员把两种蜜蜂的蜂茧，放在维尔茨堡地区的 11 个草原上。他们还在其中 7 个草原上研究了温度对白头翁花开花时间的影响。他说："由于各个草原表面温度不同，我们能够研究不同气温对白头翁花开花和独居蜂孵化的影响。"

实验结果表明，随着温度升高白头翁花开始提前开花，而两种独居蜜蜂的出现有些滞后，这说明即使在没有合适的授粉者情况下，白头翁花的初蕊也会开花，这就使得它们的生存能力和繁殖成功率大大降低，可能会对种群规模产生负面影响，从长远来看甚至会将一个物种推向灭绝。

在植物和蜜蜂的生命中，孵化和开花这两件事同步是至关重要的。研究人员解释说，对于独居蜂来说，初春是他们孵化的时间。如若没有开花植物提供食物，可能会对蜜蜂的生存和后代数量产生负面影响。而对于那些依赖单独授粉的植物来说，在最适当的时间开花亦很重要。或早或晚地开花，都会造成缺乏传粉者的情况，而由于花蜜和花粉的供应减少产生的时间上的错配，也会危及独居蜂。

3. 研究气候变化威胁生物物种的新发现

（1）揭示太平洋岛屿上受气候变暖威胁的物种。[32] 2017 年 7 月，澳大利亚新英格兰大学拉利特·库马尔与马赫雅·特赫拉尼等人组成的一个研究小组在《科学报告》发表的一项研究成果，揭示出太平洋岛屿上因受气候变暖影响，而可能最易灭绝的陆生脊椎动物物种。

研究小组在 23 个太平洋岛国中，鉴定出 150 种被世界自然保护联盟数据库收录的易危、濒危或极危陆生脊椎动物物种。研究人员将该信息与涵盖 1779 个太平洋岛屿的数据库结合起来，根据各岛屿对气候变化的敏感性，鉴定出了灭绝风险可能性最大的物种。他们发现，其中 59 个对气候变化影响具有极高敏感性的岛屿拥有 12 种当地特有物种，而 178 个具有高敏感性的岛屿拥有 26 种特有物种。

此外，研究人员还在这些岛屿上，鉴定出大量因为气候变化而面临极高风险或高风险的极危物种，包括金狐蝠、大锥齿狐蝠、斐济带纹鬣蜥和玛利安娜狐蝠。有关专家认为，这种鉴定方法或可用于按轻重缓急分配资源，保护最脆弱的物种。

（2）发现气候变化使很多物种面临生存挑战。[33] 2019 年 7 月，德国莱布尼茨动物园与野生动物研究所教授克拉默·沙特领衔的一个国际研究团队在《自然·通讯》杂志发表报告说，气候变化正使全球很多物种面临生存挑战，他们研究发现，尽管动物会通过"自我调节"来适应环境变化，但它们的适应能力总体上还是赶不上气候变化的速度。

该研究团队分析了此前发表的 1 万多项科研成果，结果发现，动物通常会尽力"自我调节"去适应气候变化，比如调整冬眠、繁殖和迁徙时间等，只要适应得足够快，它们还是可以在气候变化时在自己的栖息地生活的。

不过，研究人员说，按照如今的气候变化速度，即便是那些"自我调节"较快的动物，适应速度也不足以保证生存。

沙特说，这项研究主要针对鸟类，而且是大山雀、喜鹊等常见而且已知能较好地应对气候变化的物种。其他动物群体的完整数据较少，研究人员预计，一些稀有或濒危物种的生存前景更不容乐观。

动物灭绝可能会对生态系统造成严重破坏。研究人员说，希望他们的分析和数据整理能够促进气候变化与物种适应能力相关研究，为出台更好的环境保护措施贡献力量。

（3）研究显示气候变暖或致物种种群破坏骤然发生。[34] 2020 年 4 月 8 日，英国伦敦大学学院科学家埃里克斯·皮格特及其同事组成的研究团队在《自然》杂志发表的一项生态学模型研究显示，气候变暖造成的物种种群破坏最早或在这个 10 年内发生，并且会是"骤然"发生。但大规模、快速地降低温室气体排放，则有可能降低生态组合遭遇突然性破坏的概率。

环境危机有两个彼此息息相关的要素：气候变化和生物多样性丧失。全球气候变化影响生物多样性，从而影响可持续发展；反之，作为地球生命的基础之一的生物多样性，也影响着全球气候变化。

然而，随着地球变暖，物种将逼近或超越它们的理想热生态位极限，进入史无前例的温度状况。研究人员一直难以确定这种转变发生的时间和速度，因为大部分预测都是基于单个时间点或单个物种。

为了更好地理解这些转变，该研究团队详细评估了 3 万多种陆生生物和海洋生物当前的热生态位，并估算了它们可能会在何时经历前所未有的温度。他们利用 1850—2005 年的年度气候模型数据，确定了 30 652 种鸟类、哺乳动物、爬行动物、两栖动物、鱼类和其他海洋动植物经历过的平均最暖温度。

研究团队预计，随着多个物种暴露在空前的温度下，这些生态组合可能会同时迎来生物多样性的突然破坏。在温室气体排放持续增加的场景下，热带海洋、热带雨林及高纬度地区预计分别在 2030 年和 2050 年达到这种前所未有的温度状况。

不过，研究人员同时强调，如果升温幅度控制在工业化前水平的 2℃ 以下，这些生态组合中只有不到 2% 会经历突然的暴露事件。研究人员最后表示，想要延缓这种破坏，就需要大规模、快速地降低温室气体排放。

（二）探索气候变化对动物生存影响的新信息

1. 研究气候变化影响动物体型的新发现

（1）发现气候变暖导致多种动物体型缩小。[35]2011 年 11 月，新加坡国立大学生物学家大卫·比克福德等人组成的研究小组在《自然·气候变化》杂志上发表研究报告称，受全球气候变暖的影响，动物的体型普遍在变小。

无论是餐桌上的鲤鱼、小龙虾，还是为人们熟知的北极熊、松鼠、青蛙、果蝇等动物，它们的个头都在"缩水"，变得越来越小了。这或许让人感到奇怪，可是事实就是如此。比克福德说，全球平均气温每上升 1℃，植物体型可能缩小 3%~17%，而动物体型缩小的比例可达 6%~22%。

威尼斯水位上涨，台风莫拉克，南北极冰川逐渐融化，北极熊濒临灭绝……这些骇人听闻的事件，都是受到了全球气候变暖的影响。

令人意想不到的是，有越来越多的研究显示，植物和动物也开始改变其活动范围和行为回应气候变化。例如，在苏格兰某个岛上的绵羊在过去的几十年里，体型平均缩小了 5%；再比如，庞大威猛的北极熊，在与近 300 个北极熊头骨标本对比后发现，如今的北极熊竟在过去百年里缩小了 2%~9%。

人口的增长，工业废水废气的排放，森林资源的破坏等原因使得空气中二氧化碳含量仍在不断增加，导致全球"持续升温"。这可能首先对植物造成影响，从而依据食物链对一系列动物产生影响。

科学家称，生物进化可能将更青睐个头小的动物，因为在各种资源波动增大的情况下，它们更容易满足自己的能量需求。随着植物体型的缩小，食物链上端的食草动物、食肉动物必须摄取比以往更多数量的食物，来满足自己的能量需求。对于像人类这样的温血动物，可能不会存在这样的困扰。但是温血动物只是地球动物中的一小部分，一旦不同物种缩小的速率不尽相同，那么整个生态系统的平衡可能会被打破，从而加速某些物种数量减少甚至灭亡。

（2）发现气候变暖导致北极候鸟体型缩小。[36]2016 年 5 月 12 日，荷兰、澳大利亚、法国、波兰和俄罗斯等国鸟类专家组成的一个国际研究团队在《科学》杂志上发表论文称，随着气候变暖，在北极繁殖的一种叫作红腹滨鹬的候鸟体型正在日益变小。这是全球气候变暖对北极地区动物产生影响的一个代表性现象，值得人们关注。

研究指出，体型缩小对红腹滨鹬不是一个好消息。这种可连续飞行 5000 千米的小鸟会跨越半个地球到热带过冬，但届时可能会因它们的喙变短吃不到深埋在沙滩中的食物而死亡。

红腹滨鹬繁殖于环北极地区，属长距离迁徙鸟类，每年秋天从北极飞到西非等地的热带沿海地区过冬，每年春天又飞回北极繁殖，我国的渤海湾等地是它们的中途停歇地。原本红腹滨鹬飞到北极正是这里冰雪开始融化之时，昆虫的数量最为丰富，而昆虫是红腹滨鹬幼鸟的主要食物。

该研究团队分析了卫星图片后发现，过去 33 年来，红腹滨鹬繁殖地的冰雪融化时间提前约两个星期，这意味着红腹滨鹬的孵化期与昆虫的繁盛期错开了约两个星期，其结果就是，在北极暖和年份所生的红腹滨鹬因食物不足而体形缩小。

由于这些红腹滨鹬的喙都比较短，当它们飞回西非过冬时，就吃不到深埋在热带沙滩之下的双壳类软体动物，只能以海草等为食。因此，这些红腹滨鹬在第一年的存活率只有体型较大红腹滨鹬的一半左右。

研究人员认为，由于短喙不利于红腹滨鹬生存，这些候鸟最终可能进化成身体较小但有着长喙的模样。他们还据此提出，未来在北极繁殖的动物发生身体大小与外形的变化，可能是一个普遍现象，从而可能对它们的种群数量产生负面影响，这是一个亟须关注的情况。

2. 研究气候变化影响鸟类生存的新发现

（1）发现气候变暖影响布谷鸟啼鸣期。[37] 2009 年 4 月 2 日，新华网报道，中国气象局成都高原气象开放实验室和青海省气候中心等单位相关学者组成的研究小组在《气候变化研究进展》期刊上发表论文称，他们研究发现，全球气候变暖已影响中国布谷鸟的啼鸣期。

家喻户晓的布谷鸟，学名大杜鹃。布谷鸟的啼鸣，是中国古代进行播种、耕耘等田间农事活动的一个重要参照依据，民间自古有"布谷布谷、种禾割麦"的说法，《齐民要术》书中也有"布谷鸟始鸣，种大田"的记载。

青海省气候研究中心通过对诺木洪、湟源、互助、共和 4 个农业气象站的布谷鸟始、绝鸣期进行长达十多年的观测后发现，不同地区的温度、日照、降水等气象要素对布谷鸟的啼鸣期影响各不相同，但影响的结果却大抵相同，即布谷鸟的始鸣期有提前趋势，绝鸣期有推迟趋势，其间隔的天数有延长的趋势。

事实上，不仅是一些鸟类对眼下的全球气候变暖作出了响应，观测表明昆虫的啼鸣期也同样受到了影响。河南省气象局通过对驻马店、沈丘、太康3个农业气象观测站的蚱蝉进行长达十多年的观测后也发现，在气温升高的气候背景下，蚱蝉的始鸣期呈提前趋势，3—6月的平均气温对蚱蝉的始鸣期影响最为显著。

（2）发现气候变暖或使南极帝企鹅数量骤降。[38]2022年12月，英国南极调查局科学家组成的一个研究小组在《公共科学图书馆·生物学》杂志上发表研究报告指出，按照目前的趋势，如果不加大保护力度，到21世纪末，南极陆生动植物的数量会大量减少。

研究发现，基于目前的管理策略且在气温适度变暖的情况下，到21世纪末，南极65%的陆生动植物的数量都将减少。如果到2100年，全球升温被限制在2℃以下，这一比例将减少到31%。

分析报告指出，海鸟的数量预计减少得最多。到2100年，帝企鹅的种群数量将减少90%，这主要是因为它们依靠冰来繁殖。干土壤线虫和安德利企鹅的数量预计将减少一半以上。当然，并非所有物种都遭受同样的命运，随着气温升高及更多可用液态水的出现，一些本地开花植物预计会扩散开来。

研究小组共同确定了10个关键步骤，以降低气候变化带来的影响。他们的评估指出，如果每年投入2300万美元（不包括应对气候变化的费用），将让多达84%的动植物受益。最有希望的解决方案是：加强对脆弱物种栖息地的保护，控制疾病传播，以及减少入侵物种的引入。

3. 研究气候变化对其他动物生存方式影响的新发现

（1）发现冷血动物适应全球变暖能力差。[39]2015年5月20日，美国加利福尼亚大学伯克利分校博士后亚历克斯·冈德森主持的一个研究小组在英国《皇家学会生物学分会学报》上发表论文称，冷血动物缺乏忍耐高温的灵活性，可能难以适应全球气候变暖，不得不靠改变行为和进化生存下来。

研究人员说，他们发现，大多数冷血动物耐受高温和低温的灵活性很低。鱼、虾、蟹、龙虾等水生冷血动物在生理机能上适应气温升高的能力相对较好，是蜥蜴、昆虫等陆生冷血动物的两倍。

冈德森指出，随着地球持续变暖，冷血动物将生活在更加接近它们极限的气温中，这意味着，它们在每年气温的剧烈起伏中幸存下来的可能性较小，气温的剧烈起伏可能因气候变暖而更为极端。

（2）发现极地变暖让北极熊以海豚为食。[40]2015年7月，英国等国相关专家组成的一个研究团队，在《极地研究》期刊发表研究成果称，他们首次记录了一些北极熊正在依赖海豚作为食物。此前，海豚从来都不是北极熊捕食的对象，北极熊主要以大量海豹为食。

在这项研究中，研究人员描述了他们的研究团队在2014年4月发现一头瘦骨嶙峋的雄性北极熊正在啃食一条白吻斑纹海豚的尸体，而且这只北极熊似乎还在雪地里藏了另外一只海豚作为随后的食物。

研究人员表示，极地变暖导致的冰雪融化，很可能让海豚比过去在冬春季向北游得更远，从而让它们和北极熊之间发生了交集。

（3）发现气候变暖或导致亚热带和温带蚊子全年活跃。[41]2021年6月14日，美国佛罗里达大学野生动物生态和保护系助理教授布雷特·谢弗斯等人组成的一个研究小组在《生态学》杂志上发表论文称，在气候变化较为显著的地方，蚊子传播疾病的滋扰有朝一日可能会成为一个常年性的问题。

谢弗斯说："在热带地区，蚊子一年到头都很活跃，但世界其他地方的情况并非如此。在热带以外，冬季的低气温会限制蚊子的活动，导致其进入一种名为'滞育'的冬眠状态。"

随着气候变化，科学家预计夏季会更长，冬天会更短、更温暖。为了解这种变化对冬眠的蚊子意味着什么，研究人员对在盖恩斯维尔及其周围地区收集的蚊子进行了实验。盖恩斯维尔是佛罗里达州中北部的一个小城，位于亚热带和温带气候的分界线上。

研究小组用会释放二氧化碳气体的捕蚊器，引诱了18种类型的2.8万多只蚊子，并从收集的蚊子中随机抽取大约1000只蚊子进行测试。每只蚊子都被放在一个小瓶里并被放入水中。随着时间的推移，研究人员改变了水温，从而提高或降低瓶子内的温度。科学家们监测了每只蚊子的活动，当蚊子不再活动时，意味着温度达到了上限或下限。

研究发现，这些蚊子在实验过程中能够很好地耐受高温。研究人员表示，这些高温往往远高于气象站测得的平均环境温度。

通过比较一年中不同时间收集的蚊子对温度变化的反应后发现，这些蚊子可以适应环境的变化，忍受一定弹性的温度范围。在春季，当夜间温度仍然较低而白天温度开始回暖时，蚊子可以忍受更大范围的温差。到了夏天，这个范围就会缩小。秋天开始降温时，该范围又会扩大。这意味着，气候变化使秋季和冬季变得更温暖，更温暖地区的蚊子已经做好了在这段时间内活跃起来的准备。

目前，研究人员还在研究是什么原因让蚊子能够适应温度的快速变化。他们

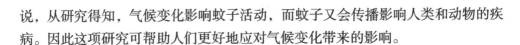

说，从研究得知，气候变化影响蚊子活动，而蚊子又会传播影响人类和动物的疾病。因此这项研究可帮助人们更好地应对气候变化带来的影响。

（三）探索气候变化对植物生存影响的新信息

1. 研究气候变化对沙漠植物影响的新发现

发现气候变暖将使沙漠植物越来越少。[42]2009年11月，美国康奈尔大学相关专家组成的一个研究小组在《科学》杂志上发表报告称，随着气候变暖，沙漠地区土壤中的氮会以气体的形式大量流失，从而导致生长在沙漠里的植物越来越少。

研究人员在美国莫哈韦沙漠地区选了几处试验点，通过精密测量仪器了解土壤中的氮是如何随着周围气温升降而变化的。研究发现，不管有没有光照，当温度达到40℃~50℃时，土壤中的氮会以气体形式从土壤中迅速释放出来。温度越高，释放的速度越快。研究人员由此推测，在世界任何高温干旱的地方都可能出现类似的情况，因此应该引起关注。

氮是植物生长过程中除水之外的第二大必需营养元素。研究人员指出，目前生长在沙漠地区的植物本来就很少，根据这一新发现，随着全球气候变暖加剧，沙漠土壤里的氮会大量流失，那么生长在沙漠里的植物就会越来越少，这将给沙漠地区的生态环境构成严重威胁。

2. 研究气候变化对山区植物影响的新发现

（1）发现气候变暖会影响山区植物变迁。[43]2012年3月，在欧盟研发框架计划的资助支持下，意大利科学家参加的一个研究团队承担了"可持续发展、气候变化及生态系统"项目研究。他们的研究成果发表在《自然》杂志上。该研究团队在2000—2009年之间进行了长达10年的全球气候变暖对山区植物种类变迁的大型研究。研究显示，全球气候变暖对山区植物种类的变迁，具有明显而重要的影响。

一般情况下，山区的海拔愈高气温愈低。考虑到山区海拔高度和气候温度是影响山区植物种类变迁的主要因素，研究人员在世界五大洲范围内的17座山脉区域选择了60处观测地点、确定了867个植物种类作为观测对象。

2001—2008年，观测点的气温持续变暖，研究人员从确定的867个观测植物种类中，排除"喜暖"植物种类后，最终筛选出764个植物种类作为研究对象。其间，研究人员根据观测和收集到的数据建立了一个数学模型，并绘制出全球气候变暖，海拔高度和温度，对山区植物种类变迁的影响图。

研究人员称，尽管全球各测试点的具体数据有所不同，但对欧洲各测试点的数据模型进行分析比较，山区植物种类变迁的趋势具有很强的可比性，因此变迁影响图对全球各大洲具有指导意义。

研究人员在研究过程中证实：①生态系统中的山区植物种类的，无论停留或迁移，均对气候变暖表现出快速的相适应状态；②所观测的植物种类随着时间的推移一直进行着变化；③山区植物种类，在向更低温度的变迁适应过程中，必须面对原生植物种类的激烈竞争，或自身衰落或使原生植物种类退化消失。

（2）发现气候变暖使澳大利亚高山植物面临生存威胁。[44] 2021 年 6 月，澳大利亚新南威尔士大学生物学家组成的一个研究小组在《生态学与进化》杂志上发表论文称，他们研究发现，澳大利亚本土的高山植物难以适应气候变暖，生存可能面临威胁。

研究小组在新南威尔士州东南部的科希丘什科国家公园内，选取 21 种植物为研究对象，重点分析它们过去一百多年间植株大小、叶片厚度、叶片形状等变化。结果发现，只有两种植物对气温升高有明显的外形改变。

研究人员报告说，这些植物都生长在一个对气候变化抵御力较弱的生态系统中。研究所用的样本，部分来自 1890—2016 年间所保存和收集的植物标本，部分在 2017 年采集。

研究人员认为，在过去的一个世纪里，澳大利亚高山地区气温上升幅度高于平均水平，而研究所涉及的绝大多数本地高山植物"不为所动"，反映出它们可能难以适应高山地区环境的较大变化，生存前景堪忧。他们下一步将计划研究高山植物对持续较长时间热浪天气的反应，以预测未来这种天气对植物和环境的影响。

（3）发现气候变暖或使高山植物暖化适应性下降。[45] 2022 年 1 月 10 日，奥地利维也纳大学科学家约翰内斯·韦塞利及其同事组成的研究小组在《自然·气候变化》杂志上发表论文称，未来气候变暖，或使石竹、矮小肥皂草等高山植物各个物种内适应暖化的个体数量减少。这一潜在适应不良，会进一步增加这些植物面临的风险，因为其分布范围因气候变化而发生了改变。

研究人员在论文中指出，气候变暖带来了温度改变，本地植物物种可能会面临灭绝、适应新的环境，或跟上不断变化的气候等情况。预测不同生物体未来迁移的研究，通常将物种视作一个适应自身生长生存最佳温度范围的整体来看待，但这一范围极为忽视物种内变异。

基于此，该研究小组开发出一个模型，纳入了包括石竹、矮小肥皂草和马先蒿等 6 种欧洲阿尔卑斯山高山植物的气候耐受种内变异，以了解它们在 21 世纪面对气候变暖将如何反应。与此前研究一致，他们开发的模型预测即使有种内变异，每个物种也都面临地理生存范围的丧失。而随着气候变暖，该模型预测其中 5 个物种（除了石竹），对更高温度具备遗传适应个体的出现频率降低了。

研究人员认为，这一反直觉现象，可能是由前沿定植和优先效应所致。换言之，已经在一个物种地理范围前沿的适应寒冷的植物，可以拓展到它们未定植的区域，但随着气候变化，它们也会阻碍适应温暖的植物完成定植及生存。

研究人员表示，这项研究不仅揭示了适应不良的可能，也提出假如不考虑物种的本地适应和变异，气候变化后果的准确预测可能被低估了。

四、研究应对气候变化的新方法与新设备

（一）探索应对气候变化的新方法

1. 开发缓解气候变暖的新方法

拟用方解石微粒助力缓解气候变暖。[46] 2016 年 12 月 12 日，美国哈佛大学有关专家组成的一个研究小组在美国《国家科学院学报》上发表研究报告说，为应对全球变暖，科学界近年来提出一些宏大的地球工程方案，但是普遍存在不足。针对此状况，他们提出一种新方案，认为它在给地球降温的同时，还能帮助修复臭氧层。

此前，科学界出现过的地球工程方案包括：给海洋施加含铁肥料，促进浮游生物和藻类生长，以吸收更多二氧化碳；在地球上空架设"遮阳伞"；模拟火山喷发，向平流层喷射硫酸盐微粒，以增加阳光反射率等。

该研究小组说，他们的新方案，也是在平流层喷射物质以提高阳光反射率，但是所用物质不是会破坏臭氧层的硫酸盐微粒，而是具有保护作用的方解石微粒。

方解石是石灰石的主要成分，为碳酸钙矿物，分布广泛。研究人员认为，在平流层喷射方解石微粒，将能中和由人类活动排放产生的硫酸、硝酸和盐酸等物质，从而逆转对臭氧层的破坏，同时也能遮挡、反射太阳光，实现给地球降温。

目前，研究人员正在实验室中模拟平流层环境以测试方解石效果。他们强调，平流层化学反应很复杂，这种做法可能导致其他风险，如在增加全球总体臭氧水平的同时，在复杂气候动力学的作用下，增加局部地区如极地上空的臭氧空洞。

2. 开发预测气候变化的新方法

（1）建成全球海洋及陆相气候变化记录网。[47]2018 年 2 月 5 日，德国阿尔弗雷德·瓦格纳研究所科学家基拉·雷费尔德及其同事组成的一个研究小组在《自然》杂志网络版发表论文称，他们建成了全面的全球海洋及陆相气候变化记录网，可以更准确地了解气候多变性的变化幅度及其影响。

气候多变性的变化对人类社会造成的影响不亚于全球平均气温上升。此外，多变性的变化幅度可以很大，比如，此前对格陵兰岛气候数据的分析表明，从末次盛冰期到全新世（过去 11500 年间），气候多变性大幅降低。然而，该现象只限于格陵兰岛还是在全球范围内出现，此前一直不明确。

鉴于这种情况，该研究小组此次组建了一个迄今最全面的全球海洋及陆相气候记录网络。分析表明，从末次盛冰期到全新世气温升高了 3~8℃，与此同时，在过去几百年到千年的时间尺度上，全球范围内气候多变性下降到了之前的 1/4。其中，热带地区气候多变性有了小幅度减弱（1.6~2.8 倍），南北半球中纬度地区的下降程度更高（3.3~14 倍），而格陵兰岛的气候多变性降幅可谓巨大，达到 70 倍。这证实了之前的结果，也确定格陵兰岛存在异常于全球趋势的变化。

发表于同期《自然》杂志的另一篇论文中，美国科罗拉多大学波尔得分校研究团队使用一份来自西南极冰核的水同位素记录，来研究南半球每一年的气候差异。研究表明，纬度更高的地方，末次盛冰期的气候多变性比更暖和的全新世几乎高一倍。科学家提出，这些变化并非由气候变暖造成，或者说是并非从赤道到北极的气温梯度直接导致的，而是由北半球冰盖消融乃至全球大气循环改变引起的。

（2）开发有助于更准确预测恶劣天气的人工智能技术。[48]2019 年 7 月，美国宾夕法尼亚州立大学、阿库气象公司、西班牙阿尔梅里亚大学等机构有关专家组成的一个国际研究团队在《地球科学与遥感会刊》上发表研究成果称，他们开发出一种基于人工智能技术的计算模型，能够有效检测云的旋转运动，有助于更快、更准确地预测恶劣天气。

通常，气象学家会把卫星图像中云的形状和运动作为预测主要风暴类型的指标，但随着天气数据集的不断扩大，气象学家无法实时监测所有风暴的形成，尤其是小规模的风暴。

该研究团队分析了 5 万多张美国气象卫星的历史图像，在这些图像中，气象学家鉴定并标记了逗点状云系的形态和运动。逗点状云系因其外形类似于逗号而得名，与气旋的形成密切相关，而气旋的形成可导致冰雹、雷暴、大风和暴风雨等恶劣天气事件。

研究人员利用计算机视觉和机器学习技术，"教会"计算机自动识别和检测卫星图像中的逗点状云系，帮助专家更高效地在海量的天气数据中及时发现恶劣天气的"端倪"。

研究人员发现，他们的技术可以有效地检测出逗点状云系，准确率高达99%，甚至在一些逗点状云系完全形成前就能检测到它们。此外，这种技术还可以有效地预测出64%的恶劣天气事件，优于其他现有的恶劣天气监测方法。

研究人员指出，这项研究还属于早期尝试，旨在向科学界证明能够用人工智能技术阐释与天气有关的信息，将这种方法与其他天气预报模型相结合，将有可能使天气预报更准确。

3. 开发预报气候变化的新方法

（1）开发更加准确有效的天气预报系统。[49] 2014年6月，俄罗斯科技信息网报道，俄科学院西伯利亚分院托木斯克气候及生态系统监测研究所一个研究小组，对现有天气预报系统进行创新，研发出特殊天气现象预报系统，可对恶劣的气候变化现象进行有效预测。

该系统应用了最新的大气对流层状况监测与预报技术，可对风、雨、云、电等气候现象的形成，进行监测与预报。研究人员把超声波探测仪，以相互间50~70千米的距离安置，将其传回的大气数据借助于特别研发的数学模型进行处理。4个仪器即可覆盖托木斯克市全境，提供风暴及其他气候灾害的超前预报。

研究所商务负责人米亚赫科夫认为，当前的天气预报系统提供的数据不太准确，俄水文气象局的固定气象观测站提供的风暴来临前的信息，只有距地表7米高的数据，而研究所的仪器可探测距地300米的大气数据，此高度经常会形成危险的气候现象。新的设备和数学模型会作出更早和更可靠的预报。他还透露，设备、数学模型和工作模式都已完备，整个系统将在近期投入使用。

（2）开发有助于改善天气预报的高精全球气候模型。[50] 2018年2月，日本海洋研究开发机构、夏威夷大学和牛津大学等机构联合组成的一个国际研究小组在《地球物理通讯》杂志上发表研究成果称，他们利用自己开发的高解析度全球气候模型，首次在实验室成功再现了2015—2016年发生的平流层赤道两年准周期性振荡的崩溃事件。该模型有助于改善热带和中纬度地区的季节性天气预报。

周期性振荡是赤道下部平流层平均东西风，在大约28个月时间内，逐渐改变风向的准周期性振荡现象。自1950年在赤道地区进行无线电探空观测开始，在西风上方形成东风、东风上方形成西风的现象无限期地重复出现。鉴于这种有序的行为，近年越来越多的研究报告认为，周期性振荡是提高热带和中纬度地区季节预报精度的重要因素，科学家正努力把周期性振荡纳入季节预报系统当中。

但这个周期在2015—2016年冬季突然发生崩溃，包括周期性振荡研究专家在内的世界各地气象组织都没有预见到这一现象。

研究小组利用超级计算机"地球模拟器"，进行最新的高分辨率全球气候模拟，成功再现了这次周期性振荡崩溃事件，并找出造成崩溃的直接因素。他们发现，导致这种现象的原因是，受北半球副热带平流层东西风结构的影响，折射传播的大气波动，集中作用在包括周期性振荡在内的赤道平流层约几千米厚的狭窄高度范围内。

研究结果表明，如果使用更精确的模型，可能提前至少一个月或更长时间预见到观测史上第一次周期性振荡崩溃。此外，即使在周期性振荡崩溃这种史无前例的情况下，也可通过该模型的预测改善季节预报。

（二）研制应对气候变化的新设备

1. 研制更准确预测天气变化的新设备

（1）研制出可在10秒内观测雨云的气象雷达。[51]2012年9月1日，日本信息通信研究机构和大阪大学、东芝公司的一个研究小组，正式公布一款新型气象雷达。这种雷达能在最短10秒内，对迅速变化中的积雨云进行立体观测，这种积雨云往往会引发暴雨和龙卷风。

据介绍，现有的小型气象雷达需要多次旋转天线才能进行立体观测，花费约5分钟，所以无法充分观测积雨云并预报突发性暴雨和迅速移动的龙卷风。新型雷达只要旋转一次天线就能进行立体观测，如果观测半径是30千米，只需10秒，如果观测半径是60千米，也仅需30秒。

目前，已有一部新型气象雷达安装在大阪大学一栋教学楼屋顶上，并且从2012年6月开始就进行了试验观测。雷达能对半径60千米、高14千米的立体范围内进行观测。

（2）推出预测极端天气影响的新超级计算机。[52]2016年1月12日，美国哥伦比亚广播公司旗下的商业科技网站报道，美国推出一台新型超级计算机，其运算速度可达5340万亿次/秒。该计算机将在全球定位系统和其他传感器技术的协助下，对极端天气带来的影响进行预测。

新超级计算机以怀俄明州首府"夏延"命名，将被安装在美国国家大气研究中心（NCAR）位于怀俄明州的超级计算中心内。其计算能力为目前在美国国家大气研究中心"服役"的超级计算机"黄石"的2倍多。"黄石"的运算速度为1500万亿次/秒，由IBM公司打造。

2017年正式交付使用的"夏延"则由硅图国际公司制造，内存高达313TB；计算节点超过4000个，其中20%的节点每个都将拥有128GB的内存，其他节点的内存也有64GB。美国国家大气研究中心还打造了全新的集中式并行文件系统，其可用空间为20PB；数据存储元件支持200GB/秒的传输速度。

美国国家大气研究中心表示，其他存储元件包括3360个8TB的串行连接小型计算机系统接口硬盘，以及48个800GB的固态硬盘；运行"红帽企业版Linux"操作系统，同时使用IBM的通用并行文件系统。

在2015国际超级计算大会上，国际组织发布了最新一期世界超级计算机500强排行榜，位于榜首的中国"天河二号"实际运算速度高达3.39亿亿次/秒；而排名第十的美国德克萨斯高级计算中心"惊跑"超级计算机实际运算速度为5168万亿次/秒，该组织称，以2016天的标准来看，"夏延"勉强排第十。

据悉，"夏延"将被用于重要的研究，有望用在极端天气、地磁风暴、地震活动、空气质量及火山等诸多领域。此外，研究人员也可以更好地模拟大气变化，为政府在政策制定和资源管理方面提供决策支持。

2. 研制准确及时预报天气的新设备

建造更精确预报天气的超级计算机。[53] 2014年10月28日，英国气象局对媒体称，多变的天气是英国人永不过时的话题之一。为提高天气预报精准度，英国政府将斥巨资建造一台超级计算机，用准确及时的天气信息改善民众和社会对极端天气的应对能力。

据悉，这台投资9700万英镑的"高性能计算机"，最快运算速度，将比气象局目前使用的计算机系统强大13倍。其重量预计为140吨，相当于11辆双层大巴。

这个"庞然大物"，将使气象局有能力提供更精确的天气预报，并可每小时更新。比如提前预测机场附近出现雾的可能性和浓度等。此外，它还有助于研究人员建立更精准的气候变化模型，提前数月预测某一地区出现干旱、洪水和热浪等天气状况的可能。

尽管耗资巨大，但英国气象局预测，这台超级计算机可带来的社会经济效益将超过20亿英镑，因为它将有助于政府和民众提早准备和制订应急计划，应对日益频发的极端天气，减少自然灾害带来的财产损失。

英国气象局首席执行官罗布·瓦利说，这项科技领域的最新投资将改变天气预报和气候预测现状，为政府、商业界和民众提供更有力的信息支持，提高英国对极端天气和环境风险的防范能力。

第二节　防治温室效应加重研究的新进展

一、减少温室气体排放研究的新成果

（一）研究温室气体的新信息

1. 研究温室气体种类的新发现

发现一种可能会长期存在的温室气体。[54] 2014 年 1 月，《卫报》报道，加拿大多伦多大学化学系安吉拉·洪等人组成的一个研究小组发现一种称为全氟三丁胺（PFTBA）的物质，也是温室气体，该气体 100 年内使地球变暖的效应是二氧化碳的 7100 倍。而这种工业化学品目前没有受到监管，它在大气中可长期存在。这项研究发表在《地球物理研究快报》上。

全氟三丁胺自 20 世纪中叶开始就一直在电机行业中被使用。安吉拉·洪说："我们认为全氟三丁胺是在大气中被检测到的辐射效率最高的分子。"全氟三丁胺在大气中的实际浓度很低，以多伦多地区为例，它只有每百万亿分之十八，二氧化碳则是万分之四。美国国家航空航天局戈达德空间研究所气候学家德鲁博士说："这是一个警告，提示这种气体可能对气候变化产生一个相当大的影响。既然目前它在大气中的含量还不是很多，可以不必对其特别担心，但是必须确保它在数量上不会增长，不至于成为全球变暖的一个非常大的担忧。"

从气候变化的角度来看，化石燃料排放的二氧化碳依然是最大的罪魁祸首。但全氟三丁胺在大气中是"长寿"的。研究人员估计，它在大气中可以存在约 500 年，而且不像二氧化碳那样可以被森林和海洋吸收。目前，地球上还不知道以怎样自然的方式能把它扫除掉。

对此，研究人员提出，应该重视工业生产过程中其他化学物质影响气候问题的研究。自从 20 世纪中叶以来，晶体管和电容器等各种电气设备当中都在使用全氟三丁胺等多种化学物质，这些物质对大气的影响仍然是未知的。安吉拉·洪指出："全氟三丁胺只是众多工业化学品中的一个，但目前还没有控制其生产、

使用或排放的政策，也没有任何类型的气候政策将其纳入监管。"

2. 研究温室气体排放惯性的新发现

发现温室气体排放停止时仍可能有惯性升温。[55]2022 年 6 月 6 日，美国华盛顿大学米歇尔·达沃拉克等专家组成的研究小组在《自然·气候变化》杂志发表的一项模型研究表明，即使温室气体排放停止，世界依然有较大可能走上比工业革命前升温 1.5℃的道路。这提醒人们需要立即采取行动，以免惯性到达升温峰值。

温室气体的大气存留时间决定其在排放终止之后继续发挥影响的持久程度。因此评估限制全球升温达到《巴黎协定》目标的可能性，需理解过去排放造成的尚未实现的升温。

该研究小组此次利用一个基于排放的气候模型，在现有及替代性排放减缓路径下，理解 2021—2080 年之间的惯性升温。

研究表明，如果排放立即停止，世界仍有 42% 的可能将惯性升温超过 1.5℃，但仅有 2% 的可能会超过 2℃。如果等 2029 年后才开始削减排放，会将惯性升温 1.5℃的可能性增至 66%。这一研究凸显人们需要采取急迫的缓解措施，避免未来气候因惯性而达到更高水平升温。

3. 研究温室气体浓度的新发现

发现温室气体浓度和海平面高度均创纪录。[56]2022 年 8 月 31 日，美国国家海洋和大气管理局网站发布的《年度气候状况报告》显示，2021 年地球大气中温室气体浓度和海平面均创下新高度，表明尽管人们在努力遏制温室气体排放，但气候变化趋势仍未减缓。

美国国家海洋和大气管理局局长里克·斯宾拉德说："本报告中提供的数据清楚地表明，气候变化具有全球影响，而且没有减缓的迹象。2022 年，许多区域遭受了千年一遇的洪水、异常干旱以及历史性高温，这表明气候危机不是未来的威胁，而是我们今天必须解决的问题。"

报告指出，2021 年大气中温室气体浓度为 414.7ppm（1ppm 为百万分之一），比 2020 年高 2.3ppm。这一浓度，根据古气候记录，至少在过去 100 万年中是最高的。此外，地球的海平面连续第十年上升，创下比 1993 年卫星测量开始时的平均水平高出 97 毫米的新纪录。

报告称，2021 年是自 19 世纪中期有记录以来最热的 6 年之一。这一年，热带风暴引起人们广泛关注，包括 12 月在菲律宾造成近 400 人死亡的台风"雷"和席卷加勒比海的"艾达"，后者成为继卡特里娜之后袭击路易斯安那州的第二大飓风。随着全球变暖，热带风暴数量预计会增加。

还有一些比较引人注目的其他反常事件，如日本京都樱花季 2021 年 3 月 26 日进入全盛绽放期，它是自 1409 年有记录以来最早的一次。日本气象厅一名官员称，这很可能是受全球变暖现象的影响。

（二）减少温室气体排放的新举措

1. 研究减少甲烷气体排放的新方法

利用消化道内菌群减少牛羊的甲烷气体排放。[57] 2009 年 4 月 6 日，澳大利亚联合新闻社报道，澳大利亚将启动一项利用袋鼠消化道内的菌群，减少牛羊甲烷排放的研究计划。

甲烷是一种温室气体。澳大利亚昆士兰州州政府基础工业部长蒂姆·马尔赫林当天发表声明说，很多人没有意识到牛羊排出了大量甲烷，对地球的气候造成影响。

马尔赫林说，昆士兰州将研究能否把袋鼠消化道内的菌群移植到牛羊体内，利用该菌群产生甲烷量较少的特点，降低牛羊的甲烷排放。昆士兰州将为此拨款 71 万美元，整个研究项目为期 3 年。

据专家介绍，袋鼠菌群之所以可能帮助降低牛羊的甲烷排放，是因为把它们移植到牛羊消化道内后，将会杀死牛羊消化道内原先大量产生甲烷的细菌，并取而代之。

2. 研制回收温室气体的新材料

开发出能同时回收两大温室气体的超级催化剂。[58] 2017 年 11 月，英国萨里大学科学家汤姆斯·瑞纳主持的一个研究团队在《应用催化 B：环境》杂志上发表论文称，他们研发出一种高性价比的超级催化剂，可同时回收导致全球气候变暖的两大温室气体：甲烷和二氧化碳，有望取代现有碳捕获技术，为抑制全球碳排放带来实际效果。

2017 年，在德国波恩召开的联合国气候变化会议上，"全球碳计划"发布研究报告称，化石燃料与工业生产导致的二氧化碳排放，打破过去 3 年零增长局面，2017 年出现回升。专家们认为，全球能源模式从化石燃料转移到低碳或零排放清洁能源速度太慢，避免 21 世纪末全球气温升幅达到 2℃已经非常困难，而实现 1.5℃升幅的目标更是遥不可及。

现有碳捕获技术虽然可以普及但成本太过高昂，且大多数技术要求满足各种极端条件才能保证成功。该研究团队通过向功能强大的镍基催化剂加入锡和二氧化铈获得一种新的超级催化剂，可把二氧化碳和甲烷转变成一种人工天然气，用作生产燃料和各种化学产品的原材料。

瑞纳表示，气候科学家一直追寻的目标，就是找到方法逆转有害气体对大气的伤害，而新型超级催化剂，不仅能去除这些有害气体，更能一次性将它们转变成再生燃料，可谓一举两得。他说："这样回收二氧化碳，是一种可替代传统碳捕获技术的可行性选择，将为地球健康带来实际效果。"研究团队已经申请了专利，并在寻求合作伙伴，期望尽快利用这一技术创造改变世界的巨大价值。

3.完善温室气体排放的监测评估系统

建成我国首个温室气体观测网。[59]2021年12月18日，有关媒体报道，中国气象局发布我国第一份国家温室气体观测网名录，这标志着经过近40年建设，我国首个温室气体观测网终于建成。此举将进一步丰富我国地面气象观测站布局，提升气候变化监测评估能力，持续为我国碳达峰、碳中和行动成效科学评估与碳排放核算提供数据支撑。中国气象科学研究院张小曳院士说："这将是一张影响深远的观测网。"

温室气体是引起气候恶化最主要的大气成分。本次发布的观测网名录包含60个覆盖全国主要气候关键区、并以高精度观测为主的站点，由国家大气本底站、国家气候观象台和国家及省级应用气象观测站（温室气体）等组成。其观测要素涵盖《京都议定书》中规定的二氧化碳、甲烷、氧化亚氮、氢氟碳化物、全氟化碳、六氟化硫和三氟化氮7类温室气体。

在温室气体监测领域，定标尤为重要。中国气象局还建立了国内第一家具备7类温室气体标校能力的温室气体实验室，其定标结果已成为国内各类温室气体观测溯源的"标准尺"，辐射气象、环境、海洋等多个部门。

报道还指出，2021年以来，中国气象局依托长序列数据和专业人才队伍，成立了国家级温室气体及碳中和监测评估中心，在多个省份设立分中心，建成我国碳中和行动有效性评估系统，准确区分全球、区域、城市等不同尺度的自然碳通量和人为碳通量，为实现"双碳"目标贡献力量。

二、减少二氧化碳排放研究的新成果

（一）探索二氧化碳浓度变化的新信息

1.研究二氧化碳浓度增加影响的新发现

发现二氧化碳含量增加会使农作物减少养分。[60]2014年5月，一个澳大利亚环保专家参加，其他成员来自美国和日本等国的国际研究小组在《自然》杂志发表研究成果说，大气中二氧化碳含量增加，会使小麦、大米等主要农作物养分减少，进而影响民众健康。

研究人员表示，二氧化碳排放导致全球变暖不仅会降低农作物产量，还可能减少其营养成分。他们在澳大利亚、美国和日本等国的实验田中种植了41种农作物，研究大气中二氧化碳含量对不同农作物营养有何影响。结果发现，二氧化碳增加会普遍降低这些农作物的营养价值。按照目前大气中二氧化碳的增加趋势，到21世纪中叶，大米、小麦、大豆等主要农作物中锌、铁和蛋白质的含量最多可减少10%。

研究人员说，新研究表明，二氧化碳排放增多不只会使农作物产量减少，还会降低其营养，这将在很大范围内影响人类健康。研究人员认为，除了加强研发对二氧化碳耐受性强的农作物，更应从根本上减少二氧化碳排放量。

2. 研究二氧化碳浓度波动原因的新进展

揭开北极二氧化碳浓度波动的原因。[61] 2016年1月21日，俄罗斯一个探索北极环境变化的研究团队在《科学》杂志网络版发表论文称，他们用计算机模拟分析了北极地区的长期变暖情况，这种现象已经导致北极大片地区植物面积增长，从而揭开二氧化碳浓度为什么会随着季节变化呈现波动的谜底。此次模拟通过使用卫星观测数据校准。

研究人员说，长期观测显示，从20世纪80年代初期开始，北极地区绿色植物面积在日益增多，俄罗斯东部的苔原区就是如此。这与二氧化碳的季节性变化直接相关：春季和夏季，当绿色植物生长茂盛时，会吸收温室气体；当秋季树木凋零，其中一些温室气体会返回到大气层。但是，研究人员并不清楚，从20世纪60年代起，北极高纬度地区的二氧化碳浓度在夏季和冬季为何会大量增加，在一些地区这种波动甚至增加了25%。

研究团队的文章报告说，假设该模型中并未包含气候变化的影响，北极高纬度地带二氧化碳水平的季节性显著变化就会消失。研究人员表示，现在由新植被（包括侵占原苔原带的树木）吸收的二氧化碳的增加，超过了冻土解冻所释放的气体。但是，未来如果土壤营养被不断增多的新植被耗尽，有机物分解后产生的被长期封存在土壤中的二氧化碳就会加速推进地球变暖进程。

（二）探索捕获封存二氧化碳的新信息

1. 开发捕获和滤除二氧化碳的新材料

研制吸收二氧化碳的"海绵"。[62]2014年8月，英国利物浦大学安德鲁·库柏博士领导的一个研究小组在第248届美国化学学会国家会议博览会上发表研究报告说，他们致力于研制新的方法治理全球气候转暖现象，目前，已研制出一种可以吸收二氧化碳的"海绵"，或许未来将对抑制全球气候转暖起到重要作用。

研究小组指出，"海绵"使用制造塑料的较大聚合物分子制成，可以将化石燃料生成的二氧化碳转变为氢气，并作为一种新能量来源。

这种分子接近用于制造食物包装的塑料物质，未来可安装整合在发电厂的烟囱上。库柏说："关键在于这种分子非常稳定，并且成本较低，它吸收二氧化碳的效果非常好。这种海绵装置具有独特的环保作用，未来使用燃料电池技术时，该吸附材料可实现零排放。"

二氧化碳吸附剂通常用于移除燃煤发电厂烟囱释放的二氧化碳气体，但是库柏表示，这种新材料将是整体煤气化联合循环新兴技术的一部分，它能够将化石燃料排放物转变为氢气。

一些科学家认为，氢气具有巨大的应用潜能，可用于燃料电池汽车和发电，因为它在能量转换过程中几乎不产生污染。整体煤气化联合循环是一项桥接技术，可适用于氢燃料转换，而同时仍使用现有化石燃料基础设施。

库柏指出，"海绵"最好处于整体煤气化联合循环操作的高压环境下，它就像厨具海绵，一遇到水就会膨胀，当它分子结构微小空间吸收二氧化碳时，就会略微膨胀。当压力下降时，吸附性聚合物会泄气，释放出气体，之后可以收集或者转变这些气体成为有价值的碳化合物。

这种材料是一种褐色粉末，是由许多小型碳基分子连接成一个网状结构，使用该聚合物的一个优势在于非常稳定，该材料甚至可以在酸性液体中煮沸，能够承受发电厂的恶劣环境；另一个优势是无须接触水蒸气便能吸收二氧化碳气体，其低廉成本使它更具吸引力。

2. 研制收集和捕获二氧化碳的新设备

（1）开始启动全球最大的"吸碳"机器。[63]2021年9月，《卫报》报道，瑞士克莱梅沃斯公司（Climeworks）与一家冰岛公司联合组成的研究小组开发出一款名叫"虎鲸"的"直接空气捕集器"，已在冰岛的海利舍伊地热发电站投放市场。据悉，它耗资1500万美元制成，是减缓气候变化的工具，在满负荷运转时，每年将捕获 4000 吨二氧化碳。

"虎鲸"由一堆金属"空气洗涤器"组成，内部是化学过滤材料，这些空气洗涤器用风扇从周围空气中吸入二氧化碳，然后用化学过滤器将其抽走。过滤器里一旦二氧化碳饱和，收集器就会关闭，将没有更多的空气进入。

接下来，发电站的电力将会对收集器内部以及捕获的二氧化碳进行加热。这会从过滤器中释放出二氧化碳，并以浓缩形式将其提取出来。二氧化碳与水进行混合后可以被永久储存在深层地质层中，以用于制造燃料、化学品、建筑材料和其他产品。据报道，通过自然矿化，二氧化碳会与玄武岩反应，并在几年内变成石头。

克莱梅沃斯公司联合首席执行长兼联合创始人詹·伍兹巴赫表示："'虎鲸'是直接空气捕获行业的里程碑成果。实现全球净零排放还有很长的路要走，但我们相信就'虎鲸'而言，已经向实现这一目标迈出了重要的一步。"

碳捕获和储存的支持者认为，这项技术可以成为应对气候变化的重要工具。然而，批评人士认为，该技术价格仍然非常昂贵，可能需要数十年才能大规模运行。

（2）研制出低浓度二氧化碳快速捕集器。[64]2022 年 5 月，日本东京都会大学教授山添诚司领导的研究团队在美国化学学会旗下环境类期刊上发表研究成果称，他们开发出一款新的碳捕集系统，它能以前所未有的性能直接从大气中清除二氧化碳，效率高达 99%，且捕集二氧化碳的速度至少是现有系统的两倍，成为迄今处理空气中低浓度二氧化碳最快的捕集系统，有望开启直接空气捕集新时代。

目前，为大幅降低大气中二氧化碳的含量，各种碳捕集技术纷至沓来，但这些系统的大规模部署仍面临不少障碍。最大的挑战在于这些碳捕集技术，特别是直接空气捕获系统的效率还比较低下。

该研究团队一直在研究被称为"液—固相分离系统"的直接空气捕获技术。现有直接空气捕获系统都涉及让空气在液体内流动，液体与二氧化碳发生化学反应。但随着反应的进行，越来越多反应产物积聚在液体中，反应变得越来越慢。而液—固相分离系统提供了一种更好的溶液，其中反应产物不溶于其中，会以固体形式析出。液体中由于没有反应产物的积聚，反应速度也不会太慢。

研究人员对液态胺化合物的结构进行了修改，以优化反应速度和效率，使其能够处理二氧化碳浓度范围介于 0.04%~30% 之间的空气。他们发现，异佛尔酮二胺溶液，可把空气中 99% 的二氧化碳转化为固体氨基甲酸沉淀物，且散落在溶液中的固体只需加热到 60℃ 即可把捕获的二氧化碳完全释放出来，使原始液体能被回收。结果表明，系统去除空气中二氧化碳的速度，至少是目前领先的直接空气捕获实验室系统的两倍。

研究人员指出，新系统拥有前所未有的性能和稳定性，对大规模部署碳捕集系统具有重大影响。除进一步改善系统外，他们也在研究如何把捕获的碳有效地用于工业等领域。

3. 开发固定和封存二氧化碳的新技术

（1）借助人工光合作用高效固定二氧化碳。[65] 2016 年 12 月，德国马克斯·普朗克协会科学家组成的一个研究小组在《科学》杂志上发表研究报告说，应对气候变化措施中减少空气中温室气体含量是重要一项，他们在实验室中研究出一种人工光合作用方法，可以更快地固定空气中的二氧化碳。

植物光合作用中的卡尔文循环是一种重要的生物固定二氧化碳形式，大气中的二氧化碳进入卡尔文循环转化成糖，这是减少大气中二氧化碳含量最便宜且副作用最小的一种方法。光合作用需要不同的酶来催化并相互协调，其中对碳起到关键固定作用的酶名为 RuBisCo，这种酶的催化速度不但相对较慢，还时常错把氧气分子"认成"二氧化碳分子。

研究小组在报告中称，他们发现自然界中存在一种能够更有效结合固定二氧化碳的酶。这种从细菌中提取的名为 ECR 的酶几乎从不"犯错"，且催化反应速度可达 RuBisCo 的 20 倍，但 ECR 酶无法与光合作用中的其他酶协调作用。

经过不断筛选优化，研究人员为 ECR 酶设计出了一种名为 CETCH 循环的人工循环过程。这一过程包括 ECR 酶在内共有 17 种酶参与，在实验室中固定二氧化碳的效率比自然界中的光合作用高出 20%。

此外，目前在实验室发生的 CETCH 循环中，二氧化碳被吸收后的产物为乙醛酸。研究人员介绍说，他们还可对 CETCH 循环作出相应调整，使其产物变为生物柴油原材料、抗生素等其他物质。

（2）找到把二氧化碳变成"石头"封存于地下的新方法。[66] 2016 年 6 月 9 日，成员来自美国哥伦比亚大学、冰岛大学、冰岛雷克雅未克能源公司等机构的国际研究小组，以英国南安普敦大学地质工程学副教授于尔格·马特为第一作者，在美国《科学》杂志上发表论文称，在全球变暖背景下，怎样处理不断增长的二氧化碳排放是一个世界性难题。现在，他们找到一个新方法，就是把二氧化碳注入地下玄武岩层，并借助自然化学反应将其转化为固态碳酸盐。

长期以来，碳捕捉与封存技术被视为应对全球气候变暖的一种重要方案，即从工业生产或燃烧化石燃料所产生的气体中分离出二氧化碳，然后注入一定深度的地下岩层中封存。通常选择的封存地点是废弃油气田等，但一些专家担心，这些气体将来还会泄漏回地面，技术安全性有待验证。

为此，美国和欧盟的一些机构从 2012 年开始在冰岛实施名为"碳固定"的试点项目。冰岛有多座活火山，火山喷发形成的玄武岩广泛存在于地下，这种岩石的钙、镁、铁含量高，可与二氧化碳发生化学反应，生成固态的碳酸盐矿物质。

该研究小组先把此前收取的二氧化碳与水混合，然后注入地下 400~800 米深处的玄武岩层中。一些专家原以为相关化学反应需经过数百年乃至数万年才能完成，但最新研究结果显示，这一化学反应的速度比此前预测要快得多。

马特说："我们的研究结果显示，所注入的二氧化碳含量的 95%~98%，在不到两年内便发生了钙化，即转化为固态碳酸盐，这个速度非常令人吃惊。"

马特强调，固态碳酸盐矿物质没有泄漏风险，因而这种方式可以永久且对环境无害地封存二氧化碳。玄武岩是地球上最常见的岩石类型之一，在世界许多地方的大陆边缘地带广泛存在，因此有潜力用于大量封存二氧化碳。但专家也表示，用上述方法把二氧化碳注入玄武岩层之前，需先把二氧化碳与水混合，因而所需用水量非常大，封存 1 吨二氧化碳需要大约 25 吨水。未来可以探索使用海水来解决这个问题。

"碳固定"研究只是一个小型试点项目。目前，冰岛雷克雅未克能源公司正在开展更大规模的试验，把从一个地热发电厂每年捕捉的近 5000 吨二氧化碳封存到地下。研究人员认为，这种新型固碳技术将会提高公众对碳捕捉与封存技术的接受度。

（三）利用二氧化碳制造燃料的新信息

1. 探索以二氧化碳制造甲醇的新方法

（1）研发出利用二氧化碳高效制取甲醇的新技术。[67] 2014 年 8 月，有关媒体报道，二氧化碳被认为是导致全球气候变暖的元凶之一，但它也并非全无用处。法国原子能委员会下属的萨克莱辐射材料研究所一个研究小组最新研发出一种新技术，可以利用二氧化碳高效制取甲醇。

报道称，法国研究小组首先把二氧化碳加氢合成甲酸，然后使用稀有金属钌作为催化剂，把甲酸转化为甲醇，生成率高达 50%。

美国华盛顿大学的研究小组，在 2013 年便开发出以稀有金属铱为基础的，可把甲酸转化成甲醇的催化剂。然而，一方面，铱的价格极高；另一方面，使用这一催化剂制造甲醇的生成率最高只有 2%。

而法国研究小组把甲酸催化成甲醇时，选择了以钌为基础的催化剂。钌的价格仅是铱的 1/10，大大降低了生产成本。同时，甲醇的生成率也高达 50%。

（2）研发出把二氧化碳高效转化为甲醇的新方法。[68] 2019 年 4 月，中国科学技术大学曾杰教授与中国科学院上海同步辐射光源司锐研究员共同负责的一个联合研究团队在《自然·通讯》发表研究成果称，他们研发出一种新型铂单原子催化剂，可把二氧化碳高效转化为纯度 90% 以上的清洁能源甲醇，这对减排和开发新能源具有重要意义。

二氧化碳加氢反应后的产物比较复杂，既可能是甲醇，也可能是一氧化碳、甲酸，甚至是另一种温室气体甲烷。这也是国际科学界近年来致力于解决的一个科技难题。

该研究团队研发出一种负载在金属有机框架上的铂单原子催化剂。在这种催化剂催化的二氧化碳加氢产物中，甲醇的纯度高达 90.3%，其他成分不足 10%。

2. 探索以二氧化碳制造甲烷的新方法

（1）运用催化剂把二氧化碳高效地转化为甲烷。[69] 2015 年 6 月，有关媒体报道，日本静冈大学等机构组成的一个研究小组研发出一种催化剂，可以把二氧化碳高效地转化为甲烷。这项新技术将有望大大减少火力发电站和工厂排放的二氧化碳，而获得的甲烷还可以作为燃料等使用。

研究小组首先在直径数毫米、长约 5 厘米的细铝管内侧涂上含有大量镍纳米粒子的多孔质材料，然后将多根细管聚拢在一起，制成直径约 2 厘米、长约 5 厘米的管道。再让二氧化碳和氢气的混合气体通过管道，同时进行加热，混合气体就在管道内部发生化学反应，在管道另一端出来的就是甲烷。

用二氧化碳和氢气制造甲烷并不是新鲜的技术，但此前的生产效率很低，难以实际应用。研究小组此次采用了更先进的镍纳米粒子催化剂，经过复杂的工艺流程，这种新方法使二氧化碳转化为甲烷的效率达到约 90%。

研究人员表示，这项技术对火力发电站和需要燃煤的工厂尤其适用，或许以后人们再看到那些高耸的烟囱时，能省去不少抱怨。

（2）用太阳光的能量把二氧化碳转为甲烷。[70] 2017 年 11 月 7 日，韩国基础科学研究所科学家组成的一个研究团队在《自然·通讯》杂志发表论文称，他们开发出一种利用太阳能把二氧化碳转化为甲烷的新方法。这种用温室气体生产燃料的方式或将能为人类提供一种可持续能源。

太阳的热辐射能清洁且可持续，但是要储存它却十分困难，因为电池只有有限的存储容量和寿命。所以研究人员提出，用太阳光的能量生产燃料是一种可行的解决方案。

此次，该研究团队建立了一种利用太阳能把二氧化碳转化为甲烷的新系统。他们首先用到的是氧化锌，这是一种常见于物理防晒霜的矿物质，屏蔽紫外线的原理为吸收和散射，其电子可以接受紫外线中的能量发生跃迁，而当材料的粒径尺寸远小于紫外线的波长时，就可以将作用在其上的紫外线向各个方向散射。利用氧化锌有效地转移太阳光能后，研究人员再添加氧化铜晶体。当阳光照射在混合物上时，电荷开始流动。在碳酸水（含二氧化碳）中，这些电荷推动一种复杂的化学反应，成功将二氧化碳转化为纯度达99%的甲烷。

虽然这样的转化之前也实现过，但是此前的尝试存在诸多缺陷，比如需要罕见且昂贵的材料来产生化学反应，又或者产生的燃料不如甲烷一般易于使用。

研究人员总结说，把太阳能储存于甲烷气体，可使材料的每单位质量提供比普通电池更多的能量。在未来，优化该转换过程依然是可能的，目前的发现也让人们更加了解强化这种性能所需要的各种要素。

3. 探索以二氧化碳制造航空燃料的新方法

利用太阳能塔把二氧化碳转化为航空燃料。[71]2022年7月20日，苏黎世联邦理工学院教授阿尔多·斯坦因菲尔德领导的一个研究团队在《焦耳》杂志上发表论文称，他们设计了一种使用二氧化碳、水和阳光来生产航空燃料的生产系统，该系统已在野外现场条件下实施，这一新设计或将帮助航空业实现碳中和。

斯坦因菲尔德说，这是首次在完全集成的太阳能塔系统中，展示从水和二氧化碳到煤油的整个热化学过程链。以前通过使用太阳能生产航空燃料的尝试，大多是在实验室中进行的。

航空部门在导致气候变化的全球人为排放量中约占5%。目前，在全球范围内，尚没有清洁的替代方案可为长途商业航班提供动力。

作为欧盟"太阳能燃油"项目的一部分，该研究团队开发了一种新系统，它利用太阳能生产可直接使用的燃料。这些燃料，是煤油和柴油等化石衍生燃料的合成替代品。研究人员说，太阳能制造的煤油与现有的航空燃料完全兼容，可用于喷气发动机的燃料储存、分配和最终使用。它还可以与化石衍生的煤油混合。

2017年，该研究团队开始扩大设计规模，并在西班牙马德里先进材料研究所能源研究基地建造了一座太阳能燃料生产厂。该工厂由 169 块太阳跟踪反射板组成，这些反射板将太阳辐射定向并集中到安装在塔顶的太阳能反应堆中。然后，集中地由太阳能驱动反应器里的氧化还原反应循环，该反应器包含由二氧化铈制成的多孔结构。不消耗但可以反复使用的二氧化铈，把注入反应器的水和二氧化碳转化为合成气，合成气是氢气和一氧化碳的定制混合物。随后，合成气被送入气液转换器，最终被加工成液态碳氢化合物燃料，包括煤油和柴油。

研究人员说，这座太阳能塔式燃料厂的运行设置，为可持续航空燃料的生产树立了一个技术里程碑。

在工厂运行 9 天期间，太阳能反应堆的能源效率约为 4%。研究团队正在改进设计，以将效率提高到 15% 以上。例如，他们正在探索优化二氧化铈结构以吸收太阳辐射，并回收氧化还原循环期间释放的热量。

（四）拓展二氧化碳用途的新信息

1. 探索以二氧化碳制造乙烯的新进展

（1）发现可助二氧化碳制乙烯的新催化剂。[72] 2016 年 7 月，德国波鸿鲁尔大学一个研究小组在《自然·通讯》杂志上发表论文称，他们研究发现，经等离子体处理过的铜可以作为"高选择性"催化剂，将二氧化碳高效转化成乙烯，并减少副产物。

催化剂的选择性是指在能发生多种反应的反应系统中，同一催化剂促进不同反应的程度有所差异。利用催化剂的这一特性，可使原料的转化方向更有针对性，在工业生产中减少副反应，提高转化效率。目前，利用现有催化剂把二氧化碳转化成乙烯等化工原料的效率普遍不高。其中一个原因就是所用催化剂的选择性较低，在生产过程中会产生大量不需要的副产物。

该研究小组发现，经过氧和氢等离子体处理后，铜箔表面的特性会发生改变。经处理的铜作为催化剂具有高度选择性，会将"精力"主要集中在促进二氧化碳向乙烯的转化上，大大减少副产物。乙烯的生产率与使用传统铜催化剂相比有大幅度提高。

研究小组进一步"跟踪"催化反应中铜箔的化学状态后发现，铜箔表面带正电的铜离子在这一过程中发挥了重要作用。研究人员表示，这项发现有助于更有针对性地"设计"催化剂，提高工业生产中的转化效率。

（2）研制可把二氧化碳完全转化为乙烯的新方法。[73] 2022 年 9 月，美国伊利诺伊大学芝加哥分校一个研究团队在《细胞报告·物理科学》杂志上发表论文称，他们研究发现了一种方法，可把工业废气中捕获的二氧化碳 100% 转化为乙烯。乙烯是塑料产品的关键成分，当使用可再生能源运行时，这种新方法可使塑料生产实现净负排放。

虽然研究人员一直在探索把二氧化碳转化为乙烯的可能性，但都没有完全成功。现在，该研究团队首次实现了把二氧化碳完全转化为碳氢化合物。他们的系统通过电解把捕获的二氧化碳气体转化为高纯度乙烯，副产品为其他碳基燃料和氧气。

该方法可把 6 吨的二氧化碳转化为 1 吨乙烯，回收几乎所有捕获的二氧化碳。由于该系统依靠电力运行，因此使用可再生能源可使该过程产生负碳。新方法通过实际减少工业二氧化碳总排放量，超越了其他碳捕获和转化技术的净零碳目标。

先前把二氧化碳转化为乙烯的尝试依赖于在二氧化碳排放流中产生乙烯的反应器，通常只有 10% 的二氧化碳排放会转化为乙烯，乙烯随后必须在通常涉及化石燃料的能源密集型过程中与二氧化碳分离。

而在新方法中，电流通过一个"电池"，其中一半充满捕获的二氧化碳，另一半充满水基溶液。带电催化剂把水分子中的带电氢原子，吸引到由膜隔开的单元另一半，在那里它们与二氧化碳分子中的带电碳原子结合形成乙烯。

在全球化学品制造过程中，乙烯的碳排放量仅次于氨和水泥位居第三。乙烯不仅用于制造塑料产品，还用于生产防冻剂、医用消毒剂等化学品。乙烯通常利用蒸汽裂解过程制造，该过程需要大量的热量。裂解生产每吨乙烯产生约 1.5 吨的碳排放。平均而言，制造商每年生产约 1.6 亿吨乙烯，这导致全球二氧化碳排放量超过 2.6 亿吨。

除了乙烯之外，研究团队还通过他们的电解方法，生产出其他工业用富碳产品，同时还实现了非常高的太阳能转换效率，将来自太阳能电池板 10% 的能量直接转换为碳产品输出，这远高于目前最先进的 2% 标准。就新方法生产的所有乙烯而言，太阳能转换效率约为 4%，与光合作用的效率大致相同。

2. 探索以二氧化碳作铸造溶剂的新进展

开发利用二氧化碳作溶剂的新模型铸造技术。[74]2011 年 1 月，美国科学促进会报道，德国弗朗霍夫学会，环境安全与能源技术研究院的一个研究小组，正在开发一种新的模型铸造方法，利用二氧化碳作为溶剂导入高分子材料，能塑造出从有色隐形眼镜到抗菌门把手等各种高科技产品。

研究人员表示，这种新型灌注方法有很广泛的新用途。能定做高价值塑材和时尚产品如手机外壳等。此外，还可用于制造有色隐形眼镜，镜片中还能注入丰富的药物成分，在整个白天缓慢释放到眼睛里，作为一种可重复使用的眼药水替代品，治疗青光眼等病症。

新工艺的最大优点是能在温度远低于材料的熔点时，把颜料、添加剂或其他活性成分导入接近表面的夹层，比传统灌注工艺更加温和。而且二氧化碳不可燃，无毒且廉价。它有类似于溶剂的性质，却不会像一般颜料溶剂那样对人体健康和环境造成危害。

第三节　防治和减轻高温灾害研究的新进展

一、考察分析高温天气及其发展趋势

（一）审视破纪录高温天气的新信息

1. 分析全球范围内破纪录高温天气的新发现

确定全球范围内有记录以来最强热浪。[75]2022 年 5 月 4 日，英国布里斯托大学气候科学教授丹恩·米切尔教授等人组成的研究团队在《科学进展》杂志上发表论文称，他们研究发现，2021 年 6 月 29 日席卷北美西部的热浪是有记录以来全球任何地方所观察到的最极端的热浪之一，未来随着气候恶化，热浪将变得更强。

热浪是指相对于每年某时某地区的预期条件而言一段长时间的炎热天气，可能会伴随高湿度的气候。它是最具破坏性的极端天气事件之一。就英国而言，当一个地点记录了至少连续 3 天的日最高气温达到或超过热浪温度阈值时，就达到了英国全国的热浪阈值。

研究显示，2021 年 6 月北美西部的热浪是加拿大有史以来最致命的天气事件，致使数百人死亡，还因高温天气产生的野火肆虐，造成大规模基础设施损坏和农作物损失。其中 29 日为加拿大创造了 49.6℃的历史最高气温纪录（比前一次峰值高 4.6℃），并导致美国加利福尼亚州宣布进入紧急状态。

该研究团队从 1950 年起开始调查至今，发现全球气候一直在持续变暖。他们还使用气候模型预测了未来一个世纪的热浪趋势：出现热浪的可能性增加，其强度将随着全球气温上升而上升。研究人员说，尽管最高温度不一定会产生最严重的影响，但它们往往是相关的。提高对极端气候及其发生地点的了解，有助于为最脆弱的地区制定针对性措施，有效解决高温带来的负面影响。

2. 分析世界不同区域破纪录高温天气的新发现

（1）南极大陆监测到有记录以来最高气温。[76]2020年2月8日，新华社报道，阿根廷国家气象局和世界气象组织7日分别证实，阿根廷位于南极大陆的科考站日前监测到超过18℃的气温，打破了南极大陆有记录以来的最高气温。

阿根廷国家气象局表示，6日中午，位于南极半岛的阿根廷埃斯佩兰萨科考站监测到的气温为18.3℃，这是自1961年有记录以来的最高气温，打破了2015年3月24日监测到的17.5℃的纪录。南极半岛靠近南美洲大陆，是南极大陆气温最高的区域之一。

世界气象组织7日也证实了这一消息。联合国秘书长副发言人哈克当天在记者会上表示，根据世界气象组织的反馈，即使在比较温暖的夏季，这样的气温也非同寻常，世界气象组织将派专家组核实这一记录的准确性。此外，专家们将围绕这一气象事件展开研究，特别是探讨它是否与一种被称为"焚风"的天气现象有关。

据《大气科学词典》解释，焚风是沿背风坡下吹的干热的地方性风。最早指越过阿尔卑斯山后在德国、奥地利谷地变得干热的气流。世界气象组织发言人克莱尔·纳利斯表示，南极大陆是地球上变暖最快的地区之一。

（2）破温度纪录的热浪席卷北半球。[77]2021年6月30日，中国新闻网报道，据联合国网站消息，世界气象组织29日表示，美国西北部和加拿大西部的气温在48小时内两次打破温度纪录，而这种"高压锅"式的热浪正在席卷北半球的大部分地区。

世界气象组织发言人努利斯在日内瓦举行的记者会上说："一股异常危险的热浪，正在美国西北部和加拿大西部肆虐。很明显，这是世界上更习惯于凉爽天气的地区，但现在气温可能在5天或更长时间内每天达到45℃。"

加拿大的历史最高温度纪录于27日在不列颠哥伦比亚省的利顿被打破，最高温度为46.6℃。努利斯说："通常情况下，当温度纪录被打破时，差距很小，但这次打破的记录的中间差为整整1.6℃。"然而，在不到24小时的时间里，利顿在28日再次打破纪录，这次温度升高至47.9℃。世界气象组织在一份声明中表示，该地区不习惯这样的高温，许多人家里没有空调，如此极端的温度对人们的健康、农业和环境构成了重大威胁。

目前的热浪，是在不到两周前出现的另一个酷热时期之后发生的，那个酷热时期使美国西南部和加利福尼亚州的沙漠受到灼烤，创下了数百个气温历史新高。

北半球的其他地区也出现了异常炎热的初夏天气，包括北非、阿拉伯半岛、东欧、伊朗和印度次大陆西北部。几个地方的日均气温已经超过45℃。在撒哈拉，温度超过50℃。

世界气象组织表示："在这场热浪中，很可能会创下一些空前历史最高温度纪录。"该组织强调，人类活动引起的气候变化所造成的影响，已经导致全球气温比工业化前水平高出1.2℃。

（3）欧洲经历有记录以来最热夏天。[78]2021年9月7日，国外媒体报道，2021年夏季全球多地极端天气频发，欧洲大陆也是高温频现。9月7日欧盟的科学家报告称，欧洲2021年经历了有记录以来最炎热的一个夏季。

欧盟哥白尼气候变化服务局的报告显示，2021年欧洲大陆6—8月的地表平均气温，比1991—2020年的同期地表平均气温高出将近1℃，并且还出现有记录以来的最高值。但在欧洲大陆内部，不同地区的气温差异较为明显，地中海地区国家出现破纪录的最高气温，意大利西西里在8月11日气温达到48.8℃，刷新了世界气象组织1977年在希腊雅典观测到的48.0℃的纪录。此外，2021年欧洲东部国家气温普遍高于往年的欧洲大陆同期气温，而2021年欧洲北部国家气温则比往年同期更为凉爽。

联合国政府间气候变化专门委员会8月发布的一份报告预测，不论全球平均气温上升多少，欧洲地区气温都将持续升高，这将给欧洲大陆带来不同程度的影响。当全球平均气温上升1.5℃时，除欧洲南部地区以外，欧洲各地由暴雨引发的洪水会更加频繁。而当全球气温上升2℃时，欧洲南部地区的干旱状况会加剧，极端高温天气也会更多。

（二）研究高温天气发展趋势的新信息

1.分析城市地区高温天气发展趋势的新发现

发现城市地区近年热浪呈现显著增加趋势。[79]2015年1月29日，物理学家组织网报道，美国东北大学、加州大学洛杉矶分校、华盛顿大学和印度甘地技术研究所联合组成的研究团队在《环境研究快报》上发表研究成果称，他们发现，在1973年以来的持续40年中，全球超过200个城市地区极端炎热的天气持续显著增加，并且最近几年来记录最为突出。

研究人员说，世界上超过一半的人口居住在城市地区，因此，了解这些地区的气候和极端气候事件的变化尤其重要。城市地区占全球陆地面积的一小部分，然而，它们是财富的中心，所以，城市基础设施的损坏可能会导致潜在的巨大经济损失。令人惊讶的是，很少有研究集中在这些地区的极端气候变化上。

据报道，这个研究团队是首次专注于研究全球范围内极端天气的程度，以及研究城市与非城市地区之间的差距。在研究中，研究人员从美国国家气候数据中心获取每日观察到的雨水量、空气温度和风速等全球天气数据。

他们研究了全球城市地区217个站点1973—2012年的完整记录，其中大部分是位于靠近市区的机场。研究人员从中确定了极端的温度、降水、风力、计算的热浪和寒潮，以及个别极端炎热的白天和夜晚。在同一时间内，超过一半的研究地区，显示出个别极端的高温天数显著增加；而几乎2/3的地区，个别极端炎热夜晚的数量显著在增加。

热浪，被定义为周期里日最高温度，约比这40年来绝大多数的天气要高，连续时间在6天或更长。结果表明，在这些年里，每个城市热浪的数量显著增加。其中，在热浪数量最多的5年中，有4年为最近几年的记录（2009年、2010年、2011年和2012年）。

结果还表明，寒潮普遍下降，约60%城市地区极端多风的天数大幅下降。约17%城市地区日降水极值显著增加，并且约10%的地区年最大降水量显著增加。

研究人员说："该研究结果显示，热浪、炎热的天气和温暖夜晚的数量明显增多，并且，在过去的40年里，许多城市地区的寒潮、极端大风天减少。研究还发现，极端降水变化的数量是适度的，这多少有些令人吃惊，因为以前的工作表明，在美国大城市地区极端降水在显著增加。"

该研究团队正在检测城市地区气候和极端天气对基础设施"生命线"至关重要的影响，以及对城市、沿海生态系统和海洋生物的影响。

2. 分析全球范围内高温天气发展趋势的新发现

发现全球范围内21世纪末破纪录热浪将有更普遍趋势。[80]2022年8月25日，美国华盛顿大学和哈佛大学联合组成的一个研究团队在《通讯·自然和环境》杂志上发表论文称，他们的研究表明，到21世纪末，全球范围内破纪录的热浪将出现越来越普遍趋势，这一系列热浪的具体影响则取决于未来温室气体的排放量。

研究人员称，最近夏天破纪录的高温事件将在北美和欧洲等地变得更加普遍。对于靠近赤道的许多地方来说，到2100年，即使人类开始控制排放，半年多的时间在户外工作也将是一个挑战。论文显示了 2100 年的各种可能情景，现在作出的排放选择对于创造宜居的未来仍然很重要。

该研究着眼于空气温度和湿度的组合，称为"热量指数"，用于衡量对人体的影响。美国国家气象局将"危险"热指数定义为 39.4℃。"极其危险"的高温指数是 51℃，这在任何时间都被认为对人类不安全。

研究发现，即使各国成功实现了《巴黎协定》将升温控制在 2℃的目标，到 2100 年，美国、西欧和日本跨过"危险"门槛的概率将增加 3~10 倍。在同样的情况下，热带地区的危险天数可能会在 2100 年翻倍。

在最坏的情况下，排放量直到 2100 年都没有得到控制，那么出现"极其危险"的情况可能会在靠近赤道的国家变得普遍，尤其是在印度和撒哈拉以南非洲地区。该研究使用概率方法来计算未来气候条件的范围，它没有使用政府间气候变化专门委员会报告中包含的 4 种未来排放路径，而是使用一种统计方法，把历史数据与人口预测、经济增长和碳强度相结合，预测未来二氧化碳浓度的可能范围。统计方法给出了碳排放和未来温度的合理范围，并根据历史数据进行了统计估计和验证。研究人员将较高的二氧化碳水平转化为全球气温升高的范围，然后研究了这将如何影响全球每月的天气模式。

研究人员表示，到 2050 年，包括美国东南部和中部的中纬度地区，出现危险高温的天数将增加一倍以上。即使对碳排放和气候响应作出非常低的估计，到 2100 年，大部分热带地区将在近半年的时间里经历"危险"水平的热应激。

二、研究形成和加剧高温天气的原因

（一）探索形成高温天气原因的新信息

1. 研究表明热浪等极端天气与大气急流变化有关 [81]

2019 年 4 月 30 日，英国牛津大学学者斯科特·奥斯普里与德国波茨坦气候影响研究所学者共同组成的一个研究团队在《环境研究通讯》杂志上发表报告称，2018 年夏季北半球多地出现的热浪、干旱、暴雨等极端天气事件与环绕地球的大气急流中出现持久的巨波相关，而这种刚被发现的变化未来还会更频繁地出现。

研究人员指出，2018 年 6 月和 7 月，在北半球多地几乎同时出现极端天气事件，这些事件的地点和时间并非偶然，而是与急流中反复出现停滞的巨波直接相关。

急流是大气环流中一个重要特征，主要指风速达到一定水平以上的狭窄强风带，它对地球的天气系统具有一定影响。这种强风带会产生所谓的"罗斯比波"，这种巨波有时候停滞数周之久。急流出现这种状态时，气候状况变得更持久，受影响地区天气状况更加极端：持续晴朗的天气就会发展成热浪，持续雨天会发展成灾害性暴雨。

研究人员表示，欧洲地区在 2003 年、2006 年以及 2015 年出现的三次热浪期间，急流也都出现了类似的变化。奥斯普里说，急流变化是在全球气候变暖的大背景下发生的，这让北美、欧洲等地出现极端热浪成为可能。

研究人员还表示，在 1999 年之前的 20 年中，北半球夏季急流中从未出现过持续两周以上的巨波，而 1999 年以后连续出现了 7 次，预计急流的这种状态在未来会更频繁出现。因此，在分析极端天气事件的过程中，有必要考虑到急流变化的影响因素，而发现这种变化有望改进未来对极端天气事件的预警机制。

2. 研究表明欧洲热浪与欧亚大陆上空"双急流"有关 [82]

2022 年 7 月 21 日，德国波茨坦气候影响研究所等机构参与的一个研究小组在《自然·通讯》上发表论文称，欧洲热浪加速出现的趋势与欧亚大陆上空"双急流"影响增强有关。这表明促使欧洲热浪加速出现的不仅有热力学驱动因素，而且还有大气动力学变化因素。

研究人员认为，欧洲已成为热浪"热点地区"，与其他位于北半球中纬度的地区相比，过去 42 年欧洲热浪发生频率和强度的增长趋势明显更快。这种加速趋势与欧亚大陆上空"双急流"出现频率和持续时间增加有关。

研究人员经过计算后认为，这种关联在西欧地区尤为显著，当地气温变化值的 35% 可以用"双急流"解释，而当地热浪加速出现的趋势几乎可以全部归因于"双急流"持续增长的趋势。

急流是指风速达每秒 30 米以上的狭窄强风带，是大气环流的一个重要特征。在某些因素影响下，欧洲大陆上空的急流有时被一分为二形成"双急流"，这有利于极端高温的产生。新研究表明，除了热力学驱动因素外，大气动力学变化也促进了欧洲热浪加速出现，这对风险管理和制定适应策略具有启示意义。

（二）探索加剧高温天气原因的新信息

1. 发现夏季风暴减弱将导致更为持续的极端高温天气 [83]

2015 年 3 月，德国波茨坦气候影响研究所专家迪姆·库默牵头，雅舍·莱曼等人参与的一个研究小组在《科学》杂志上发表研究成果称,在过去几十年,美国大部分地区、欧洲和俄罗斯夏季的风暴活动,明显平静了下来,但他们发现这并不是好消息,强风和急流的减弱,以及天气系统的延长加剧了类似俄罗斯2010年造成毁灭性的农作物歉收和野火的极端高温天气。他们把这些发现与人为造成的全球气候变暖导致北极地区变化联系在一起。

库默说:"当空中强大的空气流通受到气候变化的干扰时,将会对地面造成严重的影响。虽然你可能期望减少风暴活动而使一些情况变好,但结果却证明,这种减少导致了北半球中纬度地区的天气系统更为持续。"

以往来自其他研究者的研究主要集中在冬季风暴,因为它们通常是最具破坏性的。当冬季风暴的频率和强度地域性地改变了,但寒冷的季节平均风暴活动在很大程度上仍然不变。然而,在夏季,来自气象站和卫星的观测数据分析显示,平均风暴活动明显减少了,这意味着频率或强度降低了,或者两者都降低了。科学家们研究了一种被称为涡的特定类型的湍流,并计算其风速的总能量。这些能量是对大气中强度和高、低压系统的频率间的相互作用的一种测量,自1979年以来下降了10%。

莱曼说:"有增无减的气候变化可能会进一步削弱夏季环流模式,从而加剧热浪的风险。值得注意的是,未来几十年的气候模拟,国际耦合模式比较计划,呈现了与我们观测中发现的相同的关系。因此,我们在最近几年经历的温暖的极端温度,可能仅仅是一个开始。"

据研究,北极的迅速变暖可能是环流中观测的变化所驱动的。来自化石燃料燃烧的温室气体排放使得全球温度上升,但在高纬度的北极地区升温更快。自从北极的海冰由于全球气候变暖而收缩,极地地区则需要更多的热量。与白冰相比,来自游离暗海的冰表面会反射较少的阳光降低了寒冷的极地地区和北半球其余温暖部分间的温度差。由于温度差驱动空气运动,这种差异的减少削弱了急流。此外,他们将这一弱化与观察到的风暴活动的减少联系在了一起。

库默说:"无论从哪个角度看极端的热天气,我们发现的证据都指向同一方向。极端高温天气,不只是因为我们使地球变暖,还因为气候变化扰乱了对于形成天气来说很重要的气流。我们观察到的每日减少的变化使天气更持续,导致极端高温天气以月为时间尺度。因此,高冲击热浪的风险可能会增加。"

2. 研究表明气候变化使热浪发生概率大幅增加 [84]

2019年7月4日,国外媒体报道,世界天气归因组织(WWA)一个研究小组发表研究报告称,过去一周,法国、西班牙、比利时等多个欧洲国家经历了罕见的高温，法国南部地区创下 45.9℃的高温纪录。针对这次热浪，他们就气候变化在其中扮演的角色进行分析。研究结论指出，气候变化让上周热浪发生的概率至少增加了 5 倍。

气候变化归因研究或称"气候归因科学"，被定义为"利用统计上的置信区间，对造成某个天气事件的多个因素进行分析，以评估这些因素对造成这一天气事件分别起了多大的作用"。归因研究是当前评估全球变暖带来极端天气风险的重要手段之一。

研究人员通过对比不同条件下出现极端天气现象的概率变化，模拟单一因素对极端天气的作用。例如，如果想了解人类活动与欧洲某地夏天的极端高温频发是否有关以及有多大关系，他们会利用模型计算出两种概率，第一种是正常情况下该地出现极端高温的概率，第二种是排除所有人为因素之后该区域出现极端高温的概率，这二者之间的比值（或相对比值），就会成为判定人为因素影响的基础。

3. 研究显示全球变暖可能导致极端高温天气更频繁[85]

2021 年 8 月 23 日，有关报道称，瑞士科学家卡斯珀·普拉特纳是联合国气候委员会成员，他参与撰写的《气候变化 2021：自然科学基础》的报告全面评估了 2013 年以来世界气候变化科学研究方面取得的重要进展，它显示未来极端高温天气可能会变得更加频繁。

报告指出，毋庸置疑的是人类活动已经引起了大气、海洋和陆地变暖。1970年以来的 50 年是过去 2000 年以来最暖的 50 年。1901—2018 年全球平均海平面上升了 0.2 米，上升速度比过去 3000 年中任何一个世纪都快，2019 年全球二氧化碳浓度达 410ppm（ppm 为浓度单位，此处为每百万个干空气气体分子中所含该种气体分子数），高于 200 万年以来的任何时候。2011—2020 年全球地表温度比工业革命时期上升了 1.09℃，其中约 1.07℃的增温是人类活动造成的。

报告指出，只有采取强有力的减排措施，在 2050 年前后实现二氧化碳净零排放的情景下，温度升高有可能低于 1.6℃，且在 21 世纪末降低到 1.5℃以内。过去和未来温室气体排放造成的许多气候系统变化，特别是海洋、冰盖和全球海平面发生的变化，在百年到千年的尺度上是不可逆的。

报告指出，全球变暖对整个气候系统的影响是过去几个世纪甚至几千年来前所未有的。20 世纪 70 年代以来，热浪、强降水、干旱和台风等极端天气事件频发且将继续。在整个 21 世纪，全球沿海地区的海平面将持续上升，导致低洼地区更频繁、更严重的沿海洪水和海岸侵蚀。

报告还预测，在未来几十年里，暖季将变得更长，冷季将更短，同时极端高温等将变得更加频繁，对农业和人体健康带来更大挑战。普拉特纳指出，类似2021年夏天欧洲的极端高温天气事件未来将会更频繁，人类活动和温室气体排放是气候变化的主因。

三、防治高温灾害研究的新成果

（一）探索防治高温灾害的新方法

1. 夯实评估及预测热浪量级的基础

发明用来评估和预测热浪量级的气候指数。[86] 2014年11月，意大利伊斯普拉欧洲委员会联合研究中心物理学家西蒙纳·鲁索主持的一个研究小组在《地球物理研究杂志·大气》上发表了热浪量级指数（HWMI）。它将酷热事件的几个与气候有关的测量结果合并为一个单一的数字，从而使研究人员能够将发生在不同地区和不同年份的热浪进行比较

根据研究小组设计的这个用来评估热浪量级的气候指数，检测2010年夏季窒息俄罗斯西部的炎热天气，它导致5.5万人死亡，可以发现是过去33年来最有破坏性的热浪事件。该指数在考虑极端温度严重程度的同时还涉及热浪的持续时间，将成为评估未来气候变化影响的一个基准。

鲁索表示："就像地震的震级一样，这是一个在全世界以及不同的气候条件下都有效的量级。"这个热浪量级指数，整合了对异常炎热天气的日最高温度及持续时间的分析。它将热浪分为了7个类别，范围从正常（HWMI大于1）到极端异常（HWMI大于32）。

该指数把2010年俄罗斯热浪，以及1980年袭击美国的一次热浪列为极端事件，其分值分别为5.43和4.10，相比之下，2003年造成7万多人死亡的欧洲热浪的分值为3.48。

基于新的指数，鲁索及其同事根据不同的气候变化模式，预测了21世纪的热浪频率及强度。在一个"适度"的气候变化场景中，研究人员预测，2020—2052年，美国的一些地区将至少经历一次极端热浪。而在同一时期，南美洲北部地区、非洲和欧洲南部将经历3次这样的事件。研究表明，到2100年，欧洲和美国将经历最严重的热浪，甚至将超过之前每两到三年一次的水平。

根据这项研究，如果温室气体排放仍以目前的速度持续增加，进而使全球

平均气温升高接近4℃，则美国和欧洲每一到两年将经历一次非常极端的热浪（HWMI大于8），而到21世纪末，超极端热浪（HWMI大于16）将每10年出现一次。

2. 开发防治高温灾害的新技术

试图利用"太空气泡"为地球防晒。[87]2022年6月21日，美国未来主义网站报道，美国麻省理工学院可感知城市实验室牵头的一个研究团队，为避免气候变化造成进一步灾难而提出建议，他们想在地球和太阳之间建一道防晒屏障，以抵御气候变化，而这道防晒屏障是由大量巨型太空气泡构成的。

该研究团队在一篇文章中提出的应急措施，包括被他们称为"太阳能地球工程"的办法，目的是反射一部分射向地球的太阳光。其原理很简单：发射航天器，在太阳与地球之间设置透明的薄膜气泡。

研究人员指出，这些气泡可以用一种薄而透明的"硅熔体"和另一种材料制作而成，最好放置于太阳与地球之间的"拉格朗日点"，从而停留在相对于地球的稳定轨道上。

虽然这个想法听起来极其怪异，但是可以用数学方法进行验证。研究人员说："如果我们能反射1.8%的入射太阳辐射，就能完全逆转当今的全球变暖。"他们接着指出，这种方法并非旨在成为气候变化的全面解决方案，而是为了补充或完善其他补救办法。

（二）研制防高温或耐高温的新材料

1. 发明透光拒热的防热浪智能玻璃[88]

2004年8月，英国伦敦大学材料专家伊万·帕金与同事特洛伊·曼宁等人组成的一个研究小组在《新科学家》发表研究成果称，他们研制出一种能防热浪的聪明玻璃，房间里的温度过高时，只有光线能透进来，将热量拒之窗外。

如果室内温度在29℃以下，那么，这种玻璃既可以让可见光，也可以让紫外线透过。但是，一旦室内温度超过29℃，玻璃表面的一层物质就会发生化学反应，将紫外线挡在外面。这样，房间在保证光线充足的前提下，会拥有一个适宜的温度。

在此之前，研究人员想了许多防止房间过热的方法，比如给窗子安装茶色玻璃，但这些方法都不理想。以茶色玻璃为例，它无法根据变化了的条件而作出相应的变化，虽然茶色玻璃减少了进入房间的光线，但有时候房间过冷，需要更多温暖阳光的时候，它却没有办法放过更多的光线。

帕金相信，这种新材料将改变大型建筑物的设计方式。他说："现在的建筑趋势，是在建筑物上大量使用玻璃，但这对建筑师来说是个两难选择。如果采用有色玻璃，自然光的好处就会减少，不用有色玻璃，有时候室内温度就会很高，你就不得不缴纳高额的电费。"

聪明玻璃解决了这些难题。这种玻璃的表面涂有一层二氧化矾，无论是可见光，还是紫外线，都可以穿过这种物质。二氧化矾在70℃的时候就会发生变化，如果温度超过这个过渡温度，它里面的电子就会改变排列顺序，这样它就会从半导体变成金属，从而挡住紫外线。研究小组经过许多次试验，在二氧化矾里掺入金属钨，终于使二氧化矾的过渡温度降低到29℃。

另外，他们还找到了一种生产这种混合材料的方法，使大批量生产价格相对低廉的聪明玻璃成为可能。他们表示，三年之内就会出现商业型的聪明玻璃。但现在他们仍有一些问题需要解决，首先，他们研制的涂料尚不能永久附着在玻璃上，另外，现在的涂料带有很强的黄色。

曼宁相信，克服这些难题是有可能的。他说："你可以往这种物质里再掺入另一种物质，比如二氧化钛，这样，涂层就会固定在玻璃上。你可以使用另一种染料来淡化黄色。"

2. 研制可在高温下使用的散热用硅润滑油 [89]

2006年4月19日至21日，日本东芝硅锗公司一个研究小组在日本幕张国际会展中心举行的"第8届散热技术展"上，展出了他们研制的新产品：散热用硅滑润油。据悉，它与原产品相比，可将漏油量减少约75%。

研究人员称，这种硅滑润油计划用于微处理器或功率半导体等，与散热板等散热部件的接合面，以提高散热性。主要面向个人电脑、服务器、车载设备和电源模块等。高温环境下，半导体和散热板的热传导性恶化，此前一直面临的导致漏油的问题，有望通过硅滑润油的使用而得以解决。

散热用硅滑润油在硅油中添加使用金属氧化物的导电性微粒子。通过在散热板和半导体间使用硅润滑油，散热板和半导体的接合面上，厚几十微米的硅润滑油膜没有任何间隙，半导体所产生的热量可以高效地传导给散热板。不过，原来的硅润滑油在高温设备上使用时，存在着硅油和填充剂向外泄漏的问题。这样一来，散热板和半导体的接合面就会产生空孔，导致半导体向散热板传导热量性能的恶化。而且还存在着泄漏出来的硅润滑油导致印刷电路板上的布线短路的问题。因此，高温环境下使用的设备中，大多使用散热片来连接半导体和散热板。不过，如果散热板和半导体的接触面如果存在凹凸的话，散热片上就容易产生空孔，出现热量难以散出的问题。

此次的硅润滑油，分别在硅油和填充剂上做了改进。硅油改用不提高黏性也可减少渗漏的高分子结构。填充剂方面，调整了金属氧化物的表面处理，可在不凝结的前提下分散到硅油中。借此确保了硅润滑油膜的散热均匀性。

3. 研制出可帮助农作物耐高温的新制剂[90]

2015年1月，有关媒体报道，日本神户大学山内靖雄教授领导的研究小组发现叶片气味的主要成分"2-己烯醛"，能提高一些蔬菜的耐高温性。他们由此研制出一种新制剂，有助于在全球变暖条件下培育耐热农作物。

很多农作物有潜力耐受40~50℃的高温，但在常温状态下，其忍受高温的机制处于关停状态。如果温度急剧上升，农作物应对高温的调节机制就来不及作出相关反应，导致植株生长迟缓。

该研究小组指出，很多农作物的叶片，在断裂后会大量生成一种名为2-己烯醛的挥发物，它是叶片气味的主要成分。这种物质在农作物遇到高温环境时也会集中出现，此后它便如同导火索一般"引爆"农作物机体的应对机制，修复因高温而受损的蛋白质，让农作物逐渐耐受高温的考验。

在实验中，研究小组用含有2-己烯醛的制剂，喷洒十字花科农作物拟南芥，然后把它放入室温45℃的房间两小时。结果，与没有喷洒2-己烯醛的拟南芥相比，前者的存活率高出60%。在其他类似实验中，喷洒了2-己烯醛的黄瓜、草莓、西红柿植株的收成，均高于未喷洒该制剂的蔬菜水果。

研究人员说，2-己烯醛来自农作物本身，其制剂容易被商家和消费者接受。为使这种制剂早日达到实用化水平，该研究小组正与企业一起开发相关技术。

第四节 防治冷冻灾害研究的新进展

一、研究冷冻灾害及其防治措施

（一）探索冷冻灾害的新信息

1. 研究预测雪崩灾害的新方法

借助炸药制造雪崩场景来进行灾害预测。[91]2015年2月3日，《每日邮报》报道，瑞士积雪研究所科学家组成的一个研究小组利用炸药在瑞士西昂附近的锡安山谷引发大规模雪崩，希望借此来研究和预测雪崩事件。与此同时，勇敢的摄影师抓拍到许多雪崩的壮观场景。

照片显示，大量积雪以时速 80 千米的速度冲下山坡，而科学家们就在雪崩途经附近的掩体中观察。研究人员还使用地震传感器记录可引发雪崩的地面震动情况。与此同时，摄影人员抓拍到宛如银河奔泻的雪崩场景，以方便与地震数据对比，从而评估雪崩规模大小。此外，研究人员还分别收集雪崩前、雪崩发生时以及雪崩后的积雪温度数据。

研究人员希望能够了解更多有关雪崩形成的情况。他们认为，"板状雪崩"是最致命的雪崩，其会引发大量积雪急速崩泻。而最大的雪崩是粉雪崩，时速可达 300 千米，雪量可达 1000 万吨。

2. 长期持续观测和研究雪崩灾害

数十年坚持在雪崩最频繁峡谷中观测和研究雪崩现象。[92] 2018 年 12 月 11 日，《中国科学报》报道，在常人的思维中，都是要居住在远离雪崩的地方；雪崩发生时要尽量逃离。而有这样一群人，却常年坚守在雪崩最频繁发生的天山深处，一守就是 50 多年。他们严密监测山谷降雪和积雪的变化情况，绘制出我国天山山区公路雪崩（风吹雪）危险区分布图，并且通过分析气候变化，结合当地地形地貌，进行灾害预防和治理研究。

我国唯一一座中国科学院积雪雪崩研究站，坐落在海拔 1776 米的天山深处，巩乃斯河从旁边流过。这里冬季降雪频繁，雪期大于 150 天，雪最深处超过 150 厘米。以研究站为原点，上下 12 千米都是雪崩危害地段，也是野外观测和研究雪崩的绝佳地段。

经过数十年坚持不懈地野外观测及相关研究，科学家在此建立了观测设备齐全先进的气象观测场，雪崩冲击力测量仪、雪层温度热流测量仪、水质分析仪、积雪特征仪等设备一应俱全，还建立了雪害防治工程试验场、雪崩冲击力试验沟槽和雪化学实验室。研究站取得的多项科研成果都获得了国家级嘉奖，成为在国际上具有一定知名度的专业研究机构。

（二）探索防治冷冻灾害的新措施

1. 研制防治公路积雪危害的新方法

开发出有助于设计防积雪公路的新软件。[93] 2009 年 2 月 11 日，美国媒体报道，日前，美国布法罗大学建筑工程师斯图尔特领导的研究小组，开发出一款名为"雪人"的交通设施建设方面的专用软件，有助于设计防积雪公路，并帮助护路人员准确设置挡雪栅栏。

斯图尔特说，为减轻积雪阻断公路的风险，护路人员通常会在公路两侧出现积雪频率最高的地段设置塑料或木制的挡雪栅栏，这种栅栏能起到阻隔风雪和防止形成雪堆的作用。风夹着雪粒遇到栅栏的阻挡后，相当一部分雪粒会落在栅栏外侧，从而使栅栏另一侧的路面不易出现大量积雪。

通常来说，护路人员是依靠经验，决定在哪些路段和以怎样的形式设置挡雪栅栏。为了更准确和有效地设置栅栏，护路人员需要获取特定路段雪量和风速等方面的准确气象数据，然后通过计算确定挡雪栅栏的适宜位置和高度。

斯图尔特说，"雪人"软件能够综合各种气象数据，基于流体力学原理对雪粒随风飘动和散落的细节进行分析，从而使护路人员和设计人员能根据不同天气状况，精确设置和调整挡雪栅栏的位置和高度。

2. 研制防治冷冻灾害的耐极寒新材料

（1）研发出耐极寒有机黏结剂。[94] 2019 年 4 月 8 日，俄罗斯科学院乌拉尔分院网站报道，该分院彼尔姆联邦研究中心技术化学研究所一个研究小组在《乌拉尔科学报》上发表研究成果称，他们研发出新型有机黏结剂，该黏结剂兼具聚氨酯和环氧酯的特点、耐潮、耐寒、可承受更高的载荷，适合于极地条件下的工业化应用。

由于聚合物材料的性能取决于其玻璃化温点，当温度低于玻璃化温点时，材料具有极大的脆性，所以材料的玻璃化温点越低，其各类性能指标特别是力学性能越好。

研究人员首先选取聚合物类的代表材料聚氨酯进行研究，确定了其玻璃化温点低于零下 70℃ 的成分组成，考虑到环氧基黏结剂具有极好的金属黏接结合性能，研究人员采用化学方法把环氧基"搭接在"所研发聚氨酯低聚物分子链上，这样获得材料的一端为聚氨酯，而另一端则为环氧基，由此把这两种材料的性能结合起来。如此研发的黏结剂，既具有耐极寒性，同时又具有极好的金属黏接性能，可应用于俄罗斯所实施的北极开发项目中。

该所现已研发出此类耐极寒有机黏结剂的若干成分配方，并进行了黏结剂的力学和工艺性能研究。考虑到北极开发使用的苛刻要求，研究人员设计并制造了黏结剂性能测试专用平台，以便进一步检测黏结剂的抗震性、抗交变载荷性等一系列参数指标。

该项目的研发是在乌拉尔分院实施的"北极"科研计划框架内进行的，并得到了俄联邦"2014—2020 年俄罗斯科技发展优先领域研发"专项计划的资金支持。

（2）研制出能耐极寒和酷热的新型锂离子电池。[95] 2022 年 7 月，美国加州大学圣地亚哥分校雅各布斯工程学院纳米工程教授陈政等人组成的一个研究团队在美国《国家科学院学报》上发表研究成果称，他们开发出一种锂离子电池，它在极寒和酷热的温度下表现良好，同时还能储存大量电能。

陈政说，这种电池可让寒冷气候下的电动汽车一次充电就能行驶更远；还可减少对冷却系统的需求，以防止车辆的电池组在炎热气候下过热。

在测试中，概念验证电池在零下 40℃和 50℃温度中，分别保留了 87.5% 和 115.9% 的电能容量。在这些温度下，它们还分别具有 98.2% 和 98.7% 的高库仑效率，这意味着电池在停止工作之前，可进行更多的充电和放电循环。

研究人员此次开发了一种优良的电解质，这种电解质既耐寒又耐热，而且与高能阳极和阴极兼容。电解质由二丁醚与锂盐混合而成的溶液制成。二丁基醚的一个特点是其分子与锂离子的结合较弱，当电池运行时，电解质分子很容易释放锂离子。

这种电解质的另一个特点在于它与锂硫电池兼容。锂硫电池是下一代电池技术的重要组成部分，因为它们有望实现更高的能量密度和更低的成本。但锂硫电池的阴极和阳极都具有超强反应性。在高温下，锂金属阳极容易形成称为枝晶的针状结构，可刺穿电池的某些部分，导致电池短路。结果，锂硫电池只能持续数十次循环。

二丁基醚电解质可防止这些问题，即使在高温和低温下也是如此。他们测试的电池比典型的锂硫电池具有更长的循环寿命。研究团队还通过把硫阴极接枝到聚合物上，来设计更稳定的硫阴极。这可以防止更多的硫溶解到电解液中。

研究人员表示，下一步研究工作将包括扩大电池化学成分、优化电池以使其在更高的温度下工作，以及进一步延长循环寿命。

二、研究生物防冷抗冻功能的新成果

（一）探索生物防冷抗冻蛋白质及酶的新信息

1. 研究生物防冷抗冻蛋白质的新进展

（1）研究发现一些生物防冻蛋白质阻止结冰的机理。[96] 2007 年 3 月 6 日，在美国物理学会上，一个由美国俄亥俄大学、加拿大女王大学生物化学和生物学专家组成的研究小组宣布了一项研究成果，他们观察到一些生物防冻蛋白质的运行过程，揭示了它们阻止结冰的机理。这一发现将来可望用于医疗、农业以及食品加工行业等许多领域。

在很多动物体内，都存在防冻蛋白，包括一些鱼类、昆虫、植物、真菌以及细菌等，它们会结合在冰晶的表面，从而阻止冰晶的进一步生长，这样就能保护生物不会被冻死。但是科学家一直不太清楚为什么有些生物蛋白，例如在美国和加拿大常见的云杉蚜虫的蛋白，要比其他生物的更活跃。

现在，该研究小组利用荧光显微镜发现了这种活跃的蛋白质是如何保护蚜虫细胞的。在这项研究中，研究人员在实验室把蚜虫以及鱼类的防冻蛋白，先分别用荧光物标记，再用一种荧光显微技术观察这些蛋白质如何与冰晶表面相互作用。结果发现，蚜虫体内的蛋白能阻止冰晶向某一特定方向生长，而鱼类蛋白的这一作用则相对较弱。

研究人员表示，防冻蛋白，特别是这些在云杉蚜虫体内找到的非常活跃的蛋白质种类，将会有多种可能的用途。它们可用来保护器官移植过程中的器官以及组织，也能用于防止冻伤。防冻蛋白还能阻止冰淇淋中冰晶结构的生长，这一技术目前已经被某些食品制造商使用，同时还可以防止农作物受到霜冻的伤害。

（2）揭开南极鱼类防冷抗冻糖蛋白的作用机制。[97]2010 年 8 月 23 日，德国波鸿大学发表公报称，该校研究人员与美国同行合作，以南极鳕鱼血液中的防冷抗冻糖蛋白为研究对象，揭开了南极鱼类蛋白的防冷抗冻机制。这一成果已发表在近期《美国化学学会期刊》上。

研究人员发现，这种蛋白可对水分子产生一种水合作用，能阻止液体冰晶化，而且其作用在低温时比在室温时更加显著。这就是南极鱼类能够在 0℃以下的冰洋中自在游动的原因。

研究人员观察了防冷抗冻糖蛋白与水分子的运动现象。一般情况下，水分子会不规律地"跳动"且不稳定，但有防冷抗冻糖蛋白存在时，水分子会较规律地"跳动"且稳定，就像由迪斯科变成了小步舞曲。

一般鱼类血液的凝点，在零下 0.9℃左右。而由于盐降低了海水的冰点，南极海水可低至零下 4℃。正是依靠防冷抗冻糖蛋白的特殊作用，南极鱼类能在低温环境下照常游动。

2. 研究生物防冷抗冻酶的新进展

发现有望用于培育防冷抗冻作物的酶。[98]2018 年 10 月，西澳大利亚大学植物学家尼古拉斯·泰勒、桑德拉·克布勒等人组成的一个研究小组，在英国《新植物学家》杂志上发表论文说，他们最新发现，植物在遇到低温时会放缓生长的现象，实际上与植物细胞中一种参与能量生产的酶紧密相关。这一发现，有望用于培育防寒抗冻作物，以减少农业损失。

三磷酸腺苷（ATP）是生物细胞中储存和释放能量的核心物质。研究人员说，他们研究发现，在接近冰点的环境中，植物细胞中产生的三磷酸腺苷会减少，进而导致植物生长放缓。

进一步研究发现，细胞内催化合成三磷酸腺苷的"三磷酸腺苷合酶"在其中发挥了关键作用。泰勒说："先前一些研究认为，植物对低温敏感主要源自细胞中有关能量生产的一些其他物质，但我们惊奇地发现，三磷酸腺苷合酶才是关键因素。"

泰勒认为，随着气候不断变化，理解植物如何对温度作出反应变得越来越重要。克布勒说："这项新发现，对农业生产以及将来培育防冷抗冻作物具有重要意义，更好地了解植物的能量生产如何随温度变化而变化，将有助于我们培育更适应气候变化的植物。"

（二）探索生物防冷抗冻基因的新信息

1. 研究植物防冷抗冻基因的新发现

从南极草中发现一种防冷抗冻基因。[99] 2006 年 4 月 10 日，有关媒体报道，澳大利亚维多利亚州拉特比大学的戈尔曼·斯格伯克教授、维多利亚州技术创新部负责人约翰·博伦等人组成的一个研究小组宣布，他们发现一种能让南极草在零下 30℃的环境中生存的防冷抗冻基因。防冷抗冻基因的应用，有望使农作物经受住严寒的冰霜，由此可避免每年几百万美元的农业经济损失。

防冷抗冻基因，又称冰结晶抑制基因。斯格伯克介绍说，他们是从一种移居南极洲半岛的"南极草"中发现这种防冷抗冻基因的。防冷抗冻基因能够保证植物阻止冰水结晶生长，具有防冷抗冻基因的植物可以在冰封的环境中存活，并具有让冰融化的能力。同时，研究人员就这种防冷抗冻基因对农作物进行转基因移植试验，发现转入防冷抗冻基因的作物，显示出较好的防冷抗冻特性。斯格伯克说，转基因试验情况说明，防冷抗冻基因可以广泛用于改进农作物和树木的防冷抗冻性能。

维多利亚州技术创新部负责人约翰·博伦比表示，有关防冷抗冻基因的发现与应用，将有助于避免农作物因冰霜而造成的经济损失。目前全球每年有5%~15%的农业产量损失是由于冰霜引起的。随着对防冷抗冻基因功能的深入研究，可以预计，人们在未来几年内，将会更多地看到有关农作物抗冰霜技术的进一步开发与应用。

2. 研究动物防冷抗冻基因的新进展

通过果蝇基因研究揭示耐寒性进化之谜。[100] 2017 年 4 月，德国癌症研究中心专家奥雷利奥·泰勒曼、亚历山德拉·莫拉鲁等人组成的一个研究小组在《发育细胞学》杂志上发表论文称，科学家曾假设，向更高、更冷的纬度地区迁移可能导致进化出更快速度的新陈代谢，以便在寒冷条件下保持细胞温暖，以促进耐寒性，提高防冷抗冻能力。他们研究发现了一个名为 THADA 的基因，有助于果蝇燃烧脂肪中的能量。当关闭果蝇体内的该基因后，它们开始变得肥胖，并且消耗的能量开始减少。

泰勒曼说："当你恢复 THADA 后，细胞便储存更少的脂肪，并燃烧更多能量。这是一个新陈代谢调节器，能影响身体在储存能量和消耗能量间的平衡。"

研究人员把肥胖果蝇放入冷藏间，以便研究其反应，结果发现它们由于缺乏防冷抗冻能力，难以应对寒冷环境。在接近冷冻的温度下，果蝇"昏倒了"，但当研究人员将冻僵的果蝇移入温暖房间后，THADA 敲除的果蝇需要更长时间苏醒。这一结果让研究人员惊讶不已。莫拉鲁说："我们曾怀疑肥胖动物有更好的保温能力，并且更耐寒，但该研究显示，它们对寒冷更敏感。"

但科学家表示，那些新陈代谢更慢的果蝇，需要更长时间从寒冷中恢复过来，这也与热带纬度和肥胖有关。相比寒冷地区，在更温暖区域，燃烧脂肪产生的热量对生存没那么重要。而新陈代谢更慢的肥胖果蝇则燃烧更少脂肪，因此难以很快适应寒冷环境。

研究人员还指出，果蝇和人类存在很大区别，因此难以比较肥胖人类和果蝇的脂肪储存情况。但人们有理由认为，人和果蝇的新陈代谢机制在细胞水平上非常相似。之前有研究鉴别出果蝇体内的新陈代谢基因是人类肥胖预报器。

研究人员发现，被敲除 THADA 的肥胖果蝇，在被恢复 THADA 机能或被加入人类 THADA 后都能苏醒。这暗示 THADA 对人和果蝇均有相似的新陈代谢影响。

（三）培育防冷抗冻农作物的新信息

1. 开发出抗寒转基因水稻新品种[101]

2005 年 8 月 21 日，日本北海道农业研究所研究员佐藤裕郎在日本育种学会年会上宣布，他领导的研究小组成功开发出在低温下可以产生大量花粉并结出稻粒的抗寒转基因水稻新品种。

水稻遇到寒冷气候容易出现生长迟缓，收成会受到严重影响，目前的抗低温水稻大多没有太强的抗寒能力。该研究小组把目光集中于小麦为了抗寒而合成的一种果聚糖，从小麦中提取出合成这种果聚糖酶的基因，然后植入水稻的染色体，进而开发出新的水稻品种。研究人员把这种转基因水稻，与现有水稻品种在12℃低温环境下放置一段时间后，转基因水稻只减产30%，而一般水稻要减产70%。

研究人员认为，之所以出现这样的结果，是因为果聚糖在植物细胞内时，可以保护蛋白质等不受寒冷的侵害。

2. 成功培育抗冷和抗旱的双季早粳稻新品种[102]

2021年7月19日，《科技日报》报道，双季早粳水稻新品种"中科发早粳1号"测产现场会在江西省上高县举行。200亩的示范田里，金色稻浪翻滚，在机插秧、人工插秧、直播和抛秧四种栽培模式下，"中科发早粳1号"均表现优异，其中人工抛秧种植田和机插秧种植田平均亩产567.64千克。它不仅产量创出新高，而且在苗期抗冷、抗旱，成熟期抗穗发芽等农艺性状中表现突出。

我国共有13个省种植双季早稻，全部分布在南方低纬度地区。然而，我国所有的双季早稻品种均为籼稻，目前国家设立的双季早稻品种审定组只有早籼组。早籼稻是在3月中下旬播种，7月中下旬收获的南方籼稻品种。早籼稻品种，尤其是长江中下游的品种由于整体品质较差，大部分作为储备粮或工业用粮使用。

中国科学院遗传与发育生物学研究所李家洋院士说："这一新品种实现了我国双季早粳稻'零的突破'，填补了双季早粳品种在我国水稻生产中的空白，这意味着，今后我们可以提前一个季度吃上好吃的新粳米了。"

第五节　防治风暴灾害研究的新进展

一、防治龙卷风与飓风研究的新成果

（一）防治龙卷风灾害研究的新信息

1. 分析中国龙卷风灾害的新发现

发现江苏苏北是国内强龙卷风多发区域。[103]2016年6月24日，中国新闻网报道，6 月 23 日下午，江苏苏北地区盐城阜宁遭遇强对流天气，暴雨、冰雹和龙卷风联合袭击，受灾地区房屋倒损数量较多，电力通信设施被破坏，部分地区电力中断，通信基站无信号。

江苏苏北地区是中国强龙卷风多发地区。据统计，在 1956—2005 年这 50 年间，江苏共发生过 1070 次龙卷风，平均每年 21.4 次。江苏的龙卷风风险性评价模型显示，虽然苏北地区发生龙卷风数量不及苏南，但是强龙卷的高发区集中于此。对此，江苏省气象台专家解释道，这是由于苏北地区地势低洼平坦、江河湖泊水网交织，处于亚热带和暖温带的气候过渡地带，易积聚不稳定能量，有助于强龙卷风生成。

江苏省气象台专家分析本次龙卷风灾害成因时认为，23 日，黄淮地区处于副高西北边缘，温度高，湿度大，对流潜势好。当天，盐城地区高空有冷涡配合低槽东移南下，中低层有低涡切变东移，地面有气旋，后部有冷空气。低层西南急流，中高层西北急流，存在强的风切变，在地面有强的风向风速辐合触发下，产生了龙卷风。

这次冰雹、龙卷风灾害性极端天气同时发生在江苏，专家表示，非常巧合，这是以往没有发生过的。

梳理最近十几年龙卷风在江苏留下的足迹可以发现，龙卷风也有自己的独特喜好。最喜欢光顾的是高邮，其次为仪征、宝应、江都等。对此，扬州气象台专家分析，龙卷风极易在高邮形成的理由很简单，因为高邮地处平原最低洼处，像个大锅底，四周沟渠湖泊密布，容易为龙卷风的形成创造条件。由于地理环境特殊，不仅龙卷风等极端天气容易闯入高邮、宝应、仪征、江都等地，雷电天气也常往这些地方跑。

同时，专家认为，从更宏观的角度来看，强对流天气增多成为龙卷风的温床；而强对流天气增多的罪魁祸首是全球气候变暖。

2. 分析美国龙卷风灾害的新发现

（1）美国遭受龙卷风侵袭最多。[104] 2016 年 6 月 26 日，有关媒体报道，美国是世界上遭受龙卷风侵袭次数最多的国家，全世界有一半的龙卷风发生在美国。2016 年，在美国已经有 675 个龙卷风报道，其中至少有 453 个得到确认。

龙卷风影响时间短、范围有限，但破坏力极大，是美国的第一大气象灾害。同时，也造成了美国每年不菲的经济损失。据统计，近十年来，美国一场龙卷风平均"卷走"120 万美元。其中，损失最严重的为 2011 年，共发生 1699 场龙卷风，造成经济损失 100 亿美元。

（2）美国遭遇破坏力巨大的龙卷风。[105]2021年12月14日，有关媒体报道，12月10日夜间，美国中部6个州遭遇至少30场龙卷风袭击，截至13日已造成80多人死亡，且伤亡人数还在继续上升。大量建筑损毁，基础设施被破坏，经济损失惨重。

龙卷风是一种极其猛烈的天气现象，由快速旋转并造成直立中空管状的气流形成。按照"改良藤田级数"划分，龙卷风强度分EF0~EF5共6个等级。已有迹象表明，此次美国遭遇的龙卷风属于强烈至猛烈级别，即EF3、EF4或EF5级别。EF5是龙卷风的最高级别，风速可达每小时200英里（约每小时320千米）。雷达数据显示，此次龙卷风将碎片抛向了约9100米的高空，相当于一般商业飞机飞行的高度。由于此次龙卷风发生在夜间，大部分民众在睡觉，不能及时收到预警并应对，因此伤亡更加惨重。

美国气象学家表示，美国龙卷风通常发生在春季和夏季，在12月发生破坏力如此巨大的龙卷风极为罕见。美国全国广播公司报道称，此前最近一次发生在12月的EF5级别龙卷风可追溯至1957年。

据有关专家介绍，此次龙卷风是大气系统剧烈波动所致。10日，受灾地区出现反常高温，感觉更像在春季而不是12月中旬。罕见温暖天气与高湿度空气结合，为风暴形成提供了充足"燃料"。随着时间推移，风场增强，助推气流快速旋转，为形成龙卷风创造条件。当冷锋穿过受灾区域，与暖湿空气相互作用，激发出强对流风暴系统。上述因素叠加，为此次龙卷风的发生铺平道路。加之美国目前正受到拉尼娜现象影响，增加了整个密西西比河谷地区龙卷风的发生频率。

3. 探索龙卷风预测的新方法

用次声波帮助预测龙卷风。[106]2018年5月，美国俄克拉何马州立大学机械与航天工程系助理教授布瑞恩·埃尔宾主持的一个研究团队在明尼苏达州举行的第175届美国声学会会议上报告称，他们一直在收集来自龙卷风的次声测量结果，从而在具有潜在破坏性的龙卷风来袭前，解码其中关于龙卷风形成过程和生命周期的信息。

次声波在人类无法听见的频率上振荡，但对于监控核爆炸极其有用，因为次声在地球大气中衰减得非常缓慢，以至于它能环绕地球多次。

20世纪90年代末和21世纪初，研究人员发现，龙卷风和其他地球物理事件也能产生在"近次声"（0.5~20赫兹）范围内的声音。产生龙卷风的风暴会在形成前的一个多小时释放次声。这促使研究人员开发出一种"监听"风暴的远程方法。

埃尔宾说："通过监控数百英里之外的龙卷风，我们能减少错误警报率，并且甚至可能增加警报次数。这还意味着'风暴猎人'不再需要靠它们太近。"

研究人员为"监听"大气中的次声，使用了 3 个次声扩音器。这些位于俄克拉何马州立大学的扩音器，以三角形排列，每个相距约 60 米。两个关键差异，把这些扩音器同人们曾经见过的扩音器区分开来。

埃尔宾介绍道："一是它们更大，对较低频率更加敏感。二是我们需要消除风的噪声。我们把扩音器密封在拥有 4 个开口的容器内。"随后，该研究团队把龙卷风的次声，从风的噪声中解析出来。

确定造成龙卷风次声的流体机理，或能彻底改变气象学家的监控和预测方式，而这最终将拯救诸多生命。埃尔宾指出："这尤其适用于并不以最大龙卷风著称，但频频遭受最严重伤亡的狄克西走廊。复杂的地形、不规则的道路模式和夜晚时分的龙卷风，阻止了'风暴猎人'观测它们，因此对龙卷风次声的远程监控将提供宝贵信息。"

（二）防治飓风灾害研究的新信息

1. 研究飓风灾害发生时间的新发现

发现北大西洋飓风季首次风暴时间出现提前趋势。[107] 2022 年 8 月，美国气候学专家瑞安·特鲁切卢特领导的研究小组在《自然·通讯》杂志上发表的一篇气候变化研究论文指出，自 1979 年以来，北大西洋飓风季首次风暴的出现时间有提前趋势。该研究还发现，1900 年至今，登陆美国的首个被命名风暴也有提前趋势。这些研究结果对于制定更好的应对和适应策略具有重要意义。

这篇论文写道，目前对北大西洋飓风季的定义于 1965 年正式确立，将飓风季的出现时间定在 6 月至 11 月。虽然这个时间段确实覆盖了该区域的大部分飓风，但北大西洋飓风季缺少一个更精确的定义，而且近来多个热带气旋的形成时间，都早于北大西洋飓风季的官方起始日期 6 月 1 日。

研究小组利用观测数据，分析了 1979—2020 年大西洋热带气旋活动出现时间的变化，以及 1900—2020 年美国风暴登陆风险的出现时间。他们的研究结果显示，自 1979 年以来，北大西洋被命名风暴的形成时间一直在提前，其速度为每 10 年提前 5 天以上。

研究人员还指出，自 1900 年以来，首个登陆美国的被命名风暴每 10 年提前约 2 天。他们认为，这种风暴提前发生的趋势可能与大西洋西部地区的春季暖化有关，这种暖化也在同期有增加的趋势。

2. 研究飓风灾害发生地点的新发现

研究表明美国东海岸已成超强飓风滋生地。[108]2022 年 10 月 17 日，美国能源部所属的西北太平洋国家实验室大气科学家卡提克·巴拉古鲁、梁丽蓉等人组成的研究小组在《地球物理研究快报》杂志上发表论文称，他们研究发现，美国大西洋沿岸已成为超强飓风的滋生地，而如果人类继续依赖化石燃料的话，飓风可能会对世界各国沿海地区造成更沉重的打击。

这项研究发现，过去 40 年里，石油、天然气和煤炭燃烧产生的温室气体排放所引起的全球气候变暖是导致美国东海岸风暴和洪水灾害日益严重的主要因素。风暴聚集起能量变得更快，官方向居民及时发出警告和疏散命令因而也愈发困难。

研究人员通过分析风暴活动及其形成条件发现，1979—2018 年，美国大西洋海岸附近飓风增强的速度显著攀升。

一场风暴的强度迅速增强需要近乎完美的自然条件，以前这种条件很难具备。现在研究人员发现，随着温室气体排放的增加，这种完美自然条件的组成部分，例如温暖的海洋表面、高湿度、低风切变和空气的旋转运动（涡度）等，已经变得越来越普遍。巴拉古鲁说："美国东海岸近岸环境对飓风绝对变得更加有利，这与我们在该地区观察到的飓风强度的增强非常吻合。"

梁丽蓉接着说："沿海地区飓风行为的变化，可能会影响世界各地的大量人口。"

预测模型显示，人类若不逐步淘汰化石燃料，遏制温室气体排放，这种破坏性的趋势似乎将继续下去。巴拉古鲁还特别指出，除了人类活动所导致的气候变化，自然因素确实发挥了作用，但程度较小。

3. 研究防治飓风灾害的新对策

（1）开展防御飓风或龙卷风破坏的实验。[109]2013 年 9 月，国外媒体报道，美国得克萨斯理工大学的学生们正通过实验室试验，试图抵御飓风、龙卷风以及其他危险风暴带来的破坏。通过研究极端风暴如何形成、如何演化以及它们会造成什么样的破坏，工程师们能设计出更好的房屋结构来对抗它们。

在得克萨斯理工大学风力研究中心的碎片撞击实验室内，一些研究人员使用一种特制的高抗冲枪（最常见的风暴射弹）来朝着砖壁、避难所、保险柜射击，以证明这些目标材质和设计的强度。其他研究人员则竞相在飓风有可能会登陆的各地布置传感器，以便收集与风速、湿度等有关的数据。

2013 年，得克萨斯理工大学 2 名研究生甚至参与了联邦紧急管理局资助的研究项目，对这些暴风雨避险处在 2013 年 5 月龙卷风袭击俄克拉何马州时的表现进行评估。

（2）研制预测飓风准确率更高的新辐射计。[110] 2016 年 10 月，俄罗斯卫星通讯社报道，俄罗斯国立核能大学莫斯科工程物理学院科研中心教授伊戈尔·亚申等科学家组成的研究小组研制出独一无二的飓风 μ 介子辐射计和 μ 介子诊断法。μ 介子是由宇宙粒子发生一系列变化转换而出现在地球大气层的基本粒子。新型辐射计可远距离察看飓风内部，预测气旋的形成和运行轨迹，以及风力的大小。

飓风是一种巨大气旋，中心气压低，气流速度快，是地球上危险且毁灭性很强的现象之一。温带气旋是由于相邻气团的温度和压力差别大而产生的；热带气旋则在海平面上方形成，由潮湿空气层蒸汽凝结而成，能量巨大。中级飓风一小时释放的能量，相当于约 30 兆瓦核爆炸的威力，这股力量在海上移动，最终能席卷岸边。据美国国家航空航天局的数据，全球约一亿人生活在飓风危险区。

考虑到飓风的破坏力，非常有必要对其进行准确预测。在人造地球卫星出现之前，飓风的唯一监测设备就是飞机。但即使是今天，卫星也不能提供全面信息，如确定飓风内部气压或准确风速。此外，浓密云层还可能妨碍其对气旋的观察。因此，尽管有卫星系统、传感器和雷达，飞机仍在预测飓风中发挥着重要作用。部分现代化的"飓风猎人"是内部配有监测设备的无人机。早在 2010 年，美国国家航空航天局就开始使用"全球鹰"组成的小型无人机编队对飓风进行监测。

目前，用现代的计算机技术可以建立相当准确的大气模型，这样一来，科学家可以通过分析各种来源的数据预测气旋的进一步活动，一般气旋的平均"寿命"可达 9~12 天。尽管近年来，在飓风运行轨迹建模方面有了很大进步，但预测飓风的能力提高得并不多。预测不准确会导致不必要的人员伤亡和设施损毁，而无根据的悲观预测，则会让工厂白白停产，学校白白停课，还要中止采矿，撤离群众，花费大量财力。

为了解决上述问题，该研究小组提出自己的科研思路：大气变化是飓风产生和进一步活动的主要原因，因此，可以通过监测这些变化来观察气旋，预测它的各种进程。

亚申表示："飓风 μ 介子辐射计，能够实时记录和分析由大气圈、磁层和大气层各方面引发的地球表面次级宇宙射线流的变换。我们研制的辐射计的独特之处在于，它可以实时恢复每个 μ 介子的径迹，进行 μ 介子射线成像（类似于 X

射线成像）。分析 μ 介子射线成像法，有助对太阳圈大片区域进行实时监测，控制海平面以上 15~20 千米以内的大气状态。"

研究人员还表示，新型辐射计可为准确预测飓风提供保障。监控俄罗斯（领土面积 1710 万平方千米）上空大气，需要 4 台飓风辐射计，而世界第二大洋大西洋的面积是 9166 万平方千米，约为俄罗斯面积的 5 倍。考虑到飓风不会出现在所有海平面上空，绝大多数热带气旋形成于南北纬 10°~30°，监测这一区域所需的辐射计无须太多。

亚申表示，飓风辐射计不仅易于维护，也便于携带，可置于卡车内，必要时可以进行转移。但与会飞的"飓风猎人"不同，辐射计没有必要频繁转移，因为它能够远距离监测和分析气旋。

此前，μ 介子检测器已经用于透视埃及金字塔。此外，它还将被用于查获核走私和监测火山活动的项目。研究小组希望 μ 介子诊断法可为研究飓风做出应有贡献，帮助提高预测飓风威力的准确率，而这反过来将有助于避免多余花费，在飓风发作的危险区甚至可以减少人员伤亡。

据介绍，该辐射计还能够预测太阳活动引起的太阳圈潜在危险现象、磁暴和其他自然灾害的活动变化。

二、防治风暴灾害研究的其他新成果

（一）防治台风灾害研究的新信息

1. 探索台风强度的新进展

发现登陆台风强度增长最快。[111]2016 年 9 月，美国加州大学圣迭戈分校梅伟和谢尚平等专家组成的一个研究小组在《自然·地球科学》杂志上发表论文称，随着大气中温室气体浓度上升，洋面预期将进一步变暖，中国、韩国和日本因此可能在未来面临更具破坏性的台风。

由于现有数据中的不一致因素，地区性台风活动的强度变化一直很难识别，尤其是对两个最强的台风级别：人们在这两个级别识别出了相反的年风暴数量变化趋势。

该研究小组通过修正方法论差异，统一了数据，并发现过去 38 年间，台风显著地朝高强度方向转变。他们使用了聚类分析方法，发现与停留在海面上的台风相比，登陆台风的增强明显更强。他们认为，这些变化来源于增强速度加快，而非速度保持一致而增强时间延长。

2. 探索提高台风预测水平的新进展

发现利用人工智能技术可提前预测台风。[112] 2019 年 2 月，日本海洋研究机构和九州大学共同组成的一个研究小组在《地球与行星科学进展》杂志网络版发表研究成果称，他们利用人工智能深度学习技术开发出从全球云系统分辨率模型气候实验数据中高精度识别热带低气压征兆云的方法。该方法可识别出夏季西北太平洋热带低气压发生一周前的征兆，有助于提前预测可能产生的台风。

预测台风和飓风等热带低气压的发生，一般是通过卫星观测和监视云的演变过程，对观测数据进行气象模型模拟。但大气现象非线性极强，不同的气象模型预测的未来气象结果会出现非常大的偏差。近年来人工智能技术飞速发展，可根据大数据中的特定类型进行深度学习，检测特定现象，从而应用于具有不确定性的气象领域。

利用深度学习获得更高的识别精度，需要对每一种气象类型都有超过数千张图片的大量数据。研究小组首先利用热带低气压跟踪算法，把全球云系统分辨率模型 20 年积累的气候实验数据，制成 5 万张热带低气压初始云及演变中的热带低气压云图片，再加上 100 万张未演变成热带低气压的低气压云图片，共 105 万张图片组成 10 组学习数据，利用深度卷积神经网络的机器学习，生成不同特征的 10 种识别器，然后构筑出可对 10 种识别器结果进行综合评价的集合识别器。

该方法还可对台风路径和强度进行预测，并预测暴雨的发生。研究小组表示，今后他们将以深度学习为代表的人工智能技术，融合数据驱动方法和模型驱动方法，开展新的海洋地球大数据分析。

（二）防治尘卷风与冬季风暴研究的新信息

1. 探索尘卷风防治的新进展

甘肃突发卷伤孩子的尘卷风。[113] 2016 年 4 月 22 日，《科技日报》报道，4 月 20 日 16 时 25 分，甘肃瓜州县源泉小学塑胶运动场突发旋涡气流，并将一名正在参加运动会的小学生卷起，所幸的是，小学生被甩下只是后脑轻微受伤，并无大碍。专家说，这场突如其来的风暴不是龙卷风，而是尘卷风。

中央气象台工程师胜杰介绍道，由雷暴云底伸展至地面的漏斗状云产生的强烈的旋风称为龙卷风，属于云层中强烈雷暴的产物。而尘卷风则是由地面强烈增温而生成的旋转对流运动，以卷起地面尘沙和轻小物体形成旋转的尘柱为特征。尘卷风首先从地面形成，再向空中发展。与龙卷风不同的是，尘卷风风柱一般在

10多米，极少的尘卷风高度能达到100多米。此外，尘卷风影响范围很小，直径只有几米，最长的才有10多米。尘卷风一般形成几分钟就会消失。

南京信息工程大学大气物理学院教授赵天良研究尘卷风多年，他说，龙卷风和尘卷风最大的区别是形成原因，龙卷风是强降水和雷雨大风等强对流天气形成，而尘卷风往往在晴朗天气形成。晴朗天气下地表局部增热不均匀时，会造成局部气流变化，形成尘卷风。一般形成在开阔干燥处，多见于草场、沙漠等地方，随着气温的不断攀升，发生尘卷风的机会也会增加。实际上，在北方地区发生尘卷风的概率是非常高的。

赵天良指出，引起巨大破坏力的尘卷风几乎不可能发生，本次卷起孩子的尘卷风很罕见。尘卷风遇到阻隔物就会消失。随着城市设施完善和荒漠化有效治理，这种天气现象会越来越少。

2. 探索冬季风暴防治的新进展

冬季风暴"尤尼斯"登陆西欧。[114] 2022年2月19日，中国新闻网报道，冬季风暴"尤尼斯"18日"气势汹汹"登陆荷兰、比利时等西欧国家，造成至少5人死伤；风暴还令航班取消，铁路停止运输，公路因事故不断陷入混乱。

当地时间18日下午，"尤尼斯"登陆荷兰，阵风风速一度高达每小时150千米，为此当局向弗里斯兰省、泽兰省、北荷兰省、南荷兰省等多个省份发布红色预警，敦促居民留在家中，切勿驾车上路。

截至当地时间18日晚，荷兰多地报告人员伤亡消息，其中首都阿姆斯特丹及周边地区至少3人被风暴吹倒的大树砸中后身亡，北部格罗宁根市一名摩托车司机撞上被风暴吹倒的大树后身亡，北布拉班特省一名年长女性被风暴吹倒的大树砸中后全身多处骨折。

出于安全考虑，阿姆斯特丹史基浦机场18日取消300多架航班，进出荷兰的国内和国际列车全部停运，境内高速干道多条路段因翻车事故或路边树木被吹倒被迫关闭，交通陷入混乱状态。

据荷兰通讯社等媒体报道，在北布拉班特省、南荷兰省等地，风暴还对建筑物造成破坏，包括房屋屋顶被掀翻、外墙被吹塌、太阳能板被吹落等，一些地方的居民被迫从家中疏散。

在比利时，当局18日对东佛兰德、西佛兰德等沿海省份发布次一级的橙色预警，敦促公众外出警惕可能被吹倒的树木或其他飞行物；首都布鲁塞尔出于安全考虑关闭森林、公园等场所，以防强风吹倒树木造成人员伤亡。

当地时间18日下午，随着"尤尼斯"登陆比利时，进出东佛兰德省、西佛兰德省、第二大城市安特卫普的列车全部停运；为确保学生安全，当地多数中小学安排 18 日中午提前放学，安特卫普大学也在 18 日下午停课。

（三）研究热带气旋危害的新信息

1. 探索热带气旋移动速度的新发现

发现全球热带气旋移动速度出现减缓现象。[115] 2018 年 6 月 7 日，美国国家海洋与大气管理局国家环境信息中心专家詹姆斯·科辛在《自然》杂志上发表的论文称，热带气旋的移动速度在过去 70 年里大约减慢了一成。论文还指出，部分陆地地区的热带气旋降速明显，因此导致与风暴有关的破坏的可能性增加。

预计全球气候变暖会增加最强热带气旋的严重程度，但也可能会带来其他更严重的影响，例如夏季热带大气环流的普遍减弱。除了环流变化之外，人为造成的气候变暖还会导致大气水汽容量的增加，预计会增加降水量。随着全球气温的上升，预计热带气旋中心附近的降雨量也会增加。

科辛分析了热带气旋记录，表明在全球范围内，热带气旋的移动速度在1949—2016 年减缓了约 10%，而在一些陆地地区减缓幅度更为显著。科辛发现，受西北太平洋和北大西洋热带气旋影响的陆地地区分别大幅放缓 30% 和20%，澳大利亚地区的放缓幅度达 19%。他总结说，即使不考虑风暴强弱的变化，热带气旋在特定地区的停留时间也在加长，极端降雨和风暴引发的损害可能增加。

2. 设计出可潜入强风暴的彪悍无人机 [116]

2013 年 6 月，物理学家组织网报道，美国俄克拉何马州立大学开发机械和航空航天工程技术学院教授詹姆·雅各布、科学和技术秘书斯蒂芬等人组成的一个研究团队，设计出一种可直接潜入最恶劣暴风雨之中的彪悍无人机，能在第一时间发回实时详细数据以及预报。

斯蒂芬说："俄克拉何马州是龙卷风走廊的中心，已经连续 7 次遭到风速超过每小时 320 千米龙卷风的重创，而 5 月 20 日在摩尔镇造成 24 人死亡的龙卷风就是其中之一，阿拉巴马州则经历了迄今强度最厉害的 EF5 级别的风暴。基于这些因素，这里是最适合研究龙卷风的地方，也是世界上最好的天然实验室。"

设计者估计，该无人机大约会在 5 年内实际操作，如果一切按计划进行，它将深入一场龙卷风内部，收集湿度、压力和温度数据，并在此基础上增加提前预测恶劣天气时间的关键细节。雅各布说："可以通过装备无人机来回答气象学上的最紧迫问题，例如，为什么一个风暴会酿成一次龙卷风而其他的不会？"

但立即应用此技术还存在一定的障碍，其中包括目前美国联邦航空管理局的规定，比如需要获得使用授权，以及确保飞机在美国领空安全启动。该机构的法规还要求在任何时候都能看到飞机的机身，限制范围在 1.6~3.2 千米以内，因此开发者正设法让使用方能够通过卫星链路查看数据，以锁定飞机踪迹。

雅各布说："该技术已经真正达到我们想要做的。而在未来，无人机可以用来监视野火和发送信息给消防人员，因为它们不会被大火燎退，而是可以飞越农家作物，分程传递火灾势头的照片。显然，这是一个非常有意义的项目，可以帮助避免更多悲剧的发生。"

第六节　防治和减轻雷暴灾害研究的新进展

一、研究雷暴灾害及其成因的新成果

（一）研究雷暴灾害与闪电现象的新信息

1. 考察分析遭遇雷暴灾害的新发现

（1）发现北极地区遭遇引发各方震惊的连续雷暴。[117] 2021 年 7 月，美国华盛顿大学大气物理学家罗伯特·霍尔兹沃思、阿拉斯加大学费尔班克斯分校的气候科学家里克·托曼等人组成的一个研究小组在《地球物理通讯》杂志上发表论文称，本周连续三次雷暴横扫从西伯利亚到阿拉斯加北部的北极地区，引发了人们的震惊。他们认为，在全球气候变暖的背景下，这种罕见现象将会变得越来越常见。

通常来说，北冰洋上方的空气缺乏产生雷暴所需的热对流，特别是在水被冰覆盖的情况下。但研究人员说，随着气候变化导致北极变暖的速度快于世界其他地区，这种情况正在发生改变。他们在论文中指出，自 2010 年以来，北极圈内夏季打雷闪电的现象是原先的 3 倍，这一趋势与气候变化和北极地区的海冰流失增加直接相关。随着海冰消失，水分蒸发变多，给日益变暖的大气增添了湿度。

这些雷暴威胁到北极周边的北方森林，在经受 24 小时夏日炙烤的偏远地区引发火灾。这篇论文同时指出，北极无树冻土地带以及北冰洋上空和浮冰地区遭遇闪电更加频繁。研究人员还发现，2019 年 8 月，闪电甚至出现在距北极约 100

千米内的地区。

（2）美国登月火箭发射台遭遇雷击。[118]2022 年 8 月 28 日，国外媒体报道，美国新一代登月火箭"太空发射系统"拟于 29 日首次发射升空，却在发射前 48 小时倒计时开始后遭遇雷雨天气，发射台 3 次遭雷击。

美国国家航空航天局网站发表声明说，佛罗里达州肯尼迪航天中心 27 日下午持续遭遇雷雨天气，太空发射系统所在的 39B 发射台避雷装置 3 次遭雷击。该避雷装置包括 3 座约 182 米高的避雷塔和导线，用以保护火箭及所搭载飞船。当地时间当天上午 9 时 53 分，发射团队工作人员就位，正式开始发射前 48 小时倒计时工作。

声明说，初步数据显示，这几次雷击威力不大。气象工作人员收集了有关雷击电压和电流的数据，将与电磁环境专家共享数据，评估雷击对发射任务的影响。发射团队工作人员会连夜开展火箭发射前的各项准备工作，包括为火箭核心级和"猎户座"飞船电池充电等。

2. 分析与测量闪电现象的新进展

（1）分析卫星数据发现全球闪电最密集地区。[119]2016 年 12 月，巴西圣保罗大学气象学家瑞秋·阿尔布雷希特主持，她的同事，以及美国马里兰州大气物理学家史提芬·古德曼等参与的研究团队在《美国气象学会学报》上发表论文称，他们分析卫星数据发现，委内瑞拉中部的马拉开波湖是全球闪电最密集地区。

这一发现的资料来自一颗名为"热带降雨测量任务"的人造卫星所装载的仪器，该卫星于 1997—2015 年在轨运行。瑞秋指出，它一次可以观测约 600 平方千米的面积。该卫星每天大约飞过一个点 3~6 次，每次能够观测约 90 秒。

瑞秋和她的同事计算了 1998—2013 年由这颗卫星发现的每 10 平方千米内的闪电次数。随后，研究人员基于每年每平方千米的观测结果，统计了地球上前 500 个闪电热点地区。（数据表明，由于卫星每天只能观测每一个点约 10 分钟，所以热区中最热的地方，每年都可能被闪电击中数万次。）研究人员表示，许多气象学家早就注意到，这种由卫星调查收集硬数据的做法，正在成为一般趋势。

一般情况下，闪电在陆地上出现的次数比在海洋上更频繁，同时夏天的闪电比冬天多，并且闪电多出现在当地时间中午到下午 6 点之间。随着高空和地面空气之间出现的温度差，这些因素中的每一个都倾向于增加，这反过来又增加了潮湿空气上升的数量，从而为雷暴提供了"燃料"。

但是，马拉开波湖的闪电热点区域却与其他地方有较大差别：它的闪电大部分发生在湖上，时间为午夜时分到上午 5 点之间，一般出现在春季后期和秋季。总而言之，卫星发现，在相当于美国康涅狄格州面积的马拉开波湖中，每平方千米每年约发生 233 次闪电。

瑞秋指出，世界上许多闪电热点地区都与陡峭的地形有关，这有助于建立冷暖气团之间的冲突，从而可以驱动雷暴的发展。

古德曼表示，世界上至少还有 14 个大型湖泊，包括非洲的维多利亚湖和坦噶尼喀湖，也是闪电热点地区。他说，虽然马拉开波湖是所有热点地区中最热的那一个，但中部非洲仍然是遭受闪电袭击最广泛的地区——世界"闪电热点 500 强"中有 283 个位于那里。

闪电是云与云之间、云与地之间，或者云体内各部位之间的强烈放电现象。通常是暴风云（积雨云）产生电荷，底层为阴电，顶层为阳电，而且还在地面产生阳电荷，如影随形地跟着云移动。正电荷和负电荷彼此相吸，但空气却不是良好的传导体。正电荷奔向树木、山丘、高大建筑物的顶端甚至人体之上，企图和带有负电的云层相遇；负电荷枝状的触角则向下伸展，越向下伸越接近地面。最后，正负电荷终于克服空气的阻挡而连接上。巨大的电流沿着一条传导气道从地面直向云涌去，产生出一道明亮夺目的闪光。

一道闪电的长度可能只有数百米（最短的为 100 米），但最长可达数千米。闪电的温度，从 1.7 万 ~2.8 万℃不等，也就是等于太阳表面温度的 3~5 倍。闪电的极度高热使沿途空气剧烈膨胀。空气移动迅速，因此形成波浪并发出声音。

（2）测量到世界上有史以来最长闪电。[120] 2022 年 2 月，美国亚利桑那州立大学兰德尔·切尔韦尼、英国气象局格雷姆·马尔顿等人组成的研究小组在《美国气象学会公报》上发表研究成果称，世界上最长的闪电（包括覆盖距离和持续时间）已经从太空中测量并得到世界气象组织的确认。

其中一次闪电发生在 2020 年 4 月的美国南部，长度约为 768 千米，相当于从伦敦到德国汉堡的距离，比 2018 年巴西创下的纪录长 60 千米，是有记录以来最长的闪电。另一次闪电是在 2020 年 6 月测量的，它横跨乌拉圭和阿根廷边境，持续了 17 秒，是迄今为止探测到的持续时间最长的闪电。

切尔韦尼说："我们现在有明确的证据表明，单次闪电可以持续 17 秒。这对科学家来说非常重要，因为它提高了我们对闪电动力学的理解：闪电是如何发生的，在哪里发生的，更重要的是，为什么会以这种方式发生。"

这次跨越美国南部的闪电很难用传统的地面设备进行测量，因此气象学家转而使用地球同步卫星上的闪电测绘仪，这样可以获得更广阔的视野。切尔韦尼说："我们在轨道上安装和使用闪电探测及测绘设备，还只有几年的时间。通过这些专用设备，我们对超级闪电有了更多的了解。"

这两次闪电都是在 2020 年检测到的，但直到现在，世界气象组织才认定它们分别是有记录以来距离和持续时间最长的。对此，马尔顿解释道："在这些闪电被认定为世界纪录之前，经过了一个漫长的过程，需要反复检查仪器、交叉检查观察结果和专家小组的验证。"

两次最长闪电都发生在 2020 年，似乎表明闪电正在变得更加极端，但这也可能是因为成像能力的提高才使得这两次记录在最近被打破。马尔顿认为，只有几年之后的极端事件都被记录下来，才能评估它们是否变得越来越普遍。然而，气候变化似乎确实增加了地球上闪电的频率。

（二）研究闪电活动加剧原因的新信息

1. 研究表明全球气候变暖致使闪电活动更加频繁 [121]

2014 年 11 月 13 日，美国加州大学伯克利分校戴维·容珀斯领导的一个研究小组在《科学》杂志上发表研究报告称，随着地球变得更热，闪电活动也更加频繁。全球气温每上升 1℃，仅仅美国的闪电事件就将增加约 12%。

众所周知，夏天的雷电活动比冬天更频繁，但气温对闪电的影响却一直难以量化。该研究小组构建了一个新系统，来模拟整个美国大陆的闪电频率。这个系统主要基于大气的两个物理属性，一个是使空气在大气中上升的能量，这可以由无线电探测仪器来测量，另一个是降水率。

研究人员说，美国的闪电活动比较频繁，记录显示目前每年发生 2500 万次左右。这些记录可验证他们构建的模拟系统的准确性。

进一步利用 11 个全球气候模型进行的预测显示，地球平均气温每增加 1℃，美国的闪电次数增加约 12%。如果到 21 世纪末，地球气温上升 4℃，那么美国的闪电次数将增加约 50%。

容珀斯说，闪电增多意味着更多的人员伤亡。他估计，美国每年有数百人被闪电击中，其中有数十人因此死亡。另外一大影响就是野火增加，因为闪电是野火的主要促发因素。此外，闪电增多也可能导致大气中氮氧化物增加。

研究人员表示，他们构建的系统，也可用来评估未来世界其他地区闪电发生频率的变化。

2. 发现货船可能会在海上制造闪电 [122]

2017 年 9 月 7 日，一个探索地球物理现象的研究团队在《地球物理通讯》

发表论文称，他们计算了 2005—2016 年印度洋东北部和南中国海每年的平均闪电次数，经过推算分析，发现一艘巨型货轮不仅在释放废气，还可能在云层中埋下"种子"，引发闪电。

该研究团队发现，两个主要船运航道：一个位于斯里兰卡和苏门答腊岛北端之间；另一个从新加坡经过越南南部向东北延伸。它们所经历的闪电次数，相当于数百千米之外一条类似海洋航道上发生闪电的近 2 倍。

由于增强闪电的区域比航船路径自身宽得多，更高比例的闪电，可能并不是因为闪电直接击向航船。闪电频率的增加，似乎也并非由于天气原因引发的。实际上，该研究团队提出，货船尾气产生的烟雾和其他粒子产生了大量的云滴，它们平均比海上其他地方空气中的自然尘埃粒子更小。

因为这些更小的云滴，倾向于在大气中升得更高，它们最终会产生大量的冰粒子，这反过来会相互摩擦并产生电。尽管烟雾尾气会增加放电率，但研究人员表示，其他数据表明，闪电形成的风暴，并未使该地区比附近其他地区产生更多的降水量。

二、防治和减轻雷暴灾害的新成果

（一）通过制造人工闪电研究雷暴灾害

1. 首次利用激光引发人工闪电现象[123]

2008 年 4 月，法国里昂大学一个由物理学家组成的研究小组在《光学快报》上发表论文称，他们首次利用高功率脉冲激光，在一场雷暴中触发了电活动，制造出人工闪电雷击现象。

此次法国研究小组利用脉冲激光，制造出可导电的等离子体线柱，其功用类似于当年富兰克林用来导电的风筝线。脉冲激光在引发闪电雷击中表现出非常强大的潜在价值，可形成大量的等离子体线柱，即空气中分子的电离通道恰似一根延伸到雷雨云中的导线。这一概念约 30 年前就被提出，但直至今日才有功率足够强大的激光器来实现这个设想。稍有遗憾的是，虽然激光脉冲产生了放电，但因为线柱的存在寿命太过短暂，没能引发空对地闪电。

研究人员表示，这是第一次在雷暴气象中人工产生照明体，可视为朝着以激光束引发电击领域迈出了第一步。下一步则计划对激光器编程进行重调，运用更为复杂的脉冲序列，引发全面性闪电雷击。

2. 为开展防灾减灾研究而制造人工闪电[124]

2015 年 7 月，有关媒体报道，美国佛罗里达大学国际雷电研究与测试中心马丁·乌曼领导的研究小组，为了防治和减轻雷暴灾害专门研究如何制造人工闪电。他们通过走进风暴发射一枚带着铜线火箭的方法开发出一套能够人工制造闪电的装置。这样，他们就可以研究与雷暴灾害直接相关的闪电了。

为了触发闪电，该研究小组把一枚约 1.8 米的业余火箭尾部系上一卷长 700 米的铜线，铜线的下方则连接着一根金属棒。火箭发射之后可以升高到 4800~11 200 米，直接飞向风暴中心。

一旦火箭拖着铜丝抵达雷暴云中心，大地与雷暴云之间的强大电位差将产生强烈放电，大量负电荷向下传导并击中金属棒，与此同时一股强大的电流向上传播，并在此过程中产生明亮的闪电。整个过程的产生机制与效果，几乎与自然界发生的"天然闪电"是完全一致的。

于是，通过这种方式就可以预先设定闪电发生的地点和时间，这样也就可以提前安排好相关的设备进行数据的采集，如使用每秒 100 万帧的高速相机和其他设备记录一些关于闪电的基本物理学参数，或考察不同的材料在雷击之下的效果。

研究小组的研究包罗万象，比如他们证实了闪电的破坏力无法击穿保存核废料的容器。而接下来他们将要对所谓超低频无线电波（10 千赫~30 千赫）开展研究，这是闪电在地球电离层中产生并传播的一种无线电波信号。

（二）探索防治和减轻雷暴灾害的新信息

1. 研究预测闪电活动的新方法

首次开发出闪电活动预测模型。[125]2018 年 9 月，英国国家气象局气象办公室云科学家保罗·菲尔德主持的一个研究团队在《地球物理研究杂志》上发表报告称，天气模型可以很好地预测大型风暴，但是对于闪电活动的预测依然捉襟见肘。如今，他们已经创建了一种闪电的全球模拟技术，能够更准确地捕捉到闪电发生的时间和地点，这可以帮助人们如工作中的飞行员等避免与它们遭遇。

闪电的产生通常需要两种因素。首先，它需要温暖、上升的空气或对流来制造雷雨云。其次，它还需要雷雨云能够容纳被称为霰的冰冻微粒。这些微粒的碰撞使电荷发生转移，进而产生了一个电场。当电场变得足够大时，一个闪电球便会形成。

天气和气候模型把大气划分为一定大小的网格，但它们一直难以模拟闪电的形成，因为这些模型的空间分辨率太粗糙了，通常是 100 千米左右。对于计算机来说，产生对流雷雨云和霰的过程，因为发生在一个过小的范围内而无法在任何合理的时间里，在全球范围内模拟它们。为了进行每日的预测，天气模型不得不转而依赖将诸如对流之类因素"参数化"的方法，这是一种可以快速执行的特殊经验法则。

为了避免这样的假设，该研究团队在一个全球模型中模拟了 5 年的闪电，该模型可以解决 10 千米以内的细节。这使得研究人员能够准确地模拟对流云的形成过程，尽管他们仍然需要对霰的形成作出假设。

即便如此，他们的模型依然准确指出了南美洲、非洲和东南亚的闪电热点地区。这些地区每年每平方千米有近 100 次闪电发生。该模型还准确捕捉到了通常在当地时间下午 3 点左右发生的闪电的情况。菲尔德说，这个时间是有意义的，因为此时地面已经变暖了，而更加温暖的空气也有时间向上移动并形成云。

这一模型再现了一些现实世界的闪电特性。例如，它准确展示了每天中午后非洲维多利亚湖上空的闪电是如何发生的。研究人员表示，这种效应是由于湖水的水温升高要比周围的陆地慢，导致了暖空气的上升延迟。另外，这一模型还再现了北美大平原上的闪电向东移动的过程，而这是由盛行风引起的。

研究人员认为，这些新的闪电地图，可能对飞机避免闪电威胁提供更好的估计结果。菲尔德说，科学家可以利用这个模型生成一幅航空气象灾害地图，因为对于预防气象灾害来说，现有的地图相当粗糙。

2. 研究防治和减少雷击风险的新方法

（1）加强气象与铁路部门防治雷击故障的合作。[126] 2011 年 8 月 2 日，《新京报》报道，据中国气象局统计，7 月，我国雷电等强对流天气频发，华北、内蒙古、黑龙江、陕西、河南、江苏、安徽、浙江等地区强对流天气日数达 8~12 天，较常年同期偏多。

2011 年 7 月 23 日 19 时 30 分左右，雷击温州南站沿线铁路牵引供电接触网或附近大地，通过大地的阻性耦合或空间感性耦合在信号电缆上产生浪涌电压，在多次雷击浪涌电压和直流电流共同作用下，导致电路电源回路中的保险管熔断，使列控中心通信出现故障，结果酿成甬温线特别重大铁路交通事故。

针对日前动车因雷击出现故障，中国气象局应急减灾与公共服务司司长陈振林表示，气象部门与铁路部门的合作历史悠久，针对铁路沿线的防洪、雷雨等灾情都有预警服务渠道，铁路防洪部门也可以及时接收到全国天气雷达的检测。

陈振林介绍，动车遭雷击导致设备故障发生事故后，气象局与铁道部进行了沟通，将在信息共享、部门联动等方面进一步加强合作。

（2）研究减少飞机被雷击风险的新方法。[127]2018 年 3 月，美国麻省理工学院一个航空专家组成的研究小组在《美国航空航天学会杂志》上发表研究成果称，航空专家估计全球每架商用飞机每年至少会被雷电击中一次，其中 90% 是飞机自身引发的。针对这种情况他们提出，在必要时给飞机外壳加电能大幅减少被雷击的风险。

飞机在带电的雷雨环境中飞行时，一端积累正电荷、另一端积累负电荷，电压差高到一定程度后，会产生导电的等离子体流，导致飞机更易被雷电击中。研究人员提出，用传感器监测飞机外壳带电情况，必要时施加电流调整电荷分布，可以有效预防雷击发生，加电设备所需的能量比一只普通电灯泡还低。

麻省理工学院发布的新闻公报说，初步模拟显示，采用这种防护措施后，外部电场强度要提高 50% 才会发生雷击。研究人员下一步将用风洞进行简化实验，然后在更现实的情形下测试，比如无人机在雷雨天气飞行。

绝大多数雷击事件不会危及乘客安全，但机体和电子设备可能损坏，遭受雷击后必须及时检修。如果损伤较重，飞机将被迫退役。此外，新型飞机部分使用了碳纤维等非金属复合材料，更易被雷击损坏，防雷和维修成本高昂。

3. 研制减少雷击风险的新设备

推出微电容瞬变的避雷器件。[128]2006 年 5 月，有关媒体报道，意法半导体公司推出一系列新的通信线路保护器件。其中，SMP80MC 系列，微电容瞬变避雷器，完全符合数字传输标准。

因为容易遭到雷电浪涌的攻击，电信系统通常需要两级保护单元：一是安装在每条线路上的，吸收大部分瞬间过压的主浪涌抑制器；二是安装在每个印刷电路板上的消除残余峰值过压的辅助保护器件。主抑制器的浪涌电流处理能力必须很高，并能够承受很高的电压。与非硅保护产品（如气体放电管）相比，意法半导体公司新产品的技术具有更加优异的性能，包括使用寿命长而无老化现象、紧公差、响应时间快速和失效保护操作。此外，当出现极大的雷电浪涌时，故障模式可导致短路，以保护设备和人员的安全。

新器件的主要参数包括：120~270V 的电压范围，最大 2μA 的泄漏电流，最高 345V 的导通电压，最小 150mA 的保持电流。它是保护电话、传真机、调制解调器和类似的对雷电敏感设备的理想选择，能够防止雷电浪涌攻击和电话线与电源线短路现象。

第三章　防治和减轻地震灾害研究的新信息

　　地震灾害，是由地震引起地面强烈振动并产生裂缝或变形而造成的生命财产损失。地震会导致山体崩塌和房屋倒毁，破坏交通和通信等基础设施，还会引起滑坡、泥石流、堤坝决口、火灾、爆炸、瘟疫、有毒物质泄漏和放射性污染等严重次生灾害。21世纪以来，国内外在地震发生机制与成因领域的研究主要集中于：探索不同类型的地震以及它们产生的影响和作用。探测地震断层与产生断层的地质结构，分析地震破裂的产生发展过程，研究中大地震的破裂规律及模式。揭示引发地震的地质变化原因和水应力变化原因。在地震预测与预警领域的研究主要集中于：利用气象变化预测地震，利用地下声波与地球化学信号预测地震，利用人工智能技术预测地震。实现对破坏性地震的成功预警，运用紧急地震速报系统发出地震警报，推进地震预警系统建设，探索地震预警的新方法。在减轻地震灾害对策领域的研究主要集中于：建设监测地震灾害的新网络，研制监测地震灾害的新设备，开发监测地震灾害的新技术。以模拟和建模方法研究减轻地震灾害，提出用强电磁脉冲作用震源来化大震为小震。探索能以柔克刚的隔震减震技术，试验成功用于防震抗震研究的钢结构房屋振动台，建造具有防震抗震功能的大桥和建筑物。

第一节　地震发生机制与成因研究的新进展

一、研究地震类型与影响作用的新成果

（一）探索大小不同类型地震的新信息

1. 研究大地震的新进展

　　（1）提出引力扰动信号可用于量化大地震震级。[1]2017年12月29日，有关媒体报道，地震发生之后会瞬间扰动引力场，而且这可以在地震波之前被记录

下来。法国国家科学研究中心、巴黎地球物理学院、巴黎狄德罗大学和美国加州理工学院联合组成的一个研究团队在《科学》杂志发表论文称，他们已经设法观察这些与引力有关的微弱信号，并了解他们的来源。由于这些信号对地震的震级敏感，其可能在大地震的早期识别中起到重要作用。

地震会严重改变地球上作用力的平衡，并产生可导致严重后果的地震波。同时，这些地震波也会扰乱地球的引力场（其发出不同的信号）。地震波以 3~10 千米 / 秒的速度传播，而引力波则以光速传播，所以距离震中 1000 千米的地震仪器，可能在地震波到达之前两分多钟才能监测到这一信号。

在 2016 年的一项研究中，研究人员首次发现了这一信号的有关记录。这些信号来自 2011 年的东日本大地震（9.1 级）。通过对距离震中 500~3000 千米的约 10 个地震仪监测数据的分析，研究人员发现这些信号是由两种效应造成的。首先是地震仪位置处的重力变化，它改变了仪器质量的平衡位置。其次是间接的，地球各处的重力变化扰乱了各种作用力的平衡，产生了新的地震波，并且被地震仪监测到。

研究人员表示，这个与引力有关的信号对地震的震级非常敏感，这使其成为快速量化大地震的一个很好选择。未来的挑战是如何探测 8~8.5 级地震中所产生的此类信号低于这一阈值，信号相对于地球自然发出的地震噪声来说太弱，并且将其与噪声分离相当复杂。因此，目前正在尝试几种技术，包括一些从引力波监测设备中得到的新想法。

（2）发现大地震复发具有一定规律性。[2] 2018 年 3 月，奥地利因斯布鲁克大学等多个机构科学家联合组成的研究小组在《地球与行星科学通讯》杂志上发表论文称，他们通过分析智利湖泊的沉积岩心发现，大地震复发的时间间隔具有一定的规律性，但是，当考虑到较小的地震时，重复间隔变得越来越不规则，表现出越来越多的随机性。

1960 年，智利中南部地区遭受 9.5 级地震，而巨大的海啸不仅淹没了智利海岸线，还经过太平洋，造成日本约 200 人死亡。一般认为，巨大的地震释放出如此多的能量，需要数百年的应力积累才可能发生新的大地震。因此，地震资料或历史文献，根本无法及时反映其复发形态。

通过分析两个智利湖泊底部的沉积物，研究人员发现，每次强烈地震都会产生水下山体滑坡，这些滑坡被保存在湖底的沉积层中。通过对这些沉积物岩心的分析，他们找回了过去 5000 年的完整地震历史，其中包括多达 35 次大于 7.7 级的大地震。

结果表明，类似于 1960 年的大地震，每（292±93）年就会再次发生，因此在接下来的 50~100 年，这种巨大事件发生的可能性仍然很低。然而，较小地震（8 级左右）每（139±69）年发生一次，在未来 50 年里有 29.5% 的概率发生这样的事件。自 1960 年以来，智利地区非常平静，但最近一次在 2016 年 12 月 25 日奇洛埃岛附近发生的 7.6 级地震，表明智利中南部地区发生了重大地震。

2. 研究小地震的新进展

发现大量极小等级地震存在于人们无法察觉中。2019 年 4 月，美国加州理工学院地震实验室地球物理学家扎卡里·罗斯领导的研究团队在《科学》杂志发表论文称，在过去 10 年中，美国南加州的地震统计，可能"漏掉"了数量巨大的极小等级地震。这些地震最小震级只有 0.3 级，人们在地表几乎无法察觉。

但是，罗斯认为，找出这些极小等级地震能填补地震记录中的空白，并帮助人们了解造成地震的地球物理过程。

罗斯说："我们应该寻找隐藏的地震，因为它们提供了地震学家研究地震序列演化的大部分可用信息。大地震的周期很长，每次地震之间的周期跨度在几百年到几千年之间。而小地震形成的详细时空模式可以告诉我们关于地震物理学的新信息。"

在这篇文章中，研究团队发布了美国南加州迄今为止最全面的地震统计数据。数据显示，2008—2017 年南加州出现超过 180 万次地震，比原先南加州地震网记载的地震次数多了 10 倍，这里每天会发生约 495 次地震，大约每 174 秒发生 1 次。

（二）研究地震影响作用的新信息

1. 探索地震对地面移动的影响作用

研究显示地震使新西兰地面向澳大利亚靠近约 30 厘米。[4]2009 年 7 月 17 日，国外媒体报道，新西兰 7 月 15 日发生的地震使新西兰地面向澳大利亚靠近了约 30 厘米。

新西兰地质与核科学研究所成员肯·格莱德希尔说，15 日晚发生在新西兰南岛南部西海岸的里氏 7.8 级地震，使得南岛西南端地面向西移动 30 厘米，而东海岸地面只同向平移约 1 厘米。换句话说，整个南岛地面在东西方向上被拉长；新西兰的面积变大了一点。

根据新西兰民防部官员的说法，15 日晚发生的 7.8 级地震未造成人员伤亡和重大财产损失。新西兰是地震多发国，15 日的地震是新西兰 78 年来震级最高的一次。1931 年 2 月 2 日，新西兰北岛东部城市内皮尔曾发生里氏 7.8 级地震，造成 256 人死亡和严重财产损失。

2. 探索地震对周边火山的影响作用

研究发现强震可造成周边火山下沉。[5]2013 年 6 月，日本京都大学防灾研究所高田及其同事与智利有关专家共同组成的研究小组在《自然·地球科学》杂志上发表论文称，他们通过分析来自卫星雷达绘制地震前后地形的数据发现，大规模的地震会造成远处的火山下沉。

研究人员称，2010 年在智利马乌莱发生的 8.8 级地震，造成位于 220 千米之外五个火山带相似程度的下沉。2011 年在日本东北部发生的里氏 9.0 级地震引发海啸，造成距离震中 200 千米岛屿本州岛一连串火山的沉降达 15 厘米。研究人员指出，这种现象是否会引起火山爆发的风险尚不明确。

发生在日本和智利的地震属于俯冲型，地壳的一部分滑向另一板块的下面。如果其移动不顺畅，张力可以积聚在几十年或百年之后突然释放，有时会造成灾难性的影响。在这两种情况下，发生于山脉的下沉会导致水平方向的地震。

高田说："2011 年的地震造成日本东部地区东西方的张力。火山下面的热量和软岩以及中心的岩浆被横向拉伸，并呈现垂直扁平状。这种变形引起火山沉降。"

智利的火山研究人员表示，2010 年发生在智利的地震引起沿着拉伸跨越 400 千米处发生沉降。尽管成因与日本的似乎有所不同，但在智利的地面变形发生了 15 千米 × 30 千米的巨大椭圆形球场。火山地区之下滚烫热液流体"口袋"可能在地震的作用下已通过被拉长的岩石层渗流出。

高田说，2011 年的地震对于本州火山爆发的风险影响目前还不清楚。在这个阶段，不知道火山喷发与我们发现下陷之间的关系。而我们需要进一步了解岩浆运动。

二、研究地震发生断层与破裂的新成果

（一）研究地震发生断层现象的新信息

1. 采取新方法探测和研究地震断层

（1）利用一种新雷达成像仪探测地震断层。[6]2009 年 6 月 23 日，《洛杉矶时报》报道，美国航空航天局下属的喷气推进实验室地球物理学家安德里亚·多勒兰主持的一个研究小组日前宣布，为了进一步研究地震活动规律，他们正在利

用一种新的雷达成像仪对加利福尼亚州的地震断层进行探测。

据报道，这种仪器安装在美国湾流航空航天公司生产的一种特制飞机的机身下，它可拍摄到地壳运动时，在地球表面所引起的移动和变形的详细图像。目前，这种地震雷达探测仪正在对加州约 70% 的地震断层进行探测。

报道说，多年以来，其他国家一直通过卫星提供的雷达数据来了解地球表面的活动情况，但该研究小组最新使用的这种仪器具有不同特点。它采取长波雷达，可穿透植被，能更准确地观察到地表硬壳。此外，由于运载这种仪器的飞机在距地面约 1.37 万米的高度飞行，要比卫星更接近地面，拍摄到的图像更为清晰。

多勒兰介绍说，这种雷达探测仪能发现活跃的地震断层，让研究人员通过地表的活动，研究地下深处发生的变化。她说，虽然研究人员还不能根据这种雷达探测仪提供的数据准确判断地震发生的时间、地点和强度，但能判断出哪里的地震活动最活跃，并对未来 5~10 年内的地震活动作出预测，为长期防震抗震提供支持。

（2）利用科学钻探方法研究汶川地震断裂带。[7] 2013 年 6 月 27 日，由中国地质科学院地质研究所李海兵任总地质师，美国加州大学圣克鲁斯分校在读博士生薛莲为第一作者的汶川断裂带科学钻探项目组在《科学》杂志上发表研究报告称，他们通过科学钻探方法对汶川地震主断裂带附近的地下水位进行测量和分析。该研究成果或对汶川地震孕震机制和震后愈合提供新见解。

中国地震局等共同组织实施的汶川断裂带科学钻探项目在有关地区先后打出 5 口 600~3400 米深的钻孔，国内外多家研究机构和大学共同参加了钻孔中地下水位的连续观测、数据采集和分析工作。汶川地震断裂带科学钻探项目是中国第一次围绕大地震进行的科学钻探，也是世界范围内大地震后实施科学钻探最快（震后 178 天）的科学研究。

薛莲说，研究人员基于一号钻孔中地下水位的连续观测，计算出震后断层地下水渗透率的时间变化，进而分析震后断层破裂带的愈合状况。在历时 18 个月的观测期内，汶川地震带的渗透率整体随时间而逐渐减小。

薛莲表示，这是第一次用水文方法连续观测到断层破裂带震后愈合的过程。渗透率主要反映水在岩石孔隙中流动的快慢，地震产生的裂隙会导致断层介质的渗透率短期增高。随着震后裂隙愈合，断层介质的渗透率逐渐减小。汶川地震带渗透率的变化趋势反映了震后愈合过程，这对于认识汶川地震的孕震机制及周期有指导意义。

地下水流动会对地震的破裂过程发生影响。研究人员发现，汶川断层破裂带的渗透率比已知其他地震断裂带的渗透率高，这表明汶川地震发生时，断层附近有显著的地下水流动。此外，在渗透率整体随时间逐渐减小的过程中，研究人员观测到其他地震引发的地震波造成汶川断裂带渗透率增加的现象，这表明汶川地震的震后愈合也受到其他地震影响。

李海兵说，下一步将不仅利用一号钻孔断层测温来测量断层的强度，也会对另外4个钻孔进行类似的测量、分析和研究，从而更全面地了解汶川地震的发震机制。

2. 探索地震断层地质结构的新进展

（1）研究揭示汶川地震内部断层地质结构变动。[8]2009年9月27日，中国地震局地质研究所特聘研究员、北京大学教授沈正康为第一作者的一个研究小组在《自然·地球科学》杂志上发表研究报告称，通过分析卫星大地测量数据，发现汶川大地震的能量释放主要来自3个断层破裂极大区。这项新成果不但有助于汶川地区今后的防震减灾工作，而且对其他地震多发区相似地质断层分析甚至地震预测也有一定借鉴作用。

研究结果显示，汶川地震涉及多个地质断层单元，而映秀、北川和南坝这3地附近为不同断层单元的连接交汇部，地震前承受着比其他地方高得多的压力，如同3个储量巨大的"能量库"。2008年5月12日，映秀镇附近的断层首先破裂，第一个交汇部失去稳定，由此产生的地震波带来了"多米诺骨牌效应"，接连触发另外两个"能量库"，它们共同释放出巨大的能量，导致汶川大地震的发生。测量数据表明，这3地接近地表处是汶川地震中的断层破裂极大区，是大地扭曲变形最为严重的地方。

沈正康介绍说，这些断层单元分别出现了4~7米的"位错量"，即大地在地震后被撕裂的"伤口"大小。由于地球板块运动平时也在推动大地发生微小变化，通过卫星数据计算各地的形变累积速率可以近似推算出同等规模地震的复发周期。

在汶川地震涉及的各个断层单元中，有的地方地震复发周期只有一两千年，而有的地方却可能数倍于此。由于多个断层单元的相互作用才促发了汶川大地震，总的来说，这一地区再发生类似地震的周期约为4000年。

沈正康总结说，这项研究较清晰地揭示了汶川地震的内部断层地质结构和破裂空间分布，提出了破裂分布规律及可能成因，并对该地区地震风险进行了初步分析。

（2）探索东日本大地震发生断层区域的地质结构。[9]2016年3月2日，美国加利福尼亚斯克里普斯海洋研究所丹·巴塞特领导的研究团队在《自然》杂志上发表的一篇地球科学论文，对 2011 年 3 月东日本大地震发生断层破裂的地质结构进行了详细研究，阐明了该地区和其他潜在地区的地震特征。

2011 年的东日本大地震是过去十年中最广为人知的自然灾害之一，也是过去 50 年中第二强的地震，矩震级超过 9 级。虽然有描述地震发生时与断层运动有关的能量突然释放的高分辨率数据，但导致断层破裂的物理或结构特征，此前并不清楚。

此次，该研究团队使用地貌和重力数据，对地震区域的地质结构进行分析。他们重点研究俯冲带上方的地质边缘，在此处，太平洋板块俯冲到日本本州岛下面。研究团队的数据揭示，这个上冲断层中存在着一个突变边界，研究人员分析认为这是日本中央构造线在海上的延伸。中央构造线在陆地上可以被观测到，表现为不同来源和密度的岩石并列出现。

研究人员提出，这个上冲断层的地质结构在控制地震发生中起到重要作用。他们表示，这些研究结果可以用于了解有着类似地质组成的世界其他地区的地震风险。

（二）研究地震发生破裂现象的新信息

1. 探索地震破裂发展及速度的新进展

（1）揭示最大深源地震的破裂发展过程。[10] 2013 年 9 月 19 日，美国加州大学圣克鲁斯分校中国在读博士生叶玲玲及其美国同事组成的研究小组在《科学》杂志上发表研究报告称，2013 年 5 月 24 日，邻近俄罗斯的鄂霍次克海发生震源深度为 610 千米的 8.3 级强震。他们研究表明，这一深源地震释放出大约 36 兆吨 TNT 炸药爆炸的能量，相当于约 2300 个广岛原子弹爆炸的威力，创下震级和能量释放最高纪录。

研究人员表示，他们利用全球数百个地震台站记录的数据，分析了鄂霍次克海深源地震，发现该地震释放出了有记录以来空前强大的能量。

分析结果显示，此次鄂霍次克海地震的破裂速度约为每秒 4 千米，在长约 180 千米、宽约 50 千米的断层面（即岩石之间的破裂面）上发生了平均约 2 米的滑动，最大滑动位移达 10 米左右。叶玲玲说："这是目前观测到的破裂最长的深源地震。"

深源地震是指发生在地表以下 400~700 千米的地震，一般发生在俯冲板块内。地球上有记录以来的最深地震发生在地下约 700 千米处。由于震源较深，这类地震对地表产生的危害较小，其地震发生机制及地震破裂发展过程至今仍是未解之谜。

研究人员通过对比发现，此次鄂霍次克海深源地震，与1994年玻利维亚深源地震在破裂速度、能量和应力释放等方面存在显著不同，可能是由它们所对应的俯冲板块的年龄和温度不同所致。俯冲到鄂霍次克海下方的太平洋板块较冷，而玻利维亚地震所对应的俯冲板块温度较高，产生了较多的黏性变形并耗散了更多能量。

研究人员还猜测，鄂霍次克海地震可能发生在已存在的断层面上。这一断层曾发生浅层地震，之后该断层随着俯冲的太平洋板块以每年大约8厘米的速度从千岛群岛—堪察加海沟下插到了鄂霍次克海下方。

叶玲玲说，尽管他们不清楚这场地震是如何开始的，但发生深源地震的俯冲板块内应力分布情况，可能与造成巨大灾害的浅源地震有密切联系，对深源地震的研究有助于深入理解地震发生和进一步发展的条件。

（2）首次发现破裂速度超快的深源地震。[11] 2014年7月，美国斯克里普斯海洋研究所博士后詹中文率领的一个研究小组在《科学》杂志上发表论文称，他们第一次在地球深部发现了破裂速度超快的地震，其破裂速度高达每秒8千米，约是音速的23倍。这一发现将有助于了解深源地震的发生机制，并更好地评估某些断层的危害。

詹中文说："在我们之前，大概仅有6或7个地震被发现可能有超剪切的现象，但这些地震全部都是浅源地震，而我们这次观测到的是一个深度超过600千米的超剪切深源地震。"

据研究人员介绍，2013年5月24日，邻近俄罗斯的鄂霍次克海发生震源深度为610千米的8.3级强震，这也是迄今观测到的震级最大的深源地震。他们在分析该地震的余震时，发现了一个奇怪的6.7级的余震。一般6.7级震级的地震会持续8秒左右，而这个余震的持续时间只有2秒。

进一步研究表明，该余震持续时间超短，唯一的解释是它的破裂速度超快。詹中文说："我们发现，破裂速度必须高达每秒8千米才能解释我们的观测结果，而这已经超过了地震所在地每秒5.5千米的剪切波速度。"

他说，超剪切现象受到学术界高度关注，因为超剪切地震一旦发生，将会产生很强的震动，如果在地表附近发生就有可能产生更强的破坏。这是第一次在地球深部发现超剪切现象，这有助于加深对超剪切产生机制的理解，也有可能帮助人们更准确地评估某些断层存在的危害。

此外，这一发现，对了解深源地震的发生机制也很重要。詹中文指出，深震是指震源超过 300 千米深的地震。以前曾观测到破裂速度非常慢，如每秒 1.5 千米的深震。他说："这次我们观察到了另外一个极端的深震，充分说明了深震的复杂性。我们认为深震可能有不止一种的破裂机制。根据所在地区、深度的岩石性质不同（比如温度），不同的机制可能在控制深震的发生"。

2. 研究用于揭示地震破裂模式的新方法

用机器学习方法揭示全球中大地震破裂模式。[12] 2022 年 4 月，中国科学技术大学李泽峰研究员率领的研究团队在《地球物理研究快报》上发表研究成果称，他们利用机器学习方法总结全球 3000 多个 5.5 级以上地震的震源时间函数特征，全景式地展示全球地震破裂过程的相似性和多样性，深化了对地震能量释放模式的认识，对地震早期预警具有启示意义。

地震是人类社会面临的重要自然灾害之一，近 20 年来全球中大地震已经造成近 100 万人伤亡，经济损失不计其数。地震破裂过程多种多样，客观衡量它们的相似性和差异性，有助于认识地震物理过程和地震震级的早期预测。然而，前人研究或是叠加多个地震的平均破裂过程，无法衡量全球地震差异范围，或是基于某些破裂特征的统计，无法做到整个破裂过程的系统比较。

该研究团队利用深度学习中的变分自编码器，对全球 3000 多个中大型地震的震源时间函数进行二维空间压缩和模型重构，全景式地展示了全球地震矩释放模式和数量分布。研究发现，中大地震以简单破裂为主，复杂破裂较少，并且揭示了两类特殊地震的分布规律，即能量释放集中在破裂后期的逃逸模式，以及分多次能量释放的复杂地震，发现大地震能量释放模式具有弱震级依赖性，对地震早期预警中最终震级的可预测性提供了有益启示。

这项研究成果是继该团队与哈佛大学合作研究的震源时间函数聚类方法的发展，也是团队近年来致力于将人工智能应用于科学发现系列研究成果之一。

三、研究引发地震原因的新成果

（一）探索由地质变化引发地震的新信息

1. 研究地幔流产生地震的新进展

分析表明地幔流是美国西部地震频发的原因。[13] 2015 年 8 月，美国南加州大学托尔斯滕·贝克尔领导的研究团队在《自然》杂志上发表的论文中针对为什么某些地震会发生在远离板块边界地方的问题提供了一种可能的解释。他们的研究表明，这种板块内的地震与地壳下的对流有关，这种对流叫作地幔对流。

在美国西部，板块内的地震活动主要集中在从北到南叫作山间带的区域当中。该研究团队使用近来从地震波计算出的地幔流动模型，预测该区域中的地震活动空间分布。分析表明，地幔中物质的运动与对流，尤其是地幔的主动上涌都可能会促使地震的产生。

这项研究提出分析地震活动的方法，有应用于其他出现大陆变形的地区的潜力。这些研究结果突出了地幔流在塑造地貌从而导致大陆变形和构造板块地震活动中起到的关键作用。同时，对于研究板块内地震和相关危害也有重要意义。

2. 研究地质断层系统由大地震产生余震的新进展

发现主震区地震波可瞬间引发其他断层系统的余震。[14] 2016 年 9 月，美国加州大学圣地亚哥分校斯克利普斯海洋研究所一个研究小组在《科学》杂志上发表研究成果称，他们发现一个断裂系统发生的大地震，会在几分钟内造成其他独立断层系统发生大型余震。研究人员表示，这项成果将对地震灾害易发地区，尤其是在复杂的断层系统且极易发生余震地区的地震防范工作，具有重要意义。

科学家普遍认为，多数余震是由于主震引发永久性的应力变化而引起的，主要发生在靠近主震破裂的地区，这种应力变化在这些地区也最大。然而，该研究却表明，早期的大余震通过地震波的瞬变引发了其他地方的余震，而主震和余震的地理位置关系可能并不直接接触。

研究人员发现，2004—2015 年，主震破裂断层区发生 7~8 级地震之后的数秒至几分钟之内，在其附近地区共发生了 48 次未知原因的大余震。例如，在俯冲带内，曾在 2004 年发生了著名的里氏 9 级的苏门答腊—安达曼特大地震，而在超过 200 千米之外的两个断裂地区，在很短时间内发生了里氏 7 级大地震。这些远距离的余震表明，应力几乎可以在瞬间通过地震波从一个断层系统转移到另一个断层系统中去。

研究人员称，这个结果十分重要，因为复杂的断层系统中的地震灾害影响更为严重，一次大型的地震往往会引发持续数月的余震序列。通过研究这类触发类型，或将实现对大余震的准确预测。研究人员还表示，多个断层系统的交互作用，在早先地震危险性分析中并没有完全被考虑进去，而这项研究或将弥补这些缺陷，并且促使未来地震预警建模中努力考虑到这些影响。

（二）探索由水应力变化引发地震的新信息

1. 研究潮汐应力变化引发地震的新进展

发现涨潮期间潮汐应力振幅增加更有可能发生大地震。[15] 2016 年 9 月 13 日，日本东京大学井出哲及其同事组成的一个研究小组在《自然·地球科学》杂志网络版上发表论文称，大地震更可能在新月或满月时发生。这一研究结果意味着了解地震区的潮汐应力状况或许有助于评估地震可能性。

地震是地壳快速释放能量过程中造成的振动，经常会造成严重人员伤亡，以及种种次生灾害。当前的科技水平尚无法预测地震的到来，甚至未来相当长的一段时间内，地震也是无法精准预测的。虽然已处在破裂边缘的断层，可能会在太阳和月球的引力作用下发生滑动这一理论，十分符合直觉，但潮汐触发地震的说辞始终缺乏确凿证据。

此次，日本研究人员不仅确定了涨潮或潮汐相位的时间点，还重建了过去20年内大地震（里氏 5.5 级或以上）发生两周前潮汐应力的振幅和大小。虽然并未建立潮汐应力与小规模地震的明确联系，但他们发现，一些规模巨大的地震，比如 2004 年的印尼苏门答腊大地震、2010 年的智利莫莱大地震和 2011 年的日本东北大地震，都发生在潮汐应力振幅高的时期。研究人员还发现，随着潮汐应力振幅的增加，大规模地震相较于小地震的比例也会上升。

据统计，地球上每年约发生 500 多万次地震，其中绝大多数太小或太远，因此人们感觉不到。而真正对人类造成严重危害的是大规模地震，但至今我们尚未完全理解大规模地震究竟是如何发生和发展的。科学家曾推测，这一类地震可能源自从小断裂连锁发展而来的大规模破裂。

本篇论文作者的结论意味着，小断裂连锁发展为大规模地震的可能性在春季潮汐期间更高，因此，了解地震区的潮汐应力状况或许有助于评估地震可能性。

2. 研究水力压裂方式引发地震的新进展

（1）调查表明采取水力压裂的地热发电厂引发地震。[16] 2019 年 3 月 20 日，国外媒体报道，韩国政府一个根据总统命令召集的调查小组公布了一份调查报告，他们得出的结论称，2017 年 11 月 15 日发生在浦项市的 5.4 级地震可能由一座实验性地热发电厂引起。

与直接从地下热水或岩石中提取能量的传统地热发电厂不同，浦项发电厂在高压下向地下注入流体，使岩石断裂并释放热量，这是一种被称为增强型地热系统的技术。该调查小组发现，这种压力引发了小地震，影响了附近的断层，最终在 2017 年引发了更大的地震。

这次地震是韩国第二大地震，也是韩国现代历史上最具破坏性的地震，造成135 人受伤，估计损失 3000 亿韩元。

为该发电厂提供资金的韩国贸易、工业和能源部在一份声明中表示，接受专家组的调查结果，并对受事故伤害的浦项居民"深表遗憾"。该部门宣布将拆除发电厂，将厂址恢复原貌，并投资 2557 亿韩元修复受灾最严重地区的基础设施。

在世界其他地区，地热发电厂也曾引发地震。但浦项大地震是迄今为止与此类发电厂有关的最强地震，它比 2006 年瑞士巴塞尔发电站引发的 3.4 级地震强 1000 倍。

（2）发现水力压裂可能诱发遥远地区地震活动。[17] 2019 年 5 月，美国塔夫茨大学一个研究团队在《科学》杂志上发表论文称，他们的研究显示，向地下注入废水等液体以开采油气的水力压裂技术，不仅影响液体扩散所及的区域，还可能产生"多米诺骨牌效应"，使液体扩散不到的遥远地区发生地震。

研究人员把野外数据与计算机模型相结合，发现水力压裂会导致地质断层发生"无震滑动"，其速度比液体在地下扩散的速度更快，从而在离注入点很远的地区诱发地震活动。

此前观点认为，注入深度超过 1000 米的水力压裂会使地震活动增加，但仅限于注入液体所能到达的区域，而这项研究发现远不止于此。因此该成果可望成为评估未来油气开采诱发地震风险的重要工具。

据介绍，在美国一些地区，水力压裂引发的地震活动频率已经超过加利福尼亚州这样的天然地震"热点"。水力压裂导致的地震活动大多数规模很小，不会影响人类生活，但注入深度大于 1000 米时有可能诱发破坏性地震。

根据美国地质调查局的数据，迄今为止，水力压裂引发的最强地震是 2016 年发生在美国俄克拉荷马州的 5.8 级地震，该州还有 4 次 5.0 级以上地震与水力压裂有关，周围的几个州也有多起 4.5~5.0 级地震由水力压裂诱发。

第二节　地震预测与预警研究的新进展

一、地震预测研究的新成果

（一）利用气象变化预测地震

1. 研究以大气电离层电子变化预测地震

通过跟踪大气电离层电子浓度变化来预测地震。[18] 2005 年 9 月，有关媒体报道，俄罗斯科学院航空宇宙监测科学中心通过多年研究发现，地震前震中上空大气电离层电子浓度发生着急剧改变，因此，跟踪大气电离层电子浓度的变化可预测地震的发生，从而最大限度地减少地震带来的人员伤亡和财产损失。

为了周期性地观测大气电离层的状态，俄罗斯研究人员使用了无线电信号。卫星释放出的双频无线电信号可以被地面站接收到。在卫星定位系统双频信号的基础上，研究人员研制出了计算信号参数变化的算法，并编制了计算机程序。

研究人员指出，2004年9月16日至22日，发生在俄罗斯加里宁格勒的地震事件，验证了跟踪大气电离层电子浓度变化预测地震的方法。那次地震是在同一地方以2.5小时为间隔发生的，地面卫星信号接收站距离震中260~320千米。观测数据表明，震前的3~5个昼夜的时间内，电离层电子浓度在增长，而在震前2个昼夜的时间内电子浓度的最大值大大下降了，电离层电子浓度急剧下降只发生在震中附近，位于震中1100千米的地面设备记录的信号，没有任何改变。因此，可以认为，电离层电子浓度的急剧下降是由于地震效应引起的，电离层的这种状态就是要发生地震的征兆。

有关专家指出，利用该科研成果和GPS卫星系统，实际上可以监测地球上任何地震带的变化，该方法对预测短期地震很有价值，条件是大气电离层电子浓度的变化，应该是周期性测量得到的。

2. 研究以气象站为基础预测地震

利用气象站和地震仪建立预测地震模型。[19]2016年12月，俄罗斯媒体报道，俄罗斯远东联邦大学新闻中心表示，该校专家研发出世界首个地震短期预测模型。

这项技术让快速预测地震成为可能，可在核电站等潜在危险设施选址过程中，对考虑地震因素提供帮助。其内含的软硬件系统适用于高山峻岭或海上岛屿。

研究人员表示，新模型利用基准气象站和地震传感仪测量标高和水平位移。这种基准站按一定顺序大面积分布在岛屿或陆地，对预示地震来临的监控标记偏移现象进行跟踪观察。该预测模型不是以地震的间接征兆为基础，而是基于对可致地震的地球物理现象相关数据的研究，可在全世界范围内投入使用。

（二）利用地下声波与地球化学信号预测地震

1. 研究以地下声波预测地震

通过监测由宇宙射线引起的地下声波来预测地震。[20]2012年12月，俄罗斯科学院列别捷夫物理研究所空间辐射研究室主任弗拉基米尔·里亚博夫领导的一个研究小组向媒体公布的一项研究成果称，他们提出了预测地震的新方法，也就是通过监测由宇宙射线引起的地下声波来判断地层活动情况，这个理论已经在实验中得到初步验证。

里亚博夫对媒体解释了新方法的原理：宇宙射线中含有一种穿透性极强的 μ 介子，它可以穿透地下较深的地方，被穿过的地下介质会释放能量、引起振动并发出声波。这种声波能反映地震发源地的形成情况，振幅越大说明地层活动越剧烈。

这一理论已得到初步验证。2011 年日本福岛大地震发生前后，安放在哈萨克斯坦高山科研站的传感器记录了地底传来的异常声学信号。研究人员认为，声波振幅在长期监测中的异常变化可以作为预测地震的指标。

地震预测一直是个世界性的难题，现在还没有特别有效的方法。里亚博夫表示，目前广泛使用的地震预测方法准确性不高，如果上述方法能够被进一步验证和完善，可以增添一种帮助预测地震的新工具。

2. 研究以地球化学信号预测地震

（1）发现地下水中氢和钠变化或可预测地震。[21] 2014 年 9 月，一个研究冰岛地震的研究小组在《自然》杂志上发表论文称，他们研究发现，在冰岛两场地震发生前，附近地下水中的地球化学信号发生了显著变化。据此，他们认为，可以利用这种地球化学信号变化来预测地震。

长期以来，地震学家一直渴望预测可能发生的地震。过去的研究显示，地震前兆，包括电磁场强度、氡水平，甚至动物行为等都会发生变化，但一直缺乏充足的证据。

现在，科学家以冰岛两场地震为案例进行分析。2012 年 10 月，在冰岛 Húsavík-Flatey 断层附近，发生了一场 5.6 级的地震。2013 年 4 月，在冰岛 Grímsey Oblique 断裂带，又发生了一场 5.5 级的地震。

在这两场地震发生前数月，研究小组从地下 100 米深的钻孔中测试地下水发现，氢同位素比值和钠水平急剧上升。研究人员认为，这些地球化学信号的变化，可能是由岩石扩张引起的。这种扩张以及和扩张有关的微裂缝可能引起地球化学性质异常。根据这一新发现，再参考其他相关变化，可能提前数月就会预测到地震的发生。

（2）发现氦和钍射气组合浓度变化或可用于预测地震。[22] 2015 年 8 月，国外媒体报道，韩国地震学家组成的一个研究团队，发现氦和钍射气组合的浓度，在地震发生前会出现变化，根据它们的示值或许可以用来预测地震。

该研究团队对氡和钍射气组合的浓度进行了监控，发现在日本 2011 年 3 月 11 日地震前夕，2 月的钍射气浓度出现峰值，而氡也在 2 月达到顶峰。根据研究人员的建议，2 月观测到的氡和钍射气异常峰，可能是 3 月大地震的前兆。虽然预测地震是地球物理学的圣杯，但科学家一直从各个方面对预测地震展开研究。

目前一种做法是，对土壤和地下水中的某些物质突然升高进行分析，从中找出与地震可能有关的示踪物质。尽管发现过许多与地震有关的示踪物质，比如氡、氯化物和硫酸盐，但是在地震发生前却很难进行监测，如何有效检测某些示踪物质的浓度也是个问题。氡是一个比较容易被监测的放射性气体，半衰期为 3.82 天，这使得其可能受到气象、潮汐的干扰。氡没有稳定的同位素，于是科学家找到了钍射气。

一般情况下，钍射气在洞穴等环境中处于非常低的含量，凭借其仅仅 56 秒的半衰期进行示踪难度很大。为了进行有效测试，该研究团队在韩国东部的一座洞穴中，连续监测了 13 个月。这个洞穴形成于 2.5 亿年前，330 米纵深，高度变化在 1~13 米，通过隔离可以把外部气流分离，阻挡诸如洞穴地面风造成的干扰。

研究结果发现，在 2011 年 2 月，科学家发现一次不寻常的峰值，而下个月日本就发生了里氏 9.0 级大地震。这个发现虽然让人们看到预测地震的可行性，但也受到外界的质疑。比如德国地震学家海库·沃伊兹认为，由于监测时间太短，仍然无法判断这些要素可用于预测地震，当然氡和钍射气用于预测地震的研究是一个新的途径。

（三）利用人工智能技术预测地震

1. 把机器学习技术用于地震预测 [23]

2017 年 10 月 23 日，英国剑桥大学教授汉弗莱斯与美国洛斯阿拉莫斯国家实验室以及波士顿大学同行共同组成的研究小组在《地球物理研究通讯》上发表研究报告称，作为人工智能技术的一个分支，机器学习已被广泛用于多个领域。他们的研究表明，这种技术在实验室模拟状态下能成功预测地震，未来或许能更高效预测这类灾害的发生。

机器学习主要是设计和分析一些让计算机可自动"学习"的算法，从数据中自动分析获得规律，并利用规律对未知数据进行预测的技术。它已广泛应用于数据挖掘、生物特征识别、搜索引擎、医学诊断、检测信用卡欺诈、证券市场分析等领域。

研究小组利用一个特殊系统，在实验室中模拟地震。他们在这一过程中，借助一种较隐蔽的声学信号来"训练"机器学习算法，从中找到规律，最终实现对地震发生的预测。这种声学信号是地壳断块沿断层的突然运动所发出的。而这种突然运动被认为是地震发生的主要原因。

该研究报告显示，机器学习技术能够分辨出这些声学信号中的特定规律，这种声音通常在地震发生前很长一段时间里就被捕捉到，根据这些特征，机器学习技术能够评估断层承受的压力，以及还有多久会发生断裂，最终对地震是否发生进行比较精确的预测。汉弗莱斯说，利用机器学习技术分析声学数据能够提前相当长时间预测地震何时发生，这就有了充分时间来发出灾害警报。

2. 发现人工智能可预测余震发生地点 [24]

2018 年 8 月 29 日，美国康涅狄克大学研究人员费比·德福利尔斯领导的研究团队在《自然》杂志上发表的一项地球科学研究成果中称，他们通过大量数据训练了一种神经网络，最终运用机器学习方法，识别出了一种基于应力的定律，而这种定律能预测大地震后余震出现地点的模式。

人类当前的科技水平尚无法预测地震的到来，甚至未来相当长的一段时间内，地震也是无法精准预测的。但在大地震发生后，估计后续地震发展趋势也是人们非常关心的问题。科学家认为，余震是对大地震导致的地震应力变化的一种响应，现有的实证定律可用来描述余震的规模和频次，但解释并预测发生余震的地点同样是相当有难度的。

此前，一种名为"库仑破裂应力变化"（基于地震期间应力向周围的迁移）的因子，常被用来解释发生余震的地点，但这种做法一直存在争议，库仑破裂应力的计算和应用中，有一些问题尚待探讨。

此次，该研究团队利用 13.1 万多组地震及其余震的配对数据，训练了一种神经网络。他们发现，该神经网络能在包含 3 万多组地震—余震的独立数据中集中识别并解释余震出现地点的模式，且比库仑破裂应力变化的准确度更高。

（四）研究预测地震的其他方法

1. 发现监测慢地震可预测大地震 [25]

2013 年 8 月，物理学家组织网报道，美国宾夕法尼亚州立大学地球物理学教授克里斯·马罗内领导的一个研究小组在《科学快讯》网络版上发表论文称，他们研究发现，监测慢地震能为有些由慢地震触发正常地震的地区提供可靠的预测依据。

马罗内说："我们目前没有任何办法远程监控地下断层何时会发生移动，而新的发现则有可能改变地震监测和预报的规则。因为如果它是正确的，我们就可以作出正确的预测，判断可能会是场大的地震。而了解在断裂带慢地震的物理学现象，以及确定可能的前兆变化属性是未来研究越来越重要的目标。"

研究人员观察到慢地震背后的机制，发现实验室的样品在缓慢黏着滑动之前的 60 秒出现了前兆信号。正常黏滑的地震一般移动速度为每秒 7.62~84 厘米，但慢地震会持续数月的黏着滑动或断裂速率约每秒 0.1016 毫米。然而，慢地震往往发生在近乎惯发的地震多发区，并可能诱发潜在的破坏性地震。

研究人员采用一种经常在慢地震发生地区发现的矿物——蛇纹石做实验，对其施加剪切应力，以使岩石样品表现出缓慢的黏滑运动。研究人员反复实验 50 次甚至更多，发现至少在实验室里，缓慢断裂带经历的过渡是从缓慢速度状态到基本上停止运动。研究人员认为这很复杂，速度取决于摩擦。虽不能确定发生了什么，但是从实验中可以得知，某种现象正在发生。

研究人员认为，造成这种不寻常的运动模式是当速度上升时，摩擦接触强度下降，但仅限于小的速度范围内。一旦速度增加足够多，摩擦接触面就趋于饱和。这种机制限制着慢地震的速度。

同时，研究人员看到在实验中产生的第一次弹性波和第二次剪切波。马罗内说："在这里，我们了解到弹性波的移动、地震的横波和纵波移动是怎么回事，以及声波速度。这很重要，因为你可以在现场见证地震仪所记录的内容。"

2. 通过在地震断层钻孔植入传感器来预测地震 [26]

2014 年 7 月，有关媒体报道，新西兰下赫特市地质与核科学研究所构造地质学家鲁伯特·萨瑟兰领导的一个国际研究小组，正在第一次准备把一组传感器深深地植入一个地震断层，从而记录一次大地震的积聚和发生过程。

该研究小组将在新西兰的阿尔派断层钻一个 1300 米深的洞，并由此收集重要的数据，这将有助于他们预测未来发生的地震。该断层大约每 330 年断裂一次，进而引发一场地震（震级曾达 8 级）。最近的一次地震发生在 1717 年，因此下一次地震预计在最近的任何时刻都有可能发生。

萨瑟兰表示："如果我们继续记录下一次地震，那么我们的实验将会非常特别。"他说："在大地震之前和过程中的一个完整的记录将为其他地质断层的地震预报提供基础。"

阿尔派断层沿着新西兰南岛纵横约 600 千米长，是太平洋板块与澳大利亚板块的交界。每一年，这两个板块都会彼此交错滑行 2.5 厘米，并因此积聚了巨大的压力。萨瑟兰说，地质学家相信这一断层"已经为下一次断裂作好了准备"，在未来 50 年里发生地震的概率为 28%。阿尔派断层被选择为钻探地点是因为它的地震周期是如此之近。

2011 年，该研究小组完成了该项目测试阶段：深断层钻孔项目 1（DFDP-1）的工作，他们打了两个炮眼，其中最大的一个到达了断层内部 151 米的地方。

在未来的两周，DFDP-2 的工作即将开始。此次，研究人员将在怀塔罗瓦村附近的相同地点，钻一个直径 10 厘米、深 1300 米的洞。在这一深度，研究人员将能够到达两个板块相遇的"破碎带"，从而可以测量地壳深处，即地震起源处的相关参数。

3. 成功研制出能预测地震的浅水浮标[27]

2019 年 12 月 2 日，美国国家科学基金会网站报道，在其海洋科学部资助下，南佛罗里达州大学地球学家组成的一个研究小组成功研制并测试了一种新型的高科技浅水浮标，它能够监测到可能引起地震、火山或海啸等致命自然灾害的海底微小运动和变化。

研究人员在距佛罗里达州埃格蒙特基岛不远处的墨西哥湾海域固定了一个顶部装有高精度全球定位系统（GPS）的杆状浮标。通过电子罗盘显示水平方向左右移动的偏航、垂直方向前后移动的俯仰和垂直方向左右移动的侧倾信息，可以度量浮标方向，生成海底变化的三维数据，从而捕获地球的侧向运动情况，预测可能引起海啸的大型地震。该研究小组称，这个系统还将有望监测到地壳压力的微小变化。

二、地震预警研究的新成果

（一）开展地震预警活动的新信息

1. 我国开展地震预警活动的新进展

我国首次实现对破坏性地震的成功预警。[28] 2013 年 2 月 20 日，中国广播网报道，2 月 19 日 10 时 46 分，云南省昭通市巧家县附近发生 4.9 级地震。成都高新减灾研究所与云南昭通市防震减灾局联合建设的地震预警系统对该次地震成功预警。这是国内地震预警系统首次实现对破坏性地震的成功预警。

当天上午 10 时 47 分 5 秒，安装在昭通市防震减灾局工作人员手机和计算机上的地震预警信息接收终端发出了地震预警倒计时警报，并显示地震预警信息：云南巧家 10 时 46 分 59 秒发生 5.0 级地震。该地震预警信息也通过手机、计算机、专用接收终端、微博等进行了同步发布。

几分钟后，中国地震台网公布："2月19日10时46分云南省昭通市巧家县、四川省凉山彝族自治州宁南县交界（北纬27.1度，东经103.0度）发生4.9级地震。"从巧家县防震减灾局获悉，初步统计地震已造成该县2人受伤，部分地区有山体滑坡现象，另有5间房屋倒塌受损。

这次地震预警信息为巧家县部分地区、昭通市等周边区域提供了几秒到几十秒不等的预警时间。成都高新减灾研究所所长王暾博士介绍，这是国内地震预警系统首次对破坏性地震实现预警。该地震预警系统还对随后的多次地震进行了成功预警，其中包括四川省宜宾市境内发生的4.5级地震。

2. 日本开展地震预警活动的新进展

日本运用紧急地震速报系统发出地震警报。[29]2021年2月14日，新华社报道，日本福岛东部海域13日晚发生7.3级地震。日本气象厅通过电视、手机等平台发布地震警报，在地震横波到达前为人们争取到数秒到数十秒的反应时间，帮助人们紧急应对地震来袭。

在电视上出现地震警报后大约几秒钟，人们在东京就感受到了建筑物持续较长时间的明显晃动，附近一些人的手机响起报警音。

日本的地震警报系统名为紧急地震速报系统，其基本原理是利用两种不同的地震波传播速度和破坏力的差异。地震发生后纵波传播速度比横波快，但是纵波的破坏力即晃动程度没有横波大。

日本气象厅等机构在全国各地设置了大量地震计。地震发生后，距离震源较近的观测点地震计可迅速监测到地震纵波，从而使日本气象厅在破坏力更大的横波到来前发出警报，距离震源远近不同的地区，可在地震横波到达该地区前几秒甚至几十秒收到地震警报。

提前几秒至几十秒收到警报，就可使行驶中的列车减速停车，燃气和电力公司采取应急保护措施，及时关闭危险设施，人员尽快撤到安全地带或者在家中做好自我防护。不过在震源附近，这种时间差就极短，可能在收到警报的同时就感受到强烈震感。

在一次地震中，震级只有一个确定数值，但震度（日本称震度，中国称地震烈度）却因地而异，离震中越近、震源越浅，震度越大。日本气象厅设定的震度由弱到强分别为0至4级、5弱、5强、6弱、6强和7级，共10个等级。

日本气象厅14日凌晨召开记者会，认为13日晚的7.3级地震是2011年"3·11"大地震的余震，呼吁日本民众在接下来一周左右时间要注意可能发生类似强震。这次地震的震源深度为55千米，由于震源较深未引发海啸。此次地震时，距离震中较近的福岛、宫城两县部分地区的最大震度为 6 强。

面向民众的紧急地震速报系统，只有在判断某地震的最大震度达 5 弱以上时才会发布警报信息，并列出哪些地区的震度可能达 4 级以上。日本民众可在手机上设置是否接受地震警报信息。例如，日本广播协会电视台的手机应用程序可供设置是否接收各种速报，包括海啸、地震等灾害信息，并可设置接收所在地的震度达多少级以上的警报信息。

日本 2005 年开始推广紧急地震速报系统。2007 年 3 月 25 日上午，石川县能登地区发生 7.0 级地震，日本气象厅通过这一系统发出紧急地震警报，这是日本气象厅首次通过紧急地震速报系统正式发布地震警报。同年 10 月 1 日，日本正式在全国使用这一系统。然而，该系统也存在偶有误差或错报等情况。

（二）推进地震预警探索的新信息

1.建设地震预警系统的新进展

（1）启动建设国内首套城市地震预警系统。[30] 2012 年 7 月 22 日，《科技日报》报道，成都市防震减灾局、成都高新区 7 月 11 日联合宣布，将在成都全域范围内，依托完全自主知识产权的技术和设备，建设国内首套城市地震预警系统项目。

地震预警不同于地震预测，是指在地震发生后利用地震波中的 P 波比 S 波快的原理，向设防地区提前发出避险警报的预警方式。承担该项目建设的成都高新区防震减灾研究所所长王暾说，汶川特大地震后历时 3 年研发的该系统，前期经过大量试验、检验，目前已成功预警超过 150 次地震，较日本、墨西哥等预警先进国家的技术设备，新系统进行了流程优化、误报率更低，智能手机、计算机、电视等都可以作为预警接收终端。

据悉，计划 2012 年年底前建设完成的成都地震预警系统，将在成都市 1.24万平方千米全域范围内，对已经建成的 67 个原有地震监测台站进行技术改造，并在年底前再建设 57 个地震预警台站，实现预警区域距离震源每 100 千米提前22 秒预警的技术能力。

（2）我国建成世界最大的地震预警系统。[31] 2014 年 10 月 20 日，中国新闻网报道，目前我国 25 个省市部分区域已建成 5010 个地震预警台站，面积近 200万平方千米，覆盖约 6.5 亿人，是世界最大地震预警网。

这个预警网的核心技术是中国具备完全自主知识产权的"ICL 地震预警技术系统"。成都高新区阮震减灾研究所所长王暾博士介绍，该技术通过吸收国内外，特别是日本地震预警技术，并进行重大技术创新，又经过汶川大量余震试验完善而形成的。他说："其关键技术指标（盲区半径、响应时间、误报率）世界领先，是国内目前唯一已服务民众和工程的地震预警技术。"

目前，该地震预警系统已连续预警景谷 6.6 级地震、鲁甸 6.5 级地震、芦山 7 级强震等 18 个破坏性地震，无误报和漏报。同时已逐步在学校、社区等人员密集场所，以及高铁、化工、地铁、核反应堆等重大工程中开展地震预警应用。据了解，在预警网已覆盖区域，民众只需用手机下载应用软件，就能免费享受地震预警服务。由此，我国成为继日本、墨西哥后，世界上第三个具有地震预警能力的国家。

地震预警是指在震中正发生地震但还没有对其周边目标区域造成破坏前，利用电波比地震波快的原理，给目标区域提供几秒到几十秒的预警时间。理论研究表明，预警时间为 3 秒，可使人员伤亡比减少 14%；如果为 10 秒，人员伤亡比减少 39%；如果预警时间为 20 秒，可使人员伤亡比减少 63%。

2. 完善地震预警系统的新进展

利用智能手机完善地震预警系统。[32] 2015 年 4 月 10 日，美国地质调查局地球物理学家本杰明·布鲁克斯领导，加州理工大学研究员莎拉·米森为主要成员，美国国家航空航天局喷气动力实验室苏珊·欧文等人参与的研究小组在美国科学促进会杂志《科学进展》上发表研究报告称，智能手机及类似设备中的 GPS 接收器能探测到大地震中由断层运动造成的持续地层运动。利用众多智能手机参与的系统，可成为科学级地震早期预警系统的重要补充。

地震早期预警系统能自动探测一场地震的开始，在人们体验到震感之前迅速发出警报。这一系统目前仅在日本和墨西哥等全球少数地区运作。布鲁克斯说："因为建造科学监测网络的成本太高，世界大部分地区尚未采用地震早期预警系统。"

米森说："这项新技术主要利用参与手机的众源观测数据来探测和分析出地震信息，并将其预警反馈给用户……新技术能更好地为贫困地区服务。"

3. 探索地震预警的新方法

认为重力信号可成为地震预警新方法。[33] 2016 年 11 月 21 日，法国巴黎的地球物理研究所科学家让·保罗·蒙塔格纳领导的研究小组，在《自然·通讯》杂志发表论文称，他们首次检测到一种在地震波到达之前就可观测到的重力信号。这种信号有望改进地震预警时间，推动地震和海啸预警系统研究取得新进展。

地震经常会造成严重人员伤亡，以及种种次生灾害，但当前的科技水平尚无法预测地震的到来，甚至未来相当长的一段时间内，地震也是无法精准预测的。这是因为地震预警系统依赖于对地震波的检测，但是只有在地震发生后才能检测到地震波。另外，科学家们虽然早已知道地震会导致地球重力场发生变化，但到目前为止，只在震后检测到重力场静态变化。

根据理论预测，在地震波到达之前，可在全球范围内检测到地震发生时产生的瞬时重力变化，这就等同于重力信号给人们的一个提示。

此次，蒙塔格纳研究小组通过检查 2011 年日本东北地方太平洋近海地震数据，首次检测到在地震波到达之前就可观测到的重力信号提示。研究人员认为，这种提示可提供更早的地震预警。

但是，在这种系统实现应用之前，还需要开发和测试相关仪器。论文作者提醒，虽然该方法蕴含巨大潜力，但是它要求在传统地震仪的基础上建立重力梯度仪（检测重力信号的仪器）网络。

据统计，地球上每年约发生 500 多万次地震，其中绝大多数太小或太远，一般难以察觉；而真正对人类造成严重危害的大规模地震，在人们发觉时又往往为时已晚。研究人员认为，在该地震中发现的重力信号提示，或许能够改进地震预警时间。

第三节　减轻地震灾害对策研究的新进展

一、监测地震灾害研究的新成果

（一）建设监测地震灾害的新网络

1. 构建新型实时地震灾害监测分析网 [34]

2012 年 4 月 24 日，美国国家航空航天局对外展示了应用 GPS 系统监测美国西部地震灾害情况的研究成果。一种使用 GPS 技术建立的新型实时地震灾害监测分析网即将用于对地震灾害监测和精确预报海啸工作之中。

这个已经筹建多年的监测研究网络得到了美国国家科学基金会、国防部、美国国家航空航天局和美国地质调查局等部门的支持。该网络利用实时 GPS 技术，收集来自加利福尼亚、俄勒冈和华盛顿三州近 500 个观测站得到的数据。当大地震发生后，GPS 数据被用于自动计算出地震的一些重要特征，如位置、震级和详细的断裂层情况等。

精确而迅速地鉴别里氏 6 级以上地震的情况，对于减轻灾害损失和采取应急措施十分重要，特别是对于预防海啸。计算海啸的强度，需要地震震级大小等具体信息，以及地震波在地面运动的状况，而捕获这方面的数据对于传统的地震学仪器来说是十分困难的，因为这些仪器一般只用作测量地面的震动情况。使用 GPS 进行高精度、以秒计算的地面位移监测，可以有效减少测定大地震特性的时间，提高对随之而来的海啸预测的准确性。据美国国家航空航天局介绍，该网络能力得到全面验证之后，将被美国地质调查局和国家海洋和大气管理局分别用于对地震和海啸的监测和预报工作。

美国国家航空航天局总部地球科学部自然灾害项目负责人克雷格·布森认为，通过网络，人们能够继续通过开发和应用 GPS 实时技术，提高国家和国际早期灾害预报系统的能力。该网络技术朝最终实现预报太平洋盆地自然灾害情况迈出了关键的一步。

2. 提出利用手机内置传感器创建城市地震监察防护网 [35]

2013 年 10 月，物理学家组织网报道，意大利国家地理和火山学研究所地震学家安东尼奥·德亚历山德罗和朱塞佩·安娜领导的一个研究小组在《美国地震学会通报》上发表论文称，在智能手机上安装一个微小芯片，可创建实时城市地震监察网，以增加在大地震期间收集强烈运动的数据量。

微机电系统加速计可测量汽车、建筑和装置地面运动和振动的加速度。在 20 世纪 90 年代，微机电系统加速计彻底改革了汽车安全气囊行业，并被用于许多日常设备之中，包括智能手机、视频游戏和笔记本电脑。

意大利研究小组测试了安装在苹果手机上的微机电系统加速计，并与美国凯尼公司生产的地震传感器 ES-T 力平衡加速计相比较，以检测其是否能可靠和准确地探测出由地震引起的地面运动。

测试表明，当位于震中附近时，微机电系统加速计可以探测中度到强烈的地震（超过 5 级）。而该设备产生的噪声妨碍其准确地检测到较小地震，因而限制了其应用。意大利地震学家改进了这项技术，使得微机电系统传感器对于 5 级以下地震也能敏感检测到。

研究人员说，改进后的微机电系统技术能在手机和笔记本电脑中广泛使用，大幅度提高地震发生时采集数据的范围。他们建议，微机电系统传感器当前的状态可用于创建一个城市的地震监察防护网络，将实时的地面运动数据传输到一个中心位置进行评估。每当地震发生时，政府部门可借此获得丰富的数据量，识别潜在危险最大的地域，从而能够更有效地分配资源。

（二）研制监测地震灾害的新设备

1. 开发用于监测地震灾害的卫星

发射首颗地震电磁监测试验卫星。[36] 2018年2月3日，《光明日报》报道，历经近十年艰苦攻关、五年工程研制，我国首颗地震电磁监测试验卫星2月2日终于发射升空。这颗卫星取名为"张衡一号"，它是我国地震立体观测体系的第一个天基平台。

中国地震局地壳应力研究所总工申旭辉介绍道，我国境内地震分布广、强度大、震源浅，是世界上大陆地震活动最强烈、灾害最严重的国家之一。然而，长期以来，我国地震监测主要依靠陆地上的监测台站设备，地面观测台网在青藏高原和海域地区观测不足，制约了我国地震监测研究的水平。

科学研究表明，一旦发生地震，地球内部的电磁信息就会发生异常，因此，构建空间电磁监测体系，对研究地震机理与空间电磁扰动的耦合关系、探索地震监测新方法有着重要意义。卫星具有覆盖范围广、电磁环境好、动态信息强、无地域限制等优势，使用卫星进行地球电磁环境的研究，能够从更大的尺度上提高对地震孕育发生规律的认识，弥补常规地面地震监测手段的不足。因此，国外利用卫星进行地震前空间电磁异常现象的研究已有多年历史，俄罗斯、法国、美国等国家曾发射过同类卫星。

据悉，"张衡一号"卫星科学应用中心依托中国地震局地壳应力研究所建设和运行。通过监测设备，它可将全球电磁场、电离层等离子体、高能粒子观测数据实时传回地面，为研究人员的科学研究提供连续稳定的大数据支持。

申旭辉说："'张衡一号'填补了我国在全球地磁场电离层信息获取能力上的空白，提升中国全境电磁场和电离层监测能力，还弥补了地面观测台网在青藏高原和海域地区观测的不足，可帮助我们获取全球震例，大幅增加震例检验机会。"

2. 探索用通信光缆作地震监察系统

实验表明可用海底光缆监测地震。[37] 2019年11月28日，美国加利福尼亚大学伯克利分校纳特·琳赛与蒙特雷湾海洋生物研究所同行共同组成的研究小组在《科学》杂志上发表论文称，他们成功完成了一次用海底光缆监测地震的实验，这说明全球已存在的光缆系统有潜力变成一个巨大的地震监测网络。

研究人员说，他们利用蒙特雷湾海底光缆中一段长约20千米的部分进行了实验，通过向光缆中发射激光脉冲并检测反射光，可分析出光缆形变并进一步推断地震情况。据介绍，这段 20 千米长的光缆用于监测地震，相当于在有关区域设置了 1 万个地震台站。在为期 4 天的实验中，研究人员监测到一次 3.5 级地震，还监测到一些地震波活动。

海洋占地表大部分的面积，但目前海洋中的地震台站数量很少。琳赛说，海底地震学研究需求量很大，任何置于海中的相关仪器都是有帮助的。

研究人员说，此前曾用陆地光缆测试过上述监测地震的方法，这是首次用海底光缆研究相关海洋学信号和对地质断层成像。目前全球陆地和海底的光缆总长度可能超过 1000 万千米，这个巨大的网络有潜力被用于监测地震，特别是在那些缺乏地震台站的地区。

3. 探索用海洋漂浮物作地震监测装置

发现装有水听器的海洋漂浮物可"监听"地震。[38] 2019 年 4 月 24 日，国外媒体报道，美国普林斯顿大学地震学家弗雷德里克·西蒙斯及该校研究生乔·西蒙等人组成的研究小组，在近日召开的欧洲地球科学联盟会议上发表研究报告称，他们运用一种从海洋中研究地球内部的多用途、低成本方法，已经画出了第一张图像。他们通过把水听器安装在深海中的漂浮物上，正在探测发生在海底的地震，并利用这些信号在缺乏数据的地方窥探地球内部。

2019 年 2 月，研究人员报告说，厄瓜多尔加拉帕戈斯群岛附近的这些漂浮物，有 9 个帮助追踪到地幔柱。地幔柱是一种从群岛深处升起的热岩柱。

在会议报告中，研究人员说，现在，18 个在塔希提岛下寻找羽状流的漂浮物也记录了地震。美国加州大学伯克利分校地震学家芭芭拉·罗曼诺维奇说："看起来他们已经取得了很大进步。"

西蒙斯表示，"南太平洋舰队"2019 年夏天将会壮大。他设想在全球范围内建立一支由成千上万个此类漫游装置组成的"舰队"，这些装置还可用来探测雨声或鲸的叫声，或者配备其他环境或生物传感器。他说："我们的目标，是探测所有的海洋。"

几十年来，地质学家一直把地震仪安装在陆地上，以研究遥远的地震是如何传播的。但不同密度的深层结构，例如沿着俯冲带下沉到地幔中的海洋地壳冷板，可以加速或减缓地震波。通过结合在不同地点检测到的地震信息，研究人员可以绘制出这些结构的地图。然而，上升羽流和海洋中其他巨型结构则更为神秘。原因很简单：海底的地震仪要少得多。

漂浮物是一种廉价探测方法。它们漂浮在 1500 米深的地方，这样可以将背景噪音降到最低,并减少周期性上升传输新数据所需的能量。每当漂浮物的水听器接收到强烈的声音脉冲,计算机就会评估这种压力波是否可能来自海底震动。若是如此,漂浮物将在数小时内浮出水面,并通过卫星发送地震记录。

西蒙在此次会议上说,到目前为止,漂浮物已经识别出 258 次地震,其中大约 90% 也被其他地震仪探测到。

(三)开发监测地震灾害的新技术

1. 研究监测地震的钻洞探查技术

计划通过钻探到印度板块来监测地震。[39]2011 年 5 月 4 日,《科学》网报道,印度科学家正打算着手进行一项雄心勃勃的计划:钻探到印度板块的深处,监测由即将发生的地震引发的震动以及其他地震特征。

印度科学部长阿什瓦尼·库玛于近日宣布,该国国家地球物理研究所将开展一项耗资 7500 万美元、持续时间达 30 个月的项目:在柯依那钻一个 8 千米深的洞,这一地区位于印度西部,曾频繁经历小到中型的地震。这次钻洞过程中将用传感器测量化学、电学以及引力扰动。

领导这项计划的国家地球物理研究所地震学家哈什·古普塔表示:"柯依那地区非常理想,因为这是一个地震的多发区域,诱导和原发的地震一直都在发生。监测到即将发生的地震信号的可能性非常高。"

这一计划将与国际大陆科学钻探项目进行合作,它同时将成为第四个这样的地震观测站。类似的钻探项目还在俄罗斯的科拉半岛、德国的巴伐利亚州以及美国加利福尼亚州的圣安德列亚斯断层进行过。之前的工作多选择在构造板块的边缘地带进行;而印度的选址将首次瞄准内陆板块进行钻探,其目的在于寻找地震的先兆。柯依那之所以独特,还在于钻洞的位置位于一座大型水坝附近,水库水平的上涨和下降会频繁引发地震。

印度反核能主义者担心钻探会增加这一地区的地震活动,并因此增加位于 64 千米之外马哈拉施特拉邦的一个大型核电站的风险。美国博尔德市科罗拉多大学的地震学家罗杰·比尔汉姆驳斥了这种观点。他说:"钻一个洞并不会产生弱化效应。这是因为发生在柯依那的地震,实际上是由该地区数千条充满了水的裂缝引发的。一个额外的洞如同九牛一毛。"

2. 开发能捕捉到微震活动 S 波的地震监测技术

运用新技术首次监测到 S 波微震。[40]2016 年 9 月,美国《科学》网站报道,日本地球科学与灾害预防国家研究所专家主持的研究小组借助该所运营的 Hi-net

台站新技术，成功监测到由遥远且强烈的北大西洋风暴（又称气象弹）所触发的P波微震，同时，更令人惊奇的是，还监测到了S波微震。对整个地震学界而言，这一特殊类型地震的发现尚属首次，因此，很快受到世界各国有关专家的关注。

在暴风雨期间，海洋波浪对固体地球造成的晃动会产生微震现象。在世界很多地方都可以监测到微震，其以各种各样的波形在地球表面和内部传播。到目前为止，科学家仅能通过对P波（在地震发生之前，动物可以感受到）的分析来研究地球的微震活动，而难以借助不易捕捉的S波（地震发生时，人类可以感受到）。

在发现S波微震后，日本研究小组还分析了震波的方向及其与发源地的距离，进而揭示出了其传播路径和路径的大地结构。通过这样一种路径，由海洋风暴产生的地震能量在地球内部传播，从而"照亮"了地球内部许多未发现之处。

日本研究人员的这一发现，为地震学家研究地球内部结构提供了新的工具，将有助于绘制更为清晰的地球运动图，即使这些运动来源于大气与海洋系统。此外，它也有助于更精确地监测地震和海洋风暴。

3. 开发监测地震的人工智能技术

（1）借助人工智能估算出监测地震的震源机制参数。[41]2021年3月，中国科学技术大学地球和空间科学学院张捷教授率领的研究小组在《自然·通讯》杂志上发表研究成果称，在监测地震方面，他们应用人工智能实时估算地震震源破裂机制参数领域取得突破性进展：地震发生后，借助人工智能可在1秒内准确估算出震源机制参数。

地震的发生是震源处岩石的破裂和错动过程，可以采用两个相对错动面的走向、倾向及倾角等参数描述，它不仅可推断断层的破裂方向、速度等，还可以帮助预测海啸、强余震的可能分布等。

据介绍，从多台地面地震记录反推地震震源机制是监测地震的一项重要工作，但从地震记录推算地震震源机制是个计算耗时的过程。自1938年地震学家第一次开始推算地震断层面解，震源机制参数一直是个研究性问题。目前，世界各地地震监测台网在地震速报信息里只有发震时刻、震级、地点和深度，不包括震源机制参数，地震发生几分钟或更长的时间后才报出震源机制参数。

该研究小组借助人工智能方法有效地解决了这个复杂计算问题。应用完备的理论地震大数据训练人工智能神经网络，完善了该系统的准确性和可靠性。当地震发生后，实际地震数据进入人工智能系统，在不到1秒的时间内系统准确地估算出震源机制参数，大量实际数据测试证实了这种方法的有效性，实现了该领域的重要突破。

目前，这项成果正在转化成实际运行的功能，将在中国科学技术大学和中国地震局合作研发的"智能地动"人工智能地震监测系统上试运行。

（2）开发光速级地震监测人工智能模型。[42]2022 年 5 月 11 日，法国蔚蓝海岸大学兼法国国家科学研究中心安德莉亚·利恰尔迪领导的研究团队在《自然》杂志发表论文称，他们研究发现，一个机器学习模型可以对大型地震的演化进行准确的实时估测，这个经过训练的机器学习模型能测定以光速传播的重力变化信号。

对地震的监测一般需要测定地震波，地震波是在地壳中传播的能量脉冲。然而，基于地震波的预警系统有时候反应太慢，无法在大型地震（矩震级 8 或以上）发生的当下准确估算地震规模。有一种解决办法是追踪即时弹性重力信号，这种信号以光速传播，由岩体突然错动导致重力变化而产生。不过，即时弹性重力信号，是否能用来对大型地震出现后的方位和发展作出快速可靠的实时估算，一直有待验证。

该研究团队在日本 1400 个潜在地震位置模拟了 35 万个地震情景，并利用即时弹性重力信号训练了一个深度学习模型。之后，他们又用 2011 年日本东北大地震的实时数据测试了这个模型。2011 年日本东北大地震，是迄今有记录的规模最大、破坏力最强的地震之一。

他们发现，深度学习模型能准确计算地震方位、地震规模，以及地震随时间的变化。重要的是，深度学习模型能快速给出以上信息，在地震波到达前就作出判断。

作者总结道，深度学习模型在大型地震及其演化，即从地表破裂到可能出现相关海啸的早期监测方面，或能发挥重要作用。虽然这个模型主要针对日本，但作者强调，该模型也能很好地适用于其他地区，只需很小的调整就能实时使用这一策略。

二、研究减轻地震灾害的新方法

（一）以模拟和建模方法研究减轻地震灾害

1. 建立有利于减轻人工地震灾害的风险模型

通过建立风险模型研究人工地震灾害。[43]2015 年 4 月，每日科学网站报道，美国地质调查局近日发布报告，公开了一组研究人工地震的初步风险模型，可预测地震频发区的地面晃动情况。利用该模型可以估算出下一年人工地震活动频率以及地面晃动的严重程度。

人工地震是指由人为活动引起的地震，如工业爆破、地下核爆等造成的震动。这份报告集中关注了美国的中部和东部地区，未来还会将美国西部各州的数据纳入研究范围。

2009年以来，美国中东部地区的人工地震活动增加明显。美国地质调查局所列人工地震频率增加的地区，涉及阿拉巴马州、阿肯色州、科罗拉多州等8个州共17个地区。自2000年以来，其中几个地区经历了比较严重的地面晃动，而且从2009年到现在，这些地区的地面晃动次数有增无减。该报告是这些地区人工地震风险的第一次综合评估。

美国地质调查局的研究人员通过分析这些人工地震的频率、地点、最大震级和地面运动情况，建立了初步风险模型。该局国家地震灾害建模项目负责人马克·皮特森表示，这些地区的人工地震越来越频繁，给周边居民带来的风险也与日俱增。美国地质调查局正在努力克服人工地震风险评估中的难题，旨在为保障周边居民不受地面震动威胁提供决策依据。

2014年，美国地质调查局更新了美国国家地震风险地图，公布了美国出现的自然地震的危害程度。新的报告，则呈现了在一年期限中，人工地震造成的地面震动强度。这种较短的时间期限是合理的，因为人工地震活动变化速度非常快，而且受制于随时可能发生变化的商业或政策决策。2015年年底，也就是人工地震初步风险模型得到验证后，美国地质调查局将公布人工地震的最终风险模型。

值得注意的是，该报告第一次将工业废水排入废井引发的地震纳入美国地震风险地图中。关于页岩气开采所用的水力压裂技术是否是人工地震增加的导火索，仍然有众多疑问，但美国地质调查局的研究则表明，水力压裂过程有时会成为可感地震的直接原因。

2. 建立有利于减轻全球地震灾害的模型

开发出首个伴随层析成像的全球地震模型。[44]2017年4月，有关媒体报道，由于地球内部具有层状结构，科学家们常常将其与洋葱做类比。但是，与洋葱不同的是，为了探索地球的内部动力学，不可能将其像洋葱一样剥开，这迫使科学家只能根据地表观测对地球内部状况进行有根据的推测。因此，计算机科学家发明了卓有成效的成像技术，为揭开地球内部的秘密提供了可能。

美国普林斯顿大学一个研究团队通过利用高级建模和仿真技术、地震活动产生的地震数据，以及超级计算机，创建出一幅详尽的地球内部三维图像。法国尼斯大学的专家表示，这是首个没有采用近似值（不同于选择数值法）的全球地震模型，作为地震学界的里程碑事件，其首次向人们展示了利用此类工具进行全球地震成像的价值和可行性：通过 253 次地震数据和 15 次共轭梯度迭代绘制出上地幔以上部分的三维图像，包括构造板块、地幔柱、热点等。

该项目的起源最早可以追溯至 20 世纪 80 年代首次提出的地震成像理论。为了弥补地震数据图之间的差距，该理论提出一种称作伴随层析成像的方法，其本质是一种全波迭代反演技术。相比而言，该技术可以利用更多的信息。

但问题在于，这个理论的测试需要超级计算机的支持，因为前向波和伴随波的模拟都是以三维数值的形式进行的。2012 年，美国橡树林国家实验室部署超级计算机泰坦为该项工作提供了机遇。在小型计算机上进行尝试之后，普林斯顿大学研究团队通过"创新和新型计算对理论和实验的影响"这一计划获得泰坦计算机的访问权。目前，研究人员正致力于把计算地震学向更深的极限即核幔边界推进。

（二）研究降低地震强度的新方法

提出用强电磁脉冲作用震源来化大震为小震[45]

2005 年 5 月，有关媒体报道，俄罗斯科学院院士、俄库尔恰托夫研究所国家科学中心主任维利霍夫领导的研究小组提出，利用磁流体动力发生器产生的强电磁脉冲，对可能发生地震的区域进行作用，可以降低地震强度，减少地震造成的损失。

该研究小组是在研究了地壳上层（15 米深范围）小型地震源周围的状况后得出上述结论的。该研究小组认为，所有地震都有明显的前期准备周期，在这一段时间里，地壳表面开始出现小小的裂缝和碎裂，地壳中产生的构造压力使岩石出现移动变形，地下水开始渗透到所有的裂缝中，而震源区裂缝中的水的移动将伴随地震的产生，地下的这些变化可以通过现代电磁技术设备记录下来。

研究人员发现，即使很少的水渗透到被电磁作用下的裂缝中，也能引起地震。因此，通过磁流体动力发生器产生的强电磁脉冲，可以把地震震源的水带入运动状态，使大地震源分散成一些比较小的地震源，改变地震在时间和空间上的分布，从而降低地震强度，减少地震造成的损失。据悉，俄罗斯研究人员已在许多实验场上成功地进行了多次这样的实验。

研究人员认为，如果将该方法和预测地震的数学模型结合起来，就可以很现实地降低地震的强度。

三、防震抗震措施研究的新成果

（一）开发防震抗震的新技术和新设备

1. 研发防震抗震的新技术

（1）提出一种结构抗震性能分析的新方法。[46] 2006 年 4 月，意大利欧洲防震减灾高级研究院有关专家组成的一个研究小组在《工程力学杂志》上发表论文称，他们发现了一种用来评估实际结构地震脆性破坏的新方法。

研究人员说，基于最初的、有限的非线性动力分析模拟，该方法在求解一般系统的承载需求和能力关系可靠性之后，建立了结构需求的可能特点。用这种方法得到的结果与应用蒙特卡洛算法得到的结果一样，但相比之下，这种方法大大减少了计算量。

研究人员在两个实际工程中应用了这种方法，一个是钢筋混凝土墩结构的钢制箱形梁高架桥，另一个是三维钢筋混凝土结构的房屋建筑。前者主要受到规则和不规则激震力的作用，后者主要受双向激震力的作用。模拟结果都证明了这种算法的精确性和优越性。

（2）探索能以柔克刚的隔震减震技术。[47] 2013 年 5 月 10 日，在西南交通大学举办的第七届全国防震减灾工程周学术研讨会上，中国工程院院士周福霖作主题报告，他说："在地震不能被预报的前提下，工程技术是防震减灾最有效和最现实的手段。"

现阶段，我国建筑物主要采用三种抗震方法：一是通过加粗柱子和多加钢筋的传统方法来硬抗震；二是通过在地基与柱子之间加钢板橡胶垫的方法来隔震；三是把建筑物某些非承重部分设计成效能杆件或通过装设效能装置来减震。

周福霖表示，其中隔震方法能把建筑物的抗震能力提高 4~8 倍。钢板橡胶垫就像"夹心饼干"，一层橡胶一层钢板向上叠加，把建筑物与地面隔离起来。当地震发生时，让建筑物在橡胶支座上处于弹性状态，既能隔震又不影响承载力。他说："这种以柔克刚的方法效果非常好。目前世界上采用隔震技术的房屋还没有一座被震倒。"

周福霖说，隔震垫橡胶老化的速率约为每百年 4.5 毫米，因此不用担心隔震垫老化问题。如果加上抗老化剂和支座外保护层，其使用寿命会高于混凝土。

周福霖认为，隔震减震技术是我国工程技术的发展方向之一，未来应从单纯采用传统抗震技术过渡到同时采用抗震、隔震、减震技术的新时代。他希望今后地震中的建筑物能像停泊在水里的船一样，飘动几下又归于平静；让地震像一场暴风雨一样，平凡而不可怕。

周福霖还提醒说，隔震减震技术需要从研究、设计、产品到施工等多个方面共同发展，忽视任何环节都会影响应用效果。同时，他呼吁尽快出台独立的技术规范，完善设计程序，提高厂家的生产质量，让隔震减震技术惠及更多人。

2. 开发用于研究防震抗震的新设备

首个冷弯薄壁型钢结构房屋振动台试验成功。[48] 2020 年 6 月 9 日，中国新闻网报道，重庆大学发布消息称，该校周绪红院士和石宇教授主持的研究团队成功完成中国首个足尺实体 6 层冷弯薄壁型钢结构房屋振动台试验。据悉，它也是目前世界上首个同类房屋双向地震动输入的振动台试验。

研究团队在重庆大学振动台实验室内修建了一栋高 16.2 米的 6 层冷弯薄壁型钢结构房屋，该房屋每一层楼面积 23.5 平方米，层高 2.7 米。试验建筑采用钢管端柱及双面蒙皮钢板剪力墙，与夹支单层薄钢板剪力墙两种抗侧力体系。由于该钢结构建筑采用了特有两种抗侧力体系，因此抗震级别很高。

此前国内和国外都进行了类似的试验，但在试验模型层高和地震波输入上都与本次试验有差距。美国虽然做过 6 层的振动台试验，但美国试验输入的地震波只有一个方向，而本次试验是横纵两个方向，能模拟出更复杂、更真实的地震情况。

本次试验采用模拟汶川地震的相关数据，对该建筑进行试验。周绪红说："当地震级达到 8 级时，能明显看到房屋在剧烈地晃动。停止震动后，我们对建筑进行了全方位检查，发现房屋内虽然有开裂、钢材螺栓松动等情况，但建筑物主体结构完全没有问题。"他接着说："经过 100 余次的地震模拟，建筑物仍然屹立不倒。可以说做到了'小震不坏，中震可修，大震不倒'。"

本次试验结果表明，冷弯薄壁型钢结构多层房屋是安全可靠的，这将推动多层冷弯薄壁型钢结构体系在中国的发展与应用。冷弯薄壁型钢结构房屋用钢量低、自重轻、装配效率高、人工投入少、房屋品质易保证，是一种具有广泛应用前景的装配式绿色建筑。

研究人员表示，下一步他们打算把试验楼层继续增高到 15~18 层，还将挑战更高的地震级数。

（二）建造具有防震抗震功能的大桥和建筑物

1. 设计建造大跨度抗震桥梁

建成具有抗震功能的跨海湾大桥。[49]2013 年 9 月 2 日，美国媒体报道，当天下午，世界最大跨度单塔自锚抗震悬索钢桥、旧金山海湾大桥东段新桥举行通车仪式。这座大桥跨度 624 米，耗资 64.2 亿美元，历经 13 年建成。它不但要承担旧金山湾地区巨大的交通压力，还要承受这里多发的地震灾害。

在传统的悬索桥上，比如旧金山的象征金门大桥，工程师会利用几英寸粗的钢缆，将几千吨重的钢筋混凝土大桥悬吊在水面上，而那些巨大的钢缆则锚定在岸边。但是新的湾区大桥分为东西两段，其东段附近没有大块的岩石，无法用于固定。所以这座大桥要靠它自己来锚定 35 200 吨钢板。

美国加州交通部的首席桥梁工程师布瑞恩·马洛尼说：“好草岛上，没有地方可以用来锚定这座大桥，我们不得不采用特殊的设计。”

大桥用了一根直径为 0.8 米的主钢索来拉住车道，并用一座 160 米高的塔来支撑它。这根钢索重 960 万千克，由 137 根钢丝束构成，每把钢丝束里有 127 根 5.4 毫米粗的钢丝。这根钢索就像是巨大的橡皮筋，将整个结构拽在一起。塔靠近桥的最西段，将桥身的大部分重量都托举起来，支撑了桥身 90% 的重量。从这根主钢索向外，有 200 根悬吊绳索，拉住 28 块构成桥身的钢板。

工程师在构成桥身的钢板上铸造了一些“盒子”用来和钢索连接。这些“盒子”上有一些孔洞，钢索经过这些孔洞扩散成一束束的钢丝，以便更容易抓住钢板。钢索从大桥东端开始向上，经过高塔，到达西端，再沿着原路返回东端。

铸造这些“盒子”需要非常精确。马洛尼说：“对于每一根钢丝来说，都只有一个位置是正确的，只有一个方向是可以接受的，偏差一点也不行。我们必须给这些钢丝标上不同的颜色，以便保证它们被牵引到正确的角度。这就像外科手术一些精细。”施工人员甚至使用比这些钢丝还软的软金属工具，以免损坏钢丝。

为了让大桥更加抗震，工程师给高塔设置了四个钢脚，靠近东端的两只脚穿透了 90 多米厚的泥沼，牢牢地扎在岩床上。高塔的四只脚被剪力连杆梁连接在一起。刮风的时候，剪力连杆梁会变硬，以保持大桥的稳固。地震的时候，剪力连杆梁会吸收地壳的运动。如果地震达到一定的级别，剪力连杆梁就会断裂，以避免损坏桥梁的其他部分。

参与大桥设计建造的国际公司首席设计工程师马尔旺·纳德说：“这些连接杆会使能量分散，减少地震的力量，从而给大桥提供更多的保护。在伸缩缝处，箱型梁与两个铰链式管道梁连接在一起。铰链式管道梁使大桥的不同结构部位可以相对滑动。"

这个新的系统还能抑制地震中的不同频率。在东段，大桥修建在土地上，那里地震波的频率比西段岩石区的地震波频率低。马洛尼说："大桥的两个部分可能会遭遇同一次地震，但是地震波会以不同的频率，在不同的时间里传播到大桥的两部分。"

2. 设计建造具有防震抗震功能的建筑物

（1）开发出借助水浮力支撑建筑物的防震抗震系统。[50]2005年2月，日本媒体报道，该国清水建设公司近日宣布，开发出一种名为"局部浮力"的抗震系统，即在传统防震抗震构造基础上借助水的浮力支撑整个建筑物。

据报道，普通防震抗震结构把建筑物的上层结构与地基分离开，以中间加入橡胶夹层和阻尼器的方式支撑建筑物。相比之下，"局部浮力"系统在上层结构与地基之间设置贮水槽，建筑物受到水的浮力支撑。水的浮力承担建筑物大约一半重量，既减轻了地基的承重负荷，又可以把隔震橡胶小型化，降低支撑构造部分的刚性，从而提高与地基间的绝缘性。

地震发生时，由于浮力作用延长了固有振荡周期，即晃动一次所需时间，建筑物晃动的加速度得以降低。据清水建设公司推算，6~8层建筑物的固有周期最大可以达到5秒以上。因此，在城市海湾沿岸等地层柔软地带也可以获得较好防震抗震效果。

此外，贮水槽内贮存的水在发生火灾时可用于灭火，地震发生后可作为临时生活用水。这一系统成本并不算高。以8层楼医院为例，成本比普通防震抗震系统高出大约2%。

（2）发现用竹子、绳子加泥土建造的土屋能抗震。[51]2005年7月，英国《新科学家》杂志报道，澳大利亚悉尼科技大学比扬·萨马利领导的一个研究小组研究发现，使用绳子、泥土和竹子这些廉价的材料，可以帮助许多发展中国家将脆弱的土砖房变成坚固的抗震房。

据报道，当大地震袭来时，许多钢筋混凝土的现代建筑都不能保证屋内的人员幸免于难，那些土砖修筑的房屋就更加不堪一击了。而全世界有1/3的人口都居住在传统的土砖房中，面临巨大的地震风险，比如2001年巴西萨尔瓦多的大地震就摧毁了11万间土砖房屋。

该研究小组试图找出加固土砖房的简单办法。传统的土砖是由晒干的泥土做成的，里头可能还含有一些稻草和沙子。萨马利研究小组用手钻在土砖上打出孔洞，然后将绳子穿过孔洞，如果绳子用聚丙烯这类耐用材料可能更好，再将孔洞填满泥土。泥土干了以后，他们用砖上的绳子将竹条竖着绑在房屋外面，每隔半米绑一根竹条，每两根竹条之间横着绑上铁丝。

研究小组认为，竹子因为高柔韧性，可以经受地震的考验，土砖结构在大地震中如果发生破裂，竹子可以保证砖块不会散开。他们对用这种技术制造的小房屋模型进行实验，将其放在一个震动的平台上，模拟当年萨尔瓦多 7.7 级大地震发生的情形。当模拟地震达到当年地震 75% 的强度时，未经改良的土砖房屋模型分崩离析，而改良过的模型安然无恙；即使强度加大到原来地震的规模，甚至 125% 时，房屋模型也只受到轻微的损伤。

《新科学家》杂志认为，这一研究成果非常难得，因为以前的房屋加固抗震办法都采用高科技手段，瞄准发达国家的人群；只有少数研究针对发展中国家的土砖房，但由于过去这些研究选用的材料往往是低收入建屋者的能力难以办到的，所以都不具备实际意义。而澳大利亚科学家此次发明的新技术，实用性比较强，在中南美洲、中亚和印度等地，应该有很广泛的应用前景。

（3）设计让地震波远离建筑物的防地震斗篷。[52] 2009 年 7 月 20 日，法国马赛菲涅耳研究所专家斯特凡·伊诺克与英国利物浦大学物理学家塞巴斯蒂安·古纳佑等人组成的一个研究小组在美国《物理学评论通讯》上发表论文称，他们正在研究隐形斗篷背后的物理学其他方面的应用。他们的研究成果便是防地震斗篷，能够让冲击波、暴风浪或者海啸在所遮蔽的物体面前变成"瞎子"，进而达到保护建筑物的目的。

这种斗篷是如何工作的呢？为了理解其中的原理，我们首先应该了解地震波的两个主要分类：体波和面波，前者可以穿透到更深的地球内部，后者则在地表传播，这一点非常重要。伊诺克研究小组发现，控制体波非常复杂，很难实现，但在常规工程学框架内对面波进行控制还是可以做到的。古纳佑表示，由于面波的破坏性更大，如果能对其进行控制必然造福于人类。

据悉，这种概念上的隐形斗篷，将由几个大型同心塑料环制成，塑料环将紧贴地面。为了让面波平稳地通过塑料环，科学家必须对环的硬度和弹性进行密切控制。穿过这个斗篷的地震波将被压缩成在压力和密度方面均处于极小程度的波动，进而能够沿着一条快速通道传播。这条通道可以被设计成弓形，通过调整塑料环的特性引导地震波远离斗篷内的物体。一旦离开斗篷，地震波便立即回到最初的强度。

这些神奇的塑料环可以让建筑物在地震发生时"隐形"，除此之外，斗篷本身也是不可见的。根据古纳佑的建议，应该将防地震斗篷安放在建筑物地基位置。为了保护一座横跨 10 米的建筑，每一个塑料环的直径需要在 1~10 米，厚度则在 10 厘米。

当然，所有这些理论仍需在现实实验中加以检验。如果伊诺克等人的研究成果能够得到应用，必将有无数人在地震发生时幸免于难。圣安德鲁斯大学物理学家乌尔夫·莱昂哈特虽然没有参与此项研究，但他表示，隐形物理学在现实世界的第一项应用，可能就是操纵地震波而不是光线。如果获得成功，隐形塑料环也可以按比例缩小以保护体积较小的物体。

第四章 防治和减轻地质灾害研究的新信息

地质灾害，表现为以地质动力活动或地质环境异变为主因而导致生命财产损失的灾害。它包括两大类型：一是自然地质灾害，如由地震、火山、降雨和融雪等因素诱发的崩塌、滑坡、泥石流、岩溶地面塌陷、地裂缝等；二是人为地质灾害，如因工程开挖造成地面沉降、堆积淤泥渣土诱发山体滑坡，以及破坏生态环境导致荒漠化、盐碱化和水土流失等。21世纪以来，国内外在防治崩塌与滑坡灾害领域的研究主要集中于：发现高温可能会导致岩石崩塌，开发出山体崩塌的声学实时监测系统。提高大型泥石流的预警能力，研发出泥石流地声预警仪。发现山体滑坡易摧毁陡峭河岸上的水电站，发现坡度和断层距是同震滑坡易发性主控因素，研发滑坡等损害铁路的早期预警系统。在防治和减轻火山灾害领域的研究主要集中于：分析火山的休眠、喷发和表征特点，研究火山的地质结构，探索火山活动造成的影响。揭示引发火山灾害的原因。开发火山监测装置，创建全球首个自动化火山预警系统，还试图通过开挖火山岩浆井来提高预警能力。在防治和减轻土壤退化灾害领域的研究主要集中于：探索土壤保护与改良，积极防治水土流失。注重荒漠化和沙化土地治理，成功构建全球荒漠化风险评估系统，设计出能固定住流动沙丘的沙障方法；发现可用柽柳植物治理沙漠，以沙漠植物基因培育适应恶劣环境的韧性作物。运用地下水位并推广耐盐植物、粉垄耕作和苏打盐碱土改良剂等技术改良盐碱地，利用耐盐植物碱蓬等改良盐碱地，研究提高农作物的耐盐性，培育具有耐盐碱特性的农作物。在地质灾害救援设备研发领域的成果主要集中于：开发模仿爬行动物、飞行动物和跳跃动物的救援机器人，研发能自动越障或自主飞行的救灾机器人，能自主择路前行的救灾机器人，以及可用于紧急支援的四足机器人。开发用于地质灾害救援的搜寻探测设备、通信设备与充电设备，以及救灾专用车辆和桥梁等交通设备。

第一节　防治崩塌与滑坡灾害研究的新进展

一、防治崩塌与泥石流灾害的新成果

（一）崩塌灾害防治研究的新信息

1.分析山石崩塌灾害成因的新进展

（1）发现高温可能会导致岩石崩塌。[1]2016年5月，地质学家布莱恩·柯林斯和格雷格·斯托克等人组成的研究小组在《自然·地球科学》杂志网络版上发表论文称，日常的气温变化可能导致潜在的岩石崩塌危险。他们对一些险峻山区地形在夏季发生疑似自发性岩石崩塌的原因提出了新的解释。

通常，岩石崩塌是由地震、强降雨或冰冻天气触发，但是在某些温暖晴天里，即便上述触发因素不存在，也时不时会有岩石崩塌的情况发生。美国加州约塞米蒂山谷的一些花岗岩峭壁很有名，这些峭壁的岩石崩塌现象中有15%发生在夏季最热的数个月或数天里，这意味着气温在其中起着一定作用。

该研究小组利用超声波探伤仪，对一处花岗岩裂缝三年内的宽度变化情况进行监测。该裂缝位于约塞米蒂国家公园里一段500米高峭壁中间，它把一块部分脱离的岩石块同峭壁其他部分分离开。研究人员发现该裂缝每天会扩大又收缩，与每天的天气变化相吻合。随着季节更替，他们注意到裂缝在逐渐扩大。他们经过分析后认为，每日和季节性的气温周期变化会导致裂缝逐渐增大，直至岩石块发生断裂、崩塌。他们得出结论：一天中或一年中最热的时间会特别导致触发岩石崩塌，这与约塞米蒂和其他类似地区的岩石崩塌记录相一致。

业内专家瓦伦丁·吉席格在一篇相关评论中写道："随着接下来数十年气候的变暖，由于气温高引起的岩石崩塌，或许会在峭壁侵蚀以及有关灾害评估中变得更加重要。"

（2）分析山体垮塌成因与防范避让方法。[2]2017年6月24日，新华社报道，当天四川省阿坝藏族羌族自治州茂县发生山体垮塌，造成严重的地质灾害。山体垮塌或崩塌是指较陡斜坡岩土体在重力作用下突然脱离母体崩落、滚动并堆积沟谷的现象。垮塌发生时速度快，容易造成人员伤亡。特别是雨季，降雨强度较大

或持续时间较久，一些山体石块出现松动、裂缝，很容易引起崩塌。

专家认为，此次山体垮塌，除近期降雨较多外，诱发原因有多种可能。国土资源部（现为自然资源部）地质灾害应急技术指导中心常务副主任田廷山说，垮塌形成原因比较复杂，除了雨水，一些山体岩体稳定性降低，也会发生突然崩塌。特别是在汶川大地震后，整个四川的山体都有一些松动，力学性质下降，稳定性降低，降雨更容易诱发崩塌。

除地震、降雨、洪水等自然原因外，随着经济社会发展，人类活动也成为地质灾害不可忽视的新诱因。开矿采矿、工程施工都可能引起山体垮塌。

只要山体稳定性达到极限边缘，任何一点触发因素都可能引起山体垮塌。垮塌这种地质灾害并不局限于雨季。只要山体呈现不稳定状态，随时都有可能发生。所以重点工程、建设项目施工场所隐患排查十分重要。汛期雨季之外，有关方面要严格执行地质灾害危险性评估制度，督促建设单位按国家有关规定开展地质灾害危险性评估；建设、设计、施工及监理单位必须重视有关防治建议，采取切实可行的措施，防治地质灾害。

山体垮塌一般来讲规模比较大，发生比较突然，往往就是几十秒或十几秒，危害性非常大。所以做好排查，及时防范比什么都重要。

田廷山说，一般山体垮塌之前，都可能有小型掉块、滚石情况出现。出现这种情况，要马上把相关区域封闭起来，经过详细调查，确定没有危险或消除危险后，才能开放相关区域。很多垮塌沿着交通干线发生，行人开车时候要注意，一方面注意道路情况，另一方面注意观察山体是否有掉块、掉渣或植被移动情况等。山区景区多，旅游者要特别注意防范地质灾害。

对于山体垮塌，专业人员预警预报外，群测群防至关重要。当地群众要把身边山体看好，有异常现象马上报告或预警，然后组织撤离。近年来，相关部门在全国开展地灾群测群防，调动当地百姓积极性，及时发现和处置地质灾害隐患，大大减少了人员伤亡和群众财产损失。

2. 研制山体崩塌监测技术的新进展

开发出山体崩塌的声学实时监测系统。[3] 2006年6月，有关媒体报道，英国拉夫堡大学岩土工程的高级讲师尼尔·狄克逊博士领导的一个研究小组开发出一种新技术，用于山体崩塌的预测。这一技术有望在全球范围内减少因山体崩塌造成的数百万的人员伤亡。如果通过检验，那么拉夫堡大学设计的这项声学实时监测系统将有望降低这一自然灾难所带来的危害。

这种声学实时监测系统通过收听地质运动的声音来确定山体斜坡的稳定性。

它通过附带传感器的管子收集山体土壤粒子移动的高频声音，之后将收到的信息传给电脑，研究人员据此可以分析出山体斜坡的稳定性。英国纽卡斯尔大学正在对这一系统进行检验，大约需要3年时间。

声学实时监测系统有望对山体斜坡运动作出最为明确的反应，并推动传统监测技术的发展。狄克逊博士说："全球每年有相当数量的人死于山体崩塌。我们不能控制山体斜坡，但一旦有山体崩塌发生，像这样的监测系统可以提前给我们警示，从而使我们做好防御工作。"

研究人员说，山体崩塌有时长达数小时，有时只是几分钟。目前来说，提前5分钟或是10分钟接收到山体崩塌预警，对于疏散公寓和马路的人群，挽救生命来说，可能是绰绰有余的了。

（二）泥石流灾害防治研究的新信息

1. 分析泥石流灾害成因的新进展

考察认为甘肃舟曲泥石流物质多为地震诱发。[4] 2010年8月23日，《科学时报》报道，自8月7日甘肃舟曲暴发特大泥石流并导致特大灾情发生后，中国科学院山地所紧急部署，派出山洪泥石流专家奔赴灾区开展灾情调查。

8月9日和12日，由中国科学院山地所泥石流研究室主任胡凯衡带队的第一批考察组和由山洪研究室主任陈宁生带队的第二批考察组分别赶到灾害现场，对泥石流最为严重的三眼峪沟和罗家峪沟泥石流开展灾情调查，已初步完成了对本次舟曲特大泥石流的科学考察并获得了第一手资料。

考察结果表明，本次舟曲特大山洪泥石流灾害是该地区历史上最大的一次泥石流灾害事件。考察组对此灾害的特征及成因进行了初步分析和总结。

舟曲所在的白龙江上游是我国四大滑坡泥石流发育区之一。舟曲县城坐落于白龙江左岸支流硝水沟、龙庙沟、三眼峪沟、罗家峪沟、南峪沟5条泥石流沟的堆积扇上，容易遭受泥石流危害。据统计，1823—2010年，该沟先后发生12次较大规模泥石流，并对县城造成危害，小规模的泥石流3~4年发生一次。

考察组认为，超强降雨与脆弱的地质环境是本次舟曲泥石流暴发的主要因素。

首先，三眼峪沟沟内有滑坡、崩塌等大量松散固体物质存在，为泥石流发生提供了充分的物质条件，其中多数为1879年7月1日甘肃文县8级地震所诱发。同时，舟曲位于龙门山地震活动带北缘，又邻近天水地震活动带，此前也曾受汶川地震波及，土质相对疏松，一遇强降雨容易形成泥石流。

其次，三眼峪沟流域上游植被以幼林为主，灌草比例高，局部裸露，储水能力较弱。

最后，在近期强降雨作用下，土体强度极大降低，形成坡面泥石流，并逐步带动沟坡崩滑岩土形成冲击力巨大的泥石流，在从中上游汇流至中下游过程中，使得因地震形成的天然堆石坝逐级溃决，并最终导致泥石流流量的进一步增大和破坏力的增强。

2. 加强泥石流灾害预警研究的新进展

（1）提高大型泥石流等地质灾害的预警能力。[5] 2020年1月13日，新华社报道，成都理工大学地质灾害防治与地质环境保护国家重点实验室巨能攀教授等专家组成的研究团队，提出运用"空天地"一体手段，寻找和捕捉地质灾害风险，不断提高对大型泥石流等地质灾害的预警能力。

所谓"空天地"一体手段，就是把卫星遥感技术，与无人机测绘及钻探分析方法有机地结合起来，先对人无法抵达的区域进行风险划分；再通过卫星遥感探测和无人机测绘，自动在三维地形上"剥掉"植被，对地表变形幅度进行监测，识别出风险再投入传统工程地质勘探手段详细核查。

从甘肃黑方台和贵州兴义的预警实践可以看到，这个实验室部署的"空天地"一体自动化监测系统发挥了出色的预警功能。2017年，该监测系统两次提前数小时成功预警甘肃黑方台黄土滑坡。2019年2月17日，贵州兴义市龙井村9组发生滑坡，在监控视频中，远处黑乎乎的一片山壁彻底崩塌，而在此之前53分钟，预警警报已经响起，通知附近人员撤离，整个过程完全在掌握之中，最终实现现场人员"零伤亡"和财产"零损失"。

这套监测系统也引入铁路建设领域。中铁二院有位员工亲身经历了由此引起的测绘装备换代升级，他深有体会地说："以前测绘上山顶下深沟，靠一步一步地走。有时候为了测一个基准点，大早上出发，到指定地点砍一根大竹子竖起测量杆就往回赶，到山下已经是晚上。现在实现'空天地'一体测量，GPS、北斗、航测、无人机，都参与到测量中来。"

渝昆高铁等工程勘探，也开始应用这套新颖的地质灾害监测系统。中铁二院除了引进、创新了高分辨率航天遥感、无人机勘测、多孔对井间电磁波层析成像等新技术外，还创新适用于高铁工程建设的岩溶地质相关理论，构建了风险评估方法。多位院士鉴定该成套技术居于世界领先水平。

（2）自主研发出泥石流地声预警仪。[6] 2022年5月12日，央广网报道，中国航天科工集团三院下属航天惯性公司孙芳负责的研究团队，成功研发出具有自主知识产权的泥石流地声预警仪，首批已应用于甘肃、青海、新疆、云南、四川、贵州等地区。

据不完全统计，全国有滑坡、崩塌、泥石流灾害点约 28 万处，其中泥石流占 3.5%。由于泥石流暴发突然、来势凶猛，破坏性极强，易造成人员死亡和巨大的经济损失。实现泥石流的防治及报警，可极大地减少灾害带来的损失。

通常，泥石流监测所采样的因素有雨量、泥位、土壤含水率、次声等。雨量、土壤含水率为相关因素，并不能直接确认泥石流的发生；次声所接收的信号是通过空气传播，会容易产生干扰信号。加入地声后，与次声进行联合预警判断，通过监测并掌握它们的特征值，准确识别并剔除降雨、刮风、雷电等其他环境噪声，可提高报警准确率。

当前国内外泥石流地声研究资料相对陈旧，且基本没有可参考数据样本。该研究团队需要解决的最大难点，就是如何在不同背景和场景下，识别不同形态的信号。为此他们联合北京大学、中国科学院山地所、成都信息工程大学共同开展地声信号识别和泥石流预警算法攻关。2021 年，研究团队奔赴有"天然泥石流博物馆"之称的云南蒋家沟泥石流试验场，开展泥石流地声数据采集工作，并收集了下雨、车辆、行人等复杂环境下噪声信号，建立了翔实的数据样本库，通过分析噪声及泥石流地声数据的信号特征，从信号幅度、特征频率范围与信号持续时长三个维度，结合信号时频域分析等技术，建立泥石流地声信号识别及预警模型，填补了国内近年泥石流地声预警监测研究的空白，大幅提高了泥石流预警的准确率。

孙芳介绍道，这种泥石流地声预警仪不同于长期监测的安全监测装置，它多用于野外应急抢险的应用场景，因此，具备便携、快速布设、预警实时性和准确性高等特点。

二、防治滑坡灾害研究的新成果

（一）研究滑坡灾害及其带来的影响

1. 考察滑坡现象的新发现

发现著名旅游胜地上的巨大滑坡痕迹。[7] 2022 年 4 月 25 日，希腊《中希时报》报道，国际学术性期刊《盆地研究》发表的一篇文章称，希腊等科学家在希腊著名旅游胜地圣托里尼岛周围海域，发现了迄今为止地中海地区已知的最大火山滑坡痕迹。研究人员称，根据大量证据推测，滑坡发生的时间大约在 70 万年前。

据报道，圣托里尼火山是一个大型的、基本上被水淹没的火山口，位于爱琴海南部。水面以上可见的是环状的圣托里尼群岛。火山口的中心有两个小火山岛，它们叫作新卡美尼岛和旧卡美尼岛。

据估计，圣托里尼下面的火山在过去多次喷发。经历过火山喷发、大规模滑坡的情况下，大量沉积物和岩石滑入大海并可能引发海啸，这几乎都是鲜为人知的。直到通过最近的科学发现，人们才对这座火山的情况有进一步了解。

2. 研究滑坡造成影响的新发现

发现山体滑坡易摧毁陡峭河岸上的水电站。[8] 2018年10月，德国波茨坦大学地质学家沃尔夫冈·施旺哈特领导的研究团队在《地球物理研究快报》发表论文称，他们通过分析相关数据发现，2015年尼泊尔喜马拉雅山脉的大部分水电工程并不是毁于地震，而是毁于地震引发的山体滑坡。

2015年4月初，施旺哈特第一次去尼泊尔时，惊讶地发现许多水力发电站建在陡峭的喜马拉雅山脉上，它们看起来很不稳定。两周后，尼泊尔发生了一场强烈地震，造成近9000人死亡，他所看到的31个水电工程项目也悉数被摧毁。

喜马拉雅山脉处于板块边界碰撞型地震构造带上，因此，这里的水电工程都会按照防震规范进行建设。但是，由地震引发的地基液化、山体破损等环境条件的变化，使库区的山体松动，产生滑坡、地基动摇等情况，可能并没有在水电大坝的设计中加以考虑。

山体滑坡是山坡在河流冲刷、地震等因素影响下，土层或岩层整体或分散地顺斜坡向下滑动的现象。地震后的滑坡，可能是因地震造成山体破坏后当即形成的滑坡，也可能是山体震损，出现裂缝和内部损伤等情况，在震后几天甚至几十年后出现的滑坡。

施旺哈特团队仔细分析了受损水力发电站的报告。他们发现，在地震中地面摇动不是很强烈的地方，河岸的陡峭程度似乎是震区破坏严重程度的一个很好的指标。随后，他们开发了一个模型，把喜马拉雅山脉的河流陡峭程度，叠加在2015年地震的地面震动强度图上。结果发现，地面震动和河流陡度的共同作用对水力发电站造成了最严重的破坏。

施旺哈特说："这些水力发电站的建造符合抗震设计标准，它们在地震中活下来了，却被后来的山体滑坡摧毁了。"对此，他表示，重新评估喜马拉雅地区的水电开发，迫在眉睫。

研究团队将该模型应用于印度、尼泊尔和不丹喜马拉雅山地区的273个有相关数据的水力发电项目中，这些项目有的正在运行，有的处于建设中，也有的是正在规划设计。结果发现，其中 1/4 的项目可能会面临地震引发的山体滑坡而造成严重破坏。

（二）研究引发滑坡灾害的主要原因

1. 分析表明毕节山体滑坡或为高位崩塌转化为碎屑流 [9]

2017 年 8 月 28 日，科学网报道，当天上午 11 时许，贵州毕节纳雍张家湾镇普洒社区发生山体滑坡地质灾害。专家分析称，此次灾害或为高位崩塌转化为碎屑流。

中国科学院山地灾害与环境研究所重点实验室副主任苏立君说，崩塌以竖直运动方向为主，滑坡以水平方向滑动为主，从目前掌握的信息来看，此次地质灾害具备了崩塌的特征，即发生的坡体较陡，且一开始变形运动即已解体，然后崩落，灾害为高位崩塌转化为碎屑流的可能性较大。

据苏立君介绍，贵州所处的云贵高原构造运动较活跃，地质条件复杂，且山地丘陵所占比例大，历史上滑坡灾害较多。毕节地区以喀斯特地形和高山丘陵为主，区内地势西高东低，山峦重叠，河流纵横，超过 10 千米的河流有近 200 条。河流长期的下切作用改变了坡体形态，形成了易发生滑坡的地形地貌条件。

同时，苏立君指出，此次发生的崩塌式灾害，很难监测与预防。他解释道："这类突然的崩塌，前期的变形一般都较小，所以我们基于变形的手段进行监测的话，一方面，预警值不好确定，不知道什么时候，在什么变形值下会发生灾害；另一方面，是灾害特别突然，到了一定临界条件突然破坏，预警难度比较大。"

2. 发现全球变暖致使北极岛屿滑坡频率增加 [10]

2019 年 4 月 3 日，加拿大渥太华大学专家安东尼·卢科维奇领导，其同事罗伯特·韦等参加的一个研究小组在《自然·通讯》杂志上发表论文称，近半个世纪以来，加拿大北极岛屿班克斯岛滑坡频率增加了 59 倍，滑坡已成为全球变暖最危险的后果之一。

卢科维奇表示："如果永久冻土已经融化，我们无法阻止土壤缓慢滑塌。我们只希望此问题能够引起注意，减少温室气体排放。"

气候学家近些年非常担心北极变暖会导致最后一次冰期，在西伯利亚、阿拉斯加和加拿大极地地区出现的所有永久冻土迅速消失。据当前预测，西伯利亚和阿拉斯加南部地区永久冻土，在 21 世纪末会消失 1/3 左右。

研究人员认为，永久冻土融化会释放出在数百万年冰期内冻结在土壤中、并不断累积的大量有机物质。这些动植物残骸将开始腐烂，向大气层释放甲烷和二氧化碳，在自然火灾中燃烧，进一步加速全球气候变暖。除了对自然界的影响外，这些灾难性过程，还会对极地居民造成极为不利的影响。气候学家研究发现，永久冻土融化，将影响俄罗斯、加拿大和美国极地城市 70% 以上的基础设施。

罗伯特·韦对在不同气候条件下，卫星于 1984—2016 年拍摄的班克斯岛地表高清图片进行分析，他们统计出泥石流、山洪、滑坡和其他土壤移动现象发生的次数，计算出受影响地区面积，并将所得数据与班克斯岛所在群岛不同季节的气温进行了对比。

卢科维奇表示，1984 年共 84 块土地受到滑坡影响，面积相对较小，全部位于岛屿南部海岸附近。30 年后，情况发生了很大的变化，滑坡次数增加了 59 倍，而且有许多泥石流已经在班克斯岛上缓慢移动了 20 年甚至 30 年。

滑坡、泥石流和其他类似现象导致河湖阻塞，妨碍岛上交通，已开始影响班克斯岛上因纽特人部落的生活。当地居民告诉专家，最近不仅沿海地区，岛屿中部也开始出现这些现象。

专家预测，将来滑坡次数还会增长大约 2 倍，不仅给人类造成麻烦，当地动植物也会受到影响。气候学家计划近期开始观察河流阻塞和污染对当地鱼类和无脊椎动物的影响。

3. 揭示坡度和断层距是同震滑坡易发性主控因素 [11]

2022 年 6 月，中国科学院地质与地球物理研究所工程师邹宇、研究员祁生文、副研究员郭松峰等组成的研究小组在《工程地质学报》上发表论文称，同震滑坡是最具破坏的地震次生灾害之一，可以造成大范围严重的破坏，尤其是山区。了解同震滑坡的易发性控制因素是预测潜在地震区同震滑坡易发性、危险性和风险性的基础，对防震抗灾具有重要意义。

研究小组以 2014 年 8 月 3 日我国云南省鲁甸县发生的地震为例开展研究。他们在面积为 704.7 平方千米的研究区内，共识别出 1414 个滑坡，建立了鲁甸地震滑坡空间数据库。

研究人员利用空间分析方法，分析了各个因素与同震滑坡易发性之间的关系，在此基础上，利用曲线下面积方法对各个因素之间的相关性展开研究。通过统计分析发现，坡度和断层距是同震滑坡易发性的两个控制性因素，随着断层距的增加，同震滑坡发育密度呈明显的指数下降趋势，但随着坡度的增大，同震滑坡密度表现出良好的韦伯累积分布。其他因素的影响受到这两个因素的控制，对同震滑坡易发性的贡献通过坡度和断层距两个因素得以体现。随着高程的增加，断层距逐渐增加。该研究阐述了坡度、断层距与高程的关系，揭示出随着高程的增加，滑坡密度逐渐下降的现象是由坡度、断层距控制的结果。

该论文表明，对于隐伏的同震断层，其同震滑坡易发性和非隐伏同震断层易发性类似，比如汶川地震，坡度和断层距两个因素是其控制性因素。这项成果对于同震滑坡易发性的预测评价具有重要意义。

（三）研究滑坡灾害的预警措施

研发滑坡等损害铁路的早期预警系统[12]

2010 年 9 月，国外媒体报道，以色列特拉维夫大学地质与行星科学系的列夫·埃培尔鲍姆教授领导，意大利、法国、瑞典、挪威、瑞士和罗马尼亚等国科学家参与的一个国际研究小组，正在研发一种铁路地质灾害早期预警系统，用来防止滑坡、地震、雪崩等地质灾害对铁路交通造成的损害。

该系统将集成电磁感应技术和新的信息通信技术，包括光纤传感器、合成孔径雷达、低频地球物理技术、红外热成像和陆基位移监测技术等。该系统会通过卫星、飞机、磁场传感器和土壤传感器来收集感应信息，对采集到的数据进行分析处理后，可快速获得铁路基础设施运行情况和周边环境情况的详细信息和图像，从而对可能出现的地质灾害作出预警。

研究人员表示，近年来，地质灾害引发的铁路交通事故呈上升趋势，全球每年有数千人因此而丧生。他们从事这项研究的目的，就是要开发一个可以集成最新技术、适用于各种铁路的监测平台，为列车司机和管理人员应对地质灾害提供可靠的预警系统。

研究人员说，由于各地区土壤类型、地质特征各不相同，要将不同类型的原始数据转换为可以使用的信息，涉及许多复杂的数学、物理问题。现在他们面临的最大挑战，是如何消除采集数据时的背景噪声。据悉，这一问题不久就有望得到解决。

第二节　防治和减轻火山灾害研究的新进展

一、火山灾害及其影响研究的新成果

（一）考察火山活动特点的新信息

1. 探索火山休眠特点的新发现

研究表明并无真正意义的休眠火山。[13] 2011 年 3 月 13 日，英国《每日邮报》报道，法国奥尔良地球科学研究所火山学家阿兰·波尔吉斯博士主持，他的同事和一名美国学者组成的研究小组通过调查证实，火山并不存在真正意义上的休眠，而是能以超乎人类预想的速度觉醒。基于这个原因，旅游者下次考虑赴风景宜人的火山岛屿度假时，也许不会再仓促作出决定了。

据报道，法国研究小组发现，原本静谧无声的火山，只需短短数周即可喷出灼热的岩浆，将附近区域吞没。而在此之前，人们普遍认为，完成这一转变需要经过多年的时间。

法国研究小组调查了于 1991 年喷发的菲律宾皮那图博火山，以及正在喷发的加勒比海蒙特色特拉岛上的苏弗里艾尔山，结果发现火山从休眠到爆发其实仅需要几个星期的时间。

以菲律宾皮那图博火山为例，它仅用了 20 天的时间就重新活动了起来，而非人们意料中的 500 年。原因在于，灼热岩浆涌起，迫使较重的岩浆与之相混合，从而使整体温度上升的速度，要比人们预想中要快 100 倍。

波尔吉斯博士表示，之前普遍为大众接受的理论，即当火山岩浆库冷却后，需要经过多年的时间才能在新岩浆的作用下重新恢复高温，可能是错误的。他同时指出，可以将地震活动看作火山喷发的早期预警，从而争取足够的时间撤离群众。

2. 考察火山喷发特点的新发现

（1）埃特纳火山因不断喷发而刷新自身的高度纪录。[14] 2021 年 8 月 10 日，德新社报道，意大利国家地球物理与火山学研究所当天发布消息称，欧洲最高活火山埃特纳 2021 年喷发数十次后，不断长个儿，目前已刷新自身高度纪录。

据报道，意大利研究人员 7 月 13 日至 25 日分析处理卫星图像后发现，埃特纳火山目前海拔 3357 米，超过以往任何时候。这一结果误差为 3 米。

过去 40 年来，埃特纳火山的顶峰为东北部火山口，1981 年测量高度为海拔 3350 米，创下这座火山海拔高度纪录。后来，这个火山口边缘坍塌，2018 年海拔高度降至 3326 米。

2021 年 2 月以来，埃特纳火山东南部火山口喷发约 50 次。由于岩浆和火山灰等沉积物黏附，东南火山口海拔高度超过了"哥哥"东北部火山口。这座火山轮廓线因此显著变化，东南火山口成为顶峰。

埃特纳火山位于意大利南部西西里岛，是欧洲活动最频繁的活火山，海拔高度时常浮动。虽然破坏力强，但频繁的火山喷发为当地带来肥沃的土壤和丰富的旅游资源。

（2）数据分析确认汤加火山喷发为"最大爆炸"。[15] 2022 年 5 月，英国雷丁大学大气物理学家贾尔斯·哈里森与加利福尼亚大学圣巴巴拉分校火山地质学专家罗宾·马托扎各自所在的研究小组分别在《科学》杂志上发表论文称，他们通过多种仪器收集数据分析得出结论认为，年初汤加火山喷发威力巨大，经证实为有仪器记录的地球大气层内发生的"最大爆炸"，超过任何一次核爆试验，以及 20 世纪以来的其他火山喷发。

哈里森说，2022 年 1 月 15 日，汤加洪阿哈阿帕伊岛的海底火山喷发"百年一遇"。汤加火山喷发比 20 世纪以来任何火山喷发、陨石爆炸或核爆试验的威力都大。气压计读数显示，汤加火山喷发产生的压力波在 6 天内绕地球 4 次。

马托扎说，汤加火山喷发在全球产生影响，研究人员利用各种观测仪器，录得的汤加火山喷发相关数据在现代历史上前所未有。这些仪器包括气压传感器、地震仪、水下测音器，以及监测地球的一系列卫星。

汤加火山最终喷发前已活动数周，最后产生的多种大气压力波传播到遥远的地方。火山喷发产生的人耳可听到的声波，最远传播到 1 万千米外的美国阿拉斯加，当地有人报告反复听见隆隆声。

汤加火山喷发时，用于监督履行《全面禁止核试验条约》的全球探测网络，探测到的压力波数据显示，汤加火山喷发产生的大气压力波与苏联 1961 年试爆的沙皇炸弹威力相当，但持续的时间长 4 倍。在人类所引爆的各类炸弹中，这枚氢弹的体积、重量和威力均最大，爆炸当量达 5000 万吨 TNT。

研究人员说，有记录以来喷发威力可匹敌汤加海底火山的，可能只有 1883 年印度尼西亚喀拉喀托火山喷发。那场火山喷发造成 3 万多人死亡，4800 千米外都能听见火山喷发的隆隆声。

（3）日本樱岛火山喷发过程流出巨量碎屑。[16] 2022 年 7 月 24 日，新华社报道，据日本气象厅消息，日本九州地区鹿儿岛县的樱岛火山，当天晚上发生流出巨量碎屑的大规模喷发。日本气象厅已发布最高级别警报，并要求周边民众紧急避险。

日本气象厅称，当地时间 24 日 20 时 5 分许，樱岛南岳山顶火山口发生喷发，受风力影响，烟尘朝东吹去。火山喷发带来的火山碎屑流出 2.5 千米远。

据鹿儿岛市消防局消息，目前尚未收到人员伤亡消息。樱岛是位于日本九州南部鹿儿岛湾内的一座活火山岛，面积 77 平方千米，由北岳、中岳、南岳 3 座火山体组成。

（4）俄罗斯希韦卢奇火山高度活跃随时可能喷发。[17] 2022 年 11 月 20 日，俄罗斯科学院远东分院地质学和火山学研究所下属的堪察加火山喷发响应小组官网报道，位于俄罗斯远东堪察加半岛最北部的希韦卢奇火山变得高度活跃。

报道称，希韦卢奇火山熔岩穹丘持续增长，随时可能喷发，估计火山灰柱高度可达 10~15 千米。当前火山活动可能影响国际航班与低空飞行的飞机。

地质学和火山学研究所所长阿列克谢·奥泽罗夫介绍道，希韦卢奇火山的熔岩穹丘温度极高，夜晚时几乎照亮整个火山表面，1000℃的火山物质沿山坡滚下，这种状态一般出现在突然的强烈喷发前。

希韦卢奇火山海拔 3283 米，1980 年首次喷发，是堪察加半岛上最活跃的火山之一。

3. 分析火山表征特点的新发现

（1）监测研究发现火山先移动再喷发。[18] 2014 年 1 月 13 日，冰岛大学的地球物理学家丝格润·赫雷斯多蒂尔领导的一个研究团队在《自然·地球科学》发表论文称，他们通过监测设备研究发现，火山喷发前，其所在地面会发生明显移动。

研究人员表示，2011 年 5 月，在冰岛格里姆火山喷发前 1 小时，安置在其两翼的全球定位系统（GPS）设备显示地面发生了明显的移动。这些数据被实时传输给火山学家，不仅揭示了即将发生的火山喷发，还有可能暗示这次喷发的规模。

了解即将发生的火山喷发，将能够帮助紧急救援人员通过关闭道路，或疏散附近居民，从而为迎接灾难作好准备。而搞清火山灰能够喷发到何种高度，则能够帮助航空公司判断它们是否需要选择其他的航班，乃至关闭机场。

近一个世纪以来，冰岛最大的火山爆发事件，是 2011 年的格里姆火山喷发，它喷出了高达 20 千米的火山灰，致使英国部分地区的航班临时停飞。

格里姆火山是冰岛最活跃的火山，但科学家却很难对其进行监控，原因在于该火山被埋藏在一个巨大的冰原下方。该研究团队把一个 GPS 站点设置在一个罕见的岩石露头上，该露头之所以没有被冰层覆盖，是因为一个地下通道将地热输送至地表所致。研究人员发现，在火山喷发前不久，地面开始移动，最终的距离超过了 0.5 米。

利用描述一个地下岩浆库物理特性的方程，研究人员将 GPS 测得的地面移动数据转化为岩浆库内部压力的变化信息。这反过来又与来自喷发的火山灰能够达到的高度紧密相连。

地震仪器能够探测到一次即将发生的火山喷发，这是缘于地震通常会在这些地质事件发生之前迅速出现。但赫雷斯多蒂尔表示，只有 GPS 数据能够表明，即将到来的火山喷发的实际规模。

格里姆火山位于冰岛的东南部，是冰岛最活跃的火山之一，自 20 世纪 20 年代以来已多次喷发。格里姆火山位于约 12 米厚度的瓦特纳大冰川地底下。火山不断加热覆盖在它上方的冰层，让其融化成水层，填补了冰川和火山之间的空隙。这层水层给火山施加压力，使火山处于一个稳定的状态。随着地底冰川融水的流出，火山所受到的压力也逐渐减轻，火山的熔岩则会跟着溢出到地表。

（2）发现火山气体和岩浆关系复杂程度远超想象。[19] 2018 年 8 月 6 日，英国剑桥大学科学家克里夫·奥本海默主持的一个研究团队在《自然·地球科学》杂志网络版上发表论文称，火山气体和火山岩浆之间的联系可能比人们以前想象的要复杂得多，因为火山气体成分会随着气体冷却而发生变化。这一发现或将会对火山监测工作产生影响。

火山是炽热地心的"窗口"，也是地球上最具爆发性的力量。在岩浆从火山内部向地球表面喷发的过程中，它所受的压力会降低。这导致岩浆中的气体以气泡形式释放出来。由于岩浆成分和火山气体成分是相互关联的，因此可以通过由此及彼的方式了解它们。而这项研究发现，这种联系可能远比先前想象得更为复杂。

此次，研究人员测量了 2013 年夏威夷活火山基拉韦厄在温和脱气和强烈脱气期间释放的气体成分。他们发现，当气泡向地表上升并变大时，它们会冷却下来，气泡内部的气体失去与岩浆的接触，导致气体成分迅速发生变化。

火山监测是掌握火山动向、分析火山活动性、划分火山危险区及可能危害区的重要工作，其对预测、预报和防御火山灾害起关键性作用。研究人员指出，分析火山喷发期间进入大气的气体，可以获取有关岩浆来源和火山活动性质的重要信息。然而，此前通过监测火山气体而进行的危害与风险评估一直依赖于相对较长时间内的平均气体成分。研究团队提出，这种时间平均法很可能会错过有关火山行为的一些重要信息，以及本应纳入危害评估中的脱气动态。

（二）研究火山地质结构的新发现

发现安第斯山脉火山下存在巨大水库 [20]

2016 年 11 月，英国布里斯托大学科学家乔恩·布朗迪主持的研究团队在《地球与行星科学通讯》杂志上发表论文称，或许地球从内到外都是蓝色的，他们在安第斯山脉一座火山下发现了一个巨大的水库，而地球内部可能点缀着潜伏在其他重要火山下的类似水库。

这些出乎意料的水域和一部分熔化岩浆混合起来，可能有助于解释火山爆发为何以及如何发生。它们或许还在大陆地壳的形成中起到了一定作用，并且是表明自地球形成以来其内部一直有水循环的进一步证据。

该研究团队在探索位于玻利维亚安第斯山脉目前处于休眠状态的乌尤尼火山时，在其下方 15 千米的一处巨大异常体内得到了上述发现。与周围的岩浆不同，这种被称为阿尔蒂普拉诺—普纳岩浆体的异常体，会减缓地震波并且导电。

研究团队收集了 50 万年前乌尤尼火山爆发喷射出的岩石，并将其和不同数量的水混合在一起，然后把它们暴露在模拟异常体的实验室条件下。这包括 3 万倍于大气压强的压力以及高达 1500℃ 的高温。布朗迪介绍说："我们在实验室中重现了地球深处的条件。"

他们发现，在特定的含水量下，导电性同在异常体中测得的数值完全匹配。按重量计算，他们估测其含有 8%~10% 的水。

（三）研究火山活动造成影响的新信息

1. 探索火山对生物物种的影响

研究表明火山爆发催生生物物种大灭绝。[21] 2013 年 12 月 22 日，国外媒体报道，在近日召开的美国地球物理联合会会议上，研究人员宣称，经过 20 多年的尝试后，地质年代学家把最新技术应用于研究火山喷发的玄武岩，以及围绕约 2.52 亿年前灭绝的生物化石的岩石，终于找到关键证据，表明史上最大生物物种灭绝的罪魁祸首，是西伯利亚的大规模火山爆发。

20 多年前，西伯利亚暗色岩的年代和巨大形状，吸引了研究人员的目光，这是一种大型的火山景观。在地球历史上一次最大的火山爆发中，喷发的岩浆流到欧洲西部，平铺在西伯利亚地区数百万立方千米的玄武岩上。地质年代学家通过小锆石晶体中缓慢却稳定的铀-238和铅-206放射性衰变测量时间，发现这次火山喷发持续了约200万年，发生的时间大概是大灭绝时期：二叠纪至三叠纪边界期间，即二叠纪结束和三叠纪开始时。但是没有方法可以确定火山喷发是否在大灭绝之前发生并引起了大灭绝。

在过去10年里，地质年代学家继续改善其测量技术。他们开发了一种方式侵蚀溢出一些铀和铅的锆石晶体的一部分，重置其放射时钟。他们还改进了校准同位素测量的方法，并使用相同的技术在一个实验室中对火山爆发和物种灭绝时期的岩石进行年代确认。

美国麻省理工学院的地质年代学家赛斯·伯吉斯和塞缪尔·鲍林，把这些改进应用于暗色岩以及中国眉山的含有二叠纪至三叠纪边界的岩石上。结果发现，岩浆流动发生在大灭绝之前。研究人员认为，火山最初爆发的时间是2.5282亿年前，不确定的范围浮动约为3.1万~11万年。这证明火山爆发和灭绝事件以适当的先后顺序发生，且年代接近程度足以存在因果关系。

现在，研究人员可以专注于分析火山爆发导致大灭绝的可能机制了。在这次会议上，中国科学院南京地质古生物研究所古生物学家沈树忠称，有一种假设应该不成立：火山喷发中的二氧化碳所引起的气候骤然变暖。他在报告中表示，对大灭绝时期沉积物中热敏氧同位素的分析显示，存在8~10℃的气候变暖情况。但是，我国南方广西壮族自治区的岩石却表明，这种变暖是在大灭绝之后不久发生的，于是排除了气候在引起大灭绝中的作用。

沈树忠表示，特别详细的中国南方化石记录表明，大灭绝持续的时间很短，只有几千年，这种速度能够支持其他可能的机制，包括火山喷发过程中二氧化硫的排放导致的酸雨。麻省理工学院的大气建模科学家本杰明·布莱克和同事报告称，15亿吨的二氧化硫注入到二叠纪气候的计算机模型中，会将北半球的降雨酸化至pH2，大约是柠檬汁的酸度。他表示，这对于暴露的植物和每种依赖于雨水的动物都是灾难性的。

2. 探索火山对地球气候的影响

（1）发现火山活动多寡会造成地球冷热变化。[22]2016年4月21日，美国得克萨斯大学奥斯汀分校网站报道，该校地质科学系首席研究员莱恩·麦肯齐、教授布莱恩·霍顿带领的一个研究团队在《科学》杂志上发表论文提出，与大陆板块构造运动相关的火山活动，可能是过去几亿年来地球气候冷热变化的原因，并解释了为何会有这种周期性波动。

该研究探索了地球基准气候的长期变化。麦肯齐说，他们发现在过去的 7.2 亿年中，当沿着大陆弧的火山活动更活跃时，气候更温暖，可称为温室期；反过来，当大陆弧火山活动较少时，气候更寒冷，可称为冰室期。

大陆火山弧系处在活跃的大陆边缘，是两个构造板块会合时造成的，如安第斯山脉，海洋板块冲入大陆板块下面形成潜没区，此时岩浆会与地壳中的碳混合，当这里火山爆发时，会把二氧化碳释放到大气中。

麦肯齐说："大陆弧系可以通过地壳被探测到，它们容易和地表以下的含碳岩石相互作用。"人们早就知道，大气中二氧化碳含量影响地球气候，但什么原因导致了二氧化碳的变化还不清楚。这项新研究指出，地质活动释放到大气中的二氧化碳数量，是地球气候的主要驱动力。

研究人员用了近 200 篇已发表研究中的数据和自己的调查数据，建立了一个数据库，构建了过去 7.2 亿年间大陆边缘火山的历史。通过研究火山弧附近的沉积盆地，观察历史上不同大陆的锆石产量的变化如何反映冰室和温室的过渡。他们发现，产生锆石多的时期是温室期，随着锆石产量减少，就转入了冰室期。

霍顿说，此项研究的不同之处在于，调查了极漫长的地质记录，这期间发生过多次温室与冰室交替变换的事件。较冷的冰室期往往和形成超级大陆有关，此时大陆火山活动减少；较温暖的温室期与大陆破碎有关，此时大陆火山活动增强。

（2）数据表明汤加火山喷发不会对全球气候产生太大影响。[23] 2022 年 1 月 19 日，美国航空航天局发布公报称，该机构科学家分析卫星观测数据后认为，汤加洪阿哈阿帕伊岛近日发生的火山剧烈喷发，不会对全球气候产生太大影响，火山喷发向大气中注入的二氧化硫气体量远未达到对气候产生影响的阈值。

公报表明，多颗地球观测卫星在洪阿哈阿帕伊岛火山喷发期间和喷发后收集了数据，该机构灾害项目科学家正对相关图像和数据进行汇总分析。

1 月 15 日拍摄的卫星图像显示出汤加火山喷发的巨大威力。公报援引密歇根理工大学火山学家西蒙·卡恩的话说，喷发形成的伞状云团最大直径约 500 千米，与菲律宾皮纳图博火山喷发的规模接近，然而与皮纳图博火山这样的纯岩浆喷发相比，汤加火山喷发中海水的介入可能增加了其爆炸性。

15—16 日的卫星观测还显示，汤加火山喷发物上升高度达到 31 千米，少量火山灰和气体可能已升至距地面 39.7 千米的高空，这表明喷发物已进入大气平流层。与更靠近地面且较为潮湿的对流层相比，火山喷发物在干燥的平流层停留时间更久，传播距离更远。如果足够多的火山喷发物进入平流层，有可能对全球气候产生降温效应。

但美国航空航天局科学家分析卫星观测数据后认为，汤加火山喷发预计不会对全球气候产生太大影响。根据卫星观测数据估算，汤加火山喷发向上层大气注入约 40 万吨二氧化硫，而一般至少 500 万吨二氧化硫进入上层大气才会对气候产生影响。科罗拉多大学大气科学家布赖恩·图恩解释说："就可能对气候的影响而言，汤加火山喷发与过去 20 年发生的十几次火山喷发没什么不同。这种影响，可能会在非常细致的数据研究中被观察到，但影响太小，普通人无法感受到。"

汤加火山喷发对环境的具体影响还有待进一步评估。康奈尔大学研究火山灰影响的研究团队 18 日发表声明说，除了火山灰层和海啸对基础设施造成的直接损坏外，厚厚的火山灰还对人体健康和环境造成极大危害，海水与火山灰颗粒的相互作用加剧了这些危害。

二、火山灾害成因与预警研究的新成果

（一）研究火山灾害成因的新信息

1. 探索引发火山灾害的地质原因

（1）研究揭示低密度岩浆积累会导致超级火山喷发。[24] 2014 年 1 月，物理学家组织网报道，一个由法国、瑞士和英国研究人员组成的国际研究团队在最新一期的《自然·地球科学》上发表论文称，他们使用数值模拟和统计技术识别出影响火山活动频率和即将释放岩浆量的情况，以确定影响火山频率和震级的因素，从而揭开超级火山爆发之谜，有助于预测未来灾难。

在地球上，大约有 20 个已知的超级火山，包括印度尼西亚北苏门答腊的多巴湖、新西兰的陶波湖、靠近意大利那不勒斯稍小的坎皮佛莱格瑞。超级火山喷发很少发生，平均每 10 年只有一次。但一旦发生，其对地球气候和生态将造成灾难性的后果，堪比一个小行星对地球的撞击。

该研究团队对不同大小火山的爆发条件进行了超过 120 万次的模拟，演示出不同状况喷发的不同原因。小且频繁的火山喷发是由已知的一个叫作岩浆补给的过程引起的，其给予岩浆房围墙以压力直到断裂点；而较大且不太频繁的火山喷发是由火山底下低密度岩浆缓慢积累驱动引起的。

研究人员解释说："我们估计岩浆库最多可以包含突发性岩浆 3.5 万立方千

米，其中约 10% 会在大爆发的过程中被释放，意味着最大的火山喷发可能释放约 3500 立方千米的岩浆。"

这项新研究确定了参与爆发频率和大小的主要物理因素，如 2010 年在冰岛由埃亚法特拉火山引起的火山灰云。研究人员说："了解什么在控制这些不同类型火山的运行状况是一个基本的地质问题。一些火山定期渗出数量不大的岩浆，而另一些会击打罕见的超级火山的顶端。此项研究工作表明，这种运行状况，决定于从火山底部岩浆供应地壳浅部的速度和地壳本身的强度之间的相互作用。"

（2）发现孕育冰岛火山的是地下熔池。[25] 2017 年 7 月，美国加州大学伯克利分校地震学家芭芭拉·罗曼诺维奇率领的研究团队在《科学》杂志上发表研究报告称，在地核和地幔之间的边界上，有 10~20 处黏糊糊的岩石团。它们和"地下王国"的其他部分一点也不像。在几十年的时间里，科学家一直在研究这些被称为超低速层的神秘区域的性质。如今，他们对一处位于冰岛地下近 3000 千米的超低速层进行分析，并且最终找到答案：它们可能是热岩柱的部分熔化源头。热岩柱能缓慢地上升并且穿过地幔，为火山形成提供原料。

超低速层因地震波以极其缓慢的方式穿过它们而得名。一种观点是如果超低速层由一种不同类型的致密岩石构成，其可能富含铁并且在化学性质上和地幔其他部分不同，速度上的下降便能得到解释。

此前，研究在超低速层和夏威夷以及萨摩亚地下的热岩柱之间建立了初步联系。不过，罗曼诺维奇表示，冰岛地下熔池的场景提供了更好的画面。这是因为来自不同方向的地震波从该区域下方穿过，并且和太平洋岛屿不同，它可被位于地球两边的传感器监测到。

该研究团队利用由美国等地的传感器阵列监测到的地震波，更好地确认了超低速层的位置和形状。他们发现，超低速层的形状是像碉堡一样的短粗圆柱，其直径有 800 千米、高 15 千米，并且或多或少地直接位于为冰岛火山提供原料的热岩柱下方。

罗曼诺维奇介绍说，其团队的成果支持部分熔化场景，因为另一种选择，即超低速层是化学性质不同的岩石，可能会产生更加不规则的形状并且最终可能不会直接位于热岩柱下方。

2. 探索致使火山灾害影响巨大的原因

揭示导致冰岛火山喷发影响巨大的三大原因。[26] 2010 年 5 月，有关媒体报道，冰岛大学地球科学研究所教授英伊·比亚尔纳松日前在接受记者采访时认为，此次冰岛火山喷发之所以产生巨大影响，主要有三方面原因：火山灰颗粒比以往更细、风向异常稳定以及现代航空业对飞机安全飞行要求越来越严格。

比亚尔纳松说,火山灰产生必须具备一些必要条件,其中之一就是火山坑里必须积蓄大量的水。没有大量水的参与,就不会有剧烈爆炸发生。正是剧烈的爆炸将火山熔岩携带的部分物质变成了火山灰,使其在空中飘散。4月14日开始喷发的火山,正好位于冰岛埃亚菲亚德拉冰盖冰川中间正下方,大量的冰受热后融化成水,满足了火山灰产生的一个重要条件。与以往其他火山喷发的火山灰相比,这次火山灰颗粒更细小,到高空后,飘散得更远。这是本次火山喷发产生巨大影响的第一个原因。

比亚尔纳松说,第二个原因是,在这次火山喷发期间,风向非常稳定,致使欧洲多个机场纷纷关闭,造成巨大经济损失。

他认为,第三个原因是,现在的飞机发动机越来越先进,使得现代航空业对飞机安全飞行要求日益严格。例如,1947年,冰岛赫克拉火山喷发产生的火山灰规模,与这次火山喷发大体相当,但当时的飞机发动机对火山灰的敏感程度不如现在的飞机,所以没有出现今天的局面。

一些专家担心,目前正在发生的火山喷发活动,有可能引起附近卡特拉火山在不久的将来喷发,并且强度要大得多。对此,比亚尔纳松说,冰岛大学地球科学研究所科学家迄今没有发现卡特拉火山有任何喷发迹象。他认为,要说卡特拉火山会喷发,如果指几百年或上千年的时间,那么,这种说法无疑是正确的。至于卡特拉火山喷发后的火山灰到底是比这次多还是少,从科学上讲,这是不确定的,不能匆忙下结论。

目前,埃亚菲亚德拉冰川附近的火山仍在喷发,但比较稳定,势头趋向减弱。科学家估计,喷发还将持续一段时间。

3. 探索导致火山紫外辐射强大的原因

分析火山顶部紫外辐射创纪录及其成因。[27] 2014年7月,美国搜寻外星文明研究所纳塔莉·卡布罗尔负责,德国气象局等机构人员参加的一个研究小组在《环境科学前沿》期刊上发表研究报告称,2003年12月29日,正值南半球的夏天,部署在距赤道约2400千米、海拔近6000米的玻利维亚利坎卡武尔火山山顶的测量仪,测到了43.3的紫外线指数。这一数值与火星表面的平均紫外辐射水平很相似。

研究小组称,地球表面紫外辐射最强的地方,不是在出现臭氧空洞的南极,而是在南美。他们这项新研究显示,南美安第斯山脉一座火山的山顶曾记录下创纪录的紫外线指数,它不仅是刷新了地球表面的纪录,还堪比火星的平均辐射水平。

卡布罗尔在一份声明中说，一般夏日美国海滩上的紫外线指数，也就是 8 或 9。当紫外线指数达到 11，就被认为很危险。到了 30 或 40，没有人会愿意到户外去。前述测量数据创下了地球表面紫外辐射的纪录，在因臭氧空洞而面临较强紫外辐射的南极，都没有记录到如此高的指数。

研究人员表示，这一地表紫外辐射纪录与多个因素有关，包括当地位于热带、高海拔地区，当时有季节性风暴及亚马逊雨林火灾产生的气溶胶造成臭氧层损耗等。此外，在之前两周还出现了一次大型太阳耀斑，也可能影响了地球大气，导致臭氧层损耗进一步增加。

（二）研究火山监测与预警的新信息

1. 探索火山预测与监测的新进展

（1）提出潮汐周期有助于预测火山爆发。[28] 2018 年 3 月，一个长期监测新西兰鲁阿佩胡火山的研究小组在《科学报告》杂志上发表文章《2007 年鲁阿佩胡火山喷发对月球周期的敏感度》称，2007 年新西兰鲁阿佩胡火山爆发时，火山口附近的地震震动与每月两次潮汐力变化密切相关，因此可以利用潮汐周期的信号来提前预测火山爆发事件。

研究人员称，很多研究都集中在潮汐力是否会引发火山爆发的研究，但并没有直接证据。为此，他们转换了思路，从与潮汐力相关的可检测信号出发，来验证其对火山的影响。新西兰鲁阿佩胡火山作为最受欢迎的旅游景点之一，是两处滑雪胜地所在地，因此，研究人员选择其作为研究对象进行了长期监测，以确保游客免受火山爆发的威胁。

模拟表明，当气穴的压力达到临界水平时，即可能发生蒸气喷发的水平，与潮汐力变化相关的不同应力则会改变震颤的幅度。这也说明，整个体系中的压力情况，使得火山对潮汐变化十分敏感，而这种变化恰能被捕捉到。

研究人员认为，对于火山爆发前震动与潮汐之间关系的监测，将为火山爆发预测提供新的思路。他们也相信，这种变化信号完全能被监测，潮汐信号对预测蒸汽驱动的火山爆发，将成为未来长期研究的重要方向。

（2）开发出可由无人机搭载的火山监测装置。[29] 2018 年 9 月 7 日，英国布里斯托尔大学网站发表新闻通报称，该校基兰·伍德博士领衔的研究团队，开发出一种轻量级火山活动情况监测装置，这种精密仪器不但能在火山的严酷环境中持续工作，而且可由无人机搭载，从而避免人员遇险。

新闻通报介绍，这一新装置被称为"龙之蛋"，小巧轻便，但内部配备了能够对温度、湿度、震动以及多种有毒气体进行实时监测的传感器。由于整个装置重量控制较好,研究人员可直接用无人机把它放置在火山口附近。装置能够将收集到的数据传回远处的工作站,进行火山灾害评估。

重要的是,这个装置通常处于节电状态,直到其中一个特殊探测器,感测到火山活动带来的震动才唤醒其他探测器和传感器,使整个装置进入全面工作状态。这类特殊探测器所需能量很少,它已在意大利一座火山上开展过实地测试。

伍德说,靠近火山开展科研本身是一项非常危险的工作,也会给后勤运输带来很大挑战。无人机能高效地把检测装置部署到位,不但能把面临的风险降到最低,而且也可以提高火山数据收集的效率。

2. 探索火山预警的新进展

(1)创建全球首个自动化火山预警系统。[30]2018 年 11 月,意大利佛罗伦萨大学地球物理学家毛里齐奥·里佩佩领导的研究团队在《地球物理研究杂志·固体地球》上发表论文称,他们创建了全球首个自动化的火山早期预警系统。在西西里岛埃特纳火山爆发前约 1 个小时,该系统向附近有关部门发出了警报。

上述方法依赖于这样一个事实,即火山是嘈杂的。虽然它们的隆隆声和爆发听上去像喷气发动机甚至是高音的口哨声,但也会产生人们无法听到的低频次声波。与地震波不同,次声波能穿行上千英里,从而使科学家得以从远处感知火山爆发。

里佩佩团队研究的是欧洲最大的活火山埃特纳火山。起初,他们想创建一个简单的系统。该系统可利用来自现有次声传感器阵列的数据探测火山爆发,并且自动向相关部门发出警报。不过,当发现火山在爆发前通常产生次声波从而使预测成为可能时,他们的野心变大了。

尽管这一发现令人惊奇,但科学家表示,这是行得通的。埃特纳火山是一座拥有暴露岩浆的开放式通风口火山,随着火山爆发前气体从岩浆中喷出,火山口中的空气来回晃动,从而形成像木管乐器中声音一样的声波。同时,正如乐器的声音依赖于形状,火山口的几何结构也会影响其产生的声音。

该研究团队在 2010 年年初创建了早期预警系统,并且在接下来的 8 年里分析了其在 59 次火山爆发期间的表现。该系统是一个分析来自传感器阵列的次声信号的算法,它成功预测了其中 57 次爆发并在火山爆发前约 1 个小时向科学家发送警报信息。由于测试很成功,科学家在 2015 年编程了该系统,使其能向意大利民防局和西西里岛上的卡塔尼亚城发送自动的邮件和文本信息警报。

(2)通过开挖火山岩浆井来提高预警能力。[31]2021 年 9 月,《科学》网站报道,冰岛地热研究中心正计划从维蒂(Viti)火山口边缘打一口深井。冰岛地热研究中心科学主管奥托·埃利亚松认为，10 年后这里可能成为全球火山学的研究中心。

冰岛可谓"冰与火"的矛盾组合。其地理位置特殊，从大陆板块的角度看，其西部是北美板块，东部是欧洲板块。而维蒂则位于这两大板块的分界点上。这使得冰岛火山活动活跃，地热资源丰富。

2009 年，冰岛人试图在维蒂挖地热井，以获取地热能，然而钻井人员不小心刺穿了一个隐藏岩浆层。岩浆层喷出蒸汽和玻璃碎片后迅速冷却，这个钻孔创造了有史以来最热的地热井，随后钻井套管报废了。但这次钻探活动发现，岩浆不仅是液态的，而且是循环的，并与下方的熔体相互作用，这与之前人们的认知截然不同。

如今，研究人员正计划再挖上回被穿透的岩浆层，不过将使用更坚固的设备，以创建世界上唯一的长期岩浆观测站。这一钻井完成后，可以帮助科学家解释岩浆如何穿过地壳。研究数据还能改善对火山喷发预测，阐明大陆是如何形成和生长的。意大利国家地球物理和火山研究所的研究主任保罗·帕帕莱说："我们探测过火星，我们探测过金星，但我们从未观察过地球表面以下的岩浆。"

由于无法直接研究岩浆，火山学家依靠地震仪、GPS 传感器和雷达卫星的表面测量来猜测岩浆的运动。科学家可以研究岩浆岩，但这些残余物是不完整的，这些岩浆岩已经失去了大部分气体，这些气体驱动喷发并影响岩浆的原始温度、压力和成分。硬化熔岩中的晶体、内含物和气泡是其原始状态的线索。

钻井难度极大，岩浆的温度超过 1000℃，研究人员计划把传感器嵌入岩浆中和岩浆附近，以测量热量、压力甚至化学成分。他们正在开发新的电子产品来承受热量和压力，这些技术有朝一日可以在金星上使用。此次钻探还可使冰岛的许多地热能源公司受益，这些公司之前开发时不得不避开最热的岩石。靠近岩浆可以显著增加单个井的发电潜力。

第三节 防治和减轻土壤退化灾害研究的新进展

一、土壤保护及水土流失治理研究的新成果

（一）土壤保护与改良研究的新信息

1. 构建分析土壤状态参数的新模型

研发北极土壤状况的卫星信息分析数学模型。[32]2020 年 5 月 26 日，俄罗斯科学院西伯利亚分院网站报道，该分院克拉斯诺亚尔斯克科学中心物理所相关专家组建的一个研究团队，研发出北极土壤状况卫星信息分析用途数学模型，可将所获得的包括表层状态、湿度和温度等永冻土卫星信息，转换成程序可处理的数据并进行分析，所开发的软件系统可详细评估北极地区状况，跟踪永冻土对气候变化的反应。这项研究的相关成果，发表在《国际遥感杂志》学术期刊上。

物理所开发的数学模型，借助卫星系统可确定北极土壤永冻土表层的状况，其算法是建立在复介电常数测量基础上的，适用于融化和冷冻的矿物质土壤，可监控永冻土表层的温度、湿度等状态参数。构建模型所采用的土壤样品来自亚马尔半岛的北极苔原，研究人员考察了 3 种不同黏土含量的北极土样，以精确土壤参数。在对土样分析过程中发现，土壤是由被水层包裹着的细小颗粒组成，具有固定的介电性能，且数值主要取决于土壤的湿度，变量参数的减少使得研究人员简化了所研发数学模型的复杂程度。

随着航天工业的发展，从卫星数据中获得有关环境的信息越来越详尽，研究人员将所研发的数学模型，应用于大陆特定区域土壤参数卫星数据信息的处理，由此将遥感数据用于北极地区环境的研究，分析该地区生态问题产生的诱因，数据分析结果也证明了所研发数学模型对北极状况监测的重要性。采用该模型可对北极永冻土表层，包括温度和湿度在内的状况参数，进行长期的分析，跟踪冰川和永冻土地区的土壤融化和变化情况，由此评估气候变化过程中北极地区有可能出现的生态风险。

需要强调的是，土壤的介电常数值取决于矿物成分、湿度和温度，而所研发的数学模型仅适合于北极永冻土，研究人员计划进一步完善模型，将其应用范围

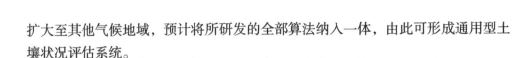

扩大至其他气候地域，预计将所研发的全部算法纳入一体，由此可形成通用型土壤状况评估系统。

2.探索土壤保护的新进展

实施东北黑土地土壤保护协同创新行动。[33] 2015 年 4 月 21 日，有关媒体报道，中国农科院农业资源与农业区划研究所研究员卢昌艾负责的研究团队，当天在哈尔滨启动"东北黑土地保护"协同创新行动项目。

卢昌艾介绍说，该项目将从黑土地土壤退化的资源辨析与成因分析，黑土地土壤保护的技术创新、集成与示范等多个方面开展研究，构建黑土地土壤保护技术与支撑保障体系，实现东北黑土地的持续产粮、输粮能力。

据了解，这是中国农科院继"南方地区稻米重金属污染综合防控"之后，启动实施的又一区域性协同创新行动。

区域性协同创新着眼于我国农业发展面临的区域焦点问题，通过组织跨学科、跨研究所的科研团队开展协同创新，解决阻碍农业持续发展的重大科技问题。通过上中下游紧密衔接、产学研深度融合的协同创新机制，真正实现技术的落地生根，解决实际问题，使科研成果直接服务于生产。

3.探索土壤改良的新进展

提出半碳化生物质可用于土壤改良。[34] 2016 年 6 月，日本理化学研究所环境资源研究中心菊地淳领导的国际研究小组在英国《科学报告》杂志上发表研究报告称，他们开发出"利用半碳化生物质改良土壤综合评价法"，认为可通过综合分析土壤的物理、化学和生物学特征，对土壤进行改良。

土壤由大小不一的砂石、经微生物分解后残留的腐殖质以及由雨水、河川等带入的矿物质等多种物质组成。这些物质交织形成团粒结构，使土壤保持适度水分，并通过空气通道向植物和土壤生物提供氧气。

迄今为止，学术界发表了众多关于土壤环境循环的研究报告，但角度大都比较单一。由于植物通过根部吸收营养、水分和进行呼吸，土壤特征对植物生长影响明显。要维持植物正常生长，土壤中必须要有充分的湿度和空气。比如在撒哈拉以南非洲，土壤非常干燥，含水后土质会变得极其坚硬，使农业栽培面临很大困难。

研究小组说，为改良土壤结构，他们利用核磁共振法（NMR）构建了结构分析方法。他们先对桐油树落叶进行破碎处理，在无氧环境下低温加热至240℃，制成半碳化生物质。然后通过红外光谱法、热分析法、粒度分布和二维溶液核磁共振法进行分析，并从代谢组分析结果，确认了由热分解形成的生物质中水分和半纤维素成分。

在上述分析的基础上,研究小组把半碳化的桐油树叶以各种比例混合在贫瘠土壤中,结果发现,经过改良的土壤形成了团粒结构,出现了结构稳定的物理特征,证明土壤保水能力提高。此外,土壤改良后还出现了植物与微生物共生现象。

研究人员称,这一评价方法,可对不断扩大的荒漠地带进行土壤改良,使其成为可耕种土地,从而为人口爆发式增长的非洲地区解决粮食问题,带来新的希望。

(二)治理水土流失研究的新信息

1. 三峡重庆库区治理水土流失的成效

报道显示三峡重庆库区水土流失面积明显减少。[35]2019 年 11 月 19 日,新华网报道,重庆市最新发布的水土保持公报显示,2018 年重庆全市水土流失面积为 2.58 万平方千米。其中,三峡重庆库区水土流失面积 1.61 万平方千米,相比 1999 年减少了 47.2%,区域蓄水保土能力得到提高,减沙、拦沙效果明显。

据介绍,为了三峡库区保持"一江碧水、两岸青山",重庆市依托国家水土保持重点工程、国家农业综合开发水土保持项目、退耕还林工程、三峡后续水土保持工程等项目,不断加强库区水土流失综合治理。

同时,重庆还将水土流失治理与保护长江、建设美丽村镇、推动群众脱贫致富相结合,在库区依托水保工程发展特色林果业,在陡坡退耕还林还草,在荒山荒坡营造水土保持林,助推形成了巫山脆李、奉节脐橙、忠县柑橘等一批农业品牌,既防治了水土流失,也带动了群众致富。

未来,重庆还将按照水土保持法规定,对各类生产建设活动实行最严格的水土保持监管,遏制人为水土流失。同时,突出综合治理要求,通过拦挡排护工程措施、植树种草生物措施、封禁管育修复措施,对水土流失区开展重点治理。

2. 黄土高原治理水土流失的成效

发现黄土高原治理水土流失成效明显。[36]2020 年 11 月 26 日,新华社报道,陕西省水利厅副厅长魏小抗当天在西安表示,多年来,陕西通过扎实推进黄河流域生态保护,持续做好防治水土流失工作,已取得水土保持综合治理的明显成果。

魏小抗说,陕西是中国水土流失最严重省份之一,其中黄河流域水土流失面积近 10 万平方千米。近年来,陕西通过采取预防保护、综合治理、生态修复等

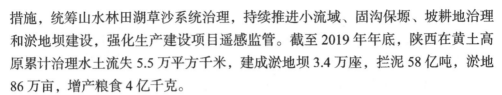

措施，统筹山水林田湖草沙系统治理，持续推进小流域、固沟保塬、坡耕地治理和淤地坝建设，强化生产建设项目遥感监管。截至 2019 年年底，陕西在黄土高原累计治理水土流失 5.5 万平方千米，建成淤地坝 3.4 万座，拦泥 58 亿吨，淤地86 万亩，增产粮食 4 亿千克。

3. 我国治理水土流失的成效

数据显示我国水土流失状况持续好转。[37] 2020 年 8 月 16 日，《人民日报》报道，近日，水利部完成 2019 年度全国水土流失动态监测工作，结果表明我国水土流失状况持续好转，生态环境整体向好态势进一步稳固，水土流失实现面积强度"双下降"、水蚀风蚀"双减少"。

数据显示，2019 年水土流失面积为 271.08 万平方千米，较 2018 年减少 2.61万平方千米，减幅 0.95%。与 2011 年第一次全国水利普查数据相比，水土流失面积减少了 23.83 万平方千米，总体减幅 8.08%，平均每年以近 3 万平方千米的速度减少。

从类型看，水蚀风蚀面积"双减少"。水力侵蚀面积较 2018 年减少 1.62 万平方千米，风力侵蚀面积较 2018 年减少 0.99 万平方千米；从强度等级看，水土流失呈现高强度向低强度转化的趋势，轻度水土流失面积为 170.55 万平方千米，占水土流失总面积的 62.92%；中度及以上水土流失面积为 100.53 万平方千米，占水土流失总面积的 37.08%。从区域分布看，东、中、西部水土流失面积均较上年度有所减少。

国家重点生态保护与修复区水土流失状况持续好转。以水力侵蚀为主的西北黄土高原、长江经济带、京津冀地区、三峡库区、丹江口库区及上游、东北黑土区、西南石漠化地区年际水土流失面积减幅均在 1.28%~1.91% 之间。以风力侵蚀为主的青藏高原、三江源国家公园年际水土流失面积减幅分别为 0.55%、1.27%。

国家级重点治理区水土流失面积减幅明显高于其他区域。国家级水土流失重点防治区共涉及 1090 个县级行政区，2019 年水土流失面积为 165.99 万平方千米，较 2018 年减少 1.78 万平方千米，减幅 1.06%。

大江大河流域水土流失状况持续改善。长江、黄河、淮河（片）、海河、珠江、松辽（片）、太湖和西南诸河等大江大河流域水土流失面积减幅均高于全国整体减幅，各流域水土流失强度均以中轻度为主。与 2018 年相比，黄河流域中度及以上水土流失面积减幅达 7.37%。与 2018 年相比，长江流域强烈及以上等级水土流失面积进一步下降，轻度水土流失占比提高 3.28 个百分点。淮河（片）

和海河流域轻度水土流失占比超过 90%。

二、研究治理荒漠化和沙化土地的新成果

（一）荒漠化和沙化土地治理的新信息

1. 治理荒漠化和沙化土地取得的主要成效

（1）数据表明我国沙化土地经过治理后明显缩小。[38] 2015 年 8 月 5 日，有关媒体报道，第五届库布其国际沙漠论坛日前在内蒙古举行，会议资料公布的数据显示，中国是受荒漠化危害最严重的国家之一，受影响人口达 4 亿之多，每年直接经济损失 540 多亿元。

据悉，我国政府历来高度重视荒漠化防治，采取了一系列重大举措加强防沙治沙工作，积累了宝贵的治沙经验，创造了各具特色的治沙模式。目前，沙化土地面积由 20 世纪末的年均扩展 3436 平方千米，转变为年均缩减 1717 平方千米，沙区生态状况逐步好转。

不过，目前我国还有沙化土地面积 173 万平方千米，荒漠化防治任务仍然十分艰巨。同时，据统计，在现有的贫困人口中，有超过 2000 万人主要生活在我国的西北部荒漠地区。对此，有关部门明确要求，到 2020 年，全国一半以上可治理的沙化土地得到治理。

（2）监测显示中国荒漠化和沙化程度"双减轻"。[39] 2017 年 1 月 22 日，中国新闻网报道，国家林业局（现为国家林业和草原局）副局长张永利介绍，监测结果显示，2014 年与 2009 年相比，全国荒漠化和沙化面积呈现"双减少"，分别减少 12120 平方千米和 9902 平方千米；荒漠化和沙化程度呈现"双减轻"，均呈现由极重度向轻度转变的良好趋势；沙区植被状况和天气状况呈现"双好转"，植被平均盖度增加了 0.7 个百分点，年均沙尘天气次数比上个监测期减少了 20.3%。

张永利说："经过不断的探索和努力，我国防沙治沙工作已经形成了一整套的法律体系、政策体系、规划体系、考核体系、工程建设体系、科技支撑体系、监测预警体系、履约与国际合作体系，初步走出了一条具有中国特色的防沙治沙道路。"

张永利同时表示，中国依然是世界上受荒漠化、沙化危害最严重的国家之一，境内有八大沙漠、四大沙地。全国荒漠化土地面积 261.16 万平方千米，沙化土地 172.12 万平方千米，占国土面积的近 1/5。局部地区沙化土地仍在扩展，

还有 31 万平方千米的土地具有明显沙化趋势。在全国现有沙化土地中，具备治理条件的有 50 多万平方千米，防沙治沙任务依然艰巨。

2. 治理荒漠化和沙化土地的新发现

在地球最干沙漠地区发现微生物。[40]2018 年 2 月 26 日，德国柏林技术大学生物学家舒尔策·马库奇领导的研究团队在美国《国家科学院学报》上发表报告称，他们的研究证实，一种耐寒的细菌群落竟然可以在地球上最干燥、最不适宜居住的智利阿塔卡玛沙漠环境中长时间存活下来。这项工作应该能够打消许多人的疑虑，因为之前有关这个遥远地区存在微生物的证据，多来自瞬态的微生物。而且，由于这个地方的土壤与火星上的土壤非常相似，因此这些沙漠居民，可能会给那些在火星表面寻找生命的科学家带来希望。

阿塔卡玛沙漠从智利太平洋海岸向内陆延伸 1000 千米，降水量每年不足 8 毫米。这里几乎没有什么降水，同时也几乎没有什么风化作用，所以随着时间的推移，此处的地表形成了一层坚硬的盐层，进一步抑制了那里的生命活动。

美国图森市亚利桑那大学环境微生物学家朱莉·尼尔森说："你可以开车 100 千米而不会看到任何像草叶一样的东西。"尼尔森没有参加本次研究，但她以前曾对那里做过考察，并与其他人一起发现了一些细菌。可是，许多生物学家认为，这些被发现的微生物并不是全职居民，而是被风吹来的，在那里它们死得很慢。

但这并没有阻止马库奇。他说："我喜欢去那些人们说什么都没有的地方。我们决定采取一种鸟枪法，把所有的新的分析方法都用于那里可能有的每一种东西：真菌、细菌、病毒。"马库奇率领着研究团队用 3 年多时间，在从海岸向东到最干燥的地方的 8 个地点采集了阿塔卡玛沙漠的样本。在 2015 年创纪录的降雨之后，他们第一次收集了材料；然后于 2016 年和 2017 年在一些地方收集了样本。

研究人员对一种已知的能够区分微生物物种的基因进行了测序，以确定在这些样品中存在哪些微生物，甚至还能找到一些完整的基因组。研究人员还做了一个测试，以便确定从完整的活细胞中提取的脱氧核糖核酸（DNA）的比例。最后，他们评估了细胞活动的数量、三磷酸腺苷（一种为这种活动提供燃料的分子）的数量，以及由这些活动所导致的副产品（包括脂肪酸和蛋白质模块）的数量。这些都是生命存在的额外证据。

研究团队在报告中称，沿海地区的样本中含有最多数量的微生物，并且其多样性也最丰富。但在 2015 年，即使在最干燥的地方也有生命迹象。尼尔森说：

"在降雨事件发生后，发生了大量生命活动和细胞复制。"

研究人员指出，总的来说，在雨季和干旱年份，海岸地区都是最适宜生命存在的。通常而言，三磷酸腺苷的数量是内陆地区的 1000 倍，而分解产物的数量也遵循了类似的趋势。这些基因组也表明，至少有一些细菌能够在沿海地区或其他地方繁殖。

在接下来的两年里，这些地区大部分都是干旱的，上述数量在各地都下降了，尤其是在最干旱地区。到 2017 年，大多数地方的生命迹象几乎都消失了，在最干燥的地方，完整 DNA 的数量仅为正常情况的十万分之一。但马库奇指出，仍有一些细菌继续在地下 25 厘米处茁壮成长。

在他们的调查中，研究人员只识别了那些 DNA 与微生物数据库中 DNA 相似的细菌。所以他们在阿塔卡玛沙漠发现的细菌，在某种程度上都是很熟悉的。在潮湿的年份，沿海地区的细菌与典型的沙质土壤微生物群落相似。来自干燥地区的 DNA 主要是在非常干燥的沙漠或盐沼中发现的细菌。它们很可能存活下来，就像那些勉强度日的孢子或细胞。

这些生物可能会无限期地休眠，这使得尼尔森和马库奇推测，有一些生物也能够在火星上做同样的事情，也许是在晚上的降雪中。因此，马库奇说："阿塔卡玛沙漠可以作为火星的一个研究模型。"

3. 开发治理荒漠化和沙化土地的新方法

（1）设计出能固定住流动沙丘的沙障方法。[41] 2017 年 9 月 13 日，新华社报道，治沙专家娄志平在治理流沙过程中，通过不断调整沙障的角度和材质，发现将两片网笼片相互依靠摆成八字形，既可以拦截流沙，又不容易被风掀翻。这样，他在 2008 年设计出"八字形网笼沙障"，内蒙古科技厅对其发明的沙障给出"在工程固沙方面达到国内领先水平"的评价。

娄志平结合在治沙一线的长期观察，又提出"沙障与沙漠地貌顶部相结合"的治沙方法，在流动沙丘顶端设置沙障，把流动沙丘从向前流动变为向上堆高，逐渐形成一道"阻沙长城"。在磴口的乌兰布和沙漠和宁夏沙坡头，他的固沙理论转化为实践，相继取得成功。

后来，他在甘肃和青海的治沙过程中发现，由于当地风大沙少，大风很容易把沙障底端的沙子吹跑，埋深变浅的沙障很快就被吹翻了。对此，娄志平借助风洞试验，不断改进设计，在 2013 年发明"悬袋网沙障"。

娄志平介绍说："'悬袋网沙障'上部是高于沙漠地表的八字形网笼，下部是埋嵌在沙漠中装满了沙的袋底，这种像是悬挂着的袋子，无论多大的风都不会被吹倒，可达到彻底控制流沙的目的。"他利用这项技术，分别在乌兰布和沙漠、腾格里沙漠、巴丹吉林沙漠、青藏铁路等地建了阻沙坝固沙样板工程，拦沙效果十分明显。目前这项发明已取得国家发明专利。

（2）成功构建全球荒漠化风险评估系统。[42] 2020 年 3 月，兰州大学西部生态安全协同创新中心主任黄建平教授领导的研究团队在《土地退化与开发》杂志发表论文称，他们历时 5 年，基于卫星遥感数据和地面观测数据，成功构建了全球荒漠化脆弱性指数，并利用数值模拟预测了未来荒漠化风险演变趋势。该指数可用于评估全球范围内荒漠化脆弱性，对决策者在制定敏感地区土地恢复和荒漠化防治的政策中具有重要意义，并为全球荒漠化防治提供一定的科学依据。

黄建平介绍，荒漠化不仅严重威胁全球生态环境安全，而且影响着全球经济前景以及人类社会可持续发展。目前，全球存在荒漠化问题的国家和地区有 100 多个，荒漠化面积达到 3600 万平方千米，占全球总人口 1/6 的人受到荒漠化的直接威胁。他说："因此，荒漠化的风险评估具有重要意义。我们可以在损失没有发生之前采取预防措施，以降低荒漠化灾害带来的损失。"

据介绍，荒漠化涉及的过程相对复杂。此前，在荒漠化的评估方面，国内外学者均做了大量研究。初期多基于地面调查，以此评估某一地区的荒漠化状况。虽然地面调查能够获取较为准确的数据，但其能够研究的空间范围有限，在进行大范围荒漠化监测时存在一定的局限。随着卫星遥感技术的发展，荒漠化监测向着定量化遥感方向发展。

该研究团队的主要创新进展，是利用人类活动强度指数及气候环境指数，构建了适用于评估全球荒漠化风险的评估系统，评估了当前全球荒漠化风险分布，预测了未来不同情景下的全球荒漠化风险演变特征。

这项研究成果表明，全球荒漠化脆弱性指数，可在同一指标体系下把全球荒漠化脆弱性划分为极高、高、中、低四个等级。当前，中、高和极高荒漠化风险的地区分别占全球面积的 13%、7% 和 9%。同时该研究还预测，到 21 世纪末，在未来高排放情景下由于气候变化和人类活动的影响，中等及以上荒漠化风险地区占全球面积的比例将增加 23% 左右，荒漠化风险增加的地区主要在中国北方地区、非洲、北美和印度。

研究团队建议，由于大多数地区的荒漠化风险是因气候变化和人类活动共同导致的，为了防止未来荒漠化进一步扩展，需要降低人类对环境的直接干扰程度，采取相应的减缓气候变化政策。

（二）利用植物治理沙漠的新信息

1. 研究沙漠地区栽培农作物的新进展

（1）探索沙漠地区利用微咸水种植作物。[43] 2019年5月12日，国外媒体报道，以色列内盖夫和阿拉瓦沙漠地区仅有含咸水的地下水，缺乏淡水资源，该国最大的绿色组织犹太民族基金会，支持在这一地区进行研究，使农民能够使用微咸水种植作物。把微咸水用于农业的解决方案主要包括两种：一是培育在微咸水中茁壮成长的植物，二是用淡化水稀释微咸水。

微咸水是一种比淡水咸的水，但又不如海水咸。在以色列，它主要发生在咸淡水化石含水层中。微咸水每升含有 0.5~30 克盐，其比重介于 1.005~1.010 之间。由于微咸水对大多数植物生长不利，如果没有适当的管理，它会对植物和环境造成破坏。据犹太民族基金会南部地区副主任伊兹克·摩什介绍，以色列科学家发明了苦咸水利用的办法，把微咸水变成了一种宝贵水资源。

在拉马特·哈内格夫地区，人们已经把咸淡水灌溉，变成这个干旱地区农业的重要组成部分。根据拉马特·哈内格夫研发站主任齐扬·谢默的说法，有两种主要方法把咸淡水用于农业。第一种是直接灌溉那些可以在微咸水中茁壮成长的作物，例如"巴尼亚"橄榄树林。"巴尼亚"是当地科学家开发的一种橄榄树的名字，它比较喜欢咸淡水。第二种用法是稀释淡化水，通过把至少 15% 的微咸水与淡化水混合，微咸水中含有硫、镁和钙等必需的矿物质，这些矿物质对蔬菜水果的生长至关重要，新创造的微咸水非常适合种植各种作物。

目前，拉马特·哈内格夫的农民都有两种水源，即咸水和淡水源。不同的作物有微咸水和淡水的不同组合，例如樱桃番茄是 60% 微咸水和 40% 淡水，微咸水使樱桃番茄更美味、更小，也增加了抗氧化剂的百分比。齐扬·谢默介绍，以色列拥有世界上最大的微咸水利用的技术数据库，可以与各国农民以及国外专业人士免费分享。

内盖夫的阿拉瓦地区，存在更加严重的水资源问题。淡化水不能输送到此地区，当地的水源都是咸水。因此要实现咸水与淡水混合，许多农民合作安装了小规模的海水淡化设施。这些装置昂贵，并且存在要如何处理作为脱盐过程的副产物盐水的现实问题。为解决阿拉瓦水资源短缺问题，犹太民族基金会在该地区建造了哈泽瓦水库用于储存洪水，以色列国家自来水公司，安装了把水库中的水与当地咸水混合用于农业用途的设备。这些混合水，用于灌溉附近的农田。当水库充满时，额外的水继续沿着河道流下，并被收集到另外的两个水库：伊丹水库和内奥特马尔水库，并用于灌溉色度姆平原上的田地。这三个水库还承担补充地下水的责任。

（2）在沙漠地区用滴灌方式试种粮食作物。[44] 2020 年 6 月 9 日，新华社报道，内蒙古乌兰布和沙漠正在试种旱稻，将在防沙固沙的同时收获优质大米。按照规划，这里拟重点发展多用光热、少用水的生态农业、资源保护型产业，实现生态、经济和社会效益的全面提升。

乌兰布和沙漠总面积 1500 万亩，其中近 430 万亩分布在巴彦淖尔市磴口县境内。这里日照充足，昼夜温差大，无污染，为种植旱稻提供有利条件。

连日来，在磴口县沙金套海苏木巴音宝力格嘎查的沙地上，10 多台大型播种机连续作业，依次完成埋压滴灌管、播撒种子、覆土掩盖等工序。

旱稻又叫陆稻，是由水稻在无水层的旱地条件下长期驯化演变形成的一个生态型作物，既能在旱地种植，也能在水田或洼地种植。

魏智恒介绍道，此次试种的品种是旱香一号、旱香二号，预计每亩灌溉用水量为 280 立方米，比普通水稻灌溉用水量减少 600~800 立方米，大大节约了水资源。同时，旱稻根系长度达 50 厘米左右，具有较好的防沙固沙作用。

2. 研究治理沙漠可用植物的新发现

发现可用柽柳植物治理沙漠。[45] 2017 年 7 月 10 日，《人民日报》报道，中国科学院新疆生态与地理研究所研究员刘铭庭，为了荒漠化研究，曾绕塔克拉玛干沙漠 7 圈，全长 40 多万千米。他发现了柽柳（又叫红柳）属 5 个新种，把中国利用柽柳植物治沙研究推向世界领先地位，是全世界在防治荒漠化领域获得国际奖项最多的科学家。

在塔克拉玛干沙漠，生长着一种生命力异常顽强的植物红柳，它是与胡杨、梭梭齐名的中国三大荒漠林树种之一。红柳为小乔木，通常高 2~3 米，根系发达，最深可达 10 余米。红柳寿命可达百年以上，耐旱、耐热，尤其对沙漠地区的干旱、高温及严寒有很强适应力。

1959 年，刘铭庭参加了中国科学院组织的塔克拉玛干科学考察队，走进了荒漠。他回忆说："当时，遇见的一个沙丘很高，孤零零的，上面长满了红柳。那种红柳枝条比较细，很硬、很干；最主要的是它的叶子不一样，我当时就意识到这可能是一个新种，可能会在防风治沙中发挥很大作用。"于是，他对这种红柳的分类学特征进行了深入研究。1960 年，他将其命名为"沙生柽柳"。1979 年，学术界正式将其更名为"塔克拉玛干柽柳"，业内也称为"刘氏柽柳"。

刘铭庭介绍道："这些柽柳高两三米，如果流沙把它全部掩埋，它会又往上长两三米。它的枝条柔性比较大，大风刮不倒它。它的叶子是针形，风沙打不掉，还能进行光合作用，在沙漠生存就成了可能。这是真正抗风沙的红柳种类，生态意义非常大。"

我国科学家一直寻觅的优良固沙植物终于找到了！此后，刘铭庭又相继发现了莎车柽柳、塔里木柽柳、金塔柽柳、白花柽柳4个新种，成为柽柳属植物研究领域公认的权威。

刘铭庭根据当地实际情况，发明了一种繁育红柳的办法：利用山上的季节性洪水，撒播红柳种子，种子经过冲刷、浸泡、沉淀，进而生根、发芽，成活率高，还节约了大量人力物力。此外，他将红柳的育种、产苗量由每亩5万株提高到50万株；扦插育苗的亩产苗量也达到了12万株，比当时在红柳育苗中一直处于领先地位的苏联高出6~20余倍，达到世界领先水平。这样，把红柳用于恢复生态环境有了种苗保障。

从20世纪70年代中期开始，刘铭庭着手把红柳研究成果大面积应用于荒漠化固沙造林。曾因风沙掩埋而3次迁址的南疆策勒县，经过其领导的研究团队治沙后，威逼城区的沙丘群后退近5千米。经过多年努力，红柳在南疆已发展到500多万亩。此外，刘铭庭的红柳造林技术还被用于山东、天津的海滩造林和吉林的盐碱地造林。

寄生于红柳根部的大芸（又叫肉苁蓉），具有活血和提高人体免疫力的功能，被医学界誉为"沙漠人参"。刘铭庭历经艰苦摸索，终于掌握大芸人工接种技术，2003年，刘铭庭在全国获得大芸种植的第一个发明专利，紧接着又成功研发出大芸"开沟播撒高产法"。大芸人工接种率达100%，亩产最高达200千克以上，亩产值最高能达8000元左右，相当于10亩棉花的收入。他无偿地把技术传授给农民，仅于田县就发展了16万亩红柳、大芸，让众多农民摆脱了贫困。

3. 研究用植物治理沙漠的新举措

用沙漠植物基因培育适应恶劣环境的韧性作物。[46]2021年10月，智利天主教大学分子遗传学和微生物学系古铁雷斯教授，与纽约大学生物系卡罗尔·彼得里教授共同领导的一个国际研究团队在美国《国家科学院学报》上发表论文称，他们研究了能在地球上最恶劣环境之一智利阿塔卡马沙漠生存的植物，确定了与其适应能力相关的基因。这项研究结果可能有助于科学家培育出能在日益干旱的气候中茁壮成长的韧性作物。

智利北部的阿塔卡马沙漠，夹在太平洋和安第斯山脉之间，是地球上最干燥的地方（不包括两极）。然而，那里生长着数十种植物，包括草、一年生植物和多年生灌木。除了有限的水之外，阿塔卡马的植物还必须应对高海拔、土壤中养分可用性低，以及极高的阳光辐射。

智利研究团队历时 10 年，在阿塔卡马沙漠建立了一个无与伦比的"天然实验室"。在该实验室中，他们收集并表征了沿塔拉布雷—莱贾横断面，不同植被区和海拔（每 100 米海拔）的 22 个地点的气候、土壤和植物。通过测量各种因素，他们记录了昼夜波动超过 50℃ 的温度、非常高水平的辐射、主要由沙子组成缺乏养分的土壤，降水量极低，大部分年降水都在几天内完成。

智利研究人员把保存在液氮中的植物和土壤样本，带回到 1600 千米外的实验室，对阿塔卡马地区 32 种优势植物中表达的基因进行测序，并根据 DNA 序列评估与植物相关的土壤微生物。他们发现，一些植物物种在其根部附近发育出促进生长的细菌，这是一种优化氮摄入的适应性策略，氮是阿塔卡马贫氮土壤中对植物生长至关重要的营养素。

为了确定其蛋白质序列在阿塔卡马物种中适应的基因，纽约大学研究人员使用一种称为系统基因组学的方法进行分析，该方法旨在使用基因组数据重建进化历史。他们把 32 种阿塔卡马植物的基因组，与 32 种未适应但基因相似的"姐妹"物种，以及几个模型物种的基因组进行比较分析。

研究人员表示，他们的目标是，使用这种基于基因组序列的进化树，来识别在支持阿塔卡马植物适应沙漠条件的进化基因中，氨基酸序列编码的变化。

这项研究利用纽约大学高性能计算集群进行分析。这种计算密集型基因组分析，涉及比较 70 多个物种的 1 686 950 个蛋白质序列。研究人员使用生成的 8 599 764 个氨基酸的超级矩阵，来重建阿塔卡马物种的进化史。

该研究确定了 265 个候选基因，其蛋白质序列变化是由多个阿塔卡马物种的进化力量选择的。这些适应性突变，发生在植物适应沙漠条件的基因中，包括与光和光合作用相关的基因，这可能使植物适应阿塔卡马的极端强光辐射。同样，研究人员发现了参与调节应激反应、盐分、解毒和金属离子的基因，这可能与这些植物适应压力大、营养贫乏的环境有关。

大多数关于植物应激反应和耐受性的科学知识，都是通过使用少数模型物种，在传统实验室研究获得的。此类分子研究虽然有益，但可能忽略了植物进化的生态背景。

智利天主教大学古铁雷斯实验室的薇薇安娜·阿劳斯说："通过研究其自然环境中的生态系统，我们能够识别出面临共同恶劣环境的物种之间的自适应基因和分子过程。"

古铁雷斯表示："我们在这项研究中表征的大多数植物物种，以前都没有被研究过。由于一些阿塔卡马植物与谷物、豆类和马铃薯等主食作物密切相关，因此我们确定的候选基因代表了一个'基因金矿'，可用来设计更具韧性的作物。鉴于我们星球的荒漠化程度加剧，这是必要的。"

（2）建立为治理沙漠提供支持的专业植物园。[47]2022年5月5日，《人民日报》报道，中国科学院吐鲁番沙漠植物园，是全世界唯一一座位于海平面以下的植物园。这里曾是寸草不生的流沙地，在科研人员40多年的接续努力下，如今已变得绿意盎然，生长着500多种耐盐、耐旱的荒漠植物，为荒漠化防治工作提供了有力的支持。

20世纪70年代初，研究人员通过实地考察和国内调研，针对当地的气候、土壤和风沙特点，开始从西北各沙区引种固沙植物，并逐步选育成功沙拐枣、梭梭、红柳、胡杨等10多种优良抗风固沙耐旱植物。

1975年，经过规划设计，研究人员在已营建的大面积人工固沙灌木林中划地筹备建设新疆第一座植物园，即吐鲁番沙漠植物园，用以更好地引种收集干旱荒漠区的各类植物，并对它们进行繁殖培育。

现在，植物园有十几名研究人员。除科研任务之外，引种培育工作并未止步。研究人员介绍，最多时植物园引种栽培植物700余种，但因气候等原因，有些植物会引种栽培失败，如热带沙漠的植物在这里无法越冬。目前，植物园已引种栽培植物500余种，其中荒漠珍稀濒危特有植物近60种；已建立常温和低温种质资源库，长期有效保存荒漠植物种质资源600余种、3500余份。

目前，植物园已建成荒漠经济果木专类园、荒漠野生观赏植物专类园、柽柳植物专类园等12个特色植物专类园（区）。可以说，吐鲁番沙漠植物园是我国迁地保护荒漠植物资源最多的植物园。园中除了固沙植物外，还有药用植物，他们研究出药用植物的人工培育技术，这样可以减少因挖掘野生草药而带来荒漠化。

特别是该植物园能够为防风治沙工作提供物质支持。由这里提供种苗，在塔克拉玛干沙漠公路沿线，用红柳、梭梭、沙拐枣等固沙植物营造绿化带。梭梭的冠幅达到四五米，有效阻挡了风沙对公路的侵害。这条世界上最长的沙漠公路，在2005年完成了436千米的全线绿化，防沙林带为沙漠增添了生命的气息。

报道称，数百种在荒漠中生长的植物来到这个植物园后，经过研究人员的选育，又从此处走向中国北方治沙防沙前沿。有关资料显示，该植物园引种栽培成功的荒漠植物资源，为"三北"防护林工程、防沙治沙工程、退耕还林还草工程、沙漠公路防护林工程以及干旱地区城市防护绿地建设工程提供荒漠植物苗木上百万株、种子50多吨，为促进荒漠化防治、发展沙产业等做出了积极贡献。

三、研究治理盐碱地的新成果

（一）盐碱地治理技术研究的新信息

1.探索土壤盐化度检测的新方法

采用电磁探测法测量农田土壤盐化度。[48]2012年7月26日，日本媒体报道，2011年3月发生的日本大地震使日本东部的大量农田被海水浸泡。为了尽快查清这些农田的具体盐化情况，日本农业食品产业技术综合机构与东北农业研究中心的研究人员尝试采用一种新型电磁探测法进行检测，试验取得了成功。这种方法可以方便地检测到盐化对地下土壤的影响范围，再配合GPS定位技术，还可以很快掌握盐化农田的分布情况。

电磁探测法以往主要应用于地下环境污染调查与考古。其工作原理是在离地面约一米的高度水平移动一块长约2米的板状电磁探测装置，装置的前方发出磁场与土壤中的涡电流发生作用产生二次磁场，通过记录计算二次磁场的数值，推定出土壤电导度（EC），从而获知土壤的盐化情况。该装置的测量结果可以实时显示，并保存在记忆卡中。

研究人员在试验中发现，该方法可以测出浸海水农田土壤电导度的相对高低差，与以往直接通过土壤测量的方法测量结果趋同。而在测量的同时，可以配合GPS技术，将测量结果在谷歌地球等电子地图上，以等高线的方式显示出来，从而可以准确把握盐化农田的范围和分布。

在东日本大地震中，有超过两万公顷的农田被海水浸泡。如果使用以往直接通过土壤测量的方法，从土壤采集到测量都需要大量的人力和时间。而新型测量方法不但省时省力，对专业性的要求也不高，因此，人们期待其能够在今后的农田除盐作业中，发挥更大作用。

2.探索治理盐碱地的新技术

（1）开发以土壤改良为主的盐碱地长期治理技术。[49]2016年2月22日，《中国科学报》发表中国科学院院士李振声有关治理盐碱地的文章。他说，盐碱地治理难度很大，的确经历了很多困难，最后才获得一些值得总结的经验，也产生了荒地变粮仓的实际效果。

中国科学院曾经在黄河下游与环渤海滨海两个盐渍土区域，进行长期系统治理研究。从 20 世纪 60 年代起，在河南省封丘县与山东省禹城县（现为禹城市）等黄河下游盐渍土区域，分别建立试验站进行盐碱地试验、示范与推广工作，并总结出以土壤改良为主的综合治理措施，主要通过井灌渠排，把地下水位降低到 3.5 米以下，使土壤彻底脱盐变成粮田。到 80 年代，决定在黄淮海平原全面推广和实施盐碱地治理。

随后，中国科学院组织了环渤海低平原盐渍土区域盐碱地治理的研究。这里海拔在 20 米以下，与黄河下游盐渍土区域的情况不同，其大部分土壤地下水位高（地下水埋深 1~3 米）、含盐量高（0.3%~0.6%），地下水埋深无法降低到 3.5 米以下，因此土壤无法彻底脱盐，特别是春季返盐期对小麦危害严重。

因此，研究人员采用以推广耐盐小麦、耐盐玉米品种为主，结合土壤结构快速改良与微咸水灌溉等综合治理措施。如选用"小偃麦"品种"小偃 81"和"小偃 60"，产量比当地原来的小麦品种增加 10%~30%。"小偃麦"的野生亲本植物长穗偃麦草，来自美国犹他州盐湖城的盐碱地，具有很强的耐盐性。

（2）粉垄技术改良盐碱地取得新突破。[50] 2016 年 9 月 10 日，科学网报道，由中国科学院、中国农业科学院、清华大学，新疆农业科学院等单位专家组成的验收组，对"粉垄盐碱地高效种植棉花"项目示范田进行测产验收。利用粉垄技术在盐碱地上种植棉花示范田共 159 亩，位于新疆库尔勒尉犁县兴平乡东干渠。测产验收结果显示，粉垄区与对照区比较，每亩籽棉增产 124.7 千克，增产率达 48.8%。同时，粉垄区耕层总盐度比对照区降低 40% 以上。

粉垄技术主要发明人、广西农业科学院研究员韦本辉介绍道，粉垄技术是通过一种螺旋形钻头对耕作层全层土壤均匀细碎，且土层不改变的方法进行淡盐改良，实现盐碱地碱化度下降而促进作物正常生长发育，达到既增产又能保水、保生态的目的，是一种物理性改造盐碱地的方法。

资料显示，我国盐碱土地达 15 亿亩，盐碱耕地达 5.5 亿亩。韦本辉说："目前，全国甚至世界尚有大面积盐碱地未得以充分利用，也说明了盐碱地改良利用的科学问题、技术问题研究尚有广阔空间。"

（3）开发盐碱地精准改良的新技术。[51] 2019 年 12 月 6 日，新华社报道，据中国科学院东北地理与农业生态研究所告知，该所研究员王志春率领的研究团队开发盐碱地精准改良新技术，研制出具有自主知识产权的苏打盐碱土改良剂，研究成果已在东北松嫩平原西部苏打盐碱地推广应用。

王志春介绍，盐碱地改良是世界性难题，实践证明，传统的通过引水灌溉冲洗降低盐度的方法，无法保障前期农作物取得经济产量。特别是东北松嫩平原西部 5595 万亩盐碱地，土壤碱化度高，养分有效性低，盐碱度空间差异显著，难以实现大面积治理利用，如果统一采用同一种改良措施，会导致生产投入加大，造成资源浪费。

为解决这一问题，该研究团队从 2009 年起开展土壤盐碱化空间变异特征研究，建立土壤盐碱化程度定量诊断和定位分区方法，开发基于土壤盐碱空间差异的"苏打盐渍土精准改良技术"，获得 2019 年吉林省科学技术进步奖二等奖。此外，研究人员还研制出具有自主知识产权的苏打盐碱土改良剂"脱碱 1 号"。目前该研究成果已在吉林省西部苏打盐碱地区累计示范推广 110 万亩，实现水稻年增产 2500 万千克。

王志春表示，精准定位，有助于降低改良成本，缩短改良周期，实现土地质量整体提升。接下来还要深入研究如何降低盐碱对养分有效性抑制作用，进一步改善土壤结构，增加土壤导水性能。

据了解，中国约有 15 亿亩盐碱地，限制了农业生产和植被生长。20 世纪 50 年代以来，国内外科研工作者通过化学改良、种稻综合改良等技术，致力于将贫瘠的盐碱地改良成耕地，取得了良好的经济和生态效益。

（二）利用植物治理盐碱地的新信息

1. 利用植物改良盐碱地研究的新进展

（1）利用耐盐先锋植物碱蓬改良滨海滩涂盐碱地。[52]2021 年 4 月 22 日，有关媒体报道，我国科技工作者花了几十年时间，在滨海滩涂上筛选出一种耐盐碱先锋植物盐地碱蓬，已在我国内地盐碱荒漠上种植获得成功。研究实验证实，在轻度盐碱地直至盐碱荒漠上，都可种植盐地碱蓬。这种植物既可以固着滩涂地表盐分，也可以把盐吸收到自己体内。

中国科学院海洋所研究员宋怀龙说："盐地碱蓬不仅耐盐碱，而且耐寒、耐旱、耐涝和耐高温，能在多种极端环境下蓬勃成长，它的植株富含蛋白，种籽富含油脂，叶、茎、秆和根全部都可以做饲料。

研究实验表明，滨海滩涂种植盐地碱蓬，每年每亩可以携带走 100~275 千克盐碱成分。多年的生产经验证实，轻中度盐碱地，通过种植碱蓬一到两年，就可达到淡化土壤的目的。重度盐碱地，也只需种植碱蓬三至五年，就可成为普通土地或弱盐度盐碱地。经过前期种植碱蓬改良后的盐碱地，通常可以栽培各种农作物。

（2）利用盐地碱蓬改良天山南北盐碱地。[53]2021 年 11 月 23 日，新华网报道，中国科学院新疆生态与地理研究所田长彦研究员领导的一个研究团队，从 21 世纪初开始，对天山南北主要盐碱地分布区进行调查。他们在数百种盐生植物中，最终筛选出盐地碱蓬等多种优质抗盐碱植物。多年来，他们通过种植盐生植物，逐步改良贫瘠的盐碱地，已经取得显著成效。

近日，研究人员顶着寒风，在克拉玛依城郊一片长满深红色植物的试验田里，采集盐地碱蓬的植物种子。茂密的盐地碱蓬紧挨着一片光秃秃的土地，地表遍布着白色斑块。

研究人员解释道："白色的是盐碱，在新疆乃至整个西北都很常见。盐地碱蓬不怕盐，甚至还很喜欢盐。"新疆的盐碱地面积约占我国的 1/3，盐碱地造成农业减产，给当地每年带来的经济损失数以亿计。

田长彦说："盐地碱蓬是一种'吃盐植物'。在其他作物都不能生长的盐碱地上，盐地碱蓬却通过'吃盐'茁壮成长，不仅每亩能生产一吨多的干物质，还能带走数百千克的盐"。盐地碱蓬的特性不仅在克拉玛依，还在新疆喀什、和田，甚至在宁夏、内蒙古等地得到验证。一些原本寸草不生的重盐碱地，在种植这种吃盐植物三四年后，逐渐被改良为正常农田。

2. 加强耐盐碱植物资源管理和研究的新进展

（1）建成首个以耐盐碱植物为主的种质资源库。[54] 2010 年 7 月 25 日，《科技日报》报道，我国第一个以耐盐碱植物为主的种质资源数据库，在山东省科学院生物所建成。该数据库涵盖自 1953 年以来世界上各相关研究单位公开发表的耐盐碱植物信息涉及 99 638 个分类种。同时，与数据库相对应的耐盐碱植物种质资源实体库正在建设中。

耐盐碱性极强的小灌木白刺，常常匍匐于地面生长，它的株高 30~60 厘米。作为荒漠、半荒漠地区的重要植被之一，白刺的耐盐碱度可以达到 30%。这些资料，连同白刺的高清晰图片，以及它的耐盐能力、适应生长的土壤特征和应用价值等 200 多项特征指标，都包含在该系统数据库中。据山东省科学院生物所所长杨合同介绍，该系统设立了多种查找途径和过滤功能，且录入了耐盐植物种质资源的高清晰图片，使得资料更加全面，实现了耐盐植物种质资源的信息化管理，解决了我国面临的耐盐植物系统资料缺乏的问题。

长期以来，在我国沿海地区，土地的高盐度使得普通耐盐植物难以生长。而种质资源数据库同时将建设网络共享的耐盐植物种质资源数据平台，为耐盐植物育种、生物技术和遗传工程提供所需种质资源。

自 2008 年以来，山东省科学院依托科技部国际合作重大专项"利用耐盐植物推动中澳农业的可持续发展"，通过与澳大利亚的南澳发展研究所等合作，引进了澳大利亚耐盐植物 107 种，收集国内本土耐盐植物 200 余棵；克隆获得 4 个重要相关耐盐基因；筛选出可在黄河三角洲地区种植的耐盐植物 5 种，建立了 200 亩耐盐植物示范园。

据了解，截至目前，该资源库引进的耐盐植物种子，通过该所的改良，已经在天津滨海新区、黄河三角洲高效生态经济区成功落地；同时，在天津、东营也与企业建立了产业化基地。

（2）测定耐盐植物小盐芥基因的全序列。[55]2012 年 7 月 9 日，中国科学院遗传与发育生物学研究所谢旗研究员主持的研究团队在美国《国家科学院学报》网络版发表论文，公布了小盐芥基因的全序列。文章的评审者认为，论文结果揭示了非常有价值的植物抗逆机制，使人们对植物耐盐性机制的理解迈出了一大步。同时，该论文还被《自然》杂志评述为亮点文章。

小盐芥是一种生长在盐碱地的植物，它与拟南芥同属十字花科，也具有作为模式植物的一系列良好特征。但它与拟南芥相比，存在更多的"应激响应"基因。这些"应激响应"基因，通过大片段基因加倍和基因串联加倍，得到的许多加倍基因使其获得良好的高耐盐性。

在盐碱地种植粮食或经济作物是人类的一个梦想，尤其对于中国这样可耕地少、人口多的国家，意义更加非凡。相关专家认为，小盐芥基因全序列的公布，拉开了对耐盐植物深入研究的序幕。

3. 提高农作物耐盐性研究的新进展

（1）发现乙醇可提高农作物的耐盐性。[56]2017 年 7 月，日本理化学研究所和横滨市立大学联合组成的一个研究小组在《植物科学前沿》杂志网络版上发表论文称，他们发现乙醇可提高农作物的耐盐性。

目前，全球约有 20% 的灌溉农田出现盐碱灾害，农作物产量受损严重，亟待开发出抗盐碱技术。该研究小组利用植物模型拟南芥和水稻进行试验，发现乙醇可抑制植物活性氧的积蓄，增强植物的耐盐性。

盐碱灾害多发于沿海地带，有些农业灌溉导致的盐类积累也会造成盐害，对农作物影响极大。植物受高浓度盐碱刺激后，会出现根部水分吸收障碍、光合作用低下和活性氧积蓄引起细胞坏死等问题。随着世界人口增加，解决农作物抗盐碱问题和相应的肥料问题迫在眉睫。

研究小组通过对拟南芥进行分析发现，乙醇处理会增强拟南芥的耐盐性。为了解植物耐盐机理，研究人员对基因表达进行综合分析。结果发现，经乙醇处理后，由高盐应激引发的作用于消除活性氧的基因群增加，消除活性氧的一种过氧化氢的抗坏血酸过氧化物酶的活性也有所增加，显示拟南芥及水稻经乙醇处理后，能抑制活性氧的积蓄从而增强耐盐性。

上述结果显示，单叶植物和双叶植物都对乙醇处理发生反应，从而出现耐盐性。使用乙醇增强农作物耐盐性，是一种相对廉价易行的方法，对建设灌溉设施有困难的地区，有望利用该方法开发出抗盐碱肥料以增加产量。

（2）发现菟丝子转运可移动信号提高寄主耐盐性。[57] 2019 年 11 月，中国科学院昆明植物所吴建强研究员领导的功能基因组学与利用研究团队在《实验植物学期刊》网络版发表论文称，他们通过研究菟丝子与寄主之间的关系发现，菟丝子能够在不同寄主之间转运盐胁迫诱导的系统性信号，并对寄主耐盐性产生影响。

菟丝子为旋花科菟丝子属的茎寄生植物，可以同时连接两个或者多个邻近的寄主，形成一个天然的菟丝子连接的植物群体。盐胁迫是自然界中影响植物生长的主要因素，严重影响农作物的产量。菟丝子是否能够在不同寄主间传递盐胁迫诱导的系统性信号，并且对寄主的生理产生调控作用，从而使其具有更强的盐胁迫适应性还缺乏研究。

研究人员通过菟丝子将两株不同的黄瓜寄主连接，并对其中的一株黄瓜寄主进行盐胁迫。实验结果发现盐胁迫诱导的寄主产生的系统性信号，通过菟丝子转运到了另外一株寄主，并影响了此寄主的转录水平和生理状态。菟丝子传导的抗盐系统性信号，使接收到此信号的寄主与受到盐胁迫的寄主，具有了相似的转录水平。而且，接收到盐胁迫信号的寄主，还表现出更高的脯氨酸含量和光合速率等。这些结果，都表明了盐胁迫诱导的系统性信号通过菟丝子转运。

最后，研究团队对接收到盐胁迫信号的寄主，进行了长期的盐胁迫处理。结果表明，接收到盐胁迫信号的寄主，比未接收到盐胁迫信号的寄主，表现出更好的耐盐性。该研究首次揭示了，菟丝子能够在不同寄主间介导非生物胁迫诱导的系统性信号，并且对盐胁迫系统性信号的生理功能进行了深入研究，为了解菟丝子的生理生态功能及盐胁迫系统性信号提供了新视角。此外，该研究利用菟丝子将不同的寄主进行连接，这种天然的嫁接体系为系统性信号的研究，提供了一个崭新研究平台。

4. 培育具有耐盐碱特性水稻的新进展

耐盐优质水稻育种获得新突破。[58] 2022 年 10 月 27 日，中国新闻网报道，中国科学院遗传与发育生物学研究所黄河三角洲盐碱地农业试验站站长王建林负责的研究团队在耐盐优质水稻育种方面获得重要突破，其选育的水稻新品系"盐黄香粳"，在黄河三角洲盐碱地农业示范工程中，取得实测亩产505.1千克、米质优一级的出色成绩。

该研究团队2022年在山东东营部署了黄河三角洲盐碱地农业示范工程，耐盐优质水稻新品系"盐黄香粳"示范区土壤含盐量为6‰~8‰的盐碱地，采用旱直播及微咸水灌溉的种植方式，6月中旬采用旱直播方式200亩连片种植，播种后灌溉淡水促进出苗，进入7月开始全程采用排沟内含盐量为2.5‰~3.5‰的微咸水进行灌溉。

王建林表示，水稻是中国的主要粮食作物，也是盐碱地利用的先锋作物，适宜盐碱地的水稻品种需要同时具备三个特点：一是耐盐性强，可以在盐碱地环境下生长发育并适应微咸水灌溉；二是生育期适宜，充分利用7—9月光温和降水资源，避开春季蒸发量大、降水量小、返盐严重的季节；三是优质不减产，盐碱地环境对产量的影响不可避免，但可以促进次生代谢，提高大米营养品质，增加附加值。"盐黄香粳"就是这种设计育种理念的产物，并很好地融合三方面特点，从而实现耐盐高产优质的统一。

中国科学院遗传发育所黄河三角洲盐碱地农业试验站致力于揭示作物耐盐分子机理、编辑作物耐盐基因、选育耐盐作物品种、研发盐碱地利用技术、构建盐碱地农业模式等研究，已在粮食作物、油料作物、饲草作物等多个领域取得重大进展。2022年9月，该试验站还成功组织举办盐碱地种业创新国际会议。

5. 培育其他耐盐碱农作物的新进展

（1）培育出耐盐碱的高产玉米新品种。[59] 2009年12月18日，德国吉森大学植物营养学研究所发表公报说，该所研究人员用传统育种方法杂交，培育出一种在盐碱地上也能高产的玉米新品种。

以往研究表明，不同品种的玉米耐盐碱能力各异，吉森大学研究人员选取了多个具有较强耐盐碱特性的玉米品种，并将这些品种的玉米进行杂交，最终培育出了这种博采众家之长的耐盐碱玉米新品种。据介绍，这种玉米的抗盐碱能力很强，且产量高。

在世界各地尤其是干旱地区，土地盐碱化降低了土壤的肥力，并影响经济作物的种植。研究人员说，这一成果有助推动在盐碱化土地上种植经济作物的研究。

（2）培育出可在盐碱地维持高产的小麦新品种。[60] 2012年3月，澳大利亚阿德莱德大学等机构组成的一个研究小组，在《自然·生物技术》杂志发表研究成果称，他们开发出一种新品种耐盐小麦，它在盐碱地中的产量，最多可比某些普通小麦高出 25%。

研究人员报告说，这个小麦新品种具有耐盐能力的奥秘，是研究人员为该小麦引入了一个名为"TmHKT1；5-A"的基因。这个基因是从野生小麦中得到的，这种野生小麦与现在广泛种植的小麦曾经是"近亲"，但后者已在长期人工种植过程中失去了这个基因。

据介绍，这个基因指导合成的一种蛋白质，可阻止盐分抵达小麦叶片部位。通常在盐碱地中种植小麦会面临的问题，是盐分上升到小麦叶片部位并干扰光合作用等对小麦生存至关重要的机制，从而导致产量降低。此次培育的耐盐小麦，是把"TmHKT1；5-A"基因引入硬质小麦所得到的。硬质小麦多在意大利、北非等国家和地区种植，常用于制作意大利面等面食。

实验显示，在普通土地中，新品种小麦的产量与普通硬质小麦差不多，但在含有一定盐分的土地中，它的产量比对照组的某些普通硬质小麦最多高出 25%。研究人员还指出，他们已将该基因引入了常用于制作面包的小麦品种，但还需一段时间才能获得田间实验结果。

研究人员介绍说，在培育耐盐小麦的过程中，他们采用的是传统杂交技术，而不是转基因技术，因此这个新品种小麦，在一些对转基因技术有限制的地方也能推广。

（3）选育出适合盐碱地生长的南菊芋等农作物。[61] 2021 年 12 月 28 日，有关媒体报道，南京农业大学资源与环境科学学院一个研究团队，历时十余年，选育出能耐受不同盐分的南菊芋 1 号、南菊芋 9 号等耐盐植物品种，并推广到江苏盐城、山东东营以及内蒙古、新疆、甘肃、宁夏等地。此外，他们也在参与培育耐盐水稻、油菜等耐盐农作物。

研究人员表示，今后，研究团队还将加强盐碱地适生的种质资源研究，并重点突破优良耐盐碱种质创制、耐盐农作物适生种植高效改土技术、高效节水与咸水安全利用的盐碱地开发利用等技术，以提高盐碱地土壤的可用性。

（4）耐盐碱大豆育种获得重大进展。[62] 2022 年 10 月 15 日，中国新闻网报道，中国科学院遗传与发育生物学研究所田志喜率领的研究团队，成功选育的耐盐碱高产优质大豆新品系"科豆 35"，在山东省东营市黄河入海口的典型盐碱地上采用完全天然雨养方式进行示范种植，当天通过田间实收测产显示亩产为 270 千克以上。

该研究团队长期致力于大豆功能基因组研究，在大豆基因组学、种质资源演化、重要农艺性状遗传解析、分子设计育种等方面开展系统研究，已取得一系列重要进展，为培育高产优质耐逆性大豆新品种奠定了坚实的材料基础和理论基础。

山东省东营市地处黄河入海口，属于典型的滨海盐碱地。研究团队在东营市土壤盐度含量5‰的地块上采用完全天然雨养的种植方式，开展创新性的耐盐碱大豆种质资源筛选、品种选育与示范等研究工作。通过连续5年的高强度耐盐碱筛选和小区试验，在1.3万多份大豆种质材料中筛选获得耐盐碱新种质68份，包括"科豆35"在内表现特别优异的有25份。

研究团队称，"科豆35"属夏大豆中熟类型，具有耐盐性强、抗倒性强、抗病性好、高产优质等特点，在黄淮海北片地区夏播全生育期108天。该新品种2021年参加国家黄淮海北片区域试验，亩产比对照品种增产10.3%；2022年继续参加国家黄淮海北片区域试验和国家黄淮海滨海盐碱组区域试验。

据了解，我国大豆产量长期不足，近年来大豆进口量一直持续在9000万吨以上，对外依存度高达85%，提高大豆生产能力是我国粮食安全的重大任务。而增加大豆种植面积是缓解我国大豆危机的有效途径，但单纯地在现有耕地基础上，通过减少主粮作物种植以增加大豆种植面积，并不符合我国人多地少的实际国情。除18亿多亩红线耕地外，我国还有11.7亿亩的边际土地，其中包括5亿亩左右的盐碱地，而拥有各类具备农业利用前景的盐碱地总面积1.85亿亩，对这些盐碱地的有效开发利用，是提升我国大豆产能的重要新方向。

四、研究治理土壤污染的新成果

（一）治理镉污染土壤研究的新信息

1. 利用植物治理镉污染土壤的新发现

发现叶芽筷子芥可净化镉污染土壤。[63] 2007年3月13日，日本《每日新闻》报道，日本农村工学研究所发表研究报告说，该所一个研究小组，发现一种十字花科植物，可以有效净化被镉污染的土壤。这一发现，使得低成本、大范围净化被镉污染的土壤成为可能。

据报道，这种十字花科植物名为叶芽筷子芥，在日本分布很广。研究小组在一片厚15厘米、每平方千米含有4.7毫克镉的室外土壤上，种植大量叶芽筷子芥。1年后，这片土壤中镉的含量减少到2.6毫克／平方千米。5年后，土壤中镉含量减少到原来的20%，而且叶芽筷子芥收割后，经高温处理，其中所含的镉还可以被回收。

研究小组介绍说，净化被镉污染的土壤常用方法，是用其他地方的净土改善污染区的土质，这一方法有很大局限性，难以大范围推广。

镉对土壤的污染主要有两种形式，一种是工业废气中的镉随空气扩散并沉淀到周围土壤中，另外一种是含镉的工业废水流入农田导致土壤污染。镉进入人体后可以损坏人体骨骼。

2. 研发治理镉污染土壤的新技术

以氯化铁溶液为基础开发出清除土壤中镉的新技术。[64] 2010 年 8 月，日本农业环境技术研究所发表公报说，该所主任研究员牧野知之等人组成的一个研究小组，开发出一种清除水田土壤中重金属污染物镉的新技术，这项技术成本较低，方便可行。

研究人员说，他们开发的新技术，首先要向镉含量超标的水田注入氯化铁溶液，然后加以搅拌，以提高土壤酸度，使土壤中的镉溶入水中，然后进行排水，以排掉镉。试验表明，水田土壤中镉浓度降低 60%~80%，糙米中镉浓度就降低 70%~90%。而溶入水并被排走的镉，大部分可用凝结剂沉淀，因此不会对环境产生新的危害。

从 2011 年 2 月开始，日本将实施新的大米镉含量标准，每千克大米中允许的镉含量将由 1 毫克以下降低到 0.4 毫克以下。牧野知之说，这项新技术如果普及，将有望帮助大米镉含量达标。

（二）治理油污染土壤研究的新信息

1. 推出治理油污染土壤的新技术

开发把油污染土壤变为沃土的热解技术。[65] 2015 年 8 月，美国莱斯大学乔治布朗学院土木与环境工程系主任佩德罗·阿尔瓦雷斯主持，研究生朱丽亚·维豆妮栩、生物地球化学家卡洛琳·马谢洛，以及化学工程师基里亚科斯·齐苟拉其斯等人参与的一个研究小组，在美国化学学会期刊《环境科学与技术》上发表了论文说，他们正在用一种既节省能源，又能再生土壤肥力的方式，清洁被石油泄漏污染的土壤。

阿尔瓦雷斯表示，他们使用一种被称为热解的方法，即在无氧的情况下加热污染的土壤。他说："相比标准焚烧技术，这种方法能更有效地快速整治环境。我们最初的目标，是加速对石油泄漏的响应，但是我们渴望把污染的土壤变成肥沃的土壤"。

阿尔瓦雷斯认为，近海石油泄漏往往最受关注，但98%的泄漏发生在陆地上。世界各国的工业界和政府每年花费超过100亿美元清理石油泄漏。该研究小组发现，热解污染土壤三小时后，不仅降低了残留的石油烃含量（远低于规定的标准，通常小于0.1%），而且通过将剩下的碳转换为有益元素，增强了土壤的肥力。

阿尔瓦雷斯说："我们最初认为，可以把碳氢化合物变成生物炭，后来发现是错误的，并没有得到生物炭，但是得到了碳质材料，我们称之为炭和类似焦炭的东西。"他接着说，"但我们的想法是对的，通过除去有毒污染物和疏水性（排斥植物需要的水），并保留一些碳和营养物质，能够增强植物的生长。"

研究人员证实，在实验室的再生土壤中，成功地种植了生菜。论文第一作者维豆妮栩表示："没有一种植物，被正式作为石油毒性试验的标准，但是，生菜已经被公认为是对毒素（尤其是石油）很敏感的植物。"

阿尔瓦雷斯认为，再生的土壤不一定被用于种植食物，但是它肯定可以用于植草以减少水土流失，恢复植被。

齐苟拉其斯说："我们的工艺是部分热解吸，但利用的是石油化学的方法。"在无氧的情况下，研究人员把受污染的土壤加热到420℃左右，先把较轻的碳氢化合物驱逐出去，这是解吸的部分。实际上，当温度超过350℃时，高分子量的碳氢化合物、树脂和沥青质，经过一系列的裂解和缩合反应，就会形成固体炭，类似于炼油厂生产的石油焦。

齐苟拉其斯说："我们把一些碳氢化合物，以更为良性的固体形式留在处理过的土壤中，环境保护署没有将石油焦归类为危险废物。换句话说，如果你想去除所有的碳氢化合物，必须把温度提到更高，并使用氧气燃烧焦炭。这样就破坏了土壤，并多消耗了40%~60%的能量。"

马谢洛表示，通过热解油污染土壤而产生的炭，不同于生物炭。生物炭是一种粒子，是从土壤中的矿物颗粒分离出的，它有一个内部物理结构以保有水分和养分，为微生物提供了一个家。但在这里，他们制造的是一个包裹矿物质的有机薄膜层。

维豆妮栩说："工艺是可扩展的且应与现有的修复设备相结合。焚烧和热解吸技术，虽然是不同的，但是有相似之处。我们希望公司能够设立可以移动的、油田规模的解吸装置，并作一些修改，以做热解。"

齐苟拉其斯说："我们可以去除所有的不良因素和所有的污染物，并最终获得具有农业价值的产品，而不是把土壤变成沙漠。"

维豆妮栩说:"还有许多工艺流程可以优化。下一步,我们要了解热解的时间和温度,如何影响土壤中炭的性质。"

2. 开发治理油污染土壤的新材料

研制出净化油污土壤的生物吸附剂。[66] 2017 年 7 月,俄塔斯社报道,西伯利亚列舍特涅夫国立大学一个由化学专家组成的研究小组,研制出一种用于净化油污土壤、恢复植被层的生物吸附剂。

研究人员说,这种生物吸附剂由多孔聚合材料制成,1 立方米生物吸附剂能吸收 1 吨石油,是同类产品的 7~10 倍。它内含从石油污染地区土壤中分离而得的石油氧化微生物,能把石油分解为无毒简单化合物。

研究人员表示,只需把生物吸附剂粉末撒在被石油污染的土壤表面,石油产品就会与吸附剂粘合(被吸附剂"吸收"),随后微生物利用石油产品和吸附剂中的有机成分积极繁衍。一个暖季内,土壤中所有石油或石油产品均分解为二氧化碳和水,与此同时植被层得以恢复。而在自然条件下,该恢复过程则需耗费几十年,尤其在北方地区。

俄北方地区对这种吸附剂的需求迫切。研究人员说,今后拟利用树皮或锯木屑生产吸附剂,这恰好是克拉斯诺亚尔斯克边疆区木材加工废料问题的解决方法之一。

(三)治理农药代谢物污染土壤研究的新信息

发现激光可迅速清除污染土壤的农药代谢物[67]

2017 年 8 月,美国东北大学专家组成的一个研究小组,在《应用物理学杂志》上发表研究报告说,他们通过实验发现,用激光照射土壤可以分解其中的农药代谢物,效率比传统方法更高,且成本较低。

他们用多孔二氧化硅材料模拟土壤,使其受到农药代谢物 DDE 的污染,然后用高能红外激光束照射,发现 DDE 从土壤中消失了。

DDE 是杀虫剂滴滴涕(DDT)的主要代谢产物之一,能损害动物的生殖系统。研究人员说,激光照射能在局部产生数千摄氏度的高温,足以破坏 DDE 分子的化学键,使其分解成水和二氧化碳等。

与现有手段相比,新方法可以就地清除土壤中的污染物,无须把被污染的土壤挖出、运走,清除污染后再运回来填埋,仅此一项就可以显著降低成本。研究人员设想,未来可以开发出车载激光设备,配备松土机械,便捷高效地净化土壤。

这种方法，理论上适用于所有类型的污染物，调节激光频率使其与特定分子的吸收光谱吻合，可以有选择地清除土壤中的有害物质。不过研究人员说，对其他污染物的清除效果，尚需进一步证实。

第四节　地质灾害救援设备研发的新进展

一、研制地质灾害救援机器人的新成果

（一）开发仿生救援机器人的新信息

1. 研制仿爬行动物救援机器人的新进展

（1）发明救灾显神通的蛇形机器人。[68] 2006 年 4 月，美国卡内基·梅隆大学教授豪伊·乔塞特与他的学生组成的研究小组宣称，他们从蛇灵巧的动作中受到启发，研制出了能从建筑物废墟中找到幸存者的蛇形机器人。

乔塞特研究小组，花了数年时间，研制出这种由轻型铝或塑料制成的蛇形机器人。它由数个机械部分连接在一起，通过遥控器操纵。蛇形机器人，比成年人的胳膊略细一点，以小型电子马达为动力，能够携带照相机和电子传感器，并能够沿水管或煤气管之类的管子往上爬行，也能绕着管子爬行。

乔塞特希望，这种机器人，能在因自然灾难或其他突发事故而倒塌的建筑物瓦砾堆中穿行以搜寻被困于其中的人。

他说："现在使用的搜寻装置灵活性有限，接近被困幸存者的唯一办法，还只是将瓦砾一块一块弄开。因此我们的想法是，让机器人在瓦砾堆中像蛇一样穿行，从而能够更加迅速地接近幸存者。"一般情况下，救援人员要花 90 分钟，才能找到幸存者被困的具体位置，而蛇形机器人能够立即钻进瓦砾堆中。

乔塞特表示，由于近年来大型灾难时有发生，因此救援机器人的市场已经变得更为广阔，需求量也更大。

（2）研制可用于搜索营救任务的壁虎机器人。[69] 2009 年 4 月，《新科学家》杂志报道，美国匹兹堡市卡内基·梅隆大学的梅廷·西蒂和奥兹古尔·昂维尔负责的研究小组研制出一种机器人，能够像壁虎一样吸附在墙壁、倒悬在天花板上。

研究人员说，这种黏性很强的机器人，可以解决家居生活中许多问题，比

如：天花板刷油漆、清除蜘蛛网，同时，它还在环境勘测、搜寻、修理甚至搜索营救任务中，发挥着重要作用。

此前科学家设计的在墙壁上攀爬的机器人，基于压力抽吸原理，但是该设计存在很大的缺陷，即需要大量的能量驱动压力泵，并且受限于在玻璃表面上移动。而目前最新设计的这款命名为"坦克虫"的机器人，其移动主要依赖于黏性的弹力橡胶，使其适应于多种表面，比如：木料、金属、玻璃和砖块。其原理是模拟壁虎在墙壁上攀爬的方法。

壁虎能够在墙壁上快速攀爬，并很容易与墙壁表面相分离，其主要原因是它脚垫上数百万个微型刚毛。2002年，包括西蒂在内的多位工程师，在加州大学伯克利分校，证实了壁虎的刚毛充分利用了范德华力，这是一种微弱的静电引力，只操作于分子等级的接触表面。虽然壁虎的每根刚毛都非常微小，但是数百万根刚毛所产生的范德华力足以让壁虎攀爬在光滑的表面上，即使倒悬挂在天花板上。

此后，西蒂便开始以黏性弹力橡胶作实验，模拟壁虎刚毛的作用力。早期研究的一种方法，是在电子显微镜下使用纳米等级的探针，在一个蜡模型中穿孔缩进，其间在蜡模型中充满了液体聚合物，这些纳米等级大小的探针制作成类似壁虎刚毛，探针在这种环境下产生了像刚毛一样的范德华力。

目前，西蒂研究小组最新设计的坦克虫机器人，虽然没有利用类似刚毛的结构，却利用了黏性弹力橡胶，基于范德华力吸附在物体表面。这个机器人有手掌一般大小，仅重60克，在两侧各有一个黏性的"坦克履带"。为了能够越出障碍物并且有效地进行分离，这款机器人安装了一个具有弹跳能力的"U形尾巴"，当它移动行进时尾巴贴在物体表面上。在测试中，机器人不仅能够在光滑的表面上倒悬挂式行进，甚至还可以负载着重物。

2. 研制仿飞行动物救援机器人的新进展

（1）研发出可用于救援工作的"蜂鸟机器人"。[70] 2009年12月28日，日本新华侨报网站报道，日本研究人员介绍说，他们与日籍华人科学家刘浩一起研发出一种可以在空中振翅飞行的"蜂鸟机器人"。

参与"蜂鸟机器人"研发工作的日籍华人科学家刘浩，在日本千叶大学从事生物力学研究。他表示，这款机器人重2.6克，与现实中的蜂鸟大小相似，装有一个微型马达和两对翅膀。翅膀每秒可振动30次。机器人由红外传感器控制，可上下左右移动。

刘浩介绍说，"蜂鸟机器人"在空中绕8字飞行时比直升机更平稳，下一步是使它能在半空悬停，还计划在"蜂鸟机器人"上安装一个微型摄像头。他还说："我们需要从自然生活中学习有效的机械作用，但我们不想最终研发出超越自然的东西。"

这款机器人可有望帮助在废墟中开展救援工作，甚至可在火星上作为探测交通工具。

（2）研制出仿飞虫能飞又能爬的救援机器人。[71] 2016 年 3 月，美国斯坦福大学仿生与灵巧操作实验室科学家摩根·珀博领导的研究小组分别在《机器人学报》和《光谱》杂志上介绍研究成果称，看过"阿特拉斯"视频的人都会对这个大型的两脚机器人印象深刻，但很多专家仍把重点放在功能性的小型机器人上，因为它们能到达大型机器人去不了的地方。最近，他们正在开发一种仿昆虫新机器人：既能在空中飞，又能在竖直墙壁上降落，然后还能顺着墙向上爬。

据报道，这位仿生机器人家庭新成员名叫"斯坦福攀爬与飞行操纵平台"。它有两条长长的前腿和两只带刺前脚，还有条像啄木鸟一样的尾巴，背负四翼螺旋桨。两条长腿由碳纤维和另一种高强轻质纤维制造，通过两脚轮换承载力来爬行，其效率可媲美真的昆虫。

据实验室网站介绍，该机器人能飞行、降落、攀爬，脚下打滑时还能站稳了再爬起来、再起飞，这一切都是通过机载传感器和计算机来实现。"阿特拉斯"大型机器人能越过崎岖的地形把装备补给送到人类无法到达的地方，而它能到达"阿特拉斯"到不了的地方，在战场或救灾中发挥巨大作用。

3. 研制仿跳跃动物救援机器人的新进展

研制出可用于地震救援的仿夜猴跳跃敏捷机器人。[72] 2016 年 12 月，美国加利福尼亚大学伯克利分校机器人专家邓肯·霍尔丹等人组成的研究小组在美国《科学·机器人》刚刚出版的创刊号上报告说，他们研制出一款名为"萨尔托"的小型机器人，重 100 克，身体全部展开高 26 厘米，垂直起跳高度超过 1 米。由于这种机器人跳跃敏捷，它有望用于执行地震或建筑物倒塌等情况下的救援任务。

霍尔丹等人介绍说，他们从生活在非洲的一种叫夜猴的小型灵长类动物身上获得灵感，夜猴能跳到 1.74 米的高度，用时 0.74 秒，是已知垂直起跳敏捷性最强的动物。夜猴在起跳前采取蹲伏姿态，把能量储存在腿腱里，所以能跳到仅靠肌肉所达不到的高度。

研究人员模仿夜猴的起跳方式，设计出采用起跳开始时，部分能量存储于弹簧以供后半程释放的单腿起跳机制，并由马达驱动的"萨尔托"机器人。

测试显示，"萨尔托"能垂直起跳至 1 米的高度，用时 0.58 秒。霍尔丹说，虽然"萨尔托"的弹跳能力还不能与夜猴相媲美，但比其他任何一款机器人的垂直起跳敏捷性都要高。

（二）开发其他救援机器人的新信息

1. 研发能自动越障或飞行的救灾机器人

（1）研制出能自动跳过障碍物的救灾机器人。[73] 2005 年 7 月，日本东京技术学院副教授苏卡格斯领导的研究小组，开发出一种有轮子的滚腿机器人，可在平坦的地面上滚动。它还有一个充气的圆筒腿，可以蹦约 1 米高，碰到不高的障碍物，能轻易地蹦过去。

国际救援系统协会主席松濑贡规对这种机器人给予高度评价，他说："这个翻筋斗的机器人，是一个极好的发明。因为至今还没有找到能在废墟中快速行动的救援设备。"研究人员希望这种只有 30 厘米左右长的机器人能通过它紧凑、敏捷、快速的运动模式，在地震后的建筑废墟上更有效地搜索遇难者。

研究人员说，遇到地震、火灾或塌方等，经常会出现人不能亲自到一些危险地方实施救援的情况，于是往往会想到让机器人来完成这些艰巨任务。不过一般机器人行动都不太利落，遇到障碍物通常只能绕道而行，绕不过去，则只能就此作罢。他们开发的这种救灾用的机器人与其他的不同，它在比较平坦的地方会滚动着前进，在遇到障碍时能连滚带跳地翻过去。

这种机器人的转腿有两个轮子、两条用于稳定的辅助腿和一个可反弹的充气圆筒。当机器人靠近障碍物时，它的两个光传感器就会打开，一起评估障碍物有多高，要跳多高才能过去。如果障碍物不足 0.9 米高，充气圆筒就会从机器人底下直接向地面排气，利用地面的反作用力，弹起来，跳过障碍。当机器人有一边先着地时，气压缸又会喷出气体来校正位置。它的两条辅助腿是用来稳定机器人着地的，或当机器人在不平坦地面上滚动时能起到稳定作用。它能边滚边跳，边跳边翻筋斗，并以任何姿势着地，以便使它马上恢复状态，立即投入到下一个行动中。如果传感器发现的障碍物实在是太高了，它就会绕道而行。

在搜救路上，机器人随身携带的摄像机，将沿途拍摄的景象通过无线连接发送给计算机，以便让救援人员作出搜寻参考。此外，在它身上还安装了一个通话器，使搜救人员能与被困的人保持联系。

研究人员认为，目前，这种机器人还存在一些弱点需要改进。例如，它无法在泥地或软地面跳跃；由于它是通过可视远程控制进行操控，因此它无法在远离人类视线的地方进行工作。

（2）研制成功灾区救援自主飞行机器人。[74]2009年5月21日，新华社报道，一种名为"旋翼飞行机器人"的空中多功能自主飞行器，在中国科学院沈阳自动化研究所研制成功。

这种"旋翼飞行机器人"有大小两款，外形与直升机酷似，机器人前下部装有摄像设备，顶部旋翼直径超过3米，机器人长度约有3米。较大的机器人起飞重量120千克，有效载荷40千克，最大巡航速度每小时100千米，最大续航时间4小时；较小的机器人起飞重量40千克，有效载荷15千克，最大巡航速度每小时70千米，最大续航时间2小时。

飞行机器人在空中可以实现全自主飞行，无须人员驾驶和操控，设定目标坐标后，它可以自主起飞、降落、巡航。

5月12日，在北京地震废墟搜救实战演习中，飞行机器人成功完成了自主起飞、空中悬停、航迹点跟踪飞行、超低空信息获取、自主降落等科目，完成了演习指挥部下达的快速响应与废墟搜索使命。

据介绍，这种机器人可用于地震、水灾、火灾灾情调查救援；重要设施连续监控；化工厂等场所有毒气体浓度监测；输电线路、输油管线巡查；区域性空—地、空—海通讯中继；农田、林区农药喷洒等多种用途。

2. 研发能自主择路前行的救灾机器人

（1）研制出自动测绘地图行走的救援机器人。[75]2012年3月，有关媒体报道，机器人代替人，对危险环境或人难以达到的地方进行侦查，譬如有倒塌危险的房屋内、洞穴或发生工业事故遭受污染的地区。装备有传感器、雷达和光学相机的机器人，可以在自然灾害、爆炸或火灾后，帮助救援人员搜寻幸存者和检测有害物质。但是，人们常常遇到这样一个问题：没有标识现场障碍物及可通行区域位置的地图。这种地图，是机器人能够实现自主或遥控行动必不可少的。

现在，德国弗朗霍夫协会光电技术、系统技术和图像处理研究所的研发人员，开发出一种依靠专门的算法和多传感器数据，能够自主探查未知区域并同时测绘地图的行走机器人。

为此，研发人员开发了一个算法工具箱，集成在机器人的计算机上。它给机器人装备了各种传感器：如测程传感器测量车轮转速，惯性传感器测量加速度，测距传感器测定机器人至墙壁、楼梯、树木和陡坎的距离，相机和激光扫描仪感知周边环境并用来测图。

各种专门算法处理各种传感器数据，并根据这些信息测定机器人的准确位置，同时测绘出地图，并不断根据新信息进行修测。这种同时实现定位和测图的方法，被命名为同步定位与测图。此外，专门的算法工具箱，还可以使机器人实现在救险区域内的最佳路径选择。

（2）研发出能自主确认可能行进路线的救援机器人。[76] 2015 年 8 月 21 日，德国帕德博恩大学默奇教授领导的一个研究小组在媒体采访时介绍说，在各种事故或灾害的危险环境中，他们研制的自主救援机器人能够自行解决遇到的各种问题，有望大显身手。

默奇说，目前各国已投入应用的主要是遥控救援机器人，即机器人需要人远程操纵，还不能在情况复杂的灾难现场自主行事。但是在地震等很多灾难的现场，卫星导航图往往不管用，人机通信联系也很容易中断。

该研究小组研制出的"GETbot"机器人可以借助自带的 2D 激光扫描传感器及 3D 相机了解周边环境，确认可能的行进路线，还能借助激光测距绘制现场虚拟图。通过一种热成像相机，这种机器人可以感受较近距离环境中微小的温度变化，借此发现被埋在废墟中的幸存者，并将其位置标在现场虚拟图上。这种机器人还可以借助二氧化碳传感器等装置，捕捉幸存者呼吸等生命迹象。

为了完成爬高降低的任务，研究人员还研发了"GETjag"遥控履带式机器人。与"GETbot"不同，这种机器人可以用手臂上戴的一个抓具去接触幸存者，并借助空间 3D 分析数据，去寻找破裂的燃气管道等危险源，关闭其阀门。

目前，研究人员还在开发机器人自动识别高爆或剧毒危险标志的功能，以便将来机器人能在救援人员到来之前，切断这些危险源。未来机器人之间还需要能够互动合作，比如用无人机支持地面救援机器人搜寻幸存者。

3. 研发具有其他功能的救灾机器人

研发出可用于紧急支援的四足机器人。[77] 2019 年 6 月，国外媒体报道，意大利理工学院一个研究小组宣布，他们研发出大规模升级的全新四足机器人，并在热那亚机场展示了这个机器人的力量，它能拉动一架 3.3 吨重的客机，可承担灾区救援等某些特殊任务。

该机器人长 1.33 米，高 0.9 米，加上内部液压系统和电池，它的重量为 130 千克。它由一个铝制防滚架，以及凯夫拉尔、玻璃纤维和塑料组成的外壳保护。它还有定制的橡胶垫脚，当前行困难时可提供牵引力。此外，它还载有两台计算机，一台指引视觉方向，一台用于控制。

意大利理工学院使用了穆格的集成智能制动器，每个制动器都有 3D 打印的钛装置。该装置包含所有传感器、电子器件和流体路径。该机器人有两个独立的液压泵，一个驱动前腿，一个驱动后腿。由于制动器大部分是密封的，所以它是防水防尘的。

拉动飞机并非这个机器人的主要工作。它是为了在救灾等紧急情况下提供援助而开发的，是灾难响应、设施停运和检查等方面的理想选择。但目前它仍是一款研究型机器人。意大利理工学院希望接下来能够加快研究，以实现其工业化生产。

二、研制地质灾害救援其他设备的新成果

（一）开发用于地质灾害救援的搜寻探测设备

1. 研制用于地质灾害地点的搜寻营救遥控装置

开发使狗独立完成灾区搜寻营救任务的远程遥控装置。[78]2013年9月，国外媒体报道，美国奥本大学机械工程系研究人员杰夫·米勒和大卫·贝维利等人组成的一个研究小组在《国际建模识别与控制杂志》上发表论文称，他们近日设计的一种遥控装置，使工作人员可遥控指挥探测狗在灾区搜寻营救灾民。

据报道，目前，研究人员研制出一种营救犬遥控装置，可使负责搜索和营救工作的犬类动物，在工作人员的遥控指令下抵达危险地点。同时，未来懒惰的宠物狗主人，可以遥控命令他们的宠物狗自己散步，或者完成各种任务。

该研究小组为犬类动物定制了一种特殊的遥控装置，由微处理器、无线电设备和GPS接收器组成。这套遥控装置是一种通过内置振动和音调指令模块，提供对犬类动物的自发式引导，研究人员指出，实验结果表明工作人员对犬类的遥控操控率接近98%。

但是，研究人员的设计初衷，并不是让宠物狗的主人变得更懒，生活更简单，尤其是那些懒得陪宠物狗散步的主人。这套遥控装置适用于多样性生命营救环境，工作人员可通过指令遥控探测狗进行搜寻和营救工作。

犬类最适合于探测爆炸物、毒品，以及搜寻地震等灾难事件掩埋在废墟中的灾民。但是指挥人员不能总是安全地到达探测狗所在的地点，同时，这样的环境通常嘈杂，探测狗很难接受到指挥人员发出的指令。

目前，米勒和贝维利演示了工作犬和搜索营救狗如果听从于人们的遥控指令，这套装置可发出遥控音调和振动。他们指出，这些犬类的表现，就如同接受到指挥人员的语音和手势指令一样，它们能够完成相应的任务。这套装置其他潜

在的应用包括：紧急响应者在危险状况下实现远程遥控引导；建立一个触觉反馈GPS 系统，帮助实现视觉损伤者导航。

2. 研制用于地质灾害救援的探测设备

（1）开发出可探测 9 米深被埋人心跳的新设备。[79] 2013 年 9 月 24 日，华盛顿媒体报道，美国国土安全部和美国航空航天局联合组成的一个研究小组开发出一种基于微波雷达的便携式探测设备，可探测废墟下 9 米深处被埋人员的心跳。

该设备的英文简称为 FINDER，即"发现者"。测试表明，它除了能探测废墟下被困人员的心跳外，还可探测位于 6 米厚的实心混凝土后的人体心跳，如果是在露天空间，探测距离可以达到 30 米。

美国航空航天局喷气推进实验室"发现者"项目经理詹姆斯·卢克斯向媒体透露说，"发现者"利用低能量微波信号，搜寻由呼吸与心跳造成的人体表面发生的微小变化。这一设备还能识别呼吸与心跳是否属于人类，不会将小动物或钟摆等机械设备误认为人类幸存者。

卢克斯说："'发现者'特别适合搜寻失去知觉或没有反应的受害者。"它不会取代现有听声设备、搜救犬以及经验丰富、能探查细微迹象的搜救人员，而是会与气体分析、热成像、声波成像等先进技术共存，它将是一个有益的补充。

卢克斯表示，他们开发的便携式原型设备已与商业化产品相当接近，并不是把一堆实验设备简单塞到一个盒子里。美国国土安全部希望，尽早在市场上销售这种产品，目前已有好几家公司对此表现出浓厚兴趣。

（2）研发可拯救灾民生命的便携探测器。[80] 2020 年 5 月，国外媒体报道，在发生地震等灾难之后，迅速找到埋在废墟下活着的受害者是极其重要的。近日，瑞士苏黎世联邦理工学院索梯里斯·普拉兹尼斯教授领导的一个研究小组创建的一种新设备可以比以往更加容易地找到受害者，成本也更低。

目前，救援人员主要使用嗅探犬或声音探测器搜寻受害者、搜索呼救者。然而，受过专业训练的嗅探犬的数量往往有限，而这些探测器在寻找无意识的人方面用处不大。还有一些系统可以检测人体释放的化学物质，但是它们体积庞大而且价格昂贵，且并不总是能够检测到低浓度的这些化学物质。

现在瑞士研究小组研发的新设备制造成本低，体积也不大，可以随身携带或安装在无人机上，它装有 5 个传感器。其中 3 个传感器能够检测出人们在呼吸中或从皮肤上释放的特定化学物质，这些化学物质是丙酮、氨和异戊二烯。另外两个传感器能够检测湿度和二氧化碳，两者都会出现在被困人员附近。

在实验室测试中，传感器阵列能够检测浓度低至十亿分之三的目标化学物质。据报道，这对便携式检测器而言是前所未有的。研究人员已制订计划，准备在类似灾难后果的现场条件下测试设备。

（二）开发用于地质灾害救援的通信与充电设备

1. 研制用于地质灾害救援的卫星通信设备

研制出用于救援行动的应急小型卫星通信站。[81] 2006年3月10日，法国总统府特派员格德日在日内瓦举行的新闻发布会上宣布，为了解决重大自然灾害等灾难性事件发生后，受影响地区的通信系统可能被毁，现场救援因此受阻的问题，法国科研人员研制出一种形似集装箱的小型卫星通信站。

格德日介绍说，根据法国政府2005年1月的提议，该国阿尔卡泰尔公司和国家空间研究中心，合作研制出这种便于运输的小型卫星通信站。它的规格为2米×1.5米×1.6米，重400千克，可由直升机或卡车装载。

据悉，救援人员通过简单操作就可使这种通信站与通信卫星、气象卫星、地球观测卫星和导航定位卫星等建立联系，既保障通信畅通又可获得卫星传来的灾区范围、受灾程度和灾民位置等信息。研究人员还计划增加这种通信站的功能，以协助远程医疗等。

格德日说，法国有关机构将在数月后，运用这种卫星通信站进行直升机空运、部署和救援演习。目前，这个小型卫星通信站的造价约为10万欧元，法国政府准备成立一个基金会，通过与人道救援机构等合作，推广这一产品。

2. 研制用于地质灾害救援的充电设备

研制出深受灾区救援人员欢迎的"充电器"。[82] 2013年5月2日，《中国青年报》报道，芦山地震发生后的头几天，县城没有恢复电力供应，晚上救援人员帐篷内一片漆黑。这时，多亏中国科学院大连化学物理研究所孙公权研究团队送来了"充电器"，使灾区能亮起应急灯，也能为电子产品充电。

灾区救援人员必须与外界保持联络，手机需要及时充上电。这样，"充电器"就成为他们生活必备之物了。使用者说："这种'充电器'装点盐，灌点水，就是旁边水沟里的水就行，晃一晃就可以'发电'了"。

事实上，这个大小1.2升、重1千克左右的"充电器"，学名是"镁空气储备电池"。孙公权说，它能满足一台10瓦LED照明灯工作30天，或为200部智能手机充满电。究其原因，这款"镁空气储备电池"的比能量十分高，能量密度单位达到800瓦时/千克，1千克这种新型电池，相当于汽车使用的铅酸电池的 30 倍。据介绍，它用完后补充原料也很简单，只要换了镁片加点水就能接着继续用。

值得一提的是，这个"充电器"两天前才刚刚走出实验室。4 月 20 日芦山地震发生当晚，孙公权和同事在实验室连夜组装了 200 套电池样品，第二天就运抵成都，随即成了救援部队、应急指挥部门的"抢手货"。

（三）开发用于地质灾害救援的交通设备

1. 研制用于地质灾害救援的运送车辆

研发出可给灾区运送货物的新型电动"蜘蛛车"。[83] 2015 年 8 月 6 日，英国《每日邮报》报道，法国麦克兰克（Mecanroc）公司成功研发出一款能在任何地形行驶的"蜘蛛车"，不管在陡峭斜坡还是在深坑，它均如履平地，即使在灾区废墟瓦砾堆或雪地上行走也无问题，堪称"脚上长有轮子的机械蜘蛛"。

"蜘蛛车"正式名称是"斯旺卡"，每个车轮均有独立引擎及悬挂系统，这个设计让车身在斜坡行驶时仍能保持垂直。高机动性机械臂接驳车轮至车身，行驶时像蜘蛛脚般在司机身体上下伸展。同时，车辆以四轮驱动，意味它可以急速转弯及急停。司机转弯时还能像驾驶电单车般将身体倾向一边。

"蜘蛛车"采用电动引擎，行驶时不会发出噪声及排放废气。法国麦克兰克公司表示，斯旺卡可供军方、热爱越野驾驶者甚至残障人士使用，也可用作灾区的救援货物运输。2015 年 4 月，"斯旺卡"在日内瓦发明成果展览会上获得多项殊荣。

2. 研制用于地质灾害救援的桥梁

成功开发出应对自然灾害的可折叠式架桥。[84] 2013 年 9 月 16 日，日本媒体报道，广岛大学与静冈县富士市施工技术综合研究所联合组成的研究小组成功开发出世界首座可折叠式架桥，并于近日成功完成实验，今后有望用于灾害环境下的物资运送。

据了解，该桥是由铝合金制成，比普通的铁桥更加轻便，骨架结构也采用了史无前例的折叠式设计，伸缩长度为 3~21 米，前后所需时间仅为 10 分钟，而目前日本国内搭建临时架桥最短也需要 40 分钟。

该架桥于 9 月 12 日在富士市进行实验，3 辆重约 1 吨的汽车同时从实验桥通行，没有出现任何异常。研究小组表示，日本"3·11"大地震期间，共有近200 座桥被损毁，这给物资运送带来了极大的困难，该架桥是专门针对应对自然灾害所设计，最大承重量为 12 吨。

第五章　防治和减轻海洋灾害研究的新信息

　　海洋灾害，通常指由于海洋自然环境出现异常现象或发生剧烈变化，给海上或海岸附近带来危害，造成各种损失。诱发海洋灾害的因素很多，有来自气象方面的，有来自地质方面的，有来自生物病虫害的，还有来自人类活动造成的污染。21世纪以来，国内外在防治和减轻海洋气象灾害领域的研究主要集中于：考察海洋气温变化状况，分析气候变化对海冰进而对温室气体和动物生态环境，以及对冰山的影响。探索气候变化对冰川的影响，揭示冰川消退或融化的原因；使用地震传感器监测海洋冰川变化，利用卫星对全球冰川活动进行实时追踪。考察海冰融化造成海平面上升现象，发现海平面上升将削弱泥炭地碳汇功能，会严重威胁世界遗产地，还可能导致海岸筑巢鸟类灭绝。在防治和减轻海洋地质灾害领域的研究主要集中于：探索海啸产生机制，建成世界最大人造海啸实验装置，通过建模分析小行星撞击地球引起的海啸。开发监测和预测海啸的新设备、新技术，建设和完善海啸的预警系统。探索海底地震与海底滑坡现象，研究不同类型的海底火山。在防治海洋生物灾害领域的研究主要集中于：考察海洋生物的生存状态，研究防治海洋鱼类虹彩病、海豹瘟和三文鱼寄生虫海虱，防治抑食金球藻对贝类养殖的危害。建成冷水珊瑚海底观测站，运用人工智能帮助寻找耐热珊瑚；运用基因分析助力防治危害珊瑚的棘冠海星。在防治海洋污染领域的研究主要集中于：开发深海漏油快速测定技术，研究对海鸟身上油污进行快速清理的系统设备，发明防治海洋石油污染的新型吸附材料。同时，研究防治海洋塑料、磷与汞污染。在海洋防灾探测领域的研究主要集中于：利用观测卫星绘制海洋防灾概貌示意图，以及全球潮滩地图，建立可用于海洋灾害预警的观测网络。开展南极大陆及周边海洋的防灾探测活动，推进北冰洋及周边陆地的防灾科学考察。建造海洋科考与海上灾害救援船舶，研制用于海洋防灾探测的深海潜水衣、新型传感器和测量地球潮汐的重力计等设备。

第一节 防治和减轻海洋气象灾害研究的新进展

一、气候变化导致海冰消失的研究成果

（一）探索海洋气温变化的新信息

1. 研究海洋气温升高与极端天气的关系

发现东赤道太平洋表面升温或导致厄尔尼诺现象加倍产生。[1]2014 年 2 月，气候学家蔡文举等人组成的一个研究小组在《自然·气候变化》杂志上发表报告称，他们通过气候模型的研究，发现气候变化会对厄尔尼诺极端天气事件发生的频率，产生一定的影响。

厄尔尼诺是一种自然气候变化现象，其影响已经波及世界范围。厄尔尼诺极端天气事件导致全球天气模式发生混乱，并通过降雨变化影响到生态系统和农业。

研究小组在研究气候模型中发现，东赤道太平洋海域表面升温可致使厄尔尼诺现象的发生频率成倍增加。该片海域气温上升的幅度比周围大，减少了海洋表面的气温梯度，从而导致大气对流区发生转移，形成极端天气发生所需的条件。

这项成果否定了先前研究认为的厄尔尼诺现象不一致性的结论。研究人员认为，厄尔尼诺现象频率的增加，会导致未来灾难性天气事件更频繁地发生。

2. 研究海洋气温记录方式的新发现

发现珍珠母贝能忠实记录海洋气温。[2]2016 年 12 月 19 日，美国威斯康辛大学麦迪逊分校物理学教授普巴·基尔伯特领导的一个研究小组在《地球与行星科学通讯》杂志上发表论文称，他们发现，坚硬的矿物生物珍珠母贝忠实地记录了古代海洋气温。

据美国科学促进会科技新闻共享平台报道，这项工作非常重要，为科学家提供了全新的、可能更准确测量古老海洋气温的方法。该方法非常简单，仅使用扫描电子显微镜和贝壳的横截面，就可以测量构成珍珠质微细片层的厚度。基尔伯特解释说："片状物的厚度与海洋气温有关。气温越高，片层越厚。"

研究小组研究了珍珠母贝的化石样本，这些快速生长的咸水蛤科软体动物，

生活在大约有 2 亿年历史的浅海环境中。即便是现在,这种双壳类海洋生物,依然在热带和温带沿海和浅陆架环境中生存繁衍。

新方法比以往的方法更准确。因为化石贝壳的化学成分能够通过成岩作用改变,成岩作用发生在沉积物下降到海床上形成沉积岩期间,化石贝壳可部分溶解并再沉淀为方解石,填充珍珠质中的裂纹。如果物理结构被成岩作用改变,珍珠质将不再分层,所以会知道值不值得分析那个区域,如果只保留一些珍珠层,它们的厚度可以很容易测量。

珍珠母贝这种软体动物家族,已经在世界海洋中生活了超过 4 亿年,留下了清楚的海洋气温记录,除了说明过去的气候,相关数据还可以帮助建模者预测未来的气候和环境变化。

(二)探索气候变化对海冰减少的影响

1. 研究气候变化致使海冰消失的新进展

(1)发现气候变暖使北极地区冰层面积大幅减少。[3] 2011 年 8 月 5 日,国外媒体报道,俄罗斯联邦气象和环境监测局极地研究所发布消息说,北极地区的气候变暖趋势超过了科学家原来的预期。监测数据显示,8 月初,这一地区的冰层面积大大小于多年同期水平。

该研究所公布的数据显示,北冰洋喀拉海西南部,拉普捷夫海、东西伯利亚海和楚科奇海的冰层面积比多年同期平均水平分别减少了 56%、40%、14% 和 35%。

俄罗斯气象和环境监测局相关负责人对媒体说,目前北冰洋的冰层面积接近 2007 年出现的历史最低水平,因此这一地区的通航条件非常理想。

这位负责人说,根据气候变化的趋势,在北冰洋地区不须破冰船引导即可实现通航的季节将会越来越长,这对于在当地发展航运意义重大,但同时,冰层的过快融化意味着北冰洋将出现更多的冰山,从而对船舶航行和钻井平台作业的安全构成威胁。

发现气候变化使南极从 1992 年起失去 3 万亿吨冰。2018 年 6 月,《自然》杂志同时发表数篇论文的合集,从多个角度探讨南极洲的过去、现在和可能的未来。其中,英国利兹大学科学家安德鲁·谢赫德主持的研究团队,在有关气候科学分析的报告里称,南极冰盖在 1992—2017 年间损失了大约 3 万亿吨冰,相当于海平面平均上升约 8 毫米,而南极洲冰盖正是气候变化的一个关键指标。

(2)南极洲自 1992 年以来已失去 3 万亿吨冰。[4] 2018 年 6 月,《自然》杂志同时发表数篇论文的合集,从多个角度探讨南极洲的过去、现在和可能的未来。其中,英国利兹大学科学家安德鲁·谢赫德主持的研究团队,在有关气候科学分析的报告里称,南极冰盖在1992—2017年损失了大约3万亿吨冰,相当于海平面平均上升约8毫米,而南极洲冰盖正是气候变化的一个关键指标。

南极冰盖被认为是全球气候环境变化最好的记录载体,也是海平面上升的一主要驱动因素,其中所蕴含的水足以使全球海平面升高58米。南极冰盖始于渐新世末,至少在距今500万年前就达到了目前规模。冰盖绝大部分分布在南极圈内,直径约4500千米,面积约1398万平方千米,约占南极大陆面积的98%。因此,了解目前的冰盖质量平衡,即质量损益的净值,是估计未来冰盖质量潜在变化的关键。自1989年以来,人们已对南极洲的冰块损失进行了150多次计算。

研究团队此次进行的冰盖质量平衡相互比对试验,分析了1992—2017年期间,确定的24项基于卫星观测的独立冰盖质量平衡估算结果,并将其与表面质量平衡建模相结合。研究人员发现,在此期间,海洋驱动的冰融化导致西南极洲的冰损率,从每年530亿吨增加两倍达到1590亿吨。由于冰架崩塌,南极半岛的冰损率从每年约70亿吨增加到330亿吨。然而,东南极洲的质量平衡仍然高度不确定,接近于稳定。

研究团队指出,关于冰盖质量平衡的评估仍有改进的可能,例如重新评估20世纪90年代获得的卫星测量结果或许会有所帮助;与此同时,持续进行卫星观测仍然至关重要。

(2)发现气候变化使海冰变薄而大量消失。[5]2021年7月,美国华盛顿大学阿克塞尔·施威格主持的研究小组在《通讯·地球与环境》发表论文称,气候变化形成反常的夏季风,导致冰层变薄,造成北极最后冰区的海冰在2020年夏天大量融化、消失。

北冰洋格陵兰北部的旺德尔海,通常覆盖着坚密厚实的经年冰雪。人们预期,在气候变化之下,它会比北冰洋任何区域都能坚持更久。这个地区,常被称为北冰洋最后冰区。但在2020年夏天,与气候预测相反,北冰洋最后冰区出现了广阔的开放水面。

这一地区是北极熊、海象和海豹的重要避难所。最新研究结果表明,面对气候变化,最后冰区或许比此前认为的更为脆弱。

为了调查是什么原因导致北冰洋最后冰区意料之外的海冰消失,研究小组使用卫星图像和数学模型,其中纳入了2020年旺德尔海的环境条件。他们通过研究估计,2020年夏季大量海冰消失绝大部分由反常天气引起,强力的夏季风把海冰从最后冰区吹走。

同时，研究人员还根据1979年以来的数据对这一地区进行了数值模拟，结果表明，长期以来气候变化导致海冰变薄促使2020年的冰层融化加剧，使最后冰区在反常气候条件下更为脆弱。

研究人员建议，后续进一步研究，应出于保护目的，尝试量化最后冰区对气候变化的恢复力，因为这一区域可能最终会成为依赖冰面生存哺乳动物最后的夏季栖息地。

2. 研究气候变化致使冰架崩解的新进展

（1）发现气温偏高导致南极康格冰架崩解。[6]2022年3月25日，美国有线电视新闻网报道，受气温异常升高影响，南极地区康格冰架日前崩解，其面积与美国城市洛杉矶相仿。

据报道，南极地区东部约1200平方千米的康格冰架于3月15日前后崩解。英国南极考察处海洋地球物理学家罗布·拉特说，气候变暖增加了冰架崩解的可能性。法国与意大利合建的康科迪亚南极考察站，3月18日测得零下11.5℃气温，创历史最高纪录。这一数字较往年同期平均水平高约40℃。

拉特说，过去40年来南极地区出现了一系列冰架崩解现象，但主要出现在气温较高的西部。自从能接收卫星数据以来，南极地区东部没有出现过这样的冰架崩解情况。尽管康格冰架的面积堪比一座大都市，但拉特说，它是一座很小的冰架，多年来不断缩小，直到最终崩解。

美国国家冰雪数据研究中心首席科学家、冰川学家特德·斯坎博斯说，康格冰架崩解的原因是最近气温偏高，海冰消融达到创纪录水平，冰架受到海浪冲击。

（2）发现气候变暖条件令南极冰架更易发生崩解事件。[7]2022年4月15日，法国格勒诺布尔大学、法国国家科学研究中心乔科学家纳森·威勒主持的一个研究团队在《通讯·地球与环境》期刊发表论文指出，2000—2020年，围绕南极半岛拉森冰架的冰山崩解事件（会形成新的冰山），有60%由极端大气条件引发。这项研究认为，在未来气候变暖预估下，同样的过程或将使拉森C冰架面临崩溃风险。

该论文称，南极的冰架坍塌事件被认为加速了大陆冰损失，促成海平面上升。"大气河流"是高湿的狭带，在大气中像河流一样移动。这些"流"起源于亚热带或中纬度地区，会导致热浪、海冰融化和海洋涌浪，也会导致冰山崩解、冰架坍塌。近几十年里，南极半岛的拉森A和拉森B冰架，分别于1995年和

2002 年急剧崩塌。这些事件被认为与冰面融化以及风暴带来的海洋波浪相关压力有关。

为明确大气河流对南极冰架的影响，该团队研究识别出 2000—2020 年间 21 次拉森冰架崩解和坍塌事件，他们利用一种大气河流侦测算法，发现 21 次崩解和坍塌事件中的 13 次，在之前 5 天内发生过强大气河流登陆。

研究人员表示，未来冰盖稳定性模型，需包括短期大气行为极端条件，而非仅仅依靠平均条件。

3. 研究大气环流致使北极海冰减少的新进展

发现大气环流是北极海冰近期减少的主要因素。[8]2017 年 3 月，一个探索北极海冰衰退的研究团队在《自然·气候变化》网络版发表论文称，自 1979 年以来，9 月北极海冰面积下降的原因，自然变化率最多能解释一半（30%~50%）。其中，大气环流的变化，对北极夏季海冰覆盖面积的影响较大。加拿大环境与气候变化机构科学家尼尔·斯沃特，对该论文的观点作出评论，并指出影响北极海冰近期变化的主要因素。

斯沃特指出，北极海冰近期的变化是由两个主要因素驱动的：响应外部压力（比如温室气体增加）带来的长期整体冰损失，以及内部气候变率带来的短期随机变化。目前科学家们所面临的挑战是，对人类引起的变暖和内部变化率，在北极海冰长期减少中的相对贡献没有明确的理解。而论文作者此次则阐明，人们观测到的夏季北极海冰消失中，大约一半是由大规模大气环流中自然引起的变化驱动的。

需要指出的是，这项新发表的研究结果，并没有对"人类引起的气候变暖导致北极海冰衰退"这一焦点问题提出质疑，因为大量证据表明，这一关系确实存在。

（三）探索海冰消失对动物生态环境的影响

1. 研究海冰消融对北极熊生存的影响

（1）北极熊无法通过新陈代谢应对海冰消融。[9]2015 年 7 月，美国怀俄明大学野生动物生态学家本·大卫等人组成的研究小组在《科学》杂志上发表研究报告显示，北极熊的新陈代谢，在海冰融化且食物变得稀少的夏季，并没有变缓很多。随着北极以超过全球平均水平的速度变暖，此项发现，对于将海冰用作狩猎场的北极熊来说，并不是好兆头。

每年夏天，北极海冰都融化得越来越早，并在每个冬天结冰越来越晚。这限制了北极熊捕捉海豹的机会。本·大卫介绍说，由于没有节省能量的方法，北极熊不太可能在温度日益上升所导致的持续海冰消融中生存下来。

研究显示，北极熊并未像一些人猜想的那样，采用被称为步行冬眠的策略：一种活动量降低且新陈代谢减缓的状态，在夏季的"斋戒"中求得生存。相反，同任何饮食受限的哺乳动物类似，它们的新陈代谢速率只表现出较小幅度的减少。

本·大卫及其同事，通过把跟踪项圈和活动监视器，安装到来自阿拉斯加以北波弗特海的一个种群的 20 多头北极熊身上，获得了这项发现。他们还将探针植入 17 头北极熊体内，以测量同新陈代谢速率密切相关的体温。

2008—2009 年，研究人员追踪了北极熊的活动和温度，并且发现测量结果和从海冰上移到岸边，以及那些追随"撤退"的海冰进一步北上的北极熊基本相同。生活在海冰上的北极熊，体温出现了略微下降（约 0.7℃），但变化幅度实在太小，并不符合步行冬眠的特征。

（2）海冰减少导致北极熊栖息地全面衰退。[10] 2016 年 9 月，美国西雅图华盛顿大学数学家哈利·斯特恩和生物学家里斯汀·莱德领导的一个研究小组在《自然》杂志发表研究报告说，他们发现，在气候变化的影响下，没有一只北极熊，在迅速变暖的北极地区是安全的。

据报道，众所周知，北极熊依赖海冰漫步、繁殖，并且用它作为平台捕猎海豹。每年夏季，当海冰融化后，这些大家伙会花几个月的时间在陆地上生活，在此期间，它们大多数情况下是不吃东西的，直至冰冻期到来能够重新开始捕猎。因此北极熊如果想要存活下来，它们实际上一年到头都离不开海冰的帮助。

一些气候模型显示，到 21 世纪中叶，北极的大部分地区将无冰可寻。然而北极附近那些冰冷的避难所目前支撑了 19 个北极熊种群总共约 2.5 万只个体的生存。

目前，科学家尚不能确定，这些北极熊栖息地的海冰的确切退却速度，抑或是否有一些避难所目前还没有减小。如今，对卫星数据进行的一次详细分析表明，所有的北极避难所，事实上都在衰退之中。

该研究小组，利用一个长达 35 年的卫星记录，对上述 19 个北极熊种群所处的地点逐一进行分析。其范围从 5.3 万~28.1 万平方千米不等。对于每一块栖息地，研究人员计算了海冰在北极春天后撤和在秋天前进的日期，以及海冰在夏天的平均密集度和被冰覆盖的天数。

研究人员最终发现，所有的栖息地都存在这样一个趋势，即海冰在春天的后撤变得越来越早，而在秋天的前进变得越来越迟。研究人员指出，自从 1979 年开始进行卫星观测以来，每年出现海冰最大值的 3 月与海冰最小值的 9 月之间的时间跨度已经延长了 9 周。他们在《冰雪圈》期刊上报告了这一研究成果。

研究人员表示，这些测量结果意味着北极熊的所有栖息地都面临着巨大的压力。莱德说："每年春季的海冰解冻和秋季的海冰封冻，大致限制了北极熊捕猎、寻找配偶和繁殖后代的时间段。"

此前的研究，已经证明北极海冰的减少，对北极熊的丰度和健康均产生了不利影响。例如，当海冰融化和食物变得稀缺后，北极熊的新陈代谢看起来似乎并不慢，这表明北极熊并不具有节约能量，以便在夏天不进食期间生存的方法。

美国、加拿大、格陵兰、挪威和俄罗斯 5 个北极国家和地区，在 2015 年采取了一项保护北极熊的为期 10 年的环极地行动计划。国际自然保护联盟北极熊特别小组联合主席、特罗姆瑟挪威极地研究所戴格·冯格拉文表示，对所有北极熊栖息地变化进行的观测，将指导该计划的实现，并帮助协调各国的保护工作。

2. 研究海冰消失对当地动物生态系统的影响

发现北极海冰消失会破坏当地动物生态系统。[11] 2016 年 9 月，美国阿拉斯加州一家咨询公司马丁·伦纳主持的研究小组在《生物学快报》发表研究成果称，海冰覆盖的持续损失正在破坏北极动物的生态系统，并且可能意味着比此前认为更多的物种将因此灭绝。

在经历了史无前例的暖冬后，北极海冰覆盖面积，在 2016 年夏季缩减到有记录以来的第二低。伦纳介绍说，诸如象牙鸥等直接依赖于海冰的物种将陷入困境。

伦纳研究小组分析了 1975—2014 年间关于白令海东南部区域海冰和浮游动物、鱼类以及海鸟的数据。他们发现，当海冰在春天早早融化时，大多数海鸟和大型浮游动物的丰度会降低。这表明，这些物种的数量在更加温暖的气候下会进一步衰减。

不仅仅只有海洋生物处于危险之中。来自法国萨瓦大学的格伦·雅尼克针对这项研究表示："对于北极动物来说，海冰的消失代表着一种新的严重障碍，尤其是它们在岛屿之间的移动将受到阻碍。"

伦纳研究小组还研究了海冰损失对皮尔里驯鹿可能造成的影响，认为前景不容乐观。对于当地原住民来说，皮尔里驯鹿是一种具有重要文化意义的动物。它们还是拥有 3.6 万余座岛屿的加拿大北极群岛生态系统的关键组成部分。皮尔里驯鹿会在连接这些岛屿的冰面上穿行，以寻找食物和住所、交配并抚养幼崽。

（四）探索气候变暖形成冰山及其产生的影响

1. 研究气候变暖形成冰山的新进展

确认在南极洲因气候变暖形成世界最大冰山。[12] 2021 年 5 月 20 日，新华社报道，总部设在法国巴黎的欧洲航天局 19 日发布新闻公报称，由于南极洲气候变暖，致使威德尔海龙尼陆缘冰断裂形成一座巨型冰山。观测显示，它是目前世界上最大的冰山，面积约 4320 平方千米。

根据公报，这座冰山由英国南极考察处发现，并由美国国家冰中心利用欧洲"哨兵 -1"卫星近期拍摄的图像确认。

公报说，该冰山被命名为 A-76，长约 170 千米，宽约 25 千米。它的面积超过同样位于威德尔海的 A-23A 冰山，成为目前世界最大的冰山。A-23A 是此前最大的冰山，面积约 3880 平方千米。

"哨兵"系列地球观测卫星，是欧盟委员会和欧洲航天局共同倡议的"全球环境与安全监测系统"（又称哥白尼计划）重要组成部分，目的是帮助欧洲监测陆地和海洋环境，并满足其应对自然灾害等安全需求。不同组别的"哨兵"卫星有不同观测功能。

"哨兵 -1"系列卫星由两颗极地轨道卫星组成，借助 C 频段合成孔径雷达成像技术，全天候收集并传回数据，以实现对南极洲等偏远地区的全年观测。

2. 研究冰山改变生态环境的新进展

发现南极冰山正在改变当地海域富饶的生态环境。[13] 2014 年 6 月，一个由多学科专家组成的研究小组在《当代生物学》上发表论文称，他们的研究显示：10 年前，西南极半岛海岸的海床孕育着丰富的物种，但现在，冰山正在不断地洗刷该海域，深刻地改变了原本富饶的生态环境。

过去，每到冬季，西南极半岛海域的海面会冻结，形成一层"固定冰"，从而阻止冰山靠近浅海。但随着气候变化，西南极半岛海域变得越来越热，形成"固定冰"的时间，每年都会减少几天。这导致冰山能够更频繁地进入浅海海域，在海底切开巨大的裂缝，给无脊椎动物带来灭顶之灾。

研究小组检查了该海域，在 1997—2013 年之间的空间分配、生物多样性、种群之间和种群内部的互动情况，以及每年的冰山运动。他们的发现发人深省：绝大多数物种无法从日益频繁的冰山洗刷中恢复，只有一个物种除外，它是一种难以形容的白色苔藓状生物。这种生物，能够克服困难的原因，在于它们有着出色的抵御冲击的能力。研究发现，该生物现在几乎成为该海域的主宰者，这将使得整个区域缺乏抵御入侵物种的能力。

二、气候变化导致冰川融化的研究成果

（一）探索气候变化对冰川影响的新信息

1. 研究气候变暖引起冰川融化的新发现

（1）发现水下冰川融化速度比预期快百倍。[14] 2019 年 7 月，美国俄勒冈大学海洋学家戴维·萨瑟兰、罗格斯大学丽贝卡·杰克逊等组成的研究团队在《科学》杂志上发表论文称，他们研究发现，现有研究水下冰川的模型，大大低估了冰川的融化程度，它的实际融化速度可能比以前认为的要快得多。

研究团队首次直接测量了吃水线以下潮汐冰川的融化情况，发现现有模型非常不准确。杰克逊说："我们发现，整个水下冰川的融化率明显高于预期，一些地方甚至比理论预测的高出 100 倍。"

迄今为止，科学家并不知道格陵兰岛、阿拉斯加州和南极洲的冰川在地表下融化的速度有多快。以前的研究使用水和空气温度以及洋流数据来测量融化速度，但这项研究发现，海洋盐度和冰川的形状也很重要。

该研究团队分析了 2016—2018 年间莱康特冰川在水下的融化情况，该冰川位于阿拉斯加朱诺南部的莱康特湾。他们使用声呐扫描剖析了水面之下的冰川情况，并测量了融化的水流的速度、温度和盐度。萨瑟兰说："我们已经开始纠正这些模型，其他研究人员也可以用我们的方法探索世界各地的其他潮水冰川。"

这项成果也夯实了此前的一些研究，这些研究表明，需要重新考虑有关冰川水下融化情况的假设，因为这一现象对海平面上升有惊人影响。萨瑟兰说："未来的海平面上升主要取决于这些冰盖中储存了多少冰。"

（2）发现南极思韦茨冰川融化速度加倍。[15] 2022 年 9 月，英国南极调查局海洋地球物理学家罗伯特·拉特等人组成的研究团队在《自然·地球科学》杂志上发表论文称，他们研究发现，由于温暖的深水密集地将热量输送到今天的冰架洞穴，并从下方融化冰架，南极洲西部阿蒙森海的思韦茨冰川融化的速度，比之前认为的要快，恐将导致全球海平面上升 3 米。

研究人员称，思韦茨冰川是南极洲地区变化最快的冰川之一，与同样位于阿蒙森海的松岛冰川一起，这两大重要冰川对南极洲海平面上升的贡献最大。

面积相当于佛罗里达州的思韦茨冰川正在迅速崩溃。研究人员为其绘制了一份消融历史轨迹图，从中可以推测冰川未来的演变趋势。

2020 年发布的松岛冰川和思韦茨冰川的卫星图像显示，这两个冰川毗邻而立，出现了高度破裂的区域和开放的断裂。这两种迹象都表明，在过去十年中，冰架较薄的两个冰川上的剪切带在结构上已经变弱。根据这项研究，科学家们现在发现，思韦茨冰川从搁浅带的退缩速度接近每年 2.1 千米，是从 2011—2019 年间卫星图像上观测到的最快退缩速度的 2 倍。

研究人员记录了 160 多个平行的山脊，这些山脊是由于冰川的前沿后退并随着每日的潮汐上下波动而形成的。此外，他们分析了水下约半英里处的肋状构造，确定每一条新肋状构造可能都是在一天内形成的。

2018 年 10 月和 2020 年 2 月，思韦茨冰川发生了大规模的崩解事件，当时发生了史无前例的冰架撤退。这使得松岛冰川和思韦茨冰川上的冰架对海洋、大气和海冰中的极端气候变化更加敏感。研究人员认为，如果思韦茨和松岛发生动荡，邻近的几个地区也会四分五裂，导致大范围的崩塌。仅思韦茨冰川就可能导致海平面上升约 3 米。

2. 研究气候变化对冰川相关冰流影响的新进展

发现格陵兰冰流数千年前曾发生停滞和突然重构。[16] 2022 年 12 月，德国阿尔弗雷德·魏格纳研究所科学家史蒂文·弗兰克主持的研究团队在《自然·地球科学》杂志发表的一篇气候科学研究论文显示，数千年前，延伸到东北格陵兰冰盖的快速移动冰流，曾发生停滞和突然重构。这一研究结果，或有助于人们理解格陵兰冰盖在未来气候情景下的稳定性。

研究人员介绍，格陵兰内陆由降雪累积的冰一般会向海岸移动，其中部分通过名为冰流的快速移动渠道。冰流和冰盖直接表面融化，都是冰盖损失质量的一个主要途径。东北格陵兰冰流，是当前格陵兰冰盖一大部分冰质量流失的一个主要例子。虽然冰流对于理解该冰盖和其他冰盖的整体行为非常重要，但人们一直不清楚冰流发生的原因及其随时间推移的稳定性。

该研究团队利用雷达数据，分析了深埋在东北格陵兰冰盖下的冰层，再用来重建该地区以往的冰流模式。他们发现，有一系列突出的褶皱提示，这些冰向着当前东北格陵兰冰流北部快速流动。从这些褶皱的方向和它们的变形方式可以判断，至少曾存在过两支现在已经不活跃的冰流。虽然很难确定这些特征的具体年代，但论文作者认为，这些冰流活跃的时期至少持续到了全新世早期（约 1.15 万年前），而且其源头来自比现代冰流更靠北的地区。

研究人员表示，目前仍不清楚冰流位置改变的确切原因，但格陵兰冰流能根据冰川状况变化快速调整，而且持续的暖化可能会导致未来出现类似重构，对海平面上升具有潜在影响。

(二)探索冰川消退或融化原因的新信息

1. 研究派恩岛冰川消退原因的新发现

发现派恩岛冰川消退缘于20世纪气候变化。[17]2016年11月，英国剑桥南极考察中心的詹姆斯·史密斯、戴维·沃恩和美国阿拉斯加大学费尔班克斯分校的马丁·特鲁弗及其同事组成的研究团队在《自然》杂志网络版发表论文称，在一段与厄尔尼诺活动有关的大洋剧烈变暖时期后，南极洲派恩岛的冰川大约从1945年起持续快速消退。这正是由于20世纪40年代的气候变化所致。该发现阐明了南极洲冰盖消退背后的机制。

派恩岛冰川流向西南极洲的阿蒙森海，正在快速缩小消退，但人们一直不了解其背后的触发机制。此次，该研究团队探索了从派恩岛冰川浮冰架下带回的三个沉积物核心，对沉积物进行详细分析，并记录下派恩岛冰川在一个突出的海床脊附近从陆地冰川到浮冰架的转变。

研究团队使用了适用于这些沉积物的年代测定技术，表明海床脊后的冰架下存在一个"大洋空洞"。这个空洞形成于1945年左右，即热带太平洋的厄尔尼诺事件带来暖流之后。研究人员发现，在他们研究的位置，冰架最终的脱离时间是1970年左右。

论文作者指出，尽管此后气候条件又重新回到与1940年前相似的程度，但南极洲西部冰川的缩小和消退却并未停止。此前有观点认为，南极洲西部冰川目前的缩小和消退始于20世纪40年代，属于气候变化所致的一个大趋势，该研究首次为这种观点提供了量化证据。

这一结果，不但阐明了冰盖消退背后的机制，而且表明，即使在气候变化强迫作用减弱后，冰川消退仍可能会继续下去。

2. 研究思韦茨冰川快速融化原因的新发现

揭示思韦茨冰川融化速度惊人的原因。[18]2020年9月，英国南极勘察局与美国国家航空航天局等机构科学家组成的研究团队在《冰冻圈》杂志上发表研究报告称，有"末日冰川"之称的南极思韦茨冰川，正在以惊人的速度融化，提高海平面，令人担忧更令人困惑。近日，他们找到了这个问题的答案：冰川融化过快的元凶是潜入冰川底部和基岩之间的暖流，水温2℃。而且，借助最新勘测仪器，科学家绘制出暖流在冰下逡巡的路径。

各种探测数据显示，思韦茨冰川前端底部悬空，海洋暖流由一个巨大的通道插入大陆架和冰川底部之间；暴露在水中的冰面越大，融化就越多，而涌入的暖流水量更大，如此形成恶性循环。报道称，冰川底部的这个空隙比以前认为的更深，大约 600 米，相当于 6 个足球场首尾相连。这股海底暖流，被形容为有数百万年历史的思韦茨冰川的"阿基利斯之踵"，即它的致命弱点。如果思韦茨冰川以现在的速度持续融化，则冰架最终崩塌不可避免，地球的海洋和大气循环系统将被严重扭曲，后果堪忧。

思韦茨冰川是南极最大、移动速度最快的两个冰川之一，位于南极洲的西部，冰川厚度达 4 千米，面积超过 18 万平方千米，略小于英国，和美国佛罗里达州的大小相当。它被认为是预测全球海平面上升的关键。数据显示，它拥有足够的冰来将海平面提高 65 厘米，它融化后注入阿蒙森海的冰水，约占全球海平面上升总量的 4%。

美国国家航空航天局 2019 年年初宣布，利用最新卫星雷达探测技术，发现思韦茨冰川底部一个巨大洞穴，高 300 米，面积约 40 平方千米，可容纳 140 亿吨冰。数据显示，这个洞穴有很大一部分是三年内形成的。英国南极勘察局用无人潜水艇对冰川底部的水流进行勘测，结果不但探测到由咸、淡水混合而成的湍流，更测得比冰点高出 2℃多的"暖水"水温。

根据各种数据绘制的剖面图展示了暖流从底部侵蚀、融化冰川的路径和后果。他们研究结果证实了科学界多年来的怀疑，即思韦茨冰川前端并不是紧贴着大陆架的基岩，所以暖流可以像梭子一样嵌入冰层和海床之间；切面越大，冰川融化越快。

卫星数据显示，自 20 世纪 70 年代以来，思韦茨冰川明显退缩，1992—2017 年，冰川接地线以每年 0.6~0.8 千米的速度退缩。20 世纪 90 年代，思韦茨冰川每年融化 100 亿吨冰，现在差不多是 800 亿吨。它的坍塌将使全球海平面上升约 65 厘米，同时会释放出南极洲西部的其他主要冰体，这些冰体加起来可能会使海平面上升 2~3 米。这对许多国家，包括世界上大多数沿海城市来说，将是灾难性的，还会让一些地势低的海岛消失。

但是，更重大的危险在于海洋风暴的烈度将因此加剧。英国南极勘察局科学部负责人大卫·沃恩教授说："如果海平面升高 50 厘米，本来千年一遇的风暴可能更频繁，变成百年一遇；如果升高 1 米，那就可能每 10 年发生一次。"

思韦茨冰川不会在一夜之间全部融化；那需要数十年，甚至超过 1 个世纪。但不可否认的是，二氧化碳排放不断增多，使得更多热量进入大气和海洋，意味着地球生态系统中的能量增多，必然导致全球大循环发生变化。这种现象已经在北极发生,南极的迹象也日益清晰。

(三)探索监测冰川活动的新方法

1. 用地震传感器监测海洋冰川活动

首次使用地震传感器监测海洋冰川变化。[19]2015年9月,美国得克萨斯州科学家组成的一个研究小组在《地球物理研究快报》发表题为"通过地震传感器揭示潮汐冰川底部流动变化"的论文称,他们首次使用地震传感器跟踪监测发现,阿拉斯加和格陵兰冰川融水流入了海洋。这项新技术,为科学家提供了潮汐冰川变化的监测工具。

研究人员试图通过地震引起的冰山崩解,确定随季节变化的冰震,并识别在夏季很难检测到由地震引发的噪声而被遮蔽的冰震信号。在分析导致噪声产生的潜在原因,如降雨、冰山崩解和冰川运动等的过程中,研究人员发现利用地震传感器,可以检测地震所引发的冰川融水向下渗透,以及通过冰川内部复杂的管道系统的流动过程。研究发现,融水活动与地震信号的产生具有同步性,同时该方法还可以确定冰川底部的融水量。

研究人员指出,格陵兰岛冰川及南极冰川都将流入海洋,因此需要了解这些冰川是如何运动的,以及冰川前端的消融速度。基于冰川底部流动速度,可以更好地对冰川变化进行测量。这种方法,将有利于了解冰川与海洋的耦合机制,以及其对海洋冰川潮汐的影响。

2. 用卫星监测全球冰川活动

利用卫星对全球冰川活动进行实时追踪。[20]2016年12月21日,《自然》杂志网站报道,美国地球物理学联合会最近在加州举行会议,首次公开了美国航空航天局投资100万美元,启动全球陆地冰融速提取项目。研究人员将利用全新工具,对美国航空航天局的"陆地卫星8"拍摄的数据进行分析,系统化实时追踪气候变暖导致的世界各地冰川和冰层融化情况。

"陆地卫星8",每隔16天就会对整个地球进行一次全方位拍摄,研究人员因此能够对全世界冰层活动进行常规、半自动化测量,比较每次拍摄图像中冰层内标志性和敏感性部位的融化情况,从而跟踪并记录下每周、每季和每年的冰川流动。

研究人员运用卫星成像和雷达技术,跟踪冰川活动和演化已经长达数十年。一些雷达系统,甚至比可见光卫星成像系统更有优势,能穿透云层和黑夜对冰层进行跟踪检测。但全球冰融速提取项目借助先进的卫星技术、计算机算法和数据处理能力，将帮助研究人员更深入理解冰河和冰层融化速度，以及全球变暖引起的海平面上升到底多快。

目前，类似项目只能通过收集欧美多个卫星拍摄数据，记录格陵兰和南极洲冰层流动，而全球冰融速提取项目是首个全球性项目，无论身处何地，科学家们都可以获得经过处理的"陆地卫星8"拍摄的最新数据。研究人员在会议上表示："我们现在眼界更加开阔，能实时观察地球上所有冰川口的变化，从此将开启冰川行为预测的全新时代。"

三、研究海冰融化导致海平面上升及影响

（一）探索海冰融化造成海平面上升的新信息

1. 研究海冰融化与海平面上升速度的关系

分析表明海冰快速融化引起海平面上升速度超过预期。[21] 2015年5月，有关媒体报道，澳大利亚塔斯马尼亚大学克里斯托弗·沃森领导的一个研究团队发表研究成果称，过去十年所记录的海平面上升放缓，竟然是因为测量出现误差。事实上，在海冰快速融化的条件下，海平面正在以比任何时候都要快的速度上升。

报道称，在20世纪，海平面上升了约0.2米，并且上升的速度越来越快。不过，这种趋势在过去十年变得令人困惑。卫星数据显示，过去十年海平面的上升速度比前十年稍微放缓。如果这是真的，将是个好消息。然而，结果却有点奇怪，因为其他研究表明，来自融化冰川和冰盖的比以往更多的水正在流入海洋。沃森表示："这让人有点困惑。"

一种可能的解释是一些地方降水量增加导致更多的水在陆地上聚集。毫无疑问，这会引发海平面波动。如今，沃森研究团队发现，海平面上升速度实际上并未放缓，相反仍然在增加。研究表明，明显的速度放缓，要归咎于自1993年起，被用于测量海平面的卫星数据产生的

沃森研究团队通过把卫星数据和更多数量的测潮仪进行比对，确认出卫星记录中的误差。他们的分析表明，上升速度明显下降是校准误差所致，这意味着最先于1993—1999年运行的Topex A卫星稍微高估了海平面。这掩饰了正在进行的海平面持续加速。

最新研究结果同对冰川损失的测量和未来海平面上升的预测更加符合。沃森说："它和所有的预测都吻合。"

2. 分析近年与未来海平面上升现象的新进展

（1）近 30 年来韩国沿岸海平面共上升 9.1 厘米。[22] 2021 年 12 月 26 日，韩国媒体报道，韩国海洋水产部旗下国立海洋调查院公布一项研究结果显示，近30 年来，韩国沿岸海平面共上升 9.1 厘米。

韩国国立海洋调查院对该国沿岸 21 个潮位观测站 1991—2020 年资料进行分析发现，过去 30 年来，海平面年均上升 3.03 毫米。其中，东部海岸水面上升速度最快，为 3.71 毫米，西部和南部海岸分别为 3.07 毫米和 2.61 毫米。从具体观测地点来看，郁陵岛的上升速度最快，为 6.17 毫米，其后依次为浦项、保宁、仁川、束草。

从近 30 年韩国沿岸海平面平均上升速度来看，1991—2000 年为年均 3.8 毫米，2001—2010 年为 0.13 毫米，2011—2020 年为 4.27 毫米，与 20 世纪 90 年代相比上升速度约增加 10% 以上。

2021 年 8 月，政府间气候变化专门委员会旗下工作组发布的一份报告显示，1971—2006 年和 2006—2018 年，全球平均海平面分别上升 1.9 毫米和 3.7 毫米。与此相比，韩国沿岸海平面上升速度在 1971—2006 年期间为 2.2 毫米，略快于全球平均值，2006—2018 年为 3.6 毫米，接近全球平均值。

（2）预计到 2050 年美国周边海平面或平均上升 25 厘米。[23] 2022 年 2 月 15日，美联社报道，美国国家海洋和大气管理局当天发布报告说，受气候变化影响，预计到 2050 年，美国周边海平面或平均上升 25~30 厘米，相当于 20 世纪美国周边海平面上升幅度。

报告内容表明，由于陆地加速沉降，美国大西洋沿岸海平面上升幅度可能高于太平洋沿岸；路易斯安那州和得克萨斯州部分地区周边的海平面甚至可能上升45 厘米。海平面上升会造成更多潮灾。

国家海洋和大气管理局海洋管理部门负责人妮科尔·勒伯夫在报告概要中说，今后 30 年间美国中等程度海岸洪水的数量将是现在的 10 倍甚至更多。她提醒说："我可以确信地告诉你们，这些变化都不是我们经历过的。"鉴于美国大约40% 人口住在沿岸地区，未来海岸洪水将造成巨大的人员和经济损失。

美国国家航空航天局是参与报告撰写的机构之一。航天局局长比尔·纳尔逊说："这份报告支持先前的研究结论，确认了长期以来我们所知道的，即海平面在以惊人速度持续上升，威胁着世界各地社区。"

美国国家气候顾问吉娜·麦卡锡说："关于海平面上升的新数据，是对气候危机的最新再次确认……它正发出'红色警报'。"

（二）探索导致海平面上升原因的新信息

发现东南极冰盖也存引发海平面上升的"隐患"[24]

2014年5月，德国波茨坦气候影响研究所一个研究小组在《自然·气候变化》杂志上发表研究成果称，西南极冰盖常被认为不太稳定，而现在他们研究发现，东南极冰盖也不稳定，有坍塌的"隐患"，进而引发海平面大幅上升。

研究人员说，东南极冰盖的威尔克斯冰下盆地，就像一个倾斜的瓶子，一旦拔掉"冰塞子"，瓶中的冰就会大量流出，导致冰盖坍塌。

南极的冰，主要以4种形式存在：冰盖、冰架、冰山、海冰。南极冰盖是直接覆盖在南极大陆上的冰体，分为东南极冰盖和西南极冰盖。西南极冰盖是海洋性冰盖，一直被认为在全球变暖趋势下会逐渐融化，而东南极冰盖被认为很稳定。

该研究小组的计算机模型显示，如果东南极冰盖位于沿海地区的"冰塞子"融化，被其挡在后边的冰将逐渐进入大海，海平面将在数千年内上升3~4米。

研究人员说，气候变暖可能导致"冰塞子"融化，而冰入海的过程一旦开始便难以停止。按照研究人员的说法，人们可能一直"高估"了东南极冰盖的稳定性。研究人员认为，海平面如果大幅上升，将"改变我们星球的面貌"，纽约、东京、孟买等沿海城市被淹的风险也因此大幅上升。

（三）探索海平面上升带来影响的新信息

1. 研究海平面上升对碳汇功能影响的新发现

发现海平面上升将削弱泥炭地碳汇功能。[25] 2016年7月，英国埃克塞特大学埃加莱戈斯·萨拉博士等人组成的一个研究小组在《科学报告》期刊上发表研究成果称，通过取样分析发现，气候变化导致的海平面上升，会大大削弱全球泥炭地的碳汇功能。

泥炭是沼泽形成过程中的产物，主要来源是泥炭苔或泥炭藓。但除此以外，死去的沼泽植物以及动物和昆虫尸体等有机物质，都有可能成为泥炭的来源。这些生物死亡后沉积在沼泽底部，由于潮湿、偏酸性的环境而无法完全腐败分解，经过漫长的时间最终形成所谓泥炭层。泥炭属于不可再生资源，开采泥炭对环境破坏较大。

受雨水滋润的泥炭地能吸收大气中的二氧化碳，并将其固定在植被和土壤中形成重要的"碳库"，从而减少大气中的二氧化碳浓度，减缓全球气候变暖。这一碳汇能力，对全球环境有极其重要的影响。

该研究小组对苏格兰西北部的一处泥炭地进行了取样分析。这类泥炭地的碳汇能力，主要受其中特有的植被群以及湿度环境影响。研究发现，如果泥炭地中的盐分含量达到一定水平，植被群从大气中吸收和储存碳的能力就会显著下降，而苏格兰的泥炭地很多就在海岸附近，一旦海平面上升导致海水倒灌入这些泥炭地，会提高其盐分含量，最终影响泥炭地的总体碳汇能力。

据研究人员介绍，除了苏格兰，全球泥炭地中还有许多分布在爱尔兰、挪威以及加拿大纽芬兰等海岸地区，因此海平面上升对它们的潜在影响非常大。

萨拉说，泥炭地在全球的碳汇过程中扮演重要角色，气候变化带来的海平面上升，对包括部分泥炭地在内的全球许多地区产生严重影响，希望这项研究成果能够让人们认识到这方面的威胁，未来加强相关研究。

2. 研究海平面上升对世界遗产地影响的新发现

发现海平面上升严重威胁世界遗产地。[26] 2018 年 10 月 16 日，德国基尔大学环境科学家莱纳·雷曼及其同事组成的一个研究团队在《自然·通讯》杂志发表研究报告称，他们建立了一项风险指数，分析了到 21 世纪末，海平面上升对沿海世界遗产地造成灾害的状况，基于该指数可对这些世界遗产地进行排名。研究显示，由于海平面上升，位于地中海地区的联合国教科文组织世界遗产地，包括威尼斯、比萨大教堂广场、罗得中世纪古城，正面临海岸侵蚀和沿海洪水的严重威胁。

地中海地区有多处地方被列入联合国教科文组织世界遗产名录，其中许多都位于沿海地区。海平面上升会对这些遗产地构成威胁，需要通过地方层面上的风险信息，才能制定出适应性规划。

该研究团队此次把模型模拟与世界遗产地的数据相结合，建立了一项风险指数。这项指数，针对地中海地区 49 处沿海的联合国教科文组织世界遗产地，评估了到 21 世纪末海平面上升对其所造成的沿海洪水和海岸侵蚀威胁。

研究团队发现，37 处遗产地可能会遭受百年一遇的洪灾；42 处遗产地已经面临着海岸侵蚀的威胁。到 2100 年，整个地中海地区出现洪水和侵蚀的概率分别会上升 50% 和 13%。除了突尼斯的阿拉伯老城，以及土耳其的桑索斯和莱顿遗址这两处遗产地以外，该地区其他遗产地均面临其中一项风险。

研究点名指出了亟须制定适应性规划的地区。科学家们建议，鉴于这些遗产地都是标志性景点，或可用来提高公众应对气候变化的意识。

3.研究海平面上升对海岸鸟类影响的新发现

发现海平面上升可能导致海岸筑巢鸟类灭绝。[27] 2017 年 6 月，澳大利亚国立大学网站报道，该校生物学博士利亚姆·贝利领导的一个研究团队对一种名为欧亚蛎鹬的海岸筑巢鸟类跟踪研究 20 年后发现，海平面上升及由此造成的潮汐洪水频发，可能使全球范围内海岸筑巢鸟类面临灭绝危险。

欧亚蛎鹬是一种主要分布在欧洲至西伯利亚地区的鸟类，它在南方越冬，平时栖息在海岸、沼泽、河口三角洲等地，在海滨沙砾中筑巢，退潮后在泥沙中搜索食物。

贝利认为，随着气候变暖及海平面上升，全球范围内潮汐洪水的发生将更加频繁，严重威胁着以海岸为栖息地的鸟类生存状况，一个主要原因是这些鸟类对环境变化缺少调适能力。

贝利进一步解释说，他们通过对欧亚蛎鹬的跟踪研究发现这一结果。这种鸟生活在潮汐洪水泛滥的地区，即使巢穴被洪水破坏，它们也不会提高筑巢的海拔，可能是因为高海拔存在有威胁的捕食者，那里的植被种类也不适合它们生存。

据贝利介绍，其他几项国际同行的研究也印证了同样的结果。例如，据另一个国际团队预测，海平面上升及洪水事件增多，可能导致栖息在美国沿海的尖嘴沙鹬在 20 年内灭绝。

贝利说："越来越多的研究都表明了海岸鸟类的脆弱性，我们的研究是其中一部分，这些物种未来需要额外的保护和关注。"该研究团队希望通过研究帮助这些鸟类找到免受洪水威胁的方法。

第二节　防治和减轻海洋地质灾害研究的新进展

一、防治和减轻海啸灾害的新成果

（一）研究海啸灾害及其影响的新信息

1.探索海啸产生机制的新进展

（1）建成世界最大的人造海啸实验装置。[28] 2005 年 7 月，有关媒体报道，日本建成世界上最大的人造海啸实验装置。该装置将为研究海啸预测技术提供重要的实验依据。

这一装置建在神奈川县横须贺市港湾机场技术研究所，可制造出高出水面2.5米的人造海啸，被海啸冲击的建筑物每平方米受力高达10吨。在实验中，2米高的木制房屋被瞬间摧毁，房内的家具和室内人物模型被海浪吞没。

日本是一个自然灾害多发的国家，其中全世界里氏5级以上的地震，每年有20%以上发生在日本，而地震可能带来大规模的海啸。因此，日本政府和科学界对研究如何预测海啸十分重视。

（2）通过建模分析小行星撞击地球引起的海啸。[29] 2022年10月，美国密歇根大学莫莉·兰奇等学者组成的一个研究团队在《美国地球物理学会进展》杂志上发表论文称，学术界主流观点认为，6600万年前，一颗直径10千米的小行星撞向地球，引发了恐龙的灭绝。他们研究发现，这场撞击还引发了一场巨大的海啸，冲刷了距墨西哥尤卡坦半岛撞击地点数千千米的海底。

这颗撞向地球的小行星在墨西哥尤卡坦半岛附近留下了一个直径约100千米的陨石坑。除了结束恐龙的"统治"之外，还导致地球上75%的动植物的大规模灭绝。

研究人员通过建模来更好地分析海啸及其影响范围。他们使用计算机模拟来重建当一颗直径为14千米的小行星，以每小时4.3万千米的速度飞行并撞击尤卡坦半岛时产生的巨浪。他们还通过研究来自全球的120个海洋沉积物岩芯，找到了支持他们关于海啸路径和力量的发现的证据。

据估计，撞击带来的"巨型地震"释放的能量，比2004年12月印度尼西亚苏门答腊岛9.1级地震释放的能量高出约5万倍。海啸的初始能量比印尼海啸的能量大3万倍。印尼海啸造成23万多人死亡，是现代记录中最大的海啸之一。

模拟显示，海啸主要向东部和东北部辐射进入北大西洋，并通过中美洲海道（过去用于分隔北美和南美洲）向西南部辐射进入南太平洋。在一些盆地和一些邻近地区，水下水流速度可能超过每秒20厘米，这个速度足以侵蚀海底的细粒沉积物。相比之下，南大西洋、北太平洋、印度洋和今天的地中海地区基本上没有受到海啸最强烈的影响。

这项模拟研究表明，海啸的威力足以产生约1609米高的巨浪，它有效地抹去了海啸产生之前及期间该地区所发生事件的沉积记录。兰奇说："这场海啸的强度大到足以扰乱和侵蚀地球另一端的海洋盆地中的沉积物，或摧毁了一些更古老的沉积物，使得沉积记录上留下了缺口。"

2. 探索海啸造成影响的新发现

发现地震海啸导致海洋生态系统发生变化。[30] 2014 年 12 月，日本媒体报道，日本海洋研究开发机构的一人研究小组在英国《科学报告》杂志网络版上发表论文称，他们研究发现，2011 年日本大地震引发的海啸导致海底贝类和微生物的生存区域出现变化，有可能通过食物链对整个生态系统产生影响。

青森县下北半岛 2011 年 3 月曾出现 10 米多高的海啸，地震海啸发生 5 个月后，研究小组采集了下北半岛近海的海底沉积物，调查了其中含有的生物。

结果发现，通常生活在水深 10~50 米的两种贝类"日月蛤"和"布氏魁蛤"也出现在了水深 80 多米的海中。

有孔虫是一种微生物，根据种类的不同生存地点也有所不同。此次调查中，在水深 55 米、81 米以及 105 米处都发现了这种微生物，几乎都是存活状态。这比 20 世纪 70 年代调查时的种类增加了约 1 倍。

研究小组认为，本来生活在较浅水域的有孔虫被海啸搬运到了较深水域，并存活下来。这样，这种微生物的分层状态就被打乱了。不过，随着时间推移，一些种类可能会难以在新环境下长期生存。

研究小组认为，这说明海啸能让海底不同地点的生物群混杂在一起。研究小组准备今后继续调查，研究海洋生态系统会出现怎样的变化。

3. 探索减轻海啸危害的新进展

拟研制可作临时避难所的海啸救生艇。[31] 2012 年 2 月 22 日，日本《四国新闻》报道，日本国土交通省四国运输局局长丸山研一在香川县高松市举行的记者会上表示，该局已决定研制能充当临时避难所的海啸救生艇，以帮助人们在海啸来袭时逃生。

丸山研一表示，因去年日本大地震引发的海啸造成重大灾难，该局决定研制海啸救生艇。这种救生艇将以大型客轮配备的救生艇为基础进行研制，可按需要四面封闭与外界隔绝，具备被海浪包裹也不沉没、可经受夹裹各种杂物的急流冲击等特点。

丸山研一说，这种救生艇内能容纳 25~50 人，艇中可储存食品、水等物资。如果海啸将这种救生艇卷入海中的话，该艇可在数日内为避难者提供基本生活保障。按计划，这种救生艇将配备在小学、幼儿园、养老院等场所，发生海啸时来不及逃到高处的人可躲进救生艇。四国运输局计划在 2012 年夏季完成这种海啸救生艇的功能设计。

（二）探索海啸监测与预测的新信息

1. 开发探测和监测海啸的新设备

（1）成功研制出鞋盒大小的海啸探测器。[32] 2005年1月，以色列发明家梅尔·吉特里斯向人们展示了他的一项新发明：一种能在海啸来袭时直接向度假者发出警告的探测器，吉特里斯所在的公司表示，计划向刚刚遭受海啸袭击的亚洲国家免费发放。

这个海啸探测器只有鞋盒大小，成本为170美元。该仪器海陆两用，能够测量地震活动和海浪运动，并能在数秒钟之内通过卫星向世界各地的政府传送警报，还可以直接将警报传送到私人用户的手机、传呼机或其他接收器上，从而更广泛地传播信息。

吉特里斯称，"该探测器不但能测定地震强度，还能测试海浪的高度和速度，然后系统对所有数据进行分析，预测是否将发生海啸、何时发生海啸，海啸袭击的区域以及造成影响的大小。我们发明这个系统不是为了赚钱，只是为了帮助人们。我们计划将产品免费赠予贫穷国家，对于在亚洲海啸灾难中受害的国家我们分文不取。"

据报道，在2004年12月26日的亚洲海啸灾难中丧生者达14.5万人。海啸在地震发生的75分钟后抵达泰国，之后袭击斯里兰卡和印度局部。如果能够及时探测到海底地震，就能通过预防海啸极大地减少人员伤亡。然而，美国探测到海啸前地震的官员称，由于受害地区的通信问题，他们的地震警告无法传达。吉特里斯的系统也面临同样的通信问题，它要向通信设施薄弱地方的人们通知即将到来的危险，仍然是一件很困难的事情。

（2）拟部署监测海啸的深海评估报告浮标网络。[33] 2019年12月30日，国外媒体报道，新西兰联合政府官员日前宣布，新西兰将部署由15个海啸深海评估和报告浮标构成的监测网络，对新西兰克马德克海沟和希库朗伊海沟发生的海啸进行早期监测和预警。该浮标网络还将为托克劳、纽埃、库克群岛、汤加和萨摩亚等南太平洋国家提供海啸监测信息。

有关人员表示，面临自然灾害的威胁，新西兰和太平洋地区尤为脆弱，因此这里必须部署足够的预警系统。海啸深海评估和报告浮标是唯一经过反复验证的技术，能够在海啸波浪抵达海岸前确认海啸的发生。新西兰目前的预警只能依靠一个老旧的海啸深海评估和报告浮标，这一缺陷令人震惊且亟待解决。

有关人员表示，新西兰联合政府将应急管理和响应置于优先位置，并制定了工作计划。新系统将快速确认海啸的发生，并通过手机应急警报等公共警报系统，提供更精确的海啸预警。新西兰皇家地质与核科学研究所地质灾害监测中心，将实时接收、处理和分析浮标发回的数据，为灾害监测提供全天候的支撑。国家应急管理局将负责发布海啸预警，并对新西兰公众提供建议。

该浮标网络的部署是新西兰应急管理系统改革系列措施之一。其他措施还包括新组建国家应急管理局和应急管理援助队等。

2. 开发预报和预测海啸的新技术

（1）开发出利用水压变化快速预报海啸的新技术。[34]2004 年 7 月，日本媒体报道，日本海洋研究开发机构研究小组开发出海啸快速预报技术。这一技术将有助于减轻海啸引发的灾害。

在日本近海地区，地震引发的海啸具有很大的潜在危害。根据有关预测，如果发生东海大地震，其引发的海啸可能导致 400~1400 人死亡。目前的海啸预报往往根据地震的规模进行预测，地震发生数分钟乃至数十分钟后才能大致预测出海啸高度。新开发的技术利用为观测海底地震而铺设的海底电缆，通过在电缆上安装水压计，分析在地震发生后水压的变化，并根据水压变化预测海面上升高度。地震发生 3 秒钟内即可作出海啸预报。

研究小组分析了 2003 年 9 月北海道一次地震的水压数据，结果证明通过分析水压可准确预测海啸。日本今后将在近海 8 个地方铺设海底电缆，并建立更为完善的地理信息系统，以便准确预测海啸，减轻海啸导致的人员伤亡和财产损失。

（2）研究表明可通过监听声音预测地震海啸。[35]2005 年 7 月 26 日，德《明镜》周刊报道，美国哥伦比亚大学地球研究所研究员马雅·托尔斯托伊、戴尔威内·波恩施蒂尔等人组成的一个研究小组，通过分析 2004 年 12 月印度洋地震海啸时发出的声响表明，规律性地记录声音的变化，可以早期预知海潮的到来。

据报道，海啸产生时发出的隆隆声响，让人感到惊恐不安，但对于科学家们来说却是很有启发性的。现在，已有专门的麦克风在全世界范围内，通过监听海底的声音来检测海底地震情况，苏门答腊海域的大地震也被监听到。该研究小组认为，对声音的研究，能比传统的地震测量方式，更加准确理解地震的过程、方向和速度。

2004 年 12 月 26 日晚上发生的印度洋海底地震，使海床断裂，印度地块缓慢地向缅甸地块移动，9.3 级的地震强度所释放的能量，相当于美国 6 个月所消耗的电能。海床的断裂卷起了 30 万立方米的水，并引发了大海啸。

在专门的麦克风接受的声音信息中显示，地震的声响先增强，再减弱，然后再次增强。研究人员就此指出："地震经历两个明显的阶段，一个是在北部的快速震动，一个是南部的慢速震动。"经过科学家的计算，第一个阶段经历 3 秒钟时间，2014 年海啸时，海床的裂缝以每秒 2.8 千米的速度向北延展；在第二个阶段这个速度放慢到每秒 2.1 千米，直到裂缝触到板块边界才停止。

与地震监测仪相比，通过声音来记录海底地震的速度肯定要慢一些，但声音能更直接更准确地记录地震的过程，因此托尔斯托伊指出："这就好比龟兔赛跑，乌龟虽然跑得慢得多，但最终它能得到正确的答案。"

除了可以预测海啸的发生外，声音监控也能够帮助协调灾难的救助工作，有关部门能够借助这套系统快速决定哪里的灾情最严重，哪里最需要急救。

（3）发现通过监测地球引力场微弱变化可预测海啸规模。[36]2017 年 12 月，一个由研究地震和海啸方面专家组成的研究团队在《科学》杂志上发现研究报告称，他们现在已经找到一种方法可以更快地监测一场大地震的震级，并基于此提供更快、更准确的海啸预警。它便是通过监测大片地壳在几分钟内被移动数十米时，其产生地球引力场的极微弱变化。

该研究团队指出，实际上，对这种所谓的"弹塑性重力"信号的最佳测量，可以通过位于 1000~2000 千米之外的仪器捕捉到。这是因为在更接近大地震震中的地震仪处，慢速移动的典型地震波的震动，经常会在地球的构造板块停止移动之前抵达该仪器，因此会形成由地震最终的发生形成的信号。

2011 年，当一场巨大的地震袭击日本时，它产生了一场导致数千人死亡的海啸。但地震学家在几个小时内并未感知到地震的真实震级，而那时巨大的海浪已经淹没了很多区域。研究人员表示，如果可在 2011 年获得他们的方法，那么可能会在几分钟内判断出那次地震的真实震级，而非数小时后才判断出来。低于 8 级的地震或许并不能产生足够的弹塑性重力信号，从而被目前的仪器测量到，但研究人员表示，低于 8 级的地震也不容易引发大海啸。

（三）探索海啸预警的新信息

1. 建设海啸预警系统的新进展

印度洋海啸预警系统建成后已实现有效运行。[37]2012 年 4 月 12 日，有关媒体报道，据联合国教科文组织消息，于 2011 年 11 月正式启动的印度洋海啸预警系统，在 4 月 11 日印尼苏门答腊岛西海岸发生强烈地震后有效运行，及时作出预警。

4月11日，印度尼西亚苏门答腊岛附近海域，在约两小时时间内，连续发生里氏8.6级和里氏8.2级地震两次，后一次地震可能为前一次的余震，震源深度16.4千米。地震引发了小规模海啸，幅度高达1米。

地震发生后，印尼气象服务部门在该地区首先发出海啸预警。其后印度洋区域海啸咨询服务提供商分别在印度、澳大利亚以及日本发布海啸警报，而设在夏威夷的太平洋海啸预警中心也发出警告，不过随后撤除。

印度洋区域的海啸由澳大利亚、印度和印度尼西亚的服务提供商进行监控，并通过广播、电视等手段告知公众，民众也可通过登录网站的方式了解实时信息。

2004年12月26日，印尼附近海域发生里氏9.2级地震，而其引发的印度洋大海啸，造成14个国家近30万人死亡，在人们记忆中留下难以抹去的伤痛。此次巨大灾难后，联合国教科文组织政府间海洋学委员会，协调印度洋沿岸各国共同建立印度洋海啸预警和减灾系统，通过与夏威夷太平洋海啸预警中心和日本气象厅提供的咨询服务合作，进行印度洋海域的海啸预警和追踪。该委员会还积极协调东北大西洋、地中海及加勒比海等地区海啸预警系统的建立。

2. 探索海啸预警方法的新进展

（1）利用全球定位系统软件预警海啸。[38] 2006年7月，美国内华达大学杰弗里·布卢伊特博士领导的一个研究小组在《地球物理通讯》杂志上发表研究报告说，他们利用美国航空航天局的全球定位系统（GPS）数据处理软件，可在十几分钟之内，测定某处发生的地震会不会引发海啸，有效提高海啸预警速度。

布卢伊特介绍说，当有大地震发生时，全球定位系统卫星会通过无线电信号实时传回震源附近几千千米范围内，多个全球定位系统地面接收站的地层移动数据，利用美国航空航天局的一种卫星定位数据处理软件分析这些数据，可在15分钟内测定出地震的模式和实际强度，即地震矩规模，这比目前通用的地震测定方法要快得多。

地震矩规模是衡量地震引发海啸可能性的直接参数，海啸预警中心可以根据测定结果快速判定是否发布海啸预警。

研究人员指出，海啸预警就是"和时间赛跑"，预警中心必须在几分钟之内作出正确判定，决定是否应发布预警信息。大地震发生时，地震学仪器提供第一级预警，海洋浮标系统可以检测海啸波，而全球定位系统的优势在于，可以快速判断海洋洋底的地层移动程度，从而立即判断海啸的动态模式。

（2）用深海声重力波理论助力海啸预警。[39] 2016年3月，美国麻省理工学院科学家组成的一个研究小组在《流体力学》杂志发表对海洋声重力波基础理论的研究成果："三元声重力波交互共振"，并提出用这个理论帮助加强海啸预警工作。

该研究小组首次发现了海洋表面重力波和声重力波之间的关系，提出了一套非线性理论方程，得出两个表面重力波相遇共振，会释放 95% 的初始能量，并形成声重力波携带这些能量向更远、更深处传播，从而揭示了来自大气、太阳、风和海洋上方的能量，可以驱动深海波动的原因。

这项新研究发现，在海洋表面广泛存在着声重力波，其源于海洋表面重力波。研究人员提出了一个全新波动方程，建立了表面重力波和声重力波的关系模型，将声重力波和声波紧密联系在一起。

基于新的波动方程，研究人员分析了 3 个表面重力波和 1 个声重力波之间的相互作用。计算表明，如果两个表面重力波流向相同，并且频率和振幅相似，当它们相遇时，彼此能量的 95% 可以被转换成为声重力波，这种能量的波动，取决于初始的表面重力波的振幅和频率。有关专家表示，以此理论为基础，可以开发出更加灵敏的海啸预警设备。

二、研究防治海洋地质灾害的其他新成果

（一）探索海底地震与海底滑坡的新信息

1. 研究海底地震的新进展

（1）通过钻探海底地震带收集地震数据。[40]2009 年 8 月，美国《连线》杂志网站报道，日本科学家成功地在世界上最活跃的海底地震带，钻探约 1.6 千米深，这是第一个用于收集地震数据的深海钻探工程。

深海钻探船"地球"号，使用一种叫作隔水导管钻井的特殊技术，钻探距离日本东南部约 58 千米处的地震带"南海海槽"的上部。通过收集岩样和安装长期监控设备，地质学家希望能够知道聚集在南海海槽等俯冲带的压力究竟有多大。在南海海槽，菲律宾海板块在日本岛下面滑动。

隔水导管钻探需要在深海钻上套有一根大金属管，这根金属管叫作隔水导管，可从船上伸到钻探点，有效地将船和海底连接起来。研究人员通过钻管把微压泥送下，然后经由隔水导管返回。美国康涅狄格大学的蒂莫西·布里恩表示："这样钻探的好处之一，是这一微压泥可保持围岩不倒塌，这样你就可以钻得更深一些，而且更有利于控制。例如，可钻近乎完美的垂直洞或急倾斜洞。"布里

恩是该研究的联合作者。

使用隔水导管还更容易把在钻探过程中收集到的矿样和岩石片送回地面。南海海槽最近的断裂发生在1944年和1946年，当时造成了8级以上的地震，还引起致命的海啸。从那时起，两个板块就不时地在移动，但它们之间的边界一直固定，结果造成压力堆积。

南海海槽计划，旨在通过钻探来解决各种科学问题的国际综合大洋钻探计划的一部分。综合大洋钻探计划，选择钻探南海海槽以获得地震资料，是因为该地区有着新地震史和可钻入断裂带的合适的地点。但是，这次钻探并不会引起地震。从日本获得的信息将有助于科学家理解其他地震高发的板块边界，如卡斯卡底俯冲带，该俯冲带沿太平洋海岸从英属哥伦比亚向北加州延伸。

科学家第一次在南海海槽钻探和取样是在2009年5月12日。初步钻探之后，科学家对各种量表和测井仪进行了调节，使其可以进入钻井内测量温度、压力、水压和岩石渗透性。一旦收集到了足够的数据，科学家们就准备在这个洞为未来安装长期监控设备。

（2）发现海沟慢滑区可能是海啸地震震源地。[41] 2016年6月，一个国际联合研究小组在《科学》杂志上发表研究成果称，他们通过设置在海底的观测仪器发现新西兰北岛以东的希库朗伊沉降带发生的慢滑运动，并证实慢滑区域可能会成为海啸地震的震源地。这项发现对今后预测沉降带沿岸部位潜在地震的发生具有重要意义。

慢滑是缓慢地震的一种，与通常地震相比，它是一种缓慢进行的地质破坏现象。慢滑区域会在地震发生时再次发生巨大崩塌，是引发海啸灾害的一个重要因素。由于沉降带较浅部位（海沟附近）发生的慢滑现象很难被观测到，因此目前学界对慢滑的认识还比较肤浅。

此次，该研究小组利用海底压力计，在希库朗伊沉降带成功观测到慢滑现象。他们于2014年5月在希库朗伊海底设置了24台海底压力仪器，并于2015年6月成功进行了回收。在去除仪器记录中的潮汐成分和海洋噪声干扰后，研究人员获取了地壳上下变动的数据，并与此前从GPS观测网得到的数据进行了对比。结果证实，此前认为随着板块沉降无法蓄积变形的沉降带浅部，是可以蓄积变形的，慢滑区域与通常地震一样会产生地震性滑动以释放板块形变压力，成为海啸地震的震源地。

发生在海底或海边的地震会形成巨浪，即所谓的地震海啸。在引发海啸的地震发生后，通常会观测到比推断的地震里氏震级更大的海啸。在历史上，日本

1896 年发生的明治三陆地震就被认为是海啸地震。

这一研究成果对于预测断层滑动对地震的影响、提高数值模拟精度、减轻地震和海啸灾害具有积极意义。

2. 研究海底滑坡的新进展

发现稳定的天然气水合物或引发海底滑坡。[42]2018 年 4 月，德国亥姆霍兹基尔海洋研究中心、德国基尔大学、亥姆霍兹极地与海洋研究中心阿尔弗雷德·魏格纳研究所等机构相关专家组成的研究小组在《自然·通讯》杂志上发表研究成果称，他们发现了天然气水合物和海底滑坡确有联系的证据，但情况却完全不同于此前的认识。新的数据表明，稳定的天然气水合物可以间接破坏其上面的沉积物，进而引发海底滑坡。

20 世纪 90 年代中期，德国科学家证实，海洋边缘的陆坡含有大量的天然气水合物。这些固体冰状的水和气体化合物通常被认为是一种"水泥"，可以稳定斜坡。

由于天然气水合物仅在高压和低温下处于稳定状态，因此水温升高会导致天然气水合物分解或"融化"。之前，有人提出天然气水合物的大规模分解可能导致海底滑坡，进而触发海啸。与此同时，许多古滑坡与含天然气水合物的沉积物在空间上相关，似乎也加强了这一论点。

现在，这项新研究证明，天然气水合物可以在海底下方形成一层坚固的不渗透层。游离气体和其他流体可以在该层下面聚积。随着时间的推移，它们会产生超压，最终天然气水合物和沉积物，不能再承受高孔隙压力和沉积物中形成的裂隙。这些裂缝形成管道，将超压转移到较浅的粗粒沉积物上，从而引发浅层边坡失稳。

（二）探索海底火山的新信息

1. 发现喷发规模最大的海底火山

确认最大规模海底火山喷发。[43]2018 年 1 月 17 日，澳大利亚塔斯马尼亚大学火山学专家丽贝卡·凯丽领衔的一个国际研究团队在《科学进展》杂志上发表论文称，他们通过海上浮岩等分析发现，新西兰附近海域阿夫尔海底火山 2012 年的一次喷发，是迄今已知最大规模的深海火山喷发。

论文写道，研究人员 2012 年通过卫星成像技术在新西兰附近海域勘测到一块约 400 平方千米大小的巨型火山浮岩。分析发现，这一浮岩是由距离新西兰北岛约 1000 千米远的阿夫尔火山喷发产生的。

2015 年，研究团队使用自主式水下航行器、无人遥控潜水器等设备，对来自阿夫尔火山的样本进行绘制、观测和收集。研究结果显示，阿夫尔海底火山2012 年的那次喷发，是百年来最大规模的深海火山喷发，其规模大约相当于 20世纪在陆地上发生的最大规模火山喷发。

由于地球上近 80% 的火山为海底火山，因此了解海底火山喷发至关重要。此外，该项研究收集的数据，还将有助于生物学家更好地理解海底火山爆发后生态系统的重建过程。

2. 发现喷出物堆积最高的海底火山

见证史上喷出物堆积最高的海底火山诞生。[44] 2019 年 5 月 23 日，国外媒体报道，法国巴黎地球物理研究所科学家纳塔莉·菲勒特领导，她的同事及法国国家研究机构和其他研究所专家一起参加的研究团队发布一项初步研究结果称，他们见证了一个神秘海底火山的诞生。

法国巴黎地球物理研究所所长玛克·巢西顿在查看该研究团队最近完成的海底地图时发现了一座新的山峰。在非洲大陆和马达加斯加之间的印度洋海底，隆起一座喷出物堆积达 800 米高、5 千米宽的庞然大物。在以前的地图上，这里什么都没有。巢西顿说："这个家伙是在 6 个月内从零开始建造的！"

菲勒特是搭乘马里昂·杜弗雷内号科考船对海底火山所在地进行考察的。她认为，几个月来，居住在科摩罗群岛法属马约特岛上的 25 万居民，肯定知道这里发生了什么。于是从居民中展开调查，结果发现，从 2018 年年中开始，当地居民几乎每天都能感觉到小地震，大家感到非常紧张，许多人经常失眠。

然而，地方政府对相关信息知之甚少。马约特岛上有一个地震仪，但是要想对这些隆隆声的来源进行三角测量，需要使用好几台仪器，而最近的仪器也在几百千米之外的马达加斯加和肯尼亚。直到 2019 年 2 月，一次严谨的科学研究才正式开始，当时菲勒特和她的团队，在 3.5 千米深的海底放置了 6 台地震仪，那里离地震活动发生的位置很近。

研究人员近日从地震检波器上获得的数据显示，此处有一个紧密聚集的地震活动区域，范围从地壳深处 20~50 千米不等。研究团队推测，是一个深处的岩浆库将熔融的岩浆注入海底然后收缩，导致周围地壳开裂并发出隆隆声。全球定位系统对马约特岛的测量，也表明岩浆库正在收缩：有关数据显示，马约特岛在过去的 1 年中下沉了 13 厘米，并向东移动了 10 厘米。

科考船上的多波束声呐绘制的海床图显示，多达 5 立方千米的岩浆被喷发到海床上。声呐还探测到了从火山中心和两侧喷出的富含气泡的水柱。菲勒特说，她的团队并没有看到渔民报告的死鱼群，但研究人员从羽状物中收集了水样。水的化学成分将提供有关岩浆组成、岩浆来源的深度以及火山爆发风险的信息。

研究人员还从新火山的两翼打捞出岩石。菲勒特说："当我们把它们拉上船时，这些石头还在砰砰作响。"这是一种高压气体被困在黑色火山物质中的迹象。

解释导致此次火山喷发的原因并不容易。大多数海底火山都是在大洋中脊上发现的，地壳的构造板块在那里缓慢分裂，使得相对较浅的岩浆库中的岩浆从裂缝中渗出。还有一些周期性冲破地壳的深地幔柱形成了一系列火山。夏威夷群岛、加拉帕戈斯群岛，以及附近位于马达加斯加岛与马约特岛对面的留尼旺岛都被认为是这样形成的。

科摩罗群岛显然是由火山活动形成的。火山链西端格兰德科摩雷岛上的卡塔拉火山，早在2007年就曾喷发过。离马约特岛最近的小陆地岛，火山上一次喷发是在7000年前。但是，对于火山活动也有不同的解释，而这次新的喷发将会加剧这一争论。

对一些人来说，坍塌岩浆库在地下数十千米处的异常深度，提供了线索。英国牛津大学火山学家迈克·卡西迪说："一个非常深的腔室，可能与下面熔融的岩浆流是一体的。"

但是，研究非洲构造的美国杜兰大学地质学家辛迪·艾宾格认为，正在缓慢把索马里与非洲大陆其他地区分隔开来的东非大裂谷的蔓延可能与此有关。她在一封电子邮件中写道："历史上的地震模式表明，非洲正在分裂成若干由裂谷和火山带分隔开的刚性板块。科摩罗群岛似乎正沿着其中一个疑似板块的北部边缘延伸。"

菲勒特和她的团队还在进行更深入的研究，直到有一个完整的分析结果发表。与此同时，马约特岛上的居民仍然感到焦虑。持续不断的地震活动现在离该岛更近了，再加上新火山侧翼的海底滑坡引发海啸的可能性，都让人们感到恐慌。

卡西迪认为，新火山很深，因此可能不会在岸上引发危险的海啸。但他担心地说："正逼近马约特岛的向西移动的小地震，可能会引发该岛侧翼坍塌，这种情况肯定会引发海啸。"

菲勒特打算把其团队的任务再延长几个月，以监测这个地质谜团的发展。

3. 发现活动区域最深的海底火山

发现目前已知全球活动区域最深的海底泥火山。[45]2019年6月，中国科学院深海科学与工程研究所副研究员杜梦然为第一作者，美国明尼苏达大学和美国地质调查局相关专家参加的一个研究小组在《地球化学通讯》杂志网络版上发表研究成果称，马里亚纳海沟存在一种新类型泥火山，这是目前已知的全球最深的泥火山活动区域。

研究结果显示，这种新型泥火山无论是在化学机制上还是在物理机制上，均与马里亚纳海沟弧前区域已知的蛇纹石化泥火山作用有显著不同。它可能为海沟深部氢气支撑的化能自养微生物群落提供了新的栖息场所，这对深渊极端环境与生命过程研究有了新的启示。

杜梦然介绍道，研究人员使用大深度载人深潜器"蛟龙"号，在马里亚纳海沟水深 5448~6668 米区域发现了多处泥火山和麻坑，以及其伴生生命群落的存在，这是目前报道的全球最深的泥火山活动区域，也是首次在俯冲板块上发现与洋壳蚀变相关联的流体活动和释放现象。

研究人员认为，洋壳上部玄武质基性岩石蚀变，是导致俯冲板块内浅层流体和泥浆形成的主要因素，而俯冲板块弯折引发的构造挤压，是导致俯冲板块上流体喷发的直接原因。这些结果表明，俯冲板块的构造变形，产生了一种上层洋壳与海水之间物质交换的新方式。

第三节　防治海洋生物灾害研究的新进展

一、海洋生物生存与灾害防治研究的新成果

(一)探索海洋生物生存状态的新信息

1.研究海洋动植物生存现象的新发现

（1）发现南极冰层下"潜伏"着世界最大鱼类繁殖地。[46] 2022 年 1 月，德国阿尔弗雷德·韦格纳研究所深海生物学家奥坦·珀泽领导的"RV 极星号"团队在《当代生物学》杂志上发表研究报告说，他们在南极考察中发现，世界上最大、最密集的鱼类繁殖地"潜伏"在威德尔海的冰层深处。南极半岛东部 240 平方千米范围内排列的冰鱼巢穴，令海洋生态学家大为震惊。

该研究团队由德国大型研究船"RV 极星号"成员组成。2021 年 2 月，这艘船在威德尔海破冰研究海洋生物。在把摄像机和其他仪器拖拽到半千米深的海底附近时，研究人员发现了数千个 75 厘米宽的巢穴，每个巢穴中都有一条成年冰鱼和多达 2100 个卵。珀泽说："这个景象令人震惊。"

声呐显示巢穴延伸数百米，高分辨率摄影设备拍摄了 12 000 多条成年冰鱼的影像。这种鱼能长到 60 厘米左右，适应极端寒冷的环境。它们能产生类似防冻剂的化合物，得益于该地区富氧的水域，它们是唯一拥有无色、无血红蛋白血液的脊椎动物。

成年冰鱼用腹鳍刮去沙砾筑起圆形巢穴。但在该航次之前，人们只观察到了数量很少、相距很远的巢穴。在随后的 3 次拖拽中，研究人员看到了 16 160 个紧密排列的鱼穴，其中 76% 由雄鱼守护。他们在报告中写道，假设船只横断面之间的区域有相似密度的巢穴，那么，估计约有 6 000 万个巢穴，覆盖了大约 240 平方千米。由于数量庞大，冰鱼和它们的卵可能是当地生态系统中的关键角色。

珀泽说，成年冰鱼可能会利用洋流寻找产卵地，那里的水域富含其后代爱食用的浮游动物。此外，密集的巢穴可以帮助保护个体免受捕食者伤害。

研究人员说，这个庞大的冰鱼群体，为在威德尔海建立一个海洋保护区提供了新理由。他们把一些观测设备留在了冰鱼巢穴最密集的一个区域，以了解更多关于冰鱼繁殖和筑巢行为的信息。他们将在 2023 年回收这些设备。

（2）首次发现鳗草地理分布南界北移现象。[47] 2022 年 9 月，中国科学院海洋研究所一个研究小组在《交叉科学》网络版上发表研究成果称，他们首次发现气候变暖致使鳗草地理分布南界北移现象，揭示了全球气候变化对海草床生态系统的潜在影响。

为确定鳗草地理分布北移是否由区域变暖所致，2016—2021 年，研究人员从青岛湾获取鳗草植株和种子，在日照石臼所海域共开展了 16 次鳗草植株移植和种子种植实验，监测海草生长状况及水温等环境参数，并进行海草生化分析和转录组分析。

对比历史文献资料发现，全球变暖将使许多物种的地理分布向极地移动。

2. 研究气候变化对海洋生物生存影响的新发现

（1）海洋变暖压缩了海洋生物的三维栖息地。[48] 2019 年 12 月 23 日，西班牙巴利阿里群岛大学、西班牙科学研究理事会等科研机构相关学者组成的一个研究小组在《自然·生态与进化》杂志上发表论文称，他们研究发现海洋变暖压缩了海洋生物的三维栖息地。

为适应海洋变暖，一些海洋生物会垂直迁移到较冷水域。研究人员通过计算得出 1980—2015 年间，全球海洋的实际垂直等温线迁移率已日益明显。预计在 21 世纪，全球表面等温线将以越来越快的速度加深。

海底深度和透光层深度，对物种可能的垂直迁移构成了最终限制。在 21 世纪末大部分海洋的物种迁移将达到这两个极限，并导致许多海洋生物的三维栖息地在全球范围内迅速压缩。浮游植物的多样性可能得以保持，但会向光层底部移动，而以珊瑚为代表的生产力高的底栖生物的三维栖息地将迅速减少。

（2）温室气体高排放或影响近九成海洋生物生存。[49] 2022 年 8 月 22 日，加拿大达尔豪斯大学一个研究小组在《自然》杂志上发表研究报告称，若是持续高能耗温室气体排放，那么到 2100 年，将有近九成海洋生物面临生存危机。

研究人员分析了动物、植物、细菌等约 2.5 万种海洋生物，综合考虑它们对气候变化敏感度、适应性以及未来可能受影响程度等因素后，发现如果按"高能耗温室气体排放情景 SSP5-8.5"估算，到 2100 年这些海洋生物将有约 90% 面临灭绝。依照英国《每日邮报》说法，鲨鱼、海洋哺乳动物等受影响最严重，到 2100 年它们中的 75% 可能灭绝。

若是按"非常低及低温室气体排放情景 SSP1-2.6"估算，那么 98.2% 海洋生物面临的生存风险将得到缓解，生态系统稳定性将获得保障。

研究人员在研究报告中说，气候变化正影响着几乎所有海洋生物。他们希望经由评估气候变化对海洋生物的影响，帮助解决海洋保护和管理问题。

3. 开发海洋生物生存研究设备的新进展

研制出用于探索海洋生物生存的声波驱动水下相机。[50] 2022 年 9 月，美国麻省理工学院的一个研究团队在《自然·通讯》上发表论文称，他们开发出一种声波驱动的无电池无线水下相机，为解决海底广泛探索问题迈出重要一步。该相机的能效，比其他海底相机高出约 10 万倍，即使在黑暗的水下环境中也能拍摄水下生物彩色照片，并通过水无线传输图像数据。

该相机的自主摄像头由声波驱动。它能将穿过水的声波的机械能转化为电能，为其成像和通信设备提供动力。在捕获和编码图像数据后，相机还使用声波将数据传输到重建图像的接收器。因为它不需要电源，所以相机可在探索海洋时连续运行数周，使科学家能够在海洋的偏远地区寻找新物种。它还可通过拍摄监测海洋污染情况或水产养殖场鱼类的健康和生长。

研究人员称，这款相机最令人兴奋的应用之一是气候监测。科学家正在建立气候模型，但缺少来自 95% 以上海洋的数据。这项技术可以帮助他们建立更准确的气候模型，更好地了解气候变化如何影响海底世界。

为制造可长时间自主运行的相机，研究人员需要一种可在水下单独收集能量且自身功耗很小的设备。相机使用由压电材料制成的传感器获取能量以及超低功耗成像传感器，即使图像看起来黑白相间，红色、绿色和蓝色的光也会反射在每张照片的白色部分。图像数据在后处理中合并时，就可重建彩色图像。

研究人员在几种水下环境中测试了相机。在其中一次，他们捕捉了漂浮在新罕布什尔州池塘中的塑料瓶的彩色图像。他们还能拍摄出高质量的非洲海星照片，照片中甚至连沿着海星手臂的微小结节都清晰可见。该设备还有效地在一周的黑暗环境中反复对水下植物进行成像，以监测其生长情况。

（二）探索海洋生物灾害防治的新信息

1. 防治海洋生物病害研究的新进展

（1）研制防治海洋鱼类虹彩病毒的疫苗。[51] 2005 年 5 月，韩国国立水产科学院开发出一种用于预防养殖海洋鱼类虹彩病毒疾病的再组合蛋白质疫苗。

虹彩病毒不能传染给人类，但在夏季 22℃以上的高水温时，极易使真鲷、鲈鱼等感染该病毒，造成大面积死亡，直至目前还未发现治疗方法，因此被称为海洋口蹄疫。

据透露，这次开发的疫苗是利用破解基因组因子密码，在大肠菌中大量增殖具有免疫能力的蛋白质方法产生的，比起现在使用的疫苗，具有价格低、性能好，实用性强等优点。

（2）发现北极海冰消融或加速病原菌在海洋传播。[52] 2019 年 11 月，美国加州大学戴维斯分校生物学家特雷西·古德斯特恩主持的研究小组在《科学报告》杂志发表论文指出，气候变化造成的北极海冰减少，可能会让感染海洋哺乳动物的病原菌，在北大西洋和北太平洋之间更频繁地传播。海冰消融等环境变化不仅会改变动物的行为，还会开放新的航道，让本来不同的种群接触，从而增加对新病原菌的暴露。

1988 年和 2002 年，海豹瘟病毒曾在北大西洋导致大量斑海豹死亡，但直到2004 年才在北太平洋得到确认。该研究小组考察了海豹瘟病毒进入北太平洋的时间，以及与病毒出现和传播模式相关的风险因素。他们利用了 2001—2016 年期间采集的冰海豹、北海狮、北海狗和海獭的海豹瘟病毒暴露和感染数据，以及这些动物的活动数据。

研究小组发现，北太平洋海洋哺乳动物的大规模海豹瘟病毒暴露和感染，发生在 2003 年和 2004 年，超过 30% 的动物对该病毒的检测呈阳性。海豹瘟病毒的流行，在之后几年有所下降，但在 2009 年再次飙升至最高点。2004 年和 2009年采集动物样本的病毒感染概率是其他年份的 9.2 倍。而这与卫星影像探测到的

2002 年、2005 年和 2008 年的新航道打开有关。

该研究结果为北太平洋从 2002 年以来的海豹瘟病毒大面积暴露和感染、病毒在各种海洋哺乳动物之间的传播，以及海豹瘟病毒暴露和感染在海冰消融后达到峰值提供了证据。病原菌在北太平洋和北大西洋之间传播，可能会随北极海冰的持续消退而变得愈加频繁。

2. 防治海洋生物虫害研究的新进展

加强对三文鱼寄生虫海虱的防治。[53] 2012 年 8 月，有关媒体报道，挪威拥有丰富的渔业资源，三文鱼养殖业是国家最成功的产业之一，其大西洋三文鱼养殖场 2011 年的产量达 100 万吨，三文鱼和鳟鱼的出口量占到挪威全部海产品出口的近 60%。

近些年来，挪威三文鱼养殖场出现大量的寄生虫海虱，并且对野生三文鱼物种构成了威胁。由于海虱的大量繁殖，2010 年的三文鱼产业不再保持 5% 的年增长率。为此，挪威水产养殖业的研发经费近 60%，用于防治海虱的研究上，2010年挪威渔业与沿海事务部的海虱防治研发经费增加了一倍，2011 年挪威研究理事会资助海虱的研究经费达到 1600 万克朗。

2011—2018 年，挪威食品研究基金会、挪威研究理事会、挪威创新署以及地方财政将投入 5 亿克朗的专项资金，研究如何有效地防治海虱。该科研专项计划，要求建立一个新的研究机构，即"海虱研究中心"，同时为期 4 年的"海虱防治项目"也获得了 1800 万克朗的资助。

为了避免海虱向野生三文鱼的扩散，挪威制定了严格的养殖法规，要求农场主限制三文鱼养殖数量，并建立了三文鱼养殖场专属区，一个在特伦德拉格，另一个在哈丹格。每年春季，养鱼农场主都被要求开展"去虱"运动，在养殖场中投放抗生素和疫苗，来抑制海虱的繁殖，以确保野生小三文鱼在迁徙途中的安全。

挪威政府于 2012 年 5 月 21—23 日，在卑尔根举行了第九届国际海虱会议，召集全世界该领域的专家学者通过科技的手段来解决这一难题，挪威的研究专家称这是一场无止境、耗资巨大的战斗。

以往对付海虱的主要方法，是在海水箱中投放去虱剂和一种名为巴浪鱼的方法，但是使用过多的去虱剂，使得海虱产生了耐药性。

目前，挪威的研究人员正在试图通过获取基因组信息，来找出这一顽固寄生虫的弱点，并且已经完成了 90% 的基因组测序，这对挪威的基础研究、医药工业以及对水产养殖业意义重大。

此外，科研人员还认为，跨学科研究，如遗传学、生物学、疫苗的研究，以及喂养方式、海水温度、合适的养殖位置、养殖密度、鱼的大小和海虱传播速度等综合研究，有助于人们对海虱的防治。

3. 防治有害藻华来袭研究的新进展

首次确认"褐潮"灾害形成的原因。[54] 2012 年 7 月 24 日，新华社报道，中国科学院专家与国家海洋局北海监测中心科技人员密切合作，日前发现连续四年在河北秦皇岛沿海一带出现的"微微型藻赤潮"，应更贴切地命名为"褐潮"，其原因种为抑食金球藻。

2009 年 6 月，河北秦皇岛沿岸海域出现一类新的有害藻华，致使海水呈黄褐色，前后持续约 40 天。藻华区从山海关延伸至抚宁，扇贝、牡蛎和贻贝出现滞长现象，严重时有贝类死亡。类似的有害藻华在 2010—2012 年连续来袭。

引发该藻华的藻细胞只有 2 微米左右，属微微型藻类。中国科学院海洋研究所科研人员在国家海洋局北海监测中心密切合作下，通过色素分析和分子生物学鉴定方法，最终将引发该有害藻华的原因种圈定为海金藻类中的抑食金球藻。

我国是继美国和南非之后第三个出现褐潮的国家。褐潮对养殖业的危害极大，研究难度也很高，专家建议应在国家层面设立"褐潮专项"，对抑食金球藻引发褐潮的机理、快速检测与识别方法，以及褐潮监测预警手段等进行研究。

二、研究珊瑚及其病虫害防治的新成果

（一）探索不同种类珊瑚的新信息

1. 研究冷水珊瑚的新进展

建成可对冷水珊瑚大面积长时间观测的海底观测站。[55] 2012 年 5 月 26 日，由德国亥姆霍兹海洋研究中心研发的"模块化多学科海底观测站"首次投入使用，将在未来 4 个月内，对挪威北部的冷水珊瑚进行大面积科学观测和研究。

长期现场观测是当代地球科学研究的要求，因为只有通过过程观测才能揭示机理，但一直以来海底观测都有一个瓶颈，科学家们很难同时兼顾时域和空域。如果以实验船为基础进行大范围的海底观测，某一点的观测数据会因实验船耗费昂贵而局限在较短时间内；但如果在海底安装定点观测设备，往往又只能得到单点的数据，无法了解一个区域的情况。不过这一难题正在得到解决，位于基尔的德国亥姆霍兹海洋研究中心，研发了一种新型海底观测站，可以针对不同的问题对海底进行大面积长时间观测。

这一名为"模块化多学科海底观测站"的观测系统主要由一个主海底着陆器（MLM）、3个卫星海底着陆器（SLM）、3个涡流相关模块（ECM）和2个锚固模块（VKM）组成。观测站的各个模块，通过有缆遥控水下机器人安装到海底，各模块通过水下声学遥测与中央通信模块相连。

该新型海底观测站可以根据不同的科研需求，配置不同的实验设备，其集成的基础就是中央通信模块。此次科学考察的首席科学家奥拉夫·普凡库赫博士，在谈到新系统的特点时表示，该模块与所有海底的其他测量设备进行通信，通过它科学家们首次可以同时从多个海底设备获得同步和连贯的数据。由于不需要复杂的海底电缆连接，观测站各个模块之间，没有必要固定在一个小的区域中，整个海底观测站可以通过一个中型的科研船安置、回收或在实验过程中重新布置。而在海底的具体安装工作，则由亥姆霍兹海洋研究中心新研发的有缆遥控水下机器人来完成。

至于为什么要研究靠近北极地区的挪威北部海底的冷水珊瑚礁，普凡库赫博士说，通过新型海底观测站，海洋科学家，可以经济灵活地研究，海底和近海底水层中不同因素之间的长期相互作用。海洋和海底没有过程是独立的，海底的形状会影响洋流，而洋流影响养分运输，与之相伴的生物体则在它们死亡之后沉积形成新的海底。如果我们要在全球气候变化和海洋生物资源的可持续利用研究上取得重大进展，就需要了解所有这些进程在时间和空间上的相互作用。

2. 寻找耐热珊瑚的新进展

运用人工智能帮助寻找耐热珊瑚。[56] 2022年3月29日，澳大利亚海洋科学研究所一个珊瑚礁修复研究团队在《自然·通讯》杂志上发表的一篇论文，描述了一个结合繁殖实验、遥感技术和机器学习的模型框架，用来定位大堡礁中能将很高的耐热性传给后代的可繁殖珊瑚。该结果或有助于寻找到能抵抗气候变化影响的珊瑚礁，促进对受损珊瑚的修复工作。

气候变暖正在把珊瑚推向它们的耐热极限，这会导致珊瑚礁白化和退化。通过理解这种耐热性的遗传度，可以鉴别出能抵抗气候变暖的珊瑚并预测它们所在位置，这对全世界范围内正在计划的珊瑚礁修复项目具有重要意义。

研究人员表示，他们对一种鹿角珊瑚开展了基于实验室的繁殖实验，增进了人们对珊瑚如何在热应激下生存以及如何获得更高的耐热性的理解。研究团队随后利用机器学习模型开发了一个预测框架，来预测适合耐热成年珊瑚出现的条件，并利用卫星探测的环境数据寻找大堡礁上这类珊瑚生活的位置。他们发现，约7.5%的珊瑚礁上可能生活着耐热珊瑚，而且纬度并不是预测耐热性的良好指标。他们认为，日均温度极高、经历过长期暖化的珊瑚礁才是适合这类珊瑚生活的理想条件。

这一研究结果对于全球的珊瑚礁管理者以及旨在修复珊瑚礁的实际保育工作，具有重要的参考价值。

（二）探索珊瑚病虫害防治的新信息

1. 防治珊瑚病害研究的新发现

（1）发现海洋塑料垃圾导致珊瑚患病风险骤增。[57] 2018年1月，澳大利亚环境专家参加，美国康奈尔大学乔利娅·兰姆领导的一个国际研究团队在《科学》杂志上发表论文称，塑料垃圾对生态系统的危害越来越受到重视。他们研究发现，由于容易携带细菌等微生物，海洋中的塑料垃圾会大幅增加珊瑚的患病风险。

该研究团队对印度尼西亚、澳大利亚、缅甸和泰国等地的159个珊瑚礁展开研究，检查了约12.5万个珊瑚的组织损伤和病灶。结果发现，当珊瑚遇到塑料垃圾时，患病风险会从4%骤增至89%。

兰姆说："塑料是微生物的理想寄居场所，这些微生物接触珊瑚后，很容易引发疾病导致珊瑚死亡。"在全球范围内极具破坏性的珊瑚"白色综合征"就与此有关。"白色综合征"是一种在珊瑚之间传播的传染病，染病珊瑚会逐渐变白，死亡率很高。澳大利亚大堡礁、日本冲绳等海域的珊瑚都曾大面积染病。

研究人员估计，亚太地区珊瑚礁上的塑料垃圾数量约为111亿个，并且这一数字还将会增长。

海洋塑料垃圾的危害，已经引起广泛关注。联合国环境规划署于2017年2月宣布发起"清洁海洋"运动，向海洋垃圾"宣战"。该机构指出，过量使用的一次性塑料制品等是海洋垃圾的主要来源。

（2）发现加勒比地区珊瑚因致命疾病暴发面临灭绝风险。[58] 2022年6月10日，墨西哥国立自治大学生物学家阿尔瓦雷斯·菲利普主持的一个研究小组在《通讯·生物学》杂志上发表的论文称，他们调查研究了450千米的珊瑚礁发现，石质珊瑚组织脱落病暴发，导致墨西哥加勒比海地区某些珊瑚物种死亡率高达94%。这项发现表明，有必要进行人工干预，防止某些珊瑚物种在该地区灭绝。

该论文介绍，石质珊瑚组织脱落病2014年于美国佛罗里达首次得到报告，此后在加勒比海蔓延开来。过去的研究发现，这种疾病几周内就会杀死感染珊瑚，但在本项研究之前，地区影响和种群下降程度尚不明确。

该研究小组在石质珊瑚组织脱落病尚未到达墨西哥加勒比海地区的2016—2017年，调查了35处地点，并在该疾病已蔓延至此的2018年7月至2020年1月，调查了101个地区。

他们发现，在墨西哥加勒比海地区疾病暴发后调查的29 095个珊瑚群体中，有17%已经死亡，另有10%染病。在调查的48个物种里，其中21个染病后死亡率从低于10%到高达94%不等。造礁的脑珊瑚、苔珊瑚和绳纹珊瑚类群物种受害最严重，其中脑珊瑚物种和柱珊瑚种群损失超过80%。这些数字表明，该地区有些物种正面临灭绝风险，研究者认为，造礁物种的损失，会危害珊瑚礁应对环境变化的能力。

除了种群损失，研究人员还观察到珊瑚群体产生碳酸钙的能力下降了30%，这是产生珊瑚礁复杂三维结构所需的材料。他们提出，这可能会导致珊瑚礁骨架破坏速度高于生产速度。

论文作者总结称，石质珊瑚组织脱落病，可能会成为加勒比海有记录以来最致命的破坏。他们强调，可能需要进行人为干预，如拯救脆弱物种群体、保护其遗传物质和实施恢复工作等，来促进珊瑚礁修复，预防区域范围内某些物种灭绝。

2.防治珊瑚虫害研究的新进展

运用基因分析助力防治危害珊瑚的棘冠海星。[59] 2017年4月6日，澳大利亚布里斯班昆士兰大学生物学家伯纳德·德格南主持的研究小组在《自然》杂志网络版上发表论文称，他们通过分析最新测序的棘冠海星基因组及其分泌的蛋白质，重点揭示了可能是棘冠海星赖以相互交流的因子。该研究成果或有助于制定新型策略，帮助防治这种一次可生数十万颗虫卵的珊瑚捕食者。

棘冠海星在印度洋—太平洋区域泛滥成灾，导致珊瑚覆盖面和生物多样性受损。澳大利亚研究小组对两种分别来自澳大利亚大堡礁和日本冲绳的棘冠海星进行基因组测序。他们还研究了棘冠海星分泌至海水中的一种蛋白质。研究人员重点强调了大量信号转导因子和水解酶，其中包括一套已扩充并快速演变的海星特异性室管膜蛋白相关蛋白质，这可能是未来生物防治策略的重点。

这种基于基因组的方法有望广泛应用于海洋环境中，用以鉴定靶向并影响海洋有害物种行为、发育与生理的因子。这些数据也将有助于研究棘冠海星灾害暴发的起因，为在区域尺度上管理这种危害珊瑚礁的动物做出贡献。

第四节　防治海洋污染研究的新进展

一、防治海洋石油污染研究的新成果

（一）开发海洋石油污染防治的新技术与新设备

1. 探索检测海洋石油污染的新技术

开发出深海漏油快速测定技术。[60] 2011 年 9 月 5 日，伍兹霍尔海洋研究所科学家理查德·凯米利主持，学者克里斯·雷迪等人参与的一个研究小组在美国《国家科学院学报》上发表论文称，开发了多种先进检测技术和测算方法，集中在忙乱和压力的情况下获取准确且高质量的数据，对评估漏油的环境影响起了关键作用。

在 2010 年的墨西哥湾马康多油井泄漏事件中，为了精确检测漏油情况，凯米利研究小组开发了上述检测技术。研究人员表示，这里最重要的一种技术，是测量液体流速的声学检测技术，置信度达到 83%。研究人员在一种叫作 Maxx3 的遥感操作车上，安装了两种声学仪，一种是声学多普勒流速剖面仪，可测量多普勒声波频率的变化；另一种是多波速声呐成像仪，能在油气交叉部分形成黑白图像，从而分辨海水中涌出来的是油还是气。

凯米利介绍说，用声学多普勒流速剖面仪瞄准喷出来的油气，根据来自喷射的回声频率变化，就能知道它们的喷射速度。这些声学技术就像 X 射线，能看到流体内部并检测流动的速度，在很短时间内收集大量数据。这一方法可直接检测油井泄漏源头，能在石油分散之前掌握整个原油流量，几分钟内就获得了 8.5 万多个测量结果。

凯米利还在漏油地点通过卫星连接与其他成员共同分析数据，用计算机模型模拟石油喷出的涡流，估算出石油从管道中流出的速度。利用收集的 2500 多份原油喷射流出的声呐图像，计算出漏油喷发覆盖的区域面积，用平均面积乘以平均流速计算出泄漏的油气量。

此外，他们还用伍兹霍尔海洋研究所开发的等压气密取样仪采集井内原油样本，计算井内油气比例，结果显示油井喷流中包含了 77% 的油、22% 的天然气和不到 1% 的其他气体。这些数据让研究人员对流出的原油有一个预估，然后计算出精确流量。

据流量技术小组报告，自去年4月20日起至7月15日安全封堵，总共泄漏原油近500万桶，平均每天泄漏5.7万桶原油和1亿标准立方英尺的天然气。通过精确计算，工程人员能更清楚海面以下的情况，从而设计封堵方案，计算需要多少分散剂，制定重新控制油井、收集漏油和减少环境污染的策略。

雷迪表示，这些新技术设备有望用于将来的深海地平线钻井平台，帮助监控油井设施中可能发生的问题。

2. 探索清理海洋石油污染的新设备

开发对海鸟身上油污进行快速清理的系统设备。[61]2008年5月，有关媒体报道，海上石油泄漏事故往往使大批海鸟身上沾满油污。芬兰研究人员研制出一套能对沾满油污的海鸟进行快速清理的系统设备，可大大提高遭石油污染海鸟的存活率。

该系统设备由检查室、清洗室和干燥室三部分组成。首先是操作员在检查室里对遭污染的海鸟进行分类，根据被污染的程度排列处理次序。然后是操作员对沾满油污的海鸟逐一进行清洗和干燥。这套系统设备便于运输和组装，能在石油泄漏事故现场，对海鸟进行及时快速处理，每天能清理150只被污染的海鸟。

（二）开发海洋石油污染防治的新材料

1. 用木棉树纤维制成漏油吸附材料

研究出可快速清除海上漏油的木棉树纤维材料。[62]2007年2月12日，韩联社报道，韩国原子能研究院高级研究员郑秉叶领导的一个研究小组研制出一种环保型吸附材料，它可以大大加快清理海上漏油的过程。

据报道，这种吸附材料，是由生长在菲律宾、印度尼西亚和马来西亚的木棉树纤维加工而成的，它能迅速吸收水面上的各类油污，并能至多重复使用7次。这是一种既廉价又不破坏生态环境的清除漏油材料。

郑秉叶说："试验表明，1000米这样的吸附材料，可在毫不吸水的情况下挡住40~60千克的原油。同时，由于油可以被迅速挤出去，因此吸附材料可以立即重复使用，而且回收原油不需要额外费用。"这种材料的吸收能力，是目前用以清除漏油的无纺布的4~6倍。这种材料还可用于清理甲苯、苯和烹饪用油。目前，此研究成果已申请了国际专利。

20世纪八九十年代，世界上发生了590起污染海洋和河流的石油泄漏事件。最严重的一起是1989年埃克森公司的"瓦尔迪兹"号油轮泄漏事故。该事故导致3.6万吨原油泄漏到周围海域，清理环境的费用需要20亿美元。

2. 用碳纳米管制成漏油吸附材料

研制出可去除海洋油污的碳纳米管海绵。[63] 2014 年 2 月，意大利罗马大学研究人员卢卡·卡米利主持，拉奎拉大学和法国南特大学研究人员参与的一个研究小组在《纳米技术》上发表论文称，他们研制出一种碳纳米管海绵，经掺杂硫后具有强大的吸收油污能力，能在工业事故和海洋溢油清理方面一显身手。

碳纳米管是由类似石墨结构的六边形网格卷绕而成的中空"微管"。它所具有的非凡化学和机械性能，可以形成从防弹衣到太阳能电池板一系列的应用。作为废水处理极好材料的碳纳米管，面临的一大难题是，这种超微粒细粉很难操控，最终会散落到处理过的水中而被检测出来。

卡米利说："使用碳纳米管粉末，去除泄漏到海洋中的油污是相当棘手的，因为它们很难操控，最终会散落到海洋之中。不过，在研究中所合成的毫米或厘米级的碳纳米管，更容易控制。它们的多孔结构可以浮在水面上，一旦吸附油饱和后，比较方便取出。然后，只简单地挤压它们将油释放，仍可将其重新使用。"

研究人员根据不同碳纳米管的所需尺寸，通过在生产过程中添加硫，形成平均长度 20 毫米的海绵。这种碳纳米管海绵表面加硫后，能激活在生产过程中另外添加的二茂铁，从而将沉积的铁存放入碳壳中微小的胶囊内。铁的存在意味着海绵可被有磁性地控制，并在没有任何直接接触下驱动，减轻把碳纳米管加入水表面时不好操控的问题。

研究人员演示了碳纳米管海绵如何成功地从水中去除油污，表明它可以吸收的油品是其初始重量的 150 倍。卡米利说："研究的下一阶段，是改进合成工艺，以使这种海绵可以规模化生产，还要研究这种碳纳米管海绵在实际应用中的毒副反应。"

二、防治海洋塑料等污染研究的新成果

（一）研究海洋塑料污染防治的新信息

1. 探索海洋塑料污染程度的新发现

研究显示海洋微表层塑料污染严重。[64] 2014 年 8 月 18 日，韩国环境科学家沈元俊领导的一个研究团队在《环境科学与技术》杂志网络版上发表论文称，他们在关注海洋表层塑料污染的研究中发现，即使海洋看起来很干净，表面却可能布满油漆粉尘和玻璃碎片。这些微小碎片来自船只的甲板和外壳，可能对海洋食物链一个重要组成部分的浮游生物构成威胁。

海洋表层仅毫米厚的"皮肤"被称作海洋微表层。表面张力和来自微生物的黏性分泌物使微小粒子聚集在这一层。在先前的研究中,科学家扫描海洋塑料污染时并没有特别关注微表层。早期研究使用的较粗糙的网也无法捕捉到最微小的颗粒。

该研究团队从韩国南部海岸收集到水样。在实验室检查样本时,研究人员发现了各种常见的塑料:聚乙烯、聚丙烯、发泡聚苯乙烯。但令他们吃惊的是,这些只占微粒总量的4%。微表层中81%的合成粒子,由油漆黏合剂之一的醇酸树脂组成。另外11%是聚酯树脂,它们通常用于油漆和玻璃纤维中。平均而言,1升微表层水包含195个微粒。

幸运的是,研究人员没有在样本中发现包含有毒化学物质的防垢油漆。科学家曾在海洋保护区的底层沉积物中发现该物质。沈元俊表示,目前尚不清楚这些漂浮的醇酸树脂颗粒将会对海洋生物构成多大威胁。但一些醇酸类漆含有重金属,此外,它们和其他玻璃纤维树脂粒子都能吸收有毒化学物质。研究团队下一步计划研究这些微粒上的金属和有机化合物,以判断它们是否会伤害海洋生物。

2. 探索海洋塑料污染范围的新发现

(1)研究发现南极海域已被塑料微粒污染。[65]2016年9月,日本媒体报道,日本九州大学和东京海洋大学联合组成的研究小组调查发现,南极海域已被塑料微粒污染,部分地区污染水平与北太平洋地区相当,这反映了全球海洋塑料污染的严重性。

塑料垃圾占海洋漂流垃圾的约70%,在风吹日晒下塑料垃圾逐渐碎片化,而直径小于5毫米的塑料垃圾就被称为塑料微粒。塑料微粒易吸附有害物质、易被海洋生物摄入,从而危害整个海洋生态系统。

此前,已有对太平洋、大西洋、北极海域,以及世界各地的沿岸海域和边缘海域的相关研究;日本研究人员首次对南极海域进行有关塑料微粒污染的调查研究。

2016年年初,该研究小组在南极海域的5个调查点,采集到44个直径小于5毫米的塑料微粒,其中38个都是在距离南极大陆很近的两个调查点采集到的。研究人员根据采集数量、风速等数据推测,南极海域塑料微粒密度最高的采集点,达到每平方千米28.6万个,这一数字和北太平洋塑料微粒的平均密度相当。

研究小组认为,这一发现显示了全球海洋塑料微粒污染的严重性,各国有必要采取相应对策。

(2)发现塑料污染已殃及北极水域。[66]2019年8月23日,国外媒体报道,美国科学家主持的一个研究小组在北极钻取的冰芯中发现了微小的塑料碎片，表明日益严重的塑料污染已至地球最偏远的水域，这给人们敲响警钟。人类活动和洋流运动导致北极地区垃圾聚集，引发国际社会担忧。

据报道，瑞典"奥登"号破冰船7月18日搭载该研究小组，沿连接大西洋和太平洋的西北航道航行，展开为期18天的"西北航道"探险项目。研究人员乘直升机在浮冰上着陆，在兰开斯特海峡4个地点钻取18根最长2米的冰芯，其中肉眼可见不同形状和尺寸的塑料颗粒及纤维。

研究人员认为，那些冰芯形成至少已有一年，这意味着污染物可能从更接近北极的水域漂浮到兰开斯特海峡。他们原本以为，加拿大北极地区的这片孤立水域，可能不会受到漂浮塑料的污染。

除了冰芯，北极的雪花中也被检测出大量微塑料颗粒。微塑料是指粒径很小的塑料颗粒，是一种扩散污染的主要载体。据英国广播公司报道，一项研究发现，即使在被视为世界上最后的"原始"环境之一的北极，每公升雪花中的微塑料颗粒也超过1万个。这意味着人们在北极地区也可能吸入空气中的微塑料。

这不是人们在北极地区第一次发现塑料污染。早在2019年2月，据英国《卫报》网站报道，对加拿大北极地区利奥波德王子岛上的鸟蛋进行检测中，首次发现了比塑料更具有柔韧性的化学添加物质。

北极地区为何存在如此多的微塑料颗粒还是一个谜。研究人员推测，一些污染可能是船只在冰面上摩擦造成的，一些可能来自风力涡轮机。德国和瑞士科学家8月14日根据取自北极、瑞士阿尔卑斯山和德国积雪样本发表的一项研究结果显示，在北极发现的大量微塑料有很大一部分很可能是从空中被带到那里的，微塑料被风吹到很远的地方，并在下雪时落下来。

据法新社报道称，全球每年有超过3亿吨塑料产生，而海洋上漂浮着至少5万亿个塑料碎片。联合国估计，迄今为止已有1亿吨塑料倾倒进全球海洋。全球塑料污染的范围远比人们想象得更大，两极地区均出现了不同程度的塑料污染。

报道表示，人类已开始采取行动。2019年，接任北极理事会轮值主席国的冰岛将把关注焦点放在包括塑料污染在内的北极海洋环境上，理事会下设北极污染物行动计划工作组。目前，北极理事会在积极讨论相关议题，未来有望制定限制塑料使用的相关协定，努力改善北极环境。

3. 探索海洋塑料污染防治的新进展

对日益严重的海洋塑料污染展开调查。[67] 2019年8月18日，日本广播协会报道，随着海洋塑料污染问题日益严重，日本海洋研发机构决定，调查深海污染状况及其对生态系统的影响。据悉，4月日本海洋研发机构组建了一个研究海洋塑料污染状况的调查研究小组，并实施相关筹备工作。

报道称，这是日本首次展开对海洋塑料污染问题的全面调查。此项调查，将从8月28日启动，为期3周左右。调查将在日本相模湾近海和房总半岛近海等地进行。研究人员将在1200~9200米的海底采集堆积物样本，着重对5毫米以下的"微塑料"的积累量和堆积年代进行测定，还将对海洋生物的胃囊中是否含有微塑料开展调查。

另外，研究小组还将在1200米海底放置普通塑料和可被微生物分解的特殊塑料，并用3年的时间观察这些塑料在深海环境中的分解情况。

该研究小组代理组长土屋正史说："关于塑料垃圾的影响范围以及深海累积量等，未知领域仍然很多。希望这项研究，能让人们认识到这一点，成为思考海洋污染问题的一个契机"。

（二）研究海洋磷与汞污染防治的新信息

1.探索海洋磷污染防治的新发现

发现自然净化海水中磷的新路径。[68] 2008年5月，美国佐治亚理工大学地球与大气科学学院副教授艾勒瑞·寅高和他的博士研究生朱利亚·迪亚斯等人组成的一个研究小组在美国《科学》杂志上发表研究成果称，他们发现一个可以自然净化海水中磷的新路径，这一路径有赖于硅藻的运行。

硅藻是一种生活在海洋、湖泊等水体表面的自养微生物。在研究过程中，研究小组收集了英属哥伦比亚省范库弗峰岛附近的生物体和沉淀物，用传统的光学显微镜观察后发现，收集物中的硅藻以多磷酸盐的形式储存着高浓度的磷。

寅高指出，长久以来，科学家们无法量化在海洋中磷的含量，以及河水冲刷到海洋的磷含量间的差别。他说，由于在以往的分析中这些多磷酸盐没有被复原，所以传统研究总是监测不到。没有人知道它们的存在，也没有人测量和处理这些样品，甚至也想不到要寻找它们。

研究小组成功地解释了磷元素如何从海面来到海底：随着硅藻从海面沉降到海底，它们把各种形式的磷元素，转化成为胞内磷酸盐的形式储存起来。得到初步结果后，研究小组转向美国阿贡国家实验室进行了更深入的研究。他们发现沉积物中的一些是多磷酸盐，一些是被称为磷灰石的矿物质，另一些则是这两种物质的中间状态。他们已经证明了磷酸盐和磷灰石之间存在着联系，下一步他们打算通过实验实现这两类物质的相互转化。

据悉，这一发现不仅一定程度上解释了海水的自净化机制，还开启了关于磷元素如何参与生物体繁殖、储存能量，以及生成物质等正常生命活动的研究新领域。

2. 探索海洋汞污染防治的新发现

发现人类活动导致海洋汞水平大幅增加。[69] 2014 年 8 月，美国马萨诸塞州伍兹霍尔海洋研究所科学家卡尔·兰博格主持的一个研究团队在《自然》杂志上发表的一篇地球科学论文显示，受人类活动影响，部分地区海洋中汞水平已经上升到原先的 3 倍多，且大约有 2/3 的汞都位于 1000 米或者更浅的海域。

这项新研究基于观测，对人类活动给全球海洋带来的汞含量进行了预测，有助于了解无机汞转换为有毒甲基汞这一人类目前还知之甚少的过程，进而揭开汞甲基化的神秘面纱。

汞是一种有害的痕量金属，会在水生生物中累积。不过，从陆地或者空气进入海洋的水银，尽管大多数是以汞元素的形式存在，对于海洋生命的威胁却很小，因为海洋生命能够轻而易举地摆脱这些汞元素。但当采矿和燃烧矿物燃料等活动向大气环境中的排放量越来越多时，尤其是汞转化为甲基汞后，甲基汞在海洋环境中的寿命更长，在生物圈的食物链中不断地传递和积累，对海洋生物和人类健康就会造成威胁。

不过，关于汞是怎样被转化为甲基汞的，其过程目前被推断为可能是一种生化过程，也就是汞与生物相互作用的结果。除此之外，人类关于这方面的认知仍然是零。

兰博格研究团队在最近数次考察大西洋、太平洋、南大洋时，进行了汞含量测量。他们的研究结果发现，人类活动对于全球汞循环的干扰，让跃层水中汞含量增加了 150%，也让表层水中的汞含量变成了原先的 3 倍还不止。而大约有 2/3 的汞都位于 1000 米或者更浅的海域。

此前曾有报告显示，全球海产品中的汞污染物含量及其中的甲基汞，对人体健康的危害被低估。而在几年前，还被认为是安全线内的汞污染物含量标准，如今已不再安全。研究人员表示，对人类活动导致进入海洋的汞含量进行预测，是项不确定而且主要基于模型的研究。但这些信息可以加深我们对于无机汞转换为有毒的甲基汞，从而渗入海洋食物链中这一过程和程度的了解。

第五节　海洋防灾探测研究的新进展

一、海洋防灾探测方面取得的成效

（一）利用卫星开展海洋防灾探测活动

1. 利用海洋观测卫星绘制海洋防灾概貌示意图[70]

2008 年 7 月 31 日，法国媒体报道，法国国家航天研究中心日前宣布，该中心的研究人员根据"杰森 2 号"海洋观测卫星传回的数据，为全球海洋防灾绘制了一批反映海平面差异、浪高和风速的示意图。

据法国国家航天研究中心介绍，"杰森 2 号"海洋观测卫星 6 月 20 日从美国加利福尼亚州的范登堡空军基地发射升空，7 月 6 日抵达距地球约 1336 千米的工作轨道。随后，"杰森 2 号"开始与处在同一环地球轨道的"杰森 1 号"卫星共同运行。

"杰森 2 号"卫星在升空 48 小时后就获得了首批有关海浪的数据，并将数据传回了地面控制中心。从 7 月 6 日开始，"杰森 2 号"开始正式向地面传送数据，使科学家们得以绘制出反映全球海平面差异、浪高和风速的示意图。

研究中心指出，"杰森 2 号"卫星的观测对于监测全球变暖、洋流循环以及天气预报具有很重要的作用，该卫星传回的一些照片在经过项目专家处理后，可供其他国家的科学家共享。

"杰森 2 号"海洋观测卫星由美国和法国联合研制，耗资 4.33 亿美元，重约533 千克。它除了收集海洋变化的各种数据，帮助专家评估全球气候变暖的规模及影响以外，还会向地面传输洋流流速及方向、海洋内储存的热量等数据，这将有助于提高飓风预报的准确度，为船舶提供更为准确的海事气象预报。

2. 以卫星观测图像绘成可用于防灾的全球潮滩地图[71]

2018 年 12 月 20 日，澳大利亚昆士兰大学科学家尼古拉斯·莫雷主持的一个研究团队在《自然》杂志网络版上发表的一项研究成果，发布了一份可用于海洋防灾的全球潮滩地图，其根据 70 万张卫星观测图像绘成，描述了这些海岸生态系统的变化。研究发现，1984—2016 年期间，在有充足数据的区域（占绘制面积的 17.1%），16% 的潮滩已经消失。

潮滩指经常发生潮汐泛滥的沙滩、岩石或泥滩，主要受潮流影响。对人类来说，潮滩生态系统非常重要，可以提供关键防护，如防风暴、稳定海岸线和粮食生产，全球数百万人的生计有赖于此。

然而，此前的研究报告显示，潮滩正承受着来自各方面的巨大压力，包括沿海开发、海平面上升和侵蚀。尽管潮滩是分布最广泛的沿海生态系统之一，但是迄今为止它们的全球分布和状态仍然未知，这阻碍了人类针对它们的管理和保护工作。

鉴于此，该研究团队使用大约 70 万张卫星图像，绘制出 1984—2016 年全球潮滩的分布范围和变化。研究团队发现，地球上潮滩生态系统至少有 127 921 平方千米，类似于全球红树林的覆盖面积。大约 50% 的潮滩位于 8 个国家，分布在亚洲、北美洲和南美洲三个大洲。

报告显示，按国家划分，印度尼西亚的潮滩最多，其次是中国和澳大利亚。就研究团队已收集到充足卫星数据的区域而言，其中的潮滩面积在 33 年的时间内减少了约 16%。这意味着自 1984 年以来，全球范围内损失的潮滩面积可能超过 2 万平方千米。

（二）建立可用于海洋灾害预警的观测网络

1. 我国将建可用于灾害预警的国家海底科学观测网 [72]

2017 年 5 月 29 日，有关媒体报道，海底科学观测网是人类建立的第三种地球科学观测平台，通过它人类可以深入海洋内部观测和认识海洋。目前，北美、西欧和日本等十几个国家都已经拥有海底观测网。据悉，我国国家海底科学观测网日前正式被批复建立，项目总投资超 20 亿元，建设周期 5 年。

国家海底科学观测网是国家重大科技基础设施建设项目，将在我国东海和南海分别建立海底观测系统，实现中国东海和南海从海底向海面的全天候、实时和高分辨率的多界面立体综合观测，为深入认识东海和南海海洋环境提供长期连续观测数据和原位科学实验平台。

同时，在上海临港建设监测与数据中心，对整个海底科学观测网进行监控，实现对东海和南海获取的数据进行存储和管理。从而推动我国地球系统科学和全球气候变化的科学前沿研究，并服务于海洋环境监测、灾害预警、国防安全与国家权益等多方面的综合需求。

2. 我国在西太平洋建成首个深海实时科学观测网 [73]

2018 年 2 月 7 日，新华网报道，我国新一代海洋综合科考船"科学"号在完成 2017 年西太平洋综合考察航次后，当天返回青岛西海岸新区的母港。科考队员在本航次成功建成我国首个深海实时科学观测网，西太平洋深海3000米范围内的温度、盐度和洋流等数据实现1小时1次实时传输。

西太平洋科学观测网经过4年建设，深海连续和实时观测能力取得了显著进展。20套深海潜标800余件观测设备多数已经稳定获取连续3~4年的大洋水文和动力数据，并且实现了大洋上层和中深层代表性深度的全覆盖。

中国科学院海洋研究所所长王凡说："在深海观测数据实时传输方面，我们在2016年突破了潜标系统实时传输难题，并实现深海潜标长周期稳定实时传输。在此基础上，本航次实现了从单套到组网，从水下1000~3000米的深海数据实时化传输的功能拓展。"深海实时科学观测网的自主构建完成，将有力推动我国和国际大洋观测能力的持续提升。

二、地球极地海洋防灾探测的新成果

（一）南极大陆及周边海洋防灾探测的新信息

1. 钻孔探测南极最大冰下湖取得新收获

（1）从南极沃斯托克湖中采集到水样。[74] 2013年3月11日，俄罗斯媒体报道，该国科考队经过周密准备，当天成功从南极沃斯托克湖采集到第一份水样，同时还发现新的细菌品种。科考队采用直径135毫米的钻头从冰下湖表层采集水样，钻头在从湖底升起过程中形成"速冻冰芯"，温度的变化从零下120℃（深度3300米）到零下30℃（深度500米）。

按原计划，科考队在2012—2013年，要完成深度3406~3460米的钻探作业，其中就包括采集"速冻水"样品的工作。

2012年5月，俄罗斯曾在沃斯托克湖采集到一份水样，发现水中存在一种细菌，但当时未能确认。2013年要继续通过采集更加纯净的水样，并在"费奥德罗夫院士号"科考船进行全面数据分析，确定沃斯托克湖存在何种细菌或者微生物。

此项研究的重要意义在于：土星卫星或者木星上存在地下冰海，而沃斯托克湖是地球上唯一类似的区域。

（2）在南极沃斯托克湖中发现地球上最大的冰晶体。[75] 2013年4月，俄罗斯媒体报道，俄南极科考队第57钻探队，经过十余年的不懈努力，第一次钻透南极地下4000米的沃斯托克湖冰盖。在钻探过程中，科考队员发现了方圆约4米的巨大冰晶体，它由独立的单晶体构成。

在南极沃斯托克湖极端恶劣的条件下，冰晶体形成非常缓慢，每年大约 5 微米，这就使得冰晶体非常纯净和特殊，这种冰晶体无法在实验室条件下合成。而根据俄罗斯学者的说法，正是这种冰晶体的存在导致了在南极冰盖 3000 米以下的钻探异常困难。

沃斯托克湖是南极最大的冰下湖。其独特之处在于厚达 4000 米的冰壳将湖底与地球表面自然隔绝了数百万年。有学者认为可能湖水中存在生物体或者生命元素，这对于人类研究数百万年前的地球生命活动具有重大科学意义。

2. 探测南极冰层下沉积物的新发现

首次探测到南极冰层下存在一个大型地下水系统。[76] 2022 年 5 月，美国加州大学圣地亚哥分校斯克里普斯海洋研究所研究员克洛伊·古斯塔夫森、哥伦比亚大学地球与环境科学副教授克里·基等专家组成的研究团队在《科学》杂志上发表论文称，他们在南极洲冰层以下的沉积物中，首次发现了一个巨大的地下水系统。这一地下水系统可能与湿海绵一样稠密，揭示了该地区未被勘探的部分，并可能对南极洲如何应对气候危机产生影响。

覆盖南极洲的冰盖并不是一个坚硬的整体。近年来南极洲的研究人员发现了数百个相互关联的液态湖泊和河流，它们蕴藏在冰层中。但这是第一次在冰下沉积物中发现大量液态水。

研究人员集中研究了约 96.6 千米宽的惠兰斯湖冰流，这是流向世界上最大的罗斯冰架的 6 条冰流之一。他们使用大地电磁成像技术，在 2018—2019 年测量了地下水，并绘制了冰层下的沉积物地图。该技术可以检测冰、沉积物、基岩淡水和盐水传导的不同程度的电磁能，并根据这些不同的信息源创建地图。该研究是第一次使用这种技术来寻找冰川下的地下水。

研究人员计算出，如果从 100 平方千米的沉积物中挤出地下水，那么它将形成一个 220~820 米高的水柱，至少是冰层内和冰层底部浅水系统的 10 倍，甚至可能比这还要高得多。

古斯塔夫森打比方说："美国帝国大厦高达 420 米，在较浅的一端，南极冰层地下水水柱可以达到帝国大厦的一半高。在最深的一端，几乎达到了两座帝国大厦堆叠在一起的高度。这一点很重要，因为这一地区的冰下湖泊有 2~15 米深，仅仅只是帝国大厦的一到四层楼高。"

测绘显示，随着地下水的深入，水变得越来越咸，这是地下水系统形成的结果。

海水可能在 5000~7000 年前的温暖时期到达这一地区，使沉积物被咸海水浸透。当冰层前进时，由上方压力和冰基摩擦产生的新鲜融水被迫进入上部沉积物。克里·基称，现在它可能会继续向下过滤并混合到地下水中。

研究人员表示，需要做更多的工作来了解地下水发现的影响，特别是与气候变化和海平面上升有关的影响。

3. 研制用于探测南极海冰变化的新设备

（1）开发有助于探寻南极海冰融化情况的水下机器人。[77]2010年10月，有关媒体报道，加拿大英属哥伦比亚大学水下机器人和流体力学中心一个研究团队研制出新型高科技水下机器人，这个子弹形状的金色机器人被取名为"加维亚"，它可以帮助人类探寻南极洲附近水下的海冰融化情况。

多年来，科学家们一直为不能探知被冰封的水底资料而烦恼，特别是在厚度100米的伊里布斯冰川舌之下。为了探寻深层冰面下的冰融情况，来自西雅图的地球科学研究所的海洋学家劳伦斯·帕德曼，曾试图利用57只象海豹来获取信息。另外一位科学家则使用电子设备和卫星，来寻求南极冰封下的水底信息。帕德曼曾对《多伦多星报》表示，信息的准确性对于判断有多少温水流进冰封架是非常重要的。

加拿大研究团队研制的机器人"加维亚"，能通过声纳系统来获取方圆4.8平方米的信息资料。同时它装配有数字摄像机，海流计和判断海水温度、盐度和水质的传感器。在本月，该研究团队的两位博士生已经赶去南极洲，并启动机器人"加维亚"的水下作业。他们的这一研究项目也隶属于由科学家史蒂文斯带领的新西兰国家水源大气研究所的大型研究项目，其主要研究海洋海水对冰川的影响。

"加维亚"一旦被放入水中，将会立即开始作业，并取得特定的所需信息。奔赴南极的博士生安德鲁·哈密顿表示，"加维亚"探测到的信息资料将是非常有研究价值的，并且很多资料是以前在海洋下面无法得到的。

科学家们表示，预计90年之后，地球南极附近1/3的海洋浮冰将会完全融化，届时，情况将会相当地糟糕。但目前所知的冰融情况还不确切和完整。现在，在机器人"加维亚"的帮助下，人类将会得到更准确的信息，将会知道因冰融引起的海水升高的高度和速度。

（2）开发和使用可丈量南极海冰的水下潜水器。[78]2014年11月，一个以南极海冰信息为探索对象的研究小组在《自然·地球科学》期刊网络版上发表论文称，他们的成果是针对以下问题展开研究的：南极洲周围海冰的边缘正在发生什么？这些冰是在增加还是减少？这片大陆的不同地区的发展态势为何存在显著差异？

近年来，上述疑问一直困扰着科学家。为了找出答案，研究人员需要知道的不仅是海冰的空间范围，还需要了解它们的厚度。但厚度信息，很难仅靠卫星数据，或很少的几个冰川钻孔点取得的测量结果进行估计。

现在，这个研究小组想出了第三种方法收集数据：从冰的底部向上看。研究人员使用了一个名为"海床"的自主式潜水器，它的外形类似 2 米长的双层床，装备有向上仰视的声纳，以绘制海上浮冰底面的轮廓。

在 2010 年和 2012 年春季中晚期的两次研究考察中，该潜水器往返穿越了南极洲附近数个不同水域，以类似割草机的模式，在冰下 20~30 米处游动，收集海冰底部地形的 3D 调查数据。在整理了南极大陆的威德尔海、白令豪山和威尔克斯地等区域海冰的 10 张浮冰比例图后，研究人员发现，随着山脊和山谷的不同，海冰的厚度趋向于变化多样。

研究人员指出，平均而言，南极海冰比预想得更厚，这可能会显著改变科学家对海冰动力学的评估，以及在日益变暖的气候中海冰与海洋的交互作用。

（二）北冰洋及周边陆地防灾探测的新信息

1. 考察北极地区湖泊生态环境的新进展

在北极区德文岛冰帽下发现超级咸水湖。[79]2018 年 4 月 11 日，英国《独立报》报道，加拿大阿尔伯塔大学科学家鲁蒂肖泽领导的一个研究团队在位于北极区的德文岛冰帽之下 750 米深处，发现了超级咸水湖。研究人员指出，这里可能是 12 万年前单独进化的生物的家园。由于此处环境与木卫二欧罗巴相似，因此将为在欧罗巴搜寻外星生命提供线索。

研究人员发射电磁波穿透冰层，并在电磁波弹回时对其进行测量，"看穿"了冰层并获得了冰下情形的图谱，从而发现了这些咸水湖。鲁蒂肖泽说："雷达标志告诉我们下面有水，但我们之前以为，在温度低于零下 10℃ 的冰层下不可能存在液态水。"

之前科学家也曾在冰帽下发现其他湖泊，但主要在南极。这是科学家首次在加拿大北极区冰盖下发现湖泊。最重要的是，这是首次发现此类充满盐水的湖，当然，也正是这种盐度使这些湖泊引人注目，因为如果它们成为微生物的家园——这种可能性是存在的，将有助于了解地球之外的生命。

鲁蒂肖泽说："我们认为，这种咸水湖能很好地模拟木卫二欧罗巴的环境。欧罗巴是木星的冰冻卫星之一，也许在其冰壳内，具有类似的咸液体条件。"欧罗巴通常被视为最有希望发现外星生命的地方之一，美国国家航空航天局此前曾探讨过将着陆器发往这一遥远星球，以寻找可能存在的生命。

鲁蒂肖泽指出，现在他们需要证明，在德文岛冰帽下发现的这些咸水湖里有生命存在。她说："如果湖里有微生物，那么它们可能已在此处生存了 12 万年，所以它们可能会独立进化。若我们收集到水样，就能确定是否有微生物存在，它们如何演化，以及如何继续生活在这种没有大气层的寒冷环境中。"她还预测，加拿大北极区冰层下可能存在咸水系统网。

2. 开发用于北极防灾科学考察的新设施

建造前往北极防灾科学考察的"北极"抗冰自行平台。[80]2022 年 6 月 20 日，有关媒体报道，俄罗斯北极和南极科研所称，俄罗斯已制定"北极 -41"科学考察计划，科考队于 2022 年 9 月乘新建造的"北极"抗冰自行平台前往北极。此次科考的主要目标是在北冰洋高纬度水域，对"大气—冰盖—海洋"以年为周期进行综合研究，详尽描述北极地区气候系统发生变化的规律和原因，并描述未来几十年的变化趋势。

考察期间，专家将开展大气、生物、地球物理、冰和海洋学方面的研究。为此，研究人员将使用现代测量设备，包括自主无人观测平台。此外，还将使用专业设备来研究海底水层样本。从分布式观测网络收集的信息将存储在船载专业服务器上。

"北极"抗冰自行平台拥有科研中心功能，用于在北冰洋开展全年考察。此前，极地考察靠的是浮冰，在上面建立科考站。"北极"抗冰自行平台最快可以10 节的速度，自行在冰中漂流和移动，平台上的燃料储备足够其自主进行长达两年的考察。平台上的科研中心将配备现代化实验室和不间断通信设备。

三、研制用于海洋防灾探测的新设备

（一）建造海洋科考与海上灾害救援船舶

1. 建造海洋科学考察船舶的新进展

（1）设计出新型的竖式海洋科学考察船。[81]2009 年 11 月 28 日，《泰晤士报》报道，法国建筑师雅克·鲁热里，设计出一艘名为"海洋空间站"的新型海洋科学考察船。与普通船不同，"海洋空间站"是"竖着"的船，大部分船身处于水下，使科学家可以近距离探索海洋世界。

据介绍，"海洋空间站"高 51 米，只有导航、通信设备和一个瞭望平台在海面上；科研和生活设施位于其海面以下的部分，船身下部有一个加压层，以便潜水员实施考察任务。船身上的窗户让科学家可以全天候观察水中的生物。它外形酷似太空船，船上的防碰撞系统也源自国际空间站的类似设计。

鲁热里说："船上还有健身房和其他娱乐设施。锻炼身体相当重要，每个床位都配备一台视频播放器供船员娱乐。"

根据设计者的设想，"海洋空间站"首航将搭载 18 人，其中包括 6 名船员和 6 名科学家，还可搭载 6 名乘客。这些人可能是曾在严酷环境中接受过训练的宇航员，也可能是研究人类在潜艇内行为的科研人员。

鲁热里希望"海洋空间站"能成为海洋中的"宇宙空间站"，为探索海洋世界提供一个"窗口"，同时帮助科学家们研究海洋与全球气候变化之间的联系。他说，直到最近 50 年，我们才发现海洋里有四季、沙漠和森林。未来食物和药物将来自海洋。我们同时意识到，海洋在我们星球脆弱的生态平衡中，扮演着重要角色。

鲁热里设计"海洋空间站"的目的，就是为科学家们提供实施海洋科考的平台。他说："眼下海洋学家只能潜入海里一会儿，就必须回到水面上。这就像去亚马逊丛林科考，一小时后就必须乘直升机离开。"

鲁热里希望建造 6 艘"海洋空间站"科考船。第一艘预计耗资大约 3500 万欧元，鲁热里眼下已筹集到一半资金。他对筹到足够的钱充满信心。他说："一年前，造船可能性是 50%，现在我可以说是 90%。"

鲁热里的信心并非毫无根据。2009 年夏天，法国总统尼古拉·萨科齐在一次演讲中提及"海洋空间站"。此外，建造"海洋空间站"的计划，得到法国海军造船局、大型军工企业泰雷兹阿莱尼亚宇航公司等企业的支持。

（2）"塔拉"号科考帆船成为太平洋上流动的实验室。[82] 2018 年 2 月 1 日，有关媒体报道，近日，法国塔拉（Tara）科考基金会秘书长罗曼·特鲁布莱在法国驻华大使馆展示了法国科考帆船"塔拉"号在太平洋拍摄的色彩斑斓、生动美妙的珊瑚群影像，当如诗画面，瞬间变成珊瑚群因全球气候变暖而大片白化死亡，沉寂如灰烬时，令人震撼。

"塔拉"号，一艘以保护地球和海洋为使命的双桅科考帆船，建于 1989 年，36 米长、10 米宽，载重 120 吨，2003 年开始出海科考。

在海洋科考领域，"塔拉"号享有盛誉，曾完成对南北极地区大浮冰研究；首次在公海进行全球范围浮游生物研究；对塑料制品危害进行深入研究。船上有一个由法国国家科学研究中心和摩洛哥科学研究中心科学工作者组成的多学科研究小组。

2016年5月，"塔拉"号从法国起航，开展在亚太海域"2016—2018年塔拉太平洋科考项目"。特鲁布莱介绍，这次科考活动最独特之处在于，太平洋海域聚集了全球40%的珊瑚礁群落，经过极为广阔的地理"大穿越"，研究团队比较了不同水域珊瑚分布状况，把调查研究范围从生物基因扩展到生态系统。此前从未在如此大范围内开展这样的研究。

珊瑚礁仅占全球海洋面积的0.2%，却为多达30%的海洋生物提供着庇护和生存空间，因此，它们的健康状况对依赖海洋资源的人类而言，重要性不言而喻。

2. 建造海上灾害救援船舶的新进展

（1）设计出世界上首艘抗灾医疗专用游艇。[83]2012年2月21日，英国《每日邮报》报道，意大利29岁的游艇设计师马里诺·阿尔法尼成功设计出世界上首艘配有顶尖医疗设备的医务游艇。

阿尔法尼在与儿时朋友塔代奥·巴伊诺聊天时，萌生出设计医务艇的想法。巴伊诺是位医生，前不久刚从非洲执行医疗任务归来。阿尔法尼意识到，若有了医务艇，那些生活在缺乏或根本没有医疗设施的沿海地区病人，以及在海上遭遇突发事件的船员、游客们都能得到有效救治；此外，那些在沿海自然灾害中的受难民众，也能及时得到医务艇的救助。

有关报道获悉，2012年1月13日，"科斯塔·康科迪亚"号邮轮途经意大利吉利奥岛附近海域时触礁，导致17人死亡、15人下落不明。2004年的印度洋海啸侵袭数国，道路交通网惨遭破坏。截至2005年1月10日的统计数据显示，印度洋大地震和海啸造成至少15.6万人死亡。如果在上述灾难发生后能有医务艇第一时间赶赴现场，也许伤亡数字会有所减少。

据介绍，阿尔法尼设计的医务艇为双体船，因此可驶近海岸。船体由铝合金制成，长35.05米，宽14.63米，高7.62米。该船配有容量5万升的燃料箱，动力源自两个柴油—电力推进装置，最高速度可达每小时18.52千米。

阿尔法尼在医务艇上配备了目前最尖端的医疗检测区、手术室、实验室、康复病房以及一个专为高压氧疗法而配备的高压氧舱。医务艇上甚至还设有小型直升机停机坪，船尾还有救护车的停车库。

有关专家表示，医务艇可以在某些自然灾害的救援工作中大显身手。医务艇预计将载有3名驾驶人员、9位医疗护理人员，预计每天可治疗50人，每月可达1500人。

阿尔法尼表示:"我们的陆地被大海所包围,而我们却没有一种工具能提供海上应急医疗服务,这实在是不可思议。"

阿尔法尼曾获得意大利米兰理工大学的建筑学学士和游艇设计学硕士学位,他现在拥有自己的工作室,主要开展游艇设计、建筑设计和室内装饰设计等业务。这次的医务艇设计在本月为他赢得了 2012 年的"千年游艇设计大奖"。

(2)建成世界上第一艘多用途急救破冰船。[84] 2013 年 12 月,俄罗斯媒体报道,世界第一艘可侧向破冰的多用途急救船已经建成并在赫尔辛基造船厂下水。

这艘名为"波罗的海"的新型破冰船,长 76.4 米、宽 20.5 米,特点是船体不对称、倾斜设计并携带 3 个柴油驱动的可 360 度旋转的推进器。

专门建造破冰船等特种船只的赫尔辛基造船厂人员介绍说,现有的破冰船通常是通过大马力推进、在前进时将海冰压碎,而"波罗的海"号的新设计,让破冰船可以从侧面、船头及船尾都能进行破冰作业。

这艘船由俄罗斯扬塔尔造船厂和赫尔辛基造船厂联合制造。该船由俄罗斯政府订购,从 2014 年起在芬兰湾活动,主要用于破冰和急救等方面。

(二)研制用于海洋防灾探测的其他新设备

1. 开发更好勾勒海洋图景的新传感器[85]

2016 年 1 月 25 日,有关媒体报道,在日本东京,全球海洋观测伙伴关系组织当天举行新闻发布会。该组织主席、德国阿尔弗雷德·韦格纳极地与海洋研究所凯伦·威尔夏研究员在会上提出一系列新的海洋观测方案。之后,该组织将召开年会,届时将有全球 40 家海洋机构参会。其目标是在 2030 年建成一套新的全球海洋监测系统。

威尔夏表示:"在某些方面,我们对于海洋的了解还不如对火星的了解多,尽管海洋支配着从区域气候到经济的一切事物。"

报道称,为了加深对海洋的了解,科学家正在开发一种新的传感器,他们计划将其部署在一个全球监测系统中,以便更好地观察全球海洋发生的变化。

全球海洋观测伙伴关系组织自 1999 年成立以来,已经协调了约 2 万个自动探测器,即被称为"阿尔戈浮标"的全球部署,该浮标能够收集温度、盐度和流速数据。其中的 10% 还携带了氧传感器。

这些探测器随着水层在 2000 米的深度范围内起起落落,并且在处于水面时通过上行链路传输数据。公众在 24 小时之内便能够获得相关数据。该探测器大约能够使用两年，目前有 4000 个探测器依然很活跃。

研究人员表示，尽管阿尔戈浮标已然改变了海洋观测，但他们有迫切的需求获得更多且更好的数据。

英国国家海洋中心执行董事埃德·希尔表示："全球海洋观测系统已经变得停滞不前；在这种速度下是实现不了想要的进展的。"他强调，除了添加生物地球化学传感容量之外，科学家还需要监测深度大于 2000 米的海洋中的碳储存，以及可能的温度升高情况。

日本海洋研究开发机构副主席白山义久表示："例如，测量叶绿素会向你提供有多少生物活性正在发生的信息，并最终了解海洋和大气中二氧化碳浓度的更多信息。"

为了收集这些信息，研究人员正在开发传感器以测量海水中的碳含量、酸度、营养物质浓度，例如硝酸盐和磷，甚至收集基因组数据。

新一代的传感器可以适用于多种平台，包括沿海系泊设备、当前的浮标、海底网络电缆、石油钻机和船舶。光学传感器可以安装在船舶上，例如能够确定海水颜色，从而反映处于食物链底部的微藻活性；而检查彩色卫星的观测结果，则能够支持在一个特定海洋区域发生了什么的推断。

其中一些传感器已经在运行并正在逐步投入使用。其他一些传感器，例如酸度传感器如今还只是在实验室中进行操作。希尔说："利用这些技术，科学家不必再采集一桶桶的海水。"

2. 研制出能安装到无人机上测量地球潮汐的重力计 [86]

2016 年 3 月，有关媒体报道，重力计能测出局部重力加速的微小变化，其灵敏度高到足以能测量到地球的潮汐：由太阳、地球和月球的相对相位的改变造成的地壳弹性变形。

原有重力计体积大、成本高，但现在吉尔斯·哈蒙德领导的研究小组，开发出一种紧凑的便宜的微机电重力计，它具有一个新颖的"反弹簧"设计。

他们用它来测量重力加速，其灵敏度和稳定性高到足以能检测到地球的潮汐。该装置的小尺寸和低成本意味着，它可以安装到用于进行测量和勘探工作的一架无人机上，用来测量地球潮汐，用来监测火山。

第六章　防治农作物生物灾害研究的新信息

　　农作物生物灾害，指危害农作物的病、虫和杂草等在一定条件下暴发或流行，造成农业生产重大损失。采取切实可行的措施，有效预防和控制农作物生物灾害，可以避免或最大限度地降低农产品损失，有利于实现农业增效，有利于确保农民增收，也有利于促进农村稳定。21 世纪以来，国内外在防治农作物病害领域的研究主要集中于：探索植物病害的防御机制，揭示植物病害产生的原因，研制防治农作物病害的新技术和新药物，培育具有抗病能力的农作物。研究防治稻瘟病和白叶枯病、小麦条锈病和赤霉病、玉米黑穗病和条纹病、香蕉枯萎病和黑条叶斑病、棉花黄萎病等。在防治农作物虫害领域的研究主要集中于：探索植物重要害虫的生活习性，揭示植物对虫害的自我防御机制；用天敌昆虫防治害虫，用水蒸气杀灭花圃害虫。发现全球气候变暖或导致虫害增加而引起主粮减产，探索危害粮食作物蝗虫的生活习性及防治方法，研制出蝗虫克星真菌孢子生物杀虫剂。研究防治稻飞虱、玉米根虫、大豆胞囊线虫、棉铃虫和谷实夜蛾、小菜蛾、番茄属植物毛虫等。在防治农作物生物灾害其他领域的研究主要集中于：分析外来物种入侵的严重性，研究外来物种入侵的热点区域及应对能力。利用跳甲虫控制入侵植物乳浆大戟，利用木虱遏制外来侵入的蓼科杂草。揭开向日葵应对列当寄生侵染的抗性机制，运用无根藤属毛竹寄生功能帮助摧毁外来杂草。

第一节　防治农作物病害研究的新进展

一、研究植物病害防治的新成果

（一）探索植物病害防御机制的新信息

1.研究植物防病应答机制的新发现

发现植物会通过"断粮"击退病原体。[1]2016年11月，日本京都大学等机构组成的一个研究小组在《科学》杂志网络版上发表论文称，他们发现，植物在感染病原体时，会通过减少病原体可获取的糖分这种"断粮"的方式来进行自我防御。这一发现有望用于开发帮助植物抵御病原体的新型农药。

细菌等病原体侵入植物时，会吸收植物光合作用时产生并蓄积的糖分。日本研究人员发现，拟南芥叶内部有一种蛋白质，能将细胞外部糖分输送到内部。在细菌等病原体入侵时，拟南芥会启动防御应答机制，这种蛋白质的作用就会变强，将细胞外部的糖分回收到内部。这相当于植物通过给细菌等病原体"断粮"，来达到防御目的。

在实验中，研究人员人为破坏了这种蛋白质的作用，发现细菌数量大幅增加，拟南芥的患病情况较为严重。研究人员认为，这一机制应该也存在于其他植物中，该发现将有助于研发帮助植物抵御病原体的新农药。

2.研究病菌突破植物防御机制的新发现

（1）发现病菌能通过伪装逃避农作物的防御机制。[2]2005年12月20日，英国西英格兰大学微生物学家道恩·阿诺德、安德鲁·皮特曼及其同事组成的研究小组在《现代生物学》杂志上发表研究报告称，他们发现了一种常见农作物病菌逃避植物防御机制。当入侵的病菌面临宿主植物反抗时，它们会通过放弃自身的遗传标记来伪装自己，从而为接下来的致命传播创造条件。

通常所说的晕圈疫病病菌能够传染豆科农作物。这种病会使植物的叶子长得很小，同时在叶面上出现一个由水浸的污迹构成的黄色晕圈。作为植物防止传染的一种应对机制，被传染部位周围的组织都会死亡，从而避免枯萎病进一步蔓延。然而这种策略往往难以奏效，并且随着细菌从一片叶子向另一片叶子的传播，它们的毒性也会随之增强。在某些情况下，一株被传染的豆科植物能够造成非常严重的疫情。

为了搞清晕圈疫病病菌到底是如何逃脱植物的防御机制的，该研究小组模拟了一次晕圈疫病的暴发。研究人员把健康的植物枝叶暴露在病菌下，等待植物对其作出反应，随后再从另一批被传染的健康植物中采集这些病菌。在经过5次反复之后，植物将不再保护自己免受病菌的侵袭，同时出现了大量的组织凋亡。

遗传分析显示，晕圈疫病病菌能够迫使一种分子失去作用。当察觉植物作出响应之后，病菌会敲除一部分基因组，而这部分基因组形成的蛋白质正好能够被植物所识别。这些脱氧核糖核酸（DNA）转移到细胞质中，在这里形成一些不活跃的环状链。阿诺德表示，这是植物致病细菌机制的第一个例证，但她同时指出，在动物中传播的病菌也有类似的肮脏把戏。然而奇怪的是，在失去了一部分基因后，这些病菌似乎依然活得很好，至于它们为什么没有变得更糟尚不得而知。

华盛顿哥伦比亚特区美国农业部国家植物园的微生物学家徐惠迪认为，这一发现证明了植物和病原体能够以不同的方式共同进化。而英国诺里奇市塞恩斯伯里实验室的生物学家乔纳森·琼斯就表示，晕圈疫病病菌独特的传播方式能够保证它增大宿主的范围，同时进攻其他种类的植物。

（2）发现真菌病原体能利用蛋白质绕过植物的防御机制。[3] 2022年4月，美国农业部谷物豆科植物遗传生理学研究部植物病理学家陈卫东负责，华盛顿州立大学植物病理学系副教授田中宪等参加的一个研究团队在《自然·通讯》杂志上发表研究成果称，他们发现一种蛋白质能让600多种植物中导致白霉茎腐烂的真菌克服植物的防御机制。

对这种名为SsPINE1的蛋白质的了解，可帮助研究人员开发新的、更精确的控制系统，用于控制攻击马铃薯、大豆、向日葵、豌豆、扁豆、油菜和许多其他阔叶作物的菌核菌。

一种名为核盘菌的真菌，通过分泌多聚半乳糖醛酸酶导致植物腐烂和死亡，这种化学物质会破坏植物的细胞壁。植物通过产生一种阻止或抑制真菌多聚半乳糖醛酸酶的蛋白质来保护自己，该蛋白质标记为PGIP，于1971年被发现。从那时起，科学家们已经知道一些真菌病原体有办法克服植物的PGIP，但他们无法识别它。

陈卫东说："本质上是真菌病原体与其植物宿主之间持续的军备竞赛，一场激烈的攻防之战，其中每一方都在不断发展和改变其化学策略，以绕过或克服对方的防御。"

研究人员说，识别蛋白质 SsPINE1 的关键是在真菌细胞之外寻找它。他们通过观察真菌排泄的物质发现了它。为了证明蛋白质 SsPINE1 是让菌核菌绕过植物 PGIP 的原因，研究人员在实验室中删除了真菌中的蛋白质，这大大降低了它的影响。

田中究表示："它回答了科学家在过去 50 年中提出的所有这些问题：为什么这些真菌总能绕过植物的防御系统？为什么它们的宿主范围如此广泛？为什么它们如此成功？"

蛋白质 SsPINE1 的发现，为研究控制白霉菌茎腐病病原体开辟了新途径，包括更有效、更有针对性地育种，以使植物对菌核病具有天然抗性。研究团队已经表明，其他相关的真菌病原体使用这种反策略，这只会使这一发现变得更加重要。

（二）探索植物病害防治的其他新信息

1. 研究植物病害产生原因的新发现

发现昆虫会催生农作物病害黄曲霉毒素。[4] 2017 年 12 月 19 日，美国康奈尔大学植物病理学家米奇·德罗特领导的一个研究团队在《英国皇家学会学报 B 卷》上发表研究报告称，他们已经证明，昆虫会刺激黄曲霉并使其生成黄曲霉毒素，这也意味着应该让昆虫远离食物供给的世界。

黄曲霉生长于从水稻到玉米和坚果的一系列农作物上，会对农业生产造成严重危害。它能产生一种称为黄曲霉毒素的毒素，被这种毒素污染的粮食可能会延缓儿童发育，进而阻碍他们的生长。该毒素也会导致肝癌，暴露在高浓度的黄曲霉毒素下甚至会致人死亡。除了对人类的健康造成危害之外，黄曲霉毒素还会对食用这些农作物的农场动物产生影响。据估计，仅在美国每年就造成约 2.7 亿美元的农业损失。而在发展中国家，这一成本会更高。

黄曲霉毒素可能也会在能量和营养方面给真菌造成损失。但由于超过 2/3 的黄曲霉都能产生黄曲霉毒素，因此研究人员认为，这种毒素必然在某种程度上帮助了真菌。为了摸清为什么只有一些黄曲霉会产生黄曲霉毒素，该研究团队对果蝇进行了研究。

果蝇和真菌利用相同的植物作为繁殖区，并且吃同样的食物。果蝇幼虫偶尔也会以真菌为食。因此，研究人员认为，这些昆虫可能会促使黄曲霉产生黄曲霉毒素以保护自己及其食物免受昆虫的侵袭。

在最初的实验中，研究人员证实，黄曲霉毒素似乎能够保护黄曲霉对抗昆虫：当他们在果蝇幼虫的食物中加入黄曲霉毒素后，这些蛆虫相继死亡，而真菌则茁壮成长。但是，这种真菌的生长，只发生在当幼虫在周围的时候。一旦幼虫不在了，真菌便停止生长。

研究人员指出，与缺乏幼虫时相比，当幼虫在周围时，真菌的毒性会变得更强。而且与没有幼虫时相比，真菌在幼虫出现时也会产生更多的毒素。研究人员认为，所有这一切都表明，当昆虫出现的时候，黄曲霉毒素也会出现。

然而，没有参与这项研究的德国不莱梅大学进化生态学家马尔科·罗尔夫斯指出，果蝇很少在野外与真菌发生相互作用，而像棉铃虫一样的害虫才是更大的威胁。因此，目前还不清楚这些研究结果是否适用于现实世界。他说："我们迫切需要模拟野外条件的模型系统。"

尽管如此，德罗特说，他的研究表明，在控制毒素的策略中，与昆虫的相互作用是人们应该开始关注的方向。在其他的方法中，目前针对霉菌的生物控制策略包括用无毒性的真菌来浇田，这样就不会让任何地方被有毒的黄曲霉毒素所侵占。但是，该研究团队的研究表明，潜在的控制方法也应该关注害虫。

黄曲霉是一种常见腐生真菌。多见于发霉的粮食、粮制品及其他霉腐的有机物中。黄曲霉毒素是一类化学结构类似的化合物，均为二氢呋喃香豆素的衍生物。黄曲霉毒素是主要由黄曲霉寄生曲霉产生的次生代谢产物，在湿热地区食品和饲料中出现黄曲霉毒素的概率最高。它们存在于土壤、动植物、各种坚果中，特别容易污染花生、玉米、稻米、大豆、小麦等粮油产品，是霉菌毒素中毒性最大、对人类健康危害极为突出的一类霉菌毒素。2017 年，在世界卫生组织国际癌症研究机构公布的致癌物清单中，黄曲霉毒素被列为一类致癌物。

2. 开发检测植物病害的新方法

成功研制出快速识别植物黄矮态病毒的新方法。[5] 2005 年 9 月，有关媒体报道，俄罗斯科学院生物有机化学研究所一个研究小组，采用老鼠单克隆抗体法，成功研制出检测并识别出植物黄矮态病毒的方法。新方法不仅速度快、效率高，同时也具有良好的经济效益。该科研项目得到了国家科学技术中心的资助。

植物生长过程中发生的黄矮态现象，指的是一种危险的植物病毒的传播，该病毒能使植物变黄变矮，不再发育生长，最终导致农业收成大幅度下降甚至颗粒无收。这种植物疾病在欧洲、美国、澳大利亚等全球许多地方都会发生，病毒的准确名字为大麦黄矮态病毒。实践中，由于这种病毒隐藏在植物的韧皮部，即纤维管系统里，整体上植物中病毒的含量比较小，因此很难被识别。

为此，研究人员采用了老鼠单克隆抗体的方法来检测和识别这种病毒。该方法是先将植物中提取的少量病毒注入实验鼠的血液中，让老鼠体内产生抗体；然后这些抗体会在老鼠内识别病毒，并牢牢地与病毒结合在一起。原则上，研究人员可以直接从老鼠血液中提取抗体，但工作量很大，同时因为抗体是在老鼠的脾脏中形成的，所以获得的抗体也不完全一样。研究人员将这种抗体与另外的特殊老鼠细胞进行杂交。杂交后的细胞能够快速生长和繁殖，从而能够获得大量的抗体。根据抗体的数量可以确定样品中病毒的数量，有了抗体，利用现代所使用的技术就可以识别出病毒的性质。

大麦黄矮态病毒有5个变种，研究人员目前还没有研制出5种不同的测试剂，但对所有的变种能够区分开来。据悉，新方法在实验中获得了成功，与目前使用的方法相比，具有更高的经济效益。

3. 研制防治农作物病害的新药物

发现泥炭藓可提取保护农作物的抗病生物制剂。[6] 2013年8月，俄罗斯媒体报道，俄罗斯农科院农业微生物研究所、俄罗斯科学院卡马洛夫植物所与奥地利同行共同组成的国际研究小组，从泥炭藓组织中分离出新的微生物品种，它们能有效抑制高等植物致病真菌和细菌的繁殖，用该微生物制成的生物制剂，可显著提高农作物的抗病性及产量。

世界上各种生物之间是一种共生关系，植物通过与某类微生物的共生获取利益，这类微生物很早就引起人们的注意，因为可以通过对这类微生物的研究获得农作物的高产。

泥炭藓具有抵御真菌和细菌的独特能力。研究人员借助荧光标记杂交和共聚焦激光扫描方法，通过观察泥炭藓，发现并分离出聚集在苔藓叶片透明细胞内壁的300余株微生物。

研究人员通过对它们DNA、菌落形态以及不同培养基上繁殖能力的分析确定，发现的微生物新品种中，很多属于洋葱伯克霍尔德菌属、假单胞菌属、黄杆菌属、沙雷氏菌属等。发现的微生物品种中超过半数能有效消灭镰孢属的真菌，1/3能抑制植物中常见的致病细菌的繁殖，有一些具有双重功效，6株微生物有效促进植物的生长，还有一些能吸附磷，也就是说理论上能促进植物对磷的吸收。

研究人员试着将这些微生物，移植到一些作物的根际土壤中，结果显示，部分微生物能较好地与小麦和番茄的根部共生，形成菌落或生物膜，为作物提供天然病原体屏障。

研究人员选择出 10 个最有前景的微生物菌株，并将用其制成的生物制剂同番茄种子混合，试验显示，混合微生物制剂的番茄相对于未混合的生长较快，生物质增加 10%~80%。同样在小麦试验中，该生物制剂使小麦对真菌的抗病性提高了 50%。

4. 培育抗病农作物的新进展

有望培育抗病而不影响产量的农作物。[7]2022 年 8 月，美国杜克大学一个由生物学专家组成的研究团队在《细胞》杂志上发表论文称，植物经常受到细菌、病毒和其他病原体的攻击。当植物感知到微生物入侵时，其细胞内的蛋白质化学汤，也就是生命的主力分子中会发生根本性的变化。他们在这项新研究中，揭示了植物细胞中重新编程其蛋白制造机制以对抗疾病的关键成分。

每年因细菌和真菌病害而损失的作物产量达 15%，约合 2200 亿美元。植物依靠它们的免疫系统来进行反击。与动物不同，植物没有专门的免疫细胞将血流送达感染部位。植物中的每个细胞都必须自己挺身而出奋力保护自己，迅速进入战斗模式。当它们受到攻击时，会将优先级从生长转移到防御，细胞开始合成新蛋白质并抑制其他蛋白质的产生。然后在 2~3 个小时内，一切恢复正常。

细胞中产生的数以万计的蛋白质从事许多工作：催化反应、充当化学信使、识别外来物质、将材料移入和移出。为了构建特定的蛋白质，包装在细胞核内的 DNA 中的遗传指令被转录成 mRNA 信使分子。然后这条 mRNA 链进入细胞质，在那里核糖体"读取"信息，并将其翻译成蛋白质。

2017 年的一项研究发现，当植物被感染时，某些 mRNA 分子比其他分子更快地转化为蛋白质。这些 mRNA 分子的共同点是 RNA 链前端的一个区域，其遗传密码中有重复的字母，腺嘌呤和鸟嘌呤在该区域一遍又一遍地重复。

在新研究中，研究团队展示了该区域如何与细胞内的其他结构协同工作，以激活"战时"蛋白质的产生。研究表明，当植物检测到病原体攻击时，通常指示核糖体着陆和读取 mRNA 的起点分子标志被去除，这使细胞无法制造其典型的"和平时期"蛋白质。相反，核糖体绕过通常的翻译起点，使用 RNA 分子内重复出现的 As 和 Gs 区域进行对接，并从那里开始读取。

研究人员表示，对于植物来说，对抗感染是一种平衡行为。将更多资源分配给防御，意味着更少的资源可用于光合作用和其他生命活动。产生过多的防御蛋白会造成附带损害：免疫系统过度活跃的植物生长迟缓。

通过了解植物如何达到这种平衡，研究人员希望找到新的方法来设计抗病作物而不影响产量，并用拟南芥进行了大部分实验。但在果蝇、小鼠和人类等其他

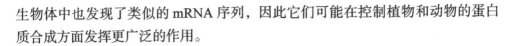

生物体中也发现了类似的 mRNA 序列，因此它们可能在控制植物和动物的蛋白质合成方面发挥更广泛的作用。

二、研究粮食作物病害防治的新成果

（一）探索水稻病害防治的新信息

1. 防治稻瘟病研究的新进展

（1）发现稻瘟病病原菌的遗传基因。[8] 2007 年 3 月，首尔大学农业生命工学科教授李龙焕领导的科研小组在《自然·遗传学》杂志网络版上发表论文称，他们已成功确定水稻稻瘟病病原菌的数百种病原性遗传基因。

研究人员表示，今后将联合生物学、遗传学和电脑方面的专家，建立生物信息学研究体系，进一步分析稻瘟病病原菌遗传基因之间的相互关系。

据介绍，研究人员从 2005 年开始，对稻瘟病病原菌进行深入研究。他们在对稻瘟病病原菌的 2 万多种变体进行生物学实验后，确定了病原菌的 741 种遗传基因，其中 202 种是病原性遗传基因。稻瘟病是一种常见水稻疾病，由真菌病原体引起，多发于气候湿热的国家，其造成的水稻产量损失高达 15%~30%。据测算，由于稻瘟病的危害，全球范围内每年减产的水稻，足以养活 6000 万以上人口。

（2）揭示激活稻瘟病防卫基因的机制。[9] 2019 年 4 月 9 日，中国科学院植物生理生态研究所何祖华研究员主持的研究团队在《分子细胞》网络版上发表论文称，水稻病害中最让农民头疼的一种"顽症"是稻瘟病。该病害严重影响水稻产量，甚至导致颗粒无收。他们在广谱和持久抗稻瘟病研究中获得新突破，发现了激活稻瘟病防卫基因的控制机制。

此前，该研究团队已分离鉴定出广谱持久抗瘟性新基因位点 Pigm，并发现它是一个包含多个抗病基因的基因簇，编码一对"黄金搭档"功能蛋白：PigmR 和 PigmS 免疫受体，可以让水稻具有高抗、广谱和持久抗病性且高产。

该研究成果进一步破解了 PigmR 为什么能控制广谱抗病的问题。研究人员发现，植物中存在一类新的调控基因表达的因子即转录因子家族 RRM。PigmR 就像"司令"，RRM 好比"将领"，它听从"司令"指令，选择性地与广谱抗病蛋白直接作用，进入细胞核，激活下游的"士兵"：防卫基因，从而使水稻产生广谱抗病性。如果 RRM 直接进入细胞核，水稻即使没有抗病基因，也可以产生抗病性。这是说，可用 RRM 改良不同作物的抗病性。

这项研究为植物抗病蛋白的信号转导和广谱抗病机制的探索，以及实际的抗病育种，提供了重要理论依据和技术支持。

（3）成功克隆出一个抗稻瘟病新基因。[10] 2019 年 8 月 23 日，由中国工程院万建民院士领导，南京农业大学王家昌博士、中国农业科学院作物科学研究所任玉龙副研究员参加的研究团队与中国科学院上海生命科学研究院植物生理生态研究所、中国科学院遗传与发育生物学研究所等单位合作，在《细胞研究》杂志网络版上发表有关水稻抗稻瘟病分子机制的最新成果。他们克隆出调控水稻先天免疫的一个新基因，并对其影响水稻苗期稻瘟病抗性的分子机制进行深入研究。

植物主要依靠自身的免疫系统抵御病原的入侵。在模式触发的免疫反应中，植物通过定位于细胞膜上的模式识别受体，识别病原相关分子模式，从而激活免疫反应。细胞质中钙离子浓度的瞬时上升，一直被认为是植物触发免疫反应的早期核心事件之一，但水稻中负责介导这一过程的钙离子通道仍然未知。

王家昌介绍，该研究团队以一个苗期稻瘟病抗性减弱的水稻突变体为材料，通过图位克隆的方法，获得一个编码环核苷酸离子通道蛋白的基因 OsCNGC9，该基因对水稻苗期稻瘟病抗性具有正向调控作用，并被进一步鉴定为一个钙离子通道蛋白。

任玉龙说，在水稻触发免疫反应过程中，该基因积极调控病原相关分子诱导的胞外钙离子内流、活性氧爆发和触发免疫反应相关基因的表达。进一步研究还发现，一个水稻触发免疫反应相关的类受体激酶 OsRLCK185，可以与 OsCNGC9 互动，通过将其磷酸化从而改变其通道活性。使其过表达以显著提高水稻的触发免疫反应和苗期稻瘟病抗性，这初步展现了该基因在水稻抗病遗传改良中的潜在应用价值。

万建民认为，这项研究建立了一条从病原菌识别到钙离子通道激活的免疫信号传导途径，填补了植物模式触发的免疫反应中缺失的重要一环，也为利用 OsCNGC9 进行水稻抗病遗传改良提供了理论基础。

（4）发现可阻止稻瘟病菌扩散的一个新途径。[11] 2018 年 3 月 26 日，英国埃克塞特大学发布新闻公报说，该校和美国堪萨斯州立大学等机构组成的一个国际研究小组在《科学》杂志上发表论文称，他们最新研究发现，抑制稻瘟病菌的一种特定蛋白质活动，可阻止病菌在水稻细胞间传染。

稻瘟病是水稻的主要病害之一，它由真菌感染而引起，可使稻株萎缩或枯死。每年全球因稻瘟病损失的水稻产量高达 30%。新发现将帮助深入理解稻瘟病的机制，开发实用的抗病药物和技术。稻瘟病菌通过菌丝侵袭水稻细胞，在细胞内复制出更多菌丝，然后通过细胞之间细微的连接通道：胞间连丝隐蔽地传染其他细胞，且不会被水稻的免疫系统攻击。

该研究小组表示，用化学遗传学手段抑制稻瘟病菌 PMK1 蛋白质的活动，就能将病菌束缚在细胞内部，阻止其传染其他细胞。研究人员发现，PMK1 蛋白质调控着一系列基因的表达，这些基因有的能抑制水稻免疫系统，防止它识别和攻击稻瘟病菌；还有的会使病菌菌丝具备"缩骨功"，能缩得很小以便在胞间连丝的管道里穿行。

研究人员表示，这是一个重大发现，但目前还不能应用于实际。他们希望在此基础上能找到 PMK1 蛋白质的作用目标，搞清楚稻瘟病的分子机制。

2. 防治水稻白叶枯病研究的新进展

成功克隆水稻白叶枯病的"克星"基因。[12] 2021 年 1 月，浙江师范大学马伯军课题组与中国水稻研究所钱前院士课题组联合组成的研究团队在《植物通讯》杂志上发表论文称，他们成功克隆水稻白叶枯病的"克星"：持久抗病基因 $Xa7$。通过揭示 $Xa7$ 高抗、广谱、持久、耐热特性的新抗病分子机制，为水稻白叶枯病的长效防控奠定基础。

白叶枯病是我国水稻生产中的"三大病害"之一，严重影响水稻产量和品质。资料显示，20 世纪 80 年代以前，白叶枯病常导致水稻减产 20%~30%，严重时可达 50%，甚至绝收。

据有关专家介绍，由于我国主栽水稻品种引入 $Xa4$、$Xa21$、$Xa23$ 等抗性基因，白叶枯病曾得到有效控制。但随着全球气候变暖、白叶枯病菌不断变异，陆续出现新型致病变种，导致主栽水稻品种逐渐失去抗病性。近些年，水稻白叶枯病呈逐年加重趋势，这种老病新发现象日益严重，产量损失巨大。

一直以来，$Xa7$ 是国际公认对白叶枯病菌抗性最持久的"明星基因"，从最初发现其持久抗病性至今已有 20 年。但由于该抗病遗传位点的序列与参考基因组完全不同，国际上许多实验室在 $Xa7$ 基因的分离鉴定上一直未获成功。

该研究团队经过多年攻关，已经取得突破性进展。他们在精细定位的基础上，通过辐射诱变和遗传筛选，终于把 $Xa7$ 锁定在 28kb 范围，并通过大量分子功能验证，成功克隆 $Xa7$ 基因。同时，这项成果还表明，在高温下，$Xa7$ 受诱导产生防卫反应阻止病菌入侵表现更为突出。也就是说，在全球气候变暖情况下，该基因具有更大的育种价值。

（二）探索麦类作物病害防治的新信息

1. 防治小麦病害研究的新进展

（1）发现小麦抗条锈病新基因。[13]2007 年 7 月，中国农业科学院作物科学研究所的一个课题组在《作物学报》上发表论文称，他们经过 4 年多的研究，人工合成了小麦新种质 CI108，发现其含有一个抗条锈病新基因 YrC108，并利用分子标记对该基因进行了染色体定位。该成果不仅为抗条锈病小麦育种提供了新抗原，而且为高效分子育种提供了选择标记。

小麦条锈病是我国小麦生产上的重要病害，20 世纪 50 年代至 90 年代曾几次在我国大面积暴发，引起小麦大面积减产。它是一种真菌病害，病菌的孢子就相当于植物的种子一样，从发病的基地（即菌原地）通过气流传播到新的发生区域。在适合的气候条件下，其孢子萌发，侵入小麦，经过 5~7 天的潜伏期后，小麦叶片像生锈一样，直至枯黄。这种病害暴发性强、流行快、发生范围广、危害性大。特别是在我国，它的发生范围较广，损失比较严重。

人工合成小麦新种质 CI108 及其抗条锈病新基因的发现，为小麦抗条锈病育种提供了新抗原，对拓宽小麦品种抗性遗传多样性、增加抗病品种使用寿命有重要意义。

（2）分离出小麦赤霉病抗性基因。[14]2016 年 11 月，美国马里兰大学、华盛顿州立大学等多所大学组成的研究小组在《自然·遗传学》杂志上发表论文称，他们利用先进的小麦基因组测序技术，分离出具有广谱抗性的 Fhb1 基因，这一发现不仅对小麦赤霉病，而且对各种受到真菌病原体——禾谷镰刀菌感染的类似寄主植物的抗病防治，也将产生广泛影响。

禾谷镰刀菌产生的毒素，使受感染的作物不适合人类和动物食用，这种农作物病害在美国、加拿大以及欧洲、亚洲和南美洲有关国家大规模频繁流行。小麦赤霉病一直以来也是一个难以解决的问题，它是一种全球性小麦疾病，会造成作物产量急剧下降，每年给全球农业生产造成巨大损失。

研究人员表示，掌握了广谱抗性 Fhb1 基因的来源后，它的复制进程将可在实验室中以更快的方式进行。一旦最终了解了基因的作用性质，此项发现还可用于控制其他镰刀菌引起的葫芦、西红柿、土豆等农作物的腐烂。研究人员未来准备利用广谱抗性 Fhb1 基因，克服由病原体造成的大量农作物病害，并把这种抗性，通过育种、转基因、基因组编辑技术等进行优化后，转移到其他易感染镰刀菌的农作物中。

（3）找到攻克小麦赤霉病的"金钥匙"。[15] 2020 年 5 月 22 日，山东农业大学农学院孔令让教授领导的研究团队在《科学》杂志上发表防治小麦赤霉病研究领域的重大成果：首次从小麦近缘植物长穗偃麦草中克隆了小麦抗赤霉病基因 *Fhb7*，并揭示了其抗病遗传及分子机制。

目前，*Fhb7* 基因已经申请国际专利，携带该基因的材料已被多家单位用于小麦育种，并表现出稳定的赤霉病抗性。这一发现为解决小麦赤霉病世界性难题找到了"金钥匙"。

据介绍，小麦赤霉病是世界范围内极具毁灭性且防治困难的真菌病害。受制于理论认知和技术水平，半个多世纪以来，关于赤霉病的研究全球鲜有突破性进展，特别是小麦种质资源中可用的主效抗赤霉病基因非常稀少。

孔令让说，经过长期探索，研究人员不仅把 *Fhb7* 基因成功转移至小麦品种，明确了其在小麦抗病育种中的稳定抗性和应用价值，还发现 *Fhb7* 基因对很多镰刀菌属病原菌具有广谱抗性，携带该基因的小麦品系在抗赤霉病的同时，对小麦另一重大病害茎基腐病也表现出了明显抗性。

孔令让研究团队的这一研究成果，是我国科学家在小麦赤霉病研究领域的又一重大突破，也是我国小麦研究领域首篇《科学》主刊文章。该研究受到国家自然科学基金和国家重点研发计划"七大农作物育种"重点专项等项目联合资助。目前，携带 *Fhb7* 基因的多个小麦新品系已经进入国家、安徽省、山东省预备试验和区域试验，同时被纳入我国小麦良种联合攻关计划，为从源头上解决小麦赤霉病问题提供了解决方案。

（4）首次发布全球小麦病虫害遥感监测报告。[16] 2018 年 6 月 20 日，《中国科学报》报道，中国科学院空天信息研究院研究员黄文江、董莹莹博士及其研究团队，当天在国际上首次发布了全球小麦病虫害遥感监测报告。

本期监测报告，聚焦全球粮食主产国，在主要粮食作物关键生长期典型病虫害的发生发展状况，对 2018 年 4—5 月全球进入小麦中后期生长阶段的 10 个主产国，包括中国、俄罗斯、法国、土耳其、巴基斯坦、美国、德国、伊朗、乌兹别克斯坦和英国的小麦锈病、赤霉病和蚜虫等发生发展状况进行定量监测，提取并分析了其空间分布、危害程度和发生面积。监测结果表明，小麦病虫害在上述 10 个国家总体呈轻度发生态势。

在我国，2018 年小麦病虫害总体偏轻，条锈病、纹枯病、蚜虫、赤霉病发生面积与往年相比减少 19.7%。其中，条锈病发生面积约 1561 万亩，纹枯病发生面积约 9939 万亩，蚜虫发生面积约 1.1 亿亩，而赤霉病在安徽、江苏、河南及湖北 4 省累计发生面积约 2105 万亩，总体较往年偏重。

在全球其他国家，俄罗斯小麦种植面积约 15.5 亿亩，锈病发生面积占 9%，蚜虫发生面积占 10%；法国小麦种植面积约 3.7 亿亩，锈病发生面积占 4%，蚜虫发生面积占 5%；土耳其小麦种植面积约 3.7 亿亩，锈病发生面积占 12%；巴基斯坦小麦种植面积约 3.2 亿亩，锈病发生面积占 17%，蚜虫发生面积占 22%；美国小麦种植面积约 2.5 亿亩，赤霉病发生面积占 5%，蚜虫发生面积占 5%。

黄文江表示，研究团队将进一步开展全球小麦、水稻、玉米、大豆等作物的病虫害监测和预警工作，并定期发布全球作物病虫害遥感监测与预测报告。

2. 防治大麦病害研究的新进展

培育出抗病高产的大麦新品种。[17] 2007 年 5 月，秘鲁国家农业研究所发表的一份报告说，该国科学家通过长期研究和试验，成功培育出一种抗病能力强、产量高的大麦新品种。

这种大麦的籽实大而饱满，且有光泽，被命名为"神奇大麦"。其主要优点是：能有效抵抗黑穗病、大麦叶斑病等，从而能显著提高单位面积产量，而且还适合在海拔 2500~3800 米的高原地区生长。

据悉，这种大麦新品种，已在秘鲁胡宁省部分地区种植推广，并取得了很好的效果。

（三）探索玉米病害防治的新信息

1. 研究危害玉米病菌的新进展

开展玉米黑粉菌基因组测序。[18] 2006 年 11 月，德国马普所陆地微生物研究所、美国麻省哈佛总医院等 27 个研究单位组成的一个研究团队在《自然》杂志上发表研究成果称，他们对危害玉米的黑粉菌基因组序列进行测定。

当玉米感染上玉米黑粉病菌后，玉米棒上会长出大小不等的瘤状物。多年来，科学家们还没有找到有效治疗玉米黑穗病的方法。而现在，该研究小组在解决这个问题上有了非常重要的研究进展。

研究小组已经分析出玉米黑粉菌的基因组。在真菌的 7000 个基因中，他们发现一些基因致使真菌能够固定于活体植物，而不是使植物致病而死。这些基因也有可能帮助真菌躲避植物自身的防御系统而得以存活。研究人员希望能把这些理论应用于依赖于活体植物的玉米黑粉病菌研究中。

在墨西哥，玉米黑粉瘤被当作一种观赏性的东西，但是世界其他国家的农民们都认为玉米棒上长出这种瘤状物是一件非常麻烦的事情。因为，长有这种瘤状物的玉米棒不能再加工成玉米糊，也不能制成爆玉米花，只能当作牲畜的饲料。美国的农业专家一直都在想办法对付这种黑粉菌，却一直没有什么实质性的进展。

该研究小组表示，他们已经识别出为功能未知蛋白编码的几个基因团：整个基因组范围的表达分析表明，这些成团基因的作用在患病期间被增强。这些基因团的突变经常影响到致病能力，其影响范围从致病能力完全丧失到致病能力超强不等。

2. 培育具有抗病或抑制病毒能力的玉米新品种

（1）开发出能抵抗条纹病毒的玉米新品种。[19]2007 年 7 月 8 日，南非开普敦大学和南非种子公司科学家组成的一个研究小组在美国芝加哥举行的美国植物生物学家学会年会上报告称，他们开发出一种玉米新品种，可以抵抗玉米条纹病毒。他们希望这一进展将有助于改善粮食安全，并在非洲改善转基因食品的名声。

研究人员声称，新品种在多代种植和与其他品种杂交后，都表现出抗病毒的特性。这个全部由非洲科学家组成的研究小组，希望该技术将有助于解决其他影响非洲粮食作物的病毒疾病，例如小麦矮病毒、甘蔗线条病毒和其他影响大麦、燕麦和黍的病毒。

玉米条纹病毒在撒哈拉以南非洲和印度洋岛屿上流行，它会妨碍被感染植株的生长，导致它们结出畸形的玉米穗轴，减少可收获的粮食数量。

该研究小组不是采取把不同程度抗玉米条纹病毒的品种杂交的方法，而是让一种基因发生突变，然后把它插入玉米植株中。这种基因负责编码玉米条纹病毒自身复制所需的一种蛋白质。当该病毒感染这种转基因玉米的时候，突变蛋白的存在，阻止了病毒复制和杀死玉米。这种作物的大田实验计划将很快开始。

肯尼亚农业研究所生物技术部门负责人西蒙·吉楚奇说，完全证明这一品种的抗病毒特性需要通过大田试验。他说，肯尼亚农业研究所已经用这种方法开发出了一系列作物，例如木瓜和甘薯，但是一些大田试验没有成功。吉楚奇说，温室环境和农场环境不同，大田试验还将评估这种新作物对环境的影响。

吉楚奇还说，让农民种植这种新的作物还需要时间，因为任何新的抗病害作物需要或者批准并进行国家级试验，从而确定它们的特异性、一致性和稳定性。

这个南非科学家组成的研究小组，还研究了 389 种乌干达玉米条纹病毒的样本，评估了该病毒的多样性以及遗传特征。他们发现，最流行的玉米条纹病毒毒株，是不同病毒基因型重组的产物。这一研究有助于凸显该病毒的进化过程，以及它是如何导致玉米患病的。

（2）培育能让有毒霉菌失效的转基因玉米。[20]2017年3月，美国媒体报道，有毒霉菌是一个潜藏在常见食物中的沉默杀手。来自霉菌中的一种致癌毒素，每年在全世界会导致成千上万人死亡，并迫使数百万吨农作物被丢弃。但通过转基因新方法，可以关掉产生这种毒素的开关，即便霉菌就长在农作物上也可实现。

运用转基因技术，可让玉米植株获得基因修饰，从而产生一种干扰核糖核酸（RNA），使生长在农作物上的真菌毒素基因静默。这种转基因作物可以警戒植株上的曲霉真菌，停止其制造会导致肝病和癌症的黄曲霉毒素。尽管这种技术可能仅可以在植物生长过程中发挥作用，并不能在谷物储藏阶段继续抑制毒素形成，但它依然被证明有效。

美国农业部植物病理学家蕾妮·阿里亚斯说："我们从收获时的黄曲霉毒素水平，可以判断出储藏时的水平。所以，如果我们可以使这个水平降低到零，那么即便储存时毒素会增长，也可以使其降低到有毒水平以下。所以，在收获前使它降低到一半，就意味着这场战役已经胜利了一半。"还有专家表示，让水和空气远离储藏的玉米等谷物，对于降低真菌生长也很关键，它还有助于防止虫害。

三、研究经济作物病害防治的新成果

（一）探索水果作物病害防治的新信息

1. 研究香蕉病害防治的新进展

（1）培育出对抗致命真菌的转基因香蕉。[21]2017年11月，澳大利亚昆士兰科技大学生物技术专家詹姆斯·戴尔主持的一个研究团队在《自然·通讯》杂志上发表论文称，他们开展的一项田间试验表明，转基因香蕉树能抵抗引发巴拿马病的致命真菌。巴拿马病摧毁了亚洲、非洲和澳大利亚的香蕉作物，并且是美洲蕉农的主要威胁。一些农民可能会在5年后获得这种转基因香蕉树，但消费者是否买账仍不得而知。

20世纪50年代，一种寄居在土壤中的真菌，摧毁了拉丁美洲当时最流行的香蕉品种：大麦克香蕉作物。随后，它被另一个抗病品种"卡文迪什"代替。如今，"卡文迪什"占据了全球40%以上的香蕉产量。20世纪90年代，在亚洲东南部，出现一种叫热带枯萎病4号（TR4）的相关真菌，它成了"卡文迪什"的杀手。杀菌剂无法控制TR4，虽然对水靴和农具进行消毒能起到一定作用，但这远远不够。

戴尔研究团队利用一种不受 TR4 影响的野生香蕉，克隆出名为 RGA2 的抗病基因。随后，他们将其插入"卡文迪什"，并且创建了 6 个拥有不同数量 RGA2 拷贝的品系。研究人员还利用 Ced9 创建了"卡文迪什"品系。Ced9 是一种抗线虫基因，能够抵抗多种杀死植物的真菌。

2012 年，该研究团队在距离达尔文市东南部约 40 千米处的一片农田中，种植了这些转基因香蕉，以及基因未经任何修饰的对照组。巴拿马病在 20 年前到达这里。为提高试验效果，这些植物均暴露于 TR4 中，研究人员在每棵植株附近埋下受感染物质。在 3 年的试验中，67%~100% 的对照组香蕉植株死亡，或者拥有枯萎的黄色叶子以及腐烂的树根。不过，若干得到改造的品系表现良好。约 80% 的植株未出现症状，同时两个品系：一个被插入 RGA2，另一个被插入 Ced9，完全未受到伤害。另外，两种抗病基因并未减小香蕉束。

美国佛罗里达大学植物病理学家兰迪·普洛特兹表示："这种抗病性非常出众，并且让人们有了乐观的理由。"不过，隶属非营利性农业生物多样性机构：国际生物多样性中心的植物病理学家奥古斯汀·莫利纳对转基因香蕉的吸引力持怀疑态度，他说："问题在于，目前的市场并不接受它。"

（2）发现气候变化加剧香蕉的黑条叶斑病。[22]2019 年 5 月，英国埃克塞特大学学者丹尼尔·贝贝尔主持的研究小组在《皇家学会生物学分会学报·哲学汇刊》上发表论文称，他们研究发现，香蕉也是气候变化的受害者，气候变化导致拉丁美洲和加勒比地区的香蕉作物，更易受一种较常见真菌疾病的侵袭。

该研究小组分析了黑条叶斑病的传播数据及相关气候信息后发现，过去半个世纪，湿度和温度的变化，导致拉丁美洲和加勒比地区香蕉作物发生黑条叶斑病的风险，上升 44% 多。

据介绍，黑条叶斑病 20 世纪首先出现在亚洲，1972 年传入洪都拉斯，1998 年巴西报告发现黑条叶斑病，十多年前它又侵入加勒比地区的一些香蕉种植区。遭侵染的病株不但叶片明显受损，而且产量和果实品质也会大幅降低。

贝贝尔说，气候变化为黑条叶斑病真菌孢子的生长，提供了更好的温度条件，让作物冠层更湿润，这导致拉丁美洲和加勒比地区许多香蕉种植区，出现黑条叶斑病的风险增大。

2. 研究葡萄病害防治的新进展

发现枯草杆菌具有防治葡萄病害的功能。[23]2010 年 8 月，日本媒体报道，日本山梨大学葡萄酒科研中心铃木俊二副教授主持的研究小组发现一种枯草杆菌能抑制数种真菌的增殖，从而防治葡萄病害。研究者正准备与农药厂家开展合作，争取早日使这一科研成果实用化。

研究人员发现的这种"除害"细菌，名为"枯草杆菌 KS1"，常分布在葡萄皮上，它能产生抗生素抵御引发葡萄病害的真菌。

研究人员把枯草杆菌 KS1 与能引起葡萄叶病害的两种真菌：灰霉菌和葡萄炭疽菌分别在琼脂培养基中一起培育。结果发现，灰霉菌和葡萄炭疽菌在蔓延到枯草杆菌 KS1 附近后，就停止增殖了。

2009 年 5 月至 9 月，研究小组在某葡萄园内的两块区域，分别投放含有枯草杆菌 KS1 的培养基和化学农药，然后对比两块区域内患有霜霉病的葡萄叶子和病害果实的数目。

结果发现，在播撒枯草杆菌 KS1 的区域，有 1.8% 的葡萄叶患有霜霉病，在喷洒化学农药的区域，这一比例是 1.5%，两者的防治效果差不多。此外，在播撒枯草杆菌 KS1 的地块，有 3.7% 的果实出现病害，比喷洒化学农药的地块要低0.4 个百分点。而在未采取任何防治措施的地块，有 25.5% 的果实出现病害。

（二）探索其他经济作物病害防治的新信息

1. 研究蔬菜病害防治的新进展

开发出辣椒花叶病疫苗。[24] 2011 年 11 月 21 日，《日本农业新闻》报道，日本中央农业综合研究中心和京都府联合组成的一个研究小组共同开发出辣椒花叶病疫苗，这种以植物病毒为基础开发的疫苗有望替代溴甲烷农药。

据报道，这种疫苗以辣椒花叶病病毒为基础，给病毒施加特定的温度、湿度条件等，制成疫苗。给辣椒苗接种这种疫苗，无须土壤消毒，就能有效抑制辣椒花叶病的发病。

为了便于疫苗的普及，研究人员正在研究通过水溶液喷洒的简单方式，为辣椒接种疫苗。如果种植的辣椒有 70% 使用这种疫苗，增加收益效果将很明显。

此外，实验证明，使用这种疫苗还可使辣椒维生素 C 含量提高 50%。中央农研虫害研究专家津田新哉说，维生素含量增加的原因目前尚不清楚，大概是疫苗对增加维生素 C 的基因发挥了作用。

2. 研究棉花病害防治的新进展

率先揭示棉花"癌症"黄萎病病原的分子机理。[25] 2019 年 1 月 4 日，中国农业科学院农产品加工所戴小枫研究员领导的研究团队在《新植物学家》杂志网络版上发表论文称，他们在大丽轮枝菌寄主适应性进化研究方面取得重要进展，首次阐明大丽轮枝菌引起棉花等寄主落叶的分子机制。

戴小枫说，大丽轮枝菌是引起棉花"癌症"黄萎病的病原，他们的研究将为棉花等经济作物黄萎病病原的分子流行监测预报、抗病品种选育和新型生防药剂研发提供理论依据。

该研究团队应用高通量测序技术，解析了来自中国棉花的大丽轮枝菌基因组，通过与来自美国莴苣和荷兰番茄上大丽轮枝菌基因组比较，发现中国菌株相对于美国和荷兰的多出一个基因组片段，该片段系从与其长期混生的棉花枯萎病菌中"掠取"（基因水平转移）而来，从而获得了对棉花的超强侵染能力。进一步研究发现，该菌获得这个基因组片段后，编码的功能基因直接参与了引起落叶化合物（N-酰基乙醇胺）的合成和转运。这种化合物一方面干扰棉花体内的磷脂代谢通路，使棉花对一种叫作"脱落酸"的植物内生激素更加敏感；另一方面发挥着与脱落酸相似的作用，使棉花的内源激素系统紊乱，脱落酸不正常地大量合成，最终导致棉花叶片脱落。

据论文第一作者张丹丹博士透露，经过多年努力，研究团队几年前已在棉花抗黄萎病分子标记辅助育种领域取得重要突破，选育出世界第一个抗病品种并大面积推广。近年来，在国家农业科技创新工程的支持下，他们在黄萎病危害机理与抗病分子机理研究等领域，已经从 5 年前的跟跑欧美到并跑，进而实现目前的领跑。

3. 研究藻类病害防治的新进展

揭示蓝绿藻被病毒杀死的机制。[26] 2019 年 10 月，香港科技大学海洋科学系曾庆璐副教授领导的研究团队在美国《国家科学院学报》上发表论文称，他们揭示了环保细菌蓝绿藻被一种名为噬藻体的病毒杀死的机制，这项新发现，有望提升蓝绿藻吸收二氧化碳的能力，未来将有助于减缓全球气候变暖。

研究人员介绍道，蓝绿藻在海洋中进行光合作用为海洋生物供氧，地球超过20% 的二氧化碳经由蓝绿藻吸收。然而，全球每天有近一半的蓝绿藻因被捕食或受病毒感染而死亡，其中噬藻体病毒每天杀死全球总量约 1/5 的蓝绿藻。

该研究团队花费 5 年时间，利用实验室培植的噬藻体进行研究。结果发现，蓝绿藻通过光合作用生产的能量，成为噬藻体感染蓝绿藻的燃料，让噬藻体在日间完成所有足以破坏蓝绿藻细胞结构的感染过程，导致蓝绿藻在晚间分崩离析。这是科学家首次发现这种病毒具有昼夜节律。

曾庆璐表示，通过了解日夜循环如何控制噬菌藻的感染过程，能帮助降低蓝绿藻被感染的风险，增加其吸收二氧化碳的能力，从而有助于减缓全球气候变暖速度。他还说，很多人类疾病都是由病毒引起的，现在发现了病毒感染受生理节律和昼夜循环影响，相信能为对抗人类病毒药物的研究带来新启示。

第二节 防治农作物虫害研究的新进展

一、研究植物虫害防治的新成果

（一）探索植物重要害虫生活习性的新信息

1. 证实蚜虫与细菌形成紧密的相互共生关系 [27]

2014 年 8 月，有关媒体报道，日本丰桥技术科学大学中钵淳副教授领导的研究小组发现，蚜虫还能利用内共生菌"转让"的基因合成蛋白质，并运送给内共生菌，从而形成高度的共生关系。这一成果有望促进将亲缘关系很远的生物融合在一起，并开发出环保的防治害虫方法。

在院子里精心种植的花草，不知什么时候就会爬满蚜虫。作为恶名昭著的害虫，蚜虫只吸食营养很贫乏的植物汁液，就能实现爆发性繁殖。研究人员说，这是因为，蚜虫体内有为其制造营养成分的内共生菌。没有内共生菌，蚜虫就无法繁殖，而在含菌细胞之外，内共生菌已无法生存，这种共生关系已经世代相传了约 2 亿年。

此前曾获悉，蚜虫会将内共生菌的基因组合到自身的染色体组内。此次，该研究小组利用基因重组技术，研究了其中的 $RIpA4$ 基因，是否会合成蛋白质以及蛋白质如何在蚜虫体内分布。结果发现，$RIpA4$ 基因能够令蚜虫制造出蛋白质，而制造出的蛋白质则分布在含菌细胞内的内共生菌细胞内。研究小组认为，这显示蚜虫进化出了向内共生菌运送蛋白质的运输系统。

中钵淳说："这是不同的生物融合在一起的终极进化方式。如果科学界能够开发出将有用的细菌与生物人为融合在一起的技术，除开发药物外，还有可能制造出拥有特殊能力的动植物。"

2. 揭示蚜虫会用自己的体液保卫家园 [28]

2019 年 4 月，一个由生物学家组成的研究小组在美国《国家科学院学报》上发表论文称，家里的墙裂了，人们会用水泥和油漆修补。蚜虫的家裂了，它们会用自己的体液来修补。近日，他们找到了这种"天然建筑材料"的配方构成，并弄清其发挥作用的机制。

为避免天敌侵袭，蚜虫寄生在植物上时，会在枝叶上建造自己的住所：虫瘿。当虫瘿受损出现破洞时，蚜虫会从腹部分泌出厚厚的乳白色液体进行修复。有的蚜虫会持续分泌体液直到被淹没，甚至死亡。

研究人员从植物上收集这些体液后放在显微镜下观察，发现了多个含有脂质的血细胞。生化分析显示，这些物质中存在酶酚氧化酶、氨基酸酪氨酸以及一些未知蛋白质。

研究还发现，当蚜虫用腿把这些物质混合在一起时，含有脂质的细胞就会破裂，并在大约1小时内凝结、硬化。其他昆虫会用这些材料封住伤口以防止感染，而这些蚜虫会分泌非常多的体液以保卫家园。

研究人员表示，研究蚜虫的这种组织合作行为，对理解自然选择如何导致物种发展出不同社会分工有参考意义。未来，科学家还会密切关注蚜虫的唾液，以进一步弄清虫瘿的形成机制。蚜虫是地球上最具破坏性的害虫之一。其中大约有250种是对于农林业和园艺业危害严重的害虫。蚜虫的大小不一，身长从一到十毫米不等。揭示虫瘿的形成机制，有利于更好地防治蚜虫危害。

（二）探索植物虫害防御机制的新信息

1. 研究植物自我防御虫害方式的新进展

发现植物能用沙粒作"盔甲"对虫害进行自卫。[29] 2016年3月，美国加州一个由生物学家组成的研究小组在《生态学》杂志上发表研究报告称，植物长着尖刺、藏着毒素，以及与叮咬食草动物的昆虫建立伙伴关系，这只是它们避免被吃掉的若干方式之一。如今，他们为这个清单再添一个成员：由沙子制成的盔甲。

科学家一直在思考，为何一些植物会分泌黏性物质，从而将沙子附着在其茎干和叶子上。多年以来，他们提出了各种想法，从温度调控、风暴防护到对抗饥饿食草动物的盔甲，不一而足。为确定哪种观点是正确的，研究小组把沙粒从披着"盔甲"的叶子花属植物中去掉。两个月后，这些"赤裸"的植物，因被咬噬而受到的伤害次数，是沙粒"盔甲"未受损伤的那些植物的2倍。

此项研究还表明，当研究人员把一些地上的沙粒，撒在散发着甜味的针垫植物的花朵上时，食草动物吃掉这些花朵的可能性要小很多。关键之处，可能在于动物要保护牙齿，因为牙齿是食草动物的最重要工具。任何用过砂纸的人都知道，沙粒会磨损坚硬的表面。

研究人员表示，全球可能有许多植物利用沙粒作"盔甲"，避免成为食草动物的腹中之物。他们还认为,这种"盔甲"还有着其他用途,比如抵抗沙尘暴。

2.研究植物抵抗虫害方式的新进展

(1)发现植物抵抗虫害的调控新机制。[30]2017年1月9日,中国科学院上海植物生理生态研究所陈晓亚院士和毛颖波研究员领导的课题组与该所王佳伟课题组联合形成的一个研究团队,在《自然·通讯》杂志网络版发表论文称,他们发现了植物抵抗虫害反应的这种时序性变化及调控机制。

茉莉素是最重要的植物抗虫激素。在正常情况下,茉莉素信号处于静止状态。当植物遭受昆虫袭击时,一类被称为JAZ的蛋白迅速降解,释放茉莉素信号从而激发抗虫反应。研究人员分析了模式植物拟南芥在不同生长期的抗虫能力,发现防御响应由强变弱,但抗虫性却由弱变强。这种相辅相成的抗性变化是如何调控的呢?经过进一步研究,他们发现微小核酸miR156在茉莉素信号输出过程中具有重要的调控作用。

miR156被称为植物的年龄因子,其水平随着植物的生长稳步下降,导致所靶向的SPL蛋白含量逐渐升高,促进植物的成熟并最终进入生殖期开花结果。研究发现,SPL能够与防御开关蛋白JAZ结合并阻碍其降解,导致抗虫反应弱化。既然植物在生长过程中抗虫反应呈衰减趋势,又是什么使得成年期植物反而更加抗虫呢?俗话说"姜是老的辣",老植物可能积累更多的有生物活性防御化合物。这启发了研究人员对拟南芥中的次生代谢物进行分析,结果发现抗虫成分(如芥子糖苷)的确随着时间的推移而稳定积累,不断充实植物的组成性、持久性抗虫能力,从而弥补了抗虫激素信号的衰减。

陈晓亚表示,虫害是农业生产和林木保护的巨大威胁,不仅带来巨大的经济损失,而且大量使用农药还对生态环境造成破坏。这项发现,不仅揭示了植物精妙的抗虫机制,而且对设计更加科学合理的害虫防治策略也具有重要的指导意义。

(2)发现植物抵抗害虫小叶蝉的化学创新与奥秘。[31]2022年2月4日,中国科学院分子植物科学卓越创新中心李大鹏研究团队与德国马克斯普朗克化学生态所合作,在《科学》杂志网络版以封面论文形式发表研究成果,首次揭示植物如何巧妙组装其特异性代谢产物,应对农业重大害虫小叶蝉的非寄主抗性机制。

这一成果不但为探索植物昆虫互相作用开辟了新的博物学驱动的多组学分析方法,还为植物如何特异性调度其化学"防御壁垒"抵抗昆虫进攻提供了全新的代谢视角,是植物对多食性昆虫的非寄主抗性研究的重大突破。同时,它应用合成生物学的手段,对农作物首次进行植物非寄主抗性代谢改造,为农业精准绿色防控技术提供全新可行性应用方案。

　　小叶蝉是一种严重危害农作物的世界性害虫，每年造成严重作物减产及经济损失。目前的防治方法是大量喷洒农药，但是防治效果有限而且代价高昂。

　　在这项研究中，研究团队在野外大田种植了由 26 个父母本杂交生成的共1816 株重组自交系群体，这些自交系群体的基因背景各不相同，以供小叶蝉的"窃听"和宿主选择。

　　当小叶蝉自由攻击这些植物时，它们的攻击率便可以用来帮助确定非寄主植物转变为寄主植物的遗传元素。该研究通过博物学驱动的正向遗传学与反向遗传学、转录组学及非靶向结构代谢组学相结合的全新分析方式，鉴定到一种新的植物特异性代谢产物，是植物对小叶蝉产生非寄主抗性的关键化合物，并将其命名为 CPH。

　　研究发现，植物只有在被小叶蝉，而非其他昆虫攻击的时候，非常规的茉莉素元件 JAZi 才会在被攻击的叶片特异性表达，激活其调控的 CPH 合成。巧妙的是，该化合物凝结了 3 大代谢通路，其中一个关键合成通路是由植物绿叶挥发通路组成的，是植物挥发性间接防御的核心通路，另外两个通路则参与植物的直接防御物质合成。

　　因此，这项研究首次解析了植物的直接和间接防御通路，是如何巧妙地"对话和调度"合成其代谢武器的。最终，研究团队通过合成生物学的手段，把该代谢通路整合到番茄与蚕豆等作物中，设计出小叶蝉非寄主选择的高抗作物。

3. 研究植物加强虫害防御机制的新发现

　　发现叶绿素能帮助植物加强对虫害的自我防御机制。[32] 2015 年 2 月，北海道大学、京都大学等机构组成的一个研究小组在美国《植物生理学》杂志网络版上报告说，他们发现，某些植物在遭受昆虫啃食，植物细胞在昆虫体内被破坏时，其叶绿素能变为一种对昆虫有害的物质，进而抑制以植物为食的昆虫繁殖。

　　科学家很早就知道，植物细胞中的叶绿素酶，能把叶绿素转化成叶绿素酸酯，但它对植物发挥着怎样的作用难以确认。

　　研究人员说，他们在研究拟南芥时发现，叶绿素酶存在于细胞内的液泡和内质网中。在植物被昆虫啃食，细胞被破坏时，叶绿素酶能立即将叶绿素转化成叶绿素酸酯。用含有叶绿素酸酯的饲料喂食蛾子幼虫后，幼虫的生长受到遏制，死亡率也会提高。

　　研究人员利用基因技术，提高拟南芥细胞内叶绿素酶的含量后，发现吃了这种叶片的斜纹夜蛾幼虫的死亡率提高了。他们认为，叶绿素酸酯比叶绿素更容易吸附在幼虫消化道内，因此有可能妨碍幼虫吸收营养。

拟南芥是农作物培育研究方面的一种模式植物，它的很多基因与农作物的基因具有同源性。因此上述研究成果显示，用于光合作用的叶绿素，能被某些植物用于防御，这将有助于弄清植物和农作物的部分防御体系。

（三）探索植物虫害防治方法的新信息

1. 研究用天敌昆虫防治害虫的新进展

（1）培育出能吸引益虫去捕食害虫的转基因作物。[33] 2005 年 9 月 22 日，荷兰瓦格宁根大学和以色列魏茨曼研究所联合组成的一个研究小组在《科学》杂志上发表论文称，他们已培育出一种全新的转基因作物，它可释放出一些能吸引益虫的复杂挥发性物质，通过把害虫的天敌吸引过来而杀灭虫害，因为这些害虫通常会吞食作物，造成农作物的大幅减产。在大自然中，有很多作物能自然地释放一些挥发性物质，从而吸引捕食害虫的益虫，最后达到自我保护的目的。

在这种全新转基因作物培育过程中，研究人员诱发拟南芥菜，使它产生一种能吸引益虫被称为类萜的化合物，这种化合物目前还无法大批量地人工合成，也不容易得到足够使用的数量。研究小组所使用的关键方法，是诱发最初起源于草莓细胞线粒体的酶，而线粒体正是形成类似化合物的关键部位。一旦这些酶在植物中存在，植物就能够产生两种类萜的化合物。

研究人员指出，培育这种全新转基因作物的技术可能为植物病虫害防治找到新方法。

（2）研究揭示天敌昆虫精准定位害虫的分子机制。[34] 2022 年 1 月，中国农业科学院植物保护研究所抗虫功能基因研究与利用团队在《当代生物学》杂志上发表研究成果称，他们通过比较组学揭示了在植物—蚜虫—天敌昆虫互作关系中，重要的化学线索反 -β- 法尼烯的来源、生态学功能及其介导的天敌昆虫嗅觉识别的分子机制。

反 -β- 法尼烯被鉴定为绝大多数蚜虫的报警信息素组分，一直以来备受关注。在植物—蚜虫—天敌昆虫三级营养级关系中，多种天敌昆虫均能利用反 -β- 法尼烯定位蚜虫，但是对于不同来源的反 -β- 法尼烯吸引蚜虫天敌的理论存在一定的争议，其分子机制尚不十分清楚。该研究团队以生产上重要的蚜虫天敌大灰优蚜蝇为研究对象，研究其成幼虫识别信息素的分子和神经机制。

研究表明，大灰优蚜蝇成虫触角均能被不同浓度的反 -β- 法尼烯所激活，但仅高剂量的反 -β- 法尼烯能作为远距离的线索吸引大灰优蚜蝇成虫，而较低剂量则近距离吸引食蚜蝇幼虫。研究人员通过比较组学的手段，鉴定了大灰优蚜蝇和黑带食蚜蝇气味受体和气味结合蛋白，对同源性较高的基因进行研究，筛选出大灰优蚜蝇气味受体 OR3 以及气味结合蛋白 OBP15 特异性的识别反 –β– 法尼烯及其类似物。

随后，通过基因编辑技术敲除了气味受体 OR3，发现大灰优蚜蝇成虫对反 –β– 法尼烯的识别作用降低，并丧失了行为选择和远距离定位能力。在幼虫中，气味受体 OR3 以及气味结合蛋白 OBP15 均有表达，但失去了对蚜虫的近距离识别能力和偏好性，表明食蚜蝇幼虫同样利用该蛋白参与对反 –β– 法尼烯的感受。

这表明，幼虫可以利用蚜虫来源的反 –β– 法尼烯进行近距离定位，而成虫能够识别植物来源的反 –β– 法尼烯对蚜虫为害的植株进行远距离搜寻。

该研究从分子水平解析不同来源的信息素对天敌昆虫的调控作用，打破了蚜虫来源的反 –β– 法尼烯作为利它素远距离吸引天敌昆虫的认知，为充分利用信息素这一重要的化学线索科学合理地开发天敌昆虫行为调控剂奠定了理论基础，为实现蚜虫的绿色防控提供新的思路。

2. 研发杀灭植物害虫的新技术

开发出用水蒸气杀灭花圃土壤害虫的新技术。[35] 2007 年 3 月，国外媒体报道，巴西农牧业研究院一个研究小组开发出利用水蒸气杀灭花圃土壤害虫的新技术。这种技术简单易行，没有污染，可以取代目前利用甲基溴化物杀虫灭菌的办法。

水蒸气杀虫装置由一个锅炉和一个注气机组成。锅炉产生的温度达 120℃的水蒸气，通过强化软管输送到注气机，注气机与一个齿上带孔的犁耙连接，在犁地过程中把水蒸气注入土壤中，随后用帆布覆盖。注气机每小时处理 100 平方米的土地，经过水蒸气杀虫的土地两天后就可种植。用水蒸气杀虫不会伤害到土壤中的有益微生物，而且成本比用甲基溴化物减少约一半。

甲基溴化物是种植花卉和果树等农作物常用的农药，但这种物质会破坏地球臭氧层。按照《蒙特利尔议定书》的规定，发达国家从 2007 年 1 月 1 日禁止使用甲基溴化物，而发展中国家的禁用期限是到 2015 年。

二、研究粮食作物虫害防治的新成果

（一）探索气候变暖加重粮食作物虫害的新信息

发现全球气候变暖或导致虫害增加而引起主粮减产[36]

2018 年 9 月，国外媒体报道，美国华盛顿大学等机构有关专家组成的一个研究团队在《科学》杂志上发表研究报告称，他们通过模型预测发现，全球气候变暖会导致蝗虫、毛虫等害虫更加活跃，而这可能给世界粮食供应带来灾难性后果。

由于温室效应不断积累，导致地气系统吸收与发射的能量不平衡，能量不断在地气系统累积，从而让温度上升，造成全球气候变暖。目前，大多数科学家认为，全球气候变暖不仅危害自然生态系统的平衡，还将威胁人类的生存。而此次，该研究团队表示，温度升高会使昆虫繁殖和代谢加速，这极有可能导致小麦、玉米和水稻等世界主要粮食作物大幅减产。

研究人员把大量昆虫生理数据和气候模型相结合，开发出一种新的计算模型，从而可以研究昆虫数量与食欲增加会对全球作物造成何种影响。根据模型预测，全球平均气温每升高 1℃，害虫导致的全球小麦、玉米和水稻产量损失将增加 10%~25%。

该模型还显示，如果全球平均气温升高 2℃，害虫导致的全球小麦、玉米和水稻产量损失将分别增加 46%、31% 和 19%。而所受影响最为严重的，是美国玉米产区、法国小麦产区、中国水稻产区等处于温带的粮食产区。

研究人员表示，这一计算模型目前并未将全球气候变暖后昆虫的天然捕食者如何应对、昆虫饮食习惯如何改变、农业技术变化等因素考虑在内。尽管如此，气候变化可能对世界粮食供应造成的影响，仍不应被忽视，因为农作物减产，将会给广大贫困人口带来难以承受的巨大冲击。

（二）探索危害粮食作物蝗虫的生活习性及防治方法

1. 研究粮食作物主要害虫蝗虫生活习性的新进展

（1）揭示蝗虫聚群成灾的奥秘。[37] 2020 年 8 月 12 日，中国科学院动物研究所康乐院士团队在《自然》杂志上发表论文称，他们首次鉴定出一种由群居型飞蝗特异性挥发的化合物，被认为是导致飞蝗聚群的关键性群聚信息素，从而揭示了蝗虫聚群成灾的奥秘。

在人类历史上，蝗灾与旱灾、洪灾并称三大自然灾害，在全球造成了严重的农业和经济损失。尽管蝗灾与人类发展历史长期相伴，但是真正在科学上对蝗灾成因的认识不足百年。

该研究团队通过分析群居型和散居型飞蝗的体表和粪便挥发物，在35种化合物中鉴定到一种由群居型蝗虫特异性挥发的气味，释放量低但生物活性非常高的化合物——4-乙烯基苯甲醚（4VA）。通过一系列行为实验确定该化合物对群居型和散居型飞蝗的不同发育阶段和性别都有很强的吸引力，能够响应蝗虫种群密度的变化，随着种群密度增加而增加，甚至它的产生可由4~5只散居飞蝗聚集而触发，具有很低的诱发阈值。

研究人员在飞蝗触角上的四种主要感器类型中，发现了4VA特异引起锥形感器的反应，并确定了其特异性受体。当使用基因编辑技术敲除该嗅觉受体后，飞蝗突变体的触角与锥形感器神经电生理反应显著降低，响应行为和吸引力丧失。此外，研究人员将含有4VA的诱芯布置在田间，通过室外草地双选和诱捕实验证明4VA对实验室种群在户外具有很强的吸引力。进而，他们将诱芯直接布局到蝗虫野外发生区天津北大港，大范围的区块实验再一次证明该化合物不仅能吸引野外种群，而且不受自然环境中蝗虫背景密度的影响。

本研究首次从化学分析、行为验证、神经电生理记录、嗅觉受体鉴定、基因敲除和野外验证等多个层面，对飞蝗群居信息素进行了全面而充分的鉴定和验证，发现和确立了4VA是飞蝗群聚信息素，而过去报道已知的其他化合物都不具备群聚信息素的所有条件，本项研究范式把化学生态学的研究提高到一个新的阶段，被认为是昆虫学研究的一个重要突破。

长期以来，人们对于蝗灾的防治主要依赖化学杀虫剂大规模的喷施，而不合理的化学农药的使用对食品安全、生态系统和人类健康产生了巨大的负面影响。该研究不仅揭示了蝗虫群居的奥秘，而且将从多个方面改变人们控制蝗灾的理念和方法，使蝗虫的绿色和可持续防控成为可能。康乐说："在蝗灾发生区设计诱集带，喷施4-乙烯基苯甲醚，这样蝗虫就都过来了，人们就可以不在大范围喷施药物，第一能节省农药，第二能保护环境，第三杀灭效果也比较好。"

（2）探索群居型与散居型飞蝗不同飞行方式的奥秘。[38] 2022年1月4日，中国科学院动物研究所康乐院士团队在美国《国家科学院学报》上发表论文，解释了飞蝗"欲速则不达"的飞行奥秘，为动物的飞行适应策略研究提供了新视角。

蝗灾是我国历史上三大自然灾害之一。我国2000多年的历史记载显示，大规模的蝗灾发生过 800 多次。1 平方千米的蝗群一天能吞掉 3.5 万人的口粮。蝗群掠过，植被皆无，往往引发严重经济损失，甚至导致粮食短缺而发生饥荒。

康乐说："当蝗灾暴发时，大规模高密度的群居型飞蝗在一个世代内能够聚集飞行超过 2000 千米，单次最大飞行时间超过 10 小时。"但是，当蝗虫密度很低时，零星的散居型飞蝗很少进行长距离迁飞，仅仅在求偶或躲避天敌时进行短距离的飞行。

同一种蝗虫，种群密度不同，飞行距离差异竟如此之大，它们如何根据密度调节飞行策略呢？在这项新成果中，康乐院士团队通过飞行行为分析发现，蝗虫生长时期的种群密度决定了它们成虫期的飞行特征，而这种特征的分化恰恰契合群居性和散居型的生活特点。

新成果打破了过去的一些惯性思维，发现低密度的散居型飞蝗不是不善飞行，而是飞行爆发力强、速度快，但是耐力性不够，呈现类似"短跑型"运动员的飞行特征。相反，高密度的群居型飞蝗，起飞速度并不快，而是以较低的速度进行长时间的持续飞行，呈现类似"长跑型"运动员的飞行特征。

在高种群密度下，"长跑型"的飞行特征，有利于群居型飞蝗进行长时间和长距离飞行，有利于保持巨大的迁飞群，以寻找充足的食物和合适的产卵地。而零散的散居型飞蝗"短跑型"的飞行特征，则有利于飞蝗寻找配偶和快速躲避天敌的捕食，因为它们都是要留居当地繁殖，没有迁飞的需求。当种群密度增加时，飞蝗又可以改变飞行特征来适应迁飞的需要。

他们发现，蝗虫飞行肌中的能量代谢过程的差异，是群居型和散居型飞蝗飞行特征和能力分化的主要原因。

（3）揭示决定飞蝗后代数量变化的调控机制。[39] 2022 年 4 月 26 日，中国科学院康乐、何静与复旦大学魏园园等生物学专家组成的一个研究小组在《细胞通讯》杂志上发表研究成果，揭示了飞蝗适应种群密度变化而导致后代数量改变的分子机制。

自然界很多动物都会根据环境的变化来调节繁殖对策，产生不同数量的后代。动物种群的内在因素在调节繁殖对策方面也发挥着重要作用，比如种群密度、性比、亲缘关系和个体竞争强弱等都会影响所繁殖的后代数量。而后代的多少与种群的维持及动态密切相关，同时也是动物适应性的重要标志。人们对这种自然现象有所了解，但是对动物如何自主调控生殖策略的分子机制并不知晓。

飞蝗是研究密度依赖生殖策略的理想模型。根据种群密度不同，飞蝗存在群居型和散居型两种生态型。群、散飞蝗尽管基因型完全相同，但是它们采取的生殖策略有显著差异，即高密度的群居型飞蝗生殖力较低，以便将能量投入到长距离迁飞来寻找新的栖息地。而低密度散居型飞蝗采取较高的生殖力以产下更多的后代个体，来维系种群稳定性。两型飞蝗之间可以根据密度的变化相互转变，生殖对策也随之发生转换，进而导致产卵量发生变化。飞蝗这种适应种群密度变化而导致后代数量改变的机制是一个非常有挑战性的问题。

2. 研究杀灭粮食作物主要害虫蝗虫方法的新进展

研制出蝗虫克星真菌孢子生物杀虫剂。[40]2009年7月30日，有关媒体报道，世界粮农组织最近在坦桑尼亚的试验表明，通过大规模使用一种由真菌孢子制成的名为绿肉素（GreenMuscle）的生物杀虫剂，可以使东南部非洲的农作物免受蝗灾危害。

成群的蝗虫会损毁农作物。根据世界粮农组织的统计，1吨蝗虫一天吃掉的粮食相当于2500人一天的口粮。该组织一直担心，红蝗虫的侵扰会在非洲演变成大规模的灾害，从而使上百万人的粮食安全面临威胁。

绿肉素由悬浮在矿物油中的绿僵菌真菌孢子组成，这种真菌可以在蝗虫体内生长，产生毒素，削弱其活力，从而使其成为鸟类和蜥蜴易于捕获的食物。大多数受真菌感染的蝗虫会在1~3周内死亡，死亡速度因温度和湿度条件不同而略有差异，总的致死率为80%左右。与化学杀虫剂不同，绿肉素只杀死蝗虫和蚱蜢，对鸟类和蜥蜴等不会产生副作用。

从2009年5月21日起，世界粮农组织与中南部非洲蝗虫控制组织共同发起，在坦桑尼亚对1万公顷的农作物喷洒了绿肉素，结果表明可以控制蝗灾暴发。这是绿肉素首次大规模使用。在接下来的几个月中，他们将斥资200万美元，继续在坦桑尼亚、马拉维、莫桑比克进行绿肉素喷洒行动。

专家指出，由于从喷洒到蝗虫死亡需要一段时间，绿肉素更适于预防蝗灾。

（二）探索粮食作物虫害防治的其他新信息

1. 研究水稻虫害防治的新进展

应用图位克隆法分离得到首例水稻抗虫基因。[41]2009年12月，武汉大学生命科学学院何光存教授实验室与国内同行共同组成的研究小组在美国《国家科学院学报》上发表论文称，他们经过14年的研究，已在水稻抗褐飞虱基因克隆和抗虫分子机理方面取得重大突破，成功分离出抗褐飞虱基因 *Bph*14，这是国际上应用图位克隆法分离得到的第一例水稻抗虫基因。

一直以来，人们对水稻如何能抗虫感到困惑不解，该项研究结果揭示了这一机制。水稻抗褐飞虱基因 *Bph*14 就像一个"哨兵",当褐飞虱危害水稻时,该基因就可感知到这一信号,并将信号传达到细胞核,调动其他基因的抗虫机制,抑制害虫的取食和消化,使害虫的生长发育受阻,害虫死亡率上升,从而使水稻免受危害。

据了解,稻飞虱是水稻生产中最重要的虫害之一,近年来我国水稻的稻飞虱发生面积达几亿亩。科学家们期望通过提高水稻品种抗性防治稻飞虱。20 世纪 60 年代以来,全世界科学家从水稻农家品种和野生稻转育材料中,鉴定出 20 多个抗褐飞虱基因位点,但是一直没有克隆到这些基因,水稻抗虫性的分子机理也不甚明了。

这项新成果成功克隆到水稻抗褐飞虱基因 *Bph*14,它将促进水稻抗稻飞虱育种研究快速发展,从而为少打农药、减少粮食损失,发展环境友好型和资源节约型农业做出重要贡献。

2. 研究玉米虫害防治的新进展

(1)发现可杀灭玉米根虫的新蛋白。[42] 2016 年 9 月 22 日,美国杜邦先锋公司研究主管刘璐负责的一个研究小组在《科学》杂志上发表的一项新研究显示,从土壤微生物中发现的一种蛋白,可有效杀灭玉米主要害虫之一:西方玉米根虫。这为研制取代 Bt 杀虫剂的抗玉米根虫新农药,铺平道路。

Bt 杀虫剂,是目前世界上应用最为广泛的微生物杀虫剂,其中含有 Bt 蛋白,这种蛋白能够杀虫,但对人类却没有毒性,因此也广泛应用于转基因作物。但研究人员近年来发现,一些害虫已发展出对 Bt 蛋白的抗性,寻找新型微生物杀虫剂势在必行。

刘璐说,他们从抗西方玉米根虫土壤中分离出微生物,然后从一种叫假单胞菌的细菌中发现一种蛋白,并命名为 IPD072Aa,实验显示对玉米根虫有杀虫效果。

(2)推出用于玉米害虫防治的 3D 打印无人机。[43] 2017 年 4 月,国外媒体报道,意大利索莱昂无人机公司一直在用 3D 打印来减少无人机组件的重量,提高其效率。该公司的最新产品之一"阿格罗"是一款用于玉米害虫防治的无人机,它有一个激光烧结的聚酰胺身体。

"阿格罗"虽然可以用在多种农业环境中,但实际上它有一个特定的目标:防治玉米螟虫,这种害虫每年都会毁掉大量的农作物。但与其他害虫防治方案不同的是,"阿格罗"喷洒的不是化学药品,而是赤眼蜂的卵,赤眼蜂是一种喜食玉米螟虫的黄蜂。通过均匀而高效地喷洒这些黄蜂的卵,3D 打印"阿格罗"无人机绝对是一个非常有用的农业工具，它本身看起来甚至就像一只黄蜂！

"阿格罗"的身体和零件是用一台激光烧结3D打印机来打印的，打印材料为聚酰胺和填充有玻璃颗粒的聚酰胺。聚酰胺耐用且轻便，填充有玻璃颗粒的聚酰胺则更坚硬，更不易受振动影响。因此，填充有玻璃颗粒的聚酰胺被用来打印靠近电机的部件。

索莱昂公司经理解释说："3D打印的最大优势在于，我们可以很快地创造出各种复杂的系统，即使数量不多。通常这些零件会在一个星期内打印好并发送给我们。作为一家小公司，这能让我们对客户想法的改变和愿望快速作出反应。我们已经成功让'阿格罗'成为市场上最具成本效益和性能最佳的产品。"

3. 研究大豆虫害防治的新进展

揭开胞囊线虫入侵大豆植株的作用机制。[44] 2017年2月，国外媒体报道，美国密苏里大学植物科学部戈尔纳·米丘姆副教授负责的研究团队，对危害农作物的胞囊线虫展开研究，发现它入侵大豆植株并从中吸走营养元素的作用机制。肉眼不可见的胞囊线虫对农业来说是一个重大威胁，可导致全球作物每年损失达数十亿美元。

了解了植物与胞囊线虫之间相互作用的分子基础，可能有助于发展出控制这些农业主要害虫的新策略，并养活不断增长的全球人口。根据美国农业部的数据，大豆是世界上2/3动物饲料的主要组成部分，同时也是美国消费的超过一半的食用油原料。可以说，胞囊线虫通过"劫持"大豆生物机能，危害了全球这一重要食物源的健康生产。

米丘姆说："胞囊线虫是世界范围内，最具经济毁灭性的植物寄生线虫群体之一。这些线虫，通过在寄主的根部创造一个独特的取食细胞，吸血鬼般地从大豆植株上吸取养分，来破坏它的根系。"这会导致作物发育迟缓、萎蔫，以至于出现产量损失。研究人员希望探索出胞囊线虫"霸占"大豆植株的途径和机制，并阻止其作用。

大约15年前，米丘姆和同事解开了线虫利用小氨基酸链或肽链，来从大豆根部取食的线索。现在，运用过去不曾有的新一代测序技术，米丘姆实验室的研究人员迈克尔·加德纳和王建英有了一个了不起的新发现。

这个发现就是，线虫具有产生第二类肽的能力，它可有效"接管"植物干细胞。正是植物干细胞创造了遍及植物全身以运输营养物质的管径。研究人员对比了这些肽类和植物产生的肽类，发现它们是同样的，被称为CLE-B肽。

研究人员说，植物向它的干细胞发出这些化学信号，便开始生长各种功能，包括植物用来运输营养物质的管径。高级测序表明，线虫使用相同的肽类来激活相同的过程。这种"分子模拟"有助于线虫制造取食网，从那里就可以吸取植物营养物质了。

为了验证他们的理论，米丘姆实验室的博士后郭晓丽合成了 CLE-B 线虫肽，将其应用到常被当作模式植物的拟南芥的血管细胞中。研究人员发现，线虫肽在拟南芥中的生长反应与植物自身的肽影响其发展的方式相似。接下来，研究人员"敲掉"拟南芥中用以向自身干细胞发出信号的基因。这时线虫表现不佳，因为不能向植物发信号，线虫的取食网被破坏了。

米丘姆表示，当线虫攻击植株根部时，它选择沿根的血管干细胞。通过切掉这条途径，减少了线虫用来操控植物的取食网的规模。这是第一次证明线虫调节、控制着植物管径。明确植物寄生线虫如何为自己的利益操控宿主植物，是帮助人们培育抗虫植物的关键一步。

三、研究经济作物虫害防治的新成果

（一）探索棉花虫害防治的新信息

1. 发现转基因抗虫棉使中国北方农作物免受虫害 [45]

2008 年 9 月 19 日，中国农业科学院和国家农业技术发展和服务中心陆宴辉、吴孔明和封洪强等专家组成的一个研究小组在《科学》杂志上发表论文称，苏云金杆菌（简称 Bt）是一种微生物杀虫剂，经基因工程改造后能表达 Bt 的棉花被称为 Bt 棉。他们研究发现，过去 10 年间，中国北方大规模种植的 Bt 棉，不仅降低了棉花害虫的数量，而且还减少了周边没有进行 Bt 改良的农作物的虫害。

研究人员为了解中国 Bt 棉的种植对生态环境和农业经济的影响，收集并分析了 1997—2007 年间中国北方六省 Bt 棉的农业数据，范围涵盖 1000 万农户种植的 3800 万公顷农田，其中包括 380 万公顷的 Bt 棉花田，2200 万公顷的其他非 Bt 作物。他们将焦点放在对中国农民来说非常严重的害虫棉铃虫身上。

他们的分析显示，随着 Bt 棉种植年份的增加，棉铃虫的数量显著下降，2002—2007 年间的下降幅度尤其大。他们同时也对多种影响棉铃虫发生的因素，如温度、降雨量和 Bt 棉等，进行了分析研究，结果发现，在被商业化引进的 10 年中，Bt 棉是棉花和其他许多非转基因作物中棉铃虫受到长期抑制的主要原因。这表明，Bt 棉可能是未来控制农作物病虫害、提高农作物产量的新途径。

2. 发现转基因抗虫棉顾此失彼面临新课题[46]

2010 年 5 月 14 日，中国农业科学院植物保护研究所吴孔明研究员等人组成的研究小组在《科学》杂志网络版上发表题为"Bt 棉花种植对盲蝽蟓种群区域性灾变影响机制"的论文。这项研究成果，是全球首个涉及多种农作物和大时间尺度的，有关转基因农作物商业化种植的一个生态影响评价。

研究人员以我国华北地区商业化种植 Bt 棉花为案例，1997—2009 年，系统地研究了 Bt 棉花商业化种植，对非靶标害虫盲蝽蟓种群区域性演化的影响。研究表明，Bt 棉花大面积种植，有效控制了二代棉铃虫的危害，棉田化学农药使用量显著降低，但也给盲蝽蟓这一重要害虫的种群增长提供了场所，导致其在棉田暴发成灾，并随着种群生态叠加效应衍生，而成为区域性多种作物的主要害虫。

转基因技术，由于打破了物种之间遗传物质转移的天然生殖隔离屏障，可以人为定向地改变生物性状、提高农作物对病虫害的抗性和产量，已成为实现传统农业向现代农业跨越的强大推动力，以及 21 世纪解决粮食、健康、资源、环境等重大社会经济问题的关键技术。

数据显示，自 1996 年首例转基因农作物商业化应用以来，全球已有 25 个国家批准了 24 种转基因作物的商业化种植。以抗除草剂和抗虫两类基因为主要方向，转基因大豆、棉花、玉米、油菜为代表的转基因作物产业化速度明显加快，种植面积由 1996 年的 170 万公顷发展到 2009 年的 1.34 亿公顷。

随着转基因生物产业化的迅猛发展，转基因作物带来的环境生态影响，正引起世界范围内的广泛关注。而以前的研究，主要集中于转基因作物小规模种植下的短期影响评价，人类对转基因作物大规模商业化而产生的农业生态系统长期影响，尚缺乏科学认知。转基因植物的大量释放和扩散，有可能使得原先小范围内不太可能发生的生态变化得以表现。

吴孔明说："这一研究的科学意义在于使我们认识到，转基因作物对农业生态系统的影响是长期的和区域性的；Bt 作物生态系统需要建立新的害虫治理理论与技术体系；新的转基因棉花研发需要考虑盲蝽蟓问题。"

该论文揭示了我国商业化种植 Bt 棉花对非靶标害虫的生态效应，为阐明转基因抗虫作物对昆虫种群演化的影响机理提供了理论基础，对发展利用 Bt 植物可持续控制重大害虫区域性灾变的新理论、技术有重要指导意义。

（二）探索蔬菜虫害防治的新信息

1.破译世界性蔬菜害虫小菜蛾基因组 [47]

2013年1月13日，福建农林大学副校长尤民生教授主持的课题组与深圳华大基因研究院和英国剑桥大学等共同组成的研究团队在《自然·遗传学》杂志网络版上发表题为"小菜蛾杂合基因组揭示昆虫的植食性和解毒能力"的论文，表明他们在全球首次破译世界性蔬菜害虫小菜蛾基因组。此举奠定了中国在小菜蛾基因组研究领域的国际领先地位，并将为农业害虫的可持续控制提供新的研究思路。

小菜蛾又名小青虫、两头尖、吊丝虫等，属鳞翅目菜蛾科，是主要危害白菜、油菜、花椰菜、甘蓝、芥蓝、芥菜、榨菜、萝卜等十字花科蔬菜的一种重要的寡食性害虫，被认为是分布最广泛的世界性害虫。由于其发生世代多、繁殖能力强、寄主范围广、抗药性水平高，给防治工作带来极大的困难，在东南亚部分地区可造成90%以上的蔬菜产量损失，给蔬菜生产和餐桌安全造成严重影响，全世界每年因小菜蛾造成的损失和防治费用超过40亿美元。

小菜蛾基因组的破译，宣告世界上首个鳞翅目昆虫原始类型基因组的完成，同时也是第一个世界性鳞翅目害虫的基因组。该成果对于揭示小菜蛾与十字花科植物协同进化，及其抗药性的适应进化与治理等，均具有重要的科学价值。同时，也为鳞翅目昆虫的进化和比较基因组学研究，提供宝贵的数据资源。

2.发现番茄属植物能让毛虫同类相食 [48]

2017年7月，美国威斯康星大学综合生物学家约翰·奥洛克主持的研究小组在《自然·生态与进化》杂志上发表论文称，他们已经证明，番茄属植物能够直接把毛毛虫变成同类相食的"恶魔"。

美国加利福尼亚大学戴维斯分校的理查德·卡班是从事食草动物及其宿主植物之间互动研究的专家。他虽然没有参与这项研究，但觉得该成果有重要的理论价值，他说："这是一种新的诱导抗性的生态机制，它有效地改变了昆虫的行为。"

草食性害虫通常会在食物质量不佳，或耗尽的情况下，互相攻击。并且，一些植物被认为通过使害虫对其他物种更具掠夺性，从而影响它们的行为。但到目前为止，科学家还不清楚植物是否能够直接导致毛虫同类相食。

该研究小组通过研究和使用甲基茉莉酸，在番茄属植物中诱发出一种防御反应。甲基茉莉酸是一种在空气中传播的化学物质，植物通过释放它来互相警告提防害虫的侵袭。研究人员发现，当用甲基茉莉酸作出暗示时，番茄属植物会产生毒素作为响应，这些毒素使得它们对于昆虫来说变得没有什么营养。

随后，研究人员让一种叫作"小斑点柳树蛾"的常见毛虫，来攻击这些农作物。8天后，他们观察发现，与对照组作物或是那些接收了较弱诱导的作物相比，经过更强烈甲基茉莉酸暗示的植物损失的生物量较少。这意味着，这种响应在某种程度上对于保护农作物是有效的。

接下来，研究小组想要测试这些植物的响应是否会在毛虫中引发同类相食的行为。因此，他们用甲基茉莉酸给番茄属植物提示，然后用经提示植物的叶子和非提示对照组植物的叶子，给容器中的毛虫喂食。同时，这些容器中也放置了一定数量的死毛虫。两天后，研究人员观察到，与那些用对照组植物叶子喂食的毛虫相比，用处理过的植物叶子喂食的毛虫，会比前者更早地把目光对准死掉的幼虫，并且吃掉更多的幼虫。

奥洛克指出，毛虫最终都是要彼此相残的，但是时机的不同却是至关重要的。他说，如果番茄属植物能诱导害虫更早地同类相食，那么便会有更多的番茄属植物保存下来。

第三节　防治农作物生物灾害研究的其他新进展

一、防治外来物种入侵研究的新成果

（一）审视外来物种入侵现象的新发现

1. 分析外来物种入侵严重性的新发现

外来生物入侵令我国年损失超过 2000 亿元。[49] 2014 年 9 月 21 日，《广州日报》报道，外来物种入侵这个词听上去较为陌生，其实经常就发生在老百姓身边。

2006 年，椰心叶甲入侵海南，扩散至广东省 18 个县市，染虫植物多达 320 万株。感染椰心叶甲的椰子树、棕榈树，枝叶枯萎、树冠变成褐色，严重时整株死亡。如今，无法根除的椰心叶甲每年给海南造成的损失高达 1.5 亿元人民币。专家分析认为，如此厉害的害虫入侵海南，可能是因为有人违规从东南亚一带引进棕榈科种苗所致。

同样，市民常见的水葫芦已经成为珠江上的公害。原产于南美洲的水葫芦原本作为观赏植物引入。一株水葫芦 90 天就可以繁殖 25 万株，进入珠江后更是如鱼得水，然而其覆盖了整个水面就会把光线挡住，破坏生态环境。广东出入境检验检疫局副局长陈小凡介绍，如今每年打捞珠江水葫芦的费用就有 1 亿多元人民币。

据统计，截至 2013 年，确定入侵我国的外来有害生物达到 500 多种，其中危害严重的达 100 余种。国际自然保护联盟公布的全球 100 种最具威胁的外来入侵物种中，入侵中国的就有 50 余种。我国每年因此造成的经济损失超过 2000 亿元人民币。

2. 分析外来物种入侵热点区域的新发现

发现岛屿和沿海地区成为外来物种入侵的热点区域。[50] 2017 年 6 月 12 日，英国达勒姆大学学者领衔，杜伦大学学者韦恩·道森等专家参与的一个国际研究团队在《自然·生态学与进化》杂志上发表报告称，他们的分析显示，全球许多岛屿以及大陆沿海地区，成为外来物种入侵的热点区域，比较严重的地区包括夏威夷群岛和佛罗里达等。

研究团队利用已有的动植物物种数据，分析了全球许多地方的外来物种入侵状况，这些数据涵盖了 186 个岛屿和 423 个陆上地区，涉及 8 个生物类别，包括两栖动物、鸟类、淡水鱼、哺乳动物、爬行动物以及维管束植物。

分析显示，外来物种入侵主要发生在岛屿和大陆沿海地区，其中外来物种数量排在前三的地区是夏威夷群岛、新西兰的北岛、印度尼西亚的小巽他群岛。在夏威夷群岛，上述 8 个生物类别中都存在很多数量的外来物种。美国佛罗里达州，则是大陆沿海地区中外来物种最多的区域，一个典型的外来物种入侵例子就是当地发现的缅甸蟒。

道森说，岛屿和大陆沿海地区之所以成为外来物种入侵的热点区域，很可能是因为这些地方有像港口这样的重要交通枢纽，它们为外来物种提供了一个重要入口。由于外来物种入侵可能对当地生态造成不良影响，未来有必要研究相关预防措施，保护那些比较脆弱的地区。

3. 分析应对外来入侵物种能力的新发现

发现多数国家应对外来入侵物种乏力。[51] 2016 年 8 月 23 日，美国和英国研究机构学者联合组成的一个研究小组在《自然·通讯》上发表报告称，多数国家在面对外来入侵物种时缺乏足够的应对能力，其中低收入国家在这类威胁面前尤其脆弱，未来还需更多国际合作。

那些原本在当地没有自然分布，因迁移扩散、人为活动等因素出现在其自然分布范围之外的物种，称为外来物种。其中，有一部分因为没有天敌控制再加上自身繁殖力旺盛，会变成入侵物种，排挤环境中原生物种，破坏当地生态平衡，甚至造成经济损失。

该研究小组深入分析后发现，全球 1/6 的陆地表面，在面对外来入侵物种时都非常脆弱，其中包括发展中国家的大量区域，以及一些生物多样性保存较好的区域。此外，外来入侵物种的传播途径，在不同收入国家之间也有较大差别，高收入国家主要通过货物进口中的一些动植物货品传播；低收入国家更多是人们乘坐飞机旅行过程中携带。

报告还预测，由于航空旅行越来越频繁，以及农业开发活动不断扩张，包括植物、动物以及微生物等在内的外来入侵物种，给许多发展中国家带来的威胁持续上升。对于其中那些经济不发达的低收入地区，这类威胁可能会影响当地人的生计和食品供应安全。

报告作者说，要应对这类威胁需要更广泛的国际合作，尤其像美国、澳大利亚以及欧洲一些国家在这方面经验丰富，应该向其他地区分享经验，减少外来物种入侵带来的不利影响。

（二）探索防治外来物种入侵的新方法

1. 利用跳甲虫控制入侵植物乳浆大戟的生长 [52]

2006 年 10 月，美国梅萨州立学院植物病理学家玛戈特·贝克特尔主持的一个研究小组对外界宣称，他们通过研究发现：在某种真菌的帮助下，一些小甲虫能够控制住入侵乳浆大戟这种害草的生长。

乳浆大戟最早生长在欧洲，大约在 19 世纪，被引入到美国的马萨诸塞州。目前这种植物，已经在美国的北部蔓延滋生，并且排挤一些本土植物。在美国西部，这种害草的无控生长已经威胁到了牧草地。

贝克特尔表示，一种名叫跳甲虫的叶甲科昆虫，有助于清除乳浆大戟。成年跳甲虫以乳浆大戟的叶子为食，并在叶面上产卵，而它的幼虫则在这种植物的根部蛀洞，并以其根部的汁液为食。

同时，贝克特尔也在研究两种对消除乳浆大戟有特效的真菌类：丝核菌和镰刀霉菌。她指出，经过甲虫的啃食后，乳浆大戟对这两种真菌的抵抗力会更大大降低。但是她也表示，在宣称这两种真菌对乳浆大戟来说是一种好的控制方法之前，还必须能够确定它们不会对其他植物造成伤害。

2. 利用木虱遏制外来蓼科杂草的入侵 [53]

2009 年 8 月，有关媒体报道，19 世纪中期，原产于日本的蓼科杂草来到英国。由于当地罕有天敌，这种植物得以迅速繁殖，严重威胁本地生物。英国莱斯特大学的研究人员为此专门培育出一种昆虫，使用生物手段遏制它的入侵蔓延。

他们培育出的昆虫叫木虱，它不但专门吸食蓼科杂草的汁液，而且可在其枝叶上大量繁殖后代，从而削弱蓼科杂草的生长繁殖能力。研究人员说，这种生物遏制手段经过严格测试，它针对性强，不会对英国本地的类似植物或重要经济作物造成威胁。

二、减轻寄生植物危害研究的新成果

（一）探索植物对抗寄生行为的新信息

揭开向日葵应对列当寄生侵染的抗性机制 [54]

2019 年 12 月 9 日，法国图卢兹大学等单位组成的一个研究小组在《自然·植物》杂志上发表论文称，他们发现向日葵能够通过一种受体样激酶，增强向日葵对列当寄生的抗性，以利于自身的健康成长。

列当又叫木通马兜铃、马木通，一年生草本植物，多寄生在菊科植物的根上。向日葵列当是一种寄生于向日葵根部的全寄生植物，它从向日葵的根部获取水分和养分，从而对寄主向日葵产生不利影响，包括生长迟缓、产量与品质下降，严重时还会引起植株死亡。

该研究小组通过图位克隆方法，克隆了 *HAOR7-a* 基因，该基因编码一个富含亮氨酸的重复受体样激酶，该激酶可以增强向日葵对列当 F 小种的抗性。在向日葵的抗性品系中，完整的 HAOR7 蛋白可以阻止向日葵列当与向日葵根系的维管系统连接，而敏感品系则编码一种缺失跨膜和激酶结构域的截短蛋白。

这一研究结果为进一步探索向日葵应对列当侵染的抗性机制提供理论参考，有望应用于向日葵的抗性育种。

（二）开发利用寄生植物特有功能的新信息

运用无根藤属毛竹寄生功能帮助摧毁外来杂草 [55]

2016 年 4 月，澳大利亚媒体报道，阿德莱德大学生物学家罗伯特·西罗科领导的一个研究小组发表研究成果称，一种能毁掉野生杂草生命的寄生性藤本植物，正被视为用于生物防治的颇有前途的新药剂。研究人员发现，无根藤属毛竹具有一项特殊功能，它可杀死所有外来杂草中的"大坏蛋"：金雀花和黑莓，而这项功能是通过将小型吸根附着在这些植物的茎干上，并且吸取它们的水分和营养物质实现的。

经调查，无根藤属毛竹是可对抗19世纪初被欧洲移民引入澳大利亚的入侵杂草的第一种本土植物。西罗科表示："这很重要，因为每年我们要花费上百万美元清除这些杂草，更不要说它们对本地生物多样性造成的不可估量的损失了。"

在这些外来杂草中，最臭名昭著的是重瓣刺金雀。将其从自然生境和农场中清除，每年要花费700多万澳元。研究人员发现，利用无根藤属毛竹的寄生功能，可以通过减少其水分和营养物质的摄入，并反过来破坏光合作用而摧毁这种金雀花。西罗科说："光合作用减少，转化的碳水化合物便会减少，植物生长就会变慢。"

西罗科表示，把无根藤属毛竹作为潜在生物防治剂的最大好处是，它已在澳大利亚东部大片地区自然出现。因此，这种藤本植物本身将变成一种威胁的危险系数极小。

第七章　防治森林灾害研究的新信息

　　森林灾害，一般指由于病虫害等生物因素，与气象和地质异变等非生物因素，对森林资源正常成长产生危害，从而导致林业生产以及相关人员和财产遭受损失。森林灾害往往具有突发性强、危害性重、破坏性大，以及处置救助比较困难等特点，有的还会直接破坏当地的生态环境，造成区域性灾难。21世纪以来，国内外在保护森林生态环境领域的研究主要集中于：揭示森林面积与高山树线的演变，以及森林生物物种的变化。探索森林砍伐活动及其造成的影响，分析被砍伐森林再生恢复机制与作用。研究气候变化对森林植被、林业产品和森林树木的影响。加强森林生态环境变化的监测系统，做好保护森林生态环境的基础工作。在防治森林病虫害领域的研究主要集中于：揭示巨型真菌蜜环菌破坏森林的基因机理，发现危害冷杉的植物病原真菌新物种，探索油橄榄林木、栎树和千年桐病害的防治。研究桦尺蛾、马尾松毛虫、椿象虫和松材线虫等森林害虫的防治。研究森林植物虫害的自我防御机制，探索利用昆虫防治森林虫害，开发出灭杀森林害虫的新药剂。防治森林火灾领域的研究主要集中于：研究森林火灾的危害与变化趋势，探索森林火灾带来的影响与警示，分析引发森林火灾的相关因素。研制出仿生低成本森林火灾报警器、火灾自动报警耐火壁纸，以及用于扑灭森林大火的水陆两用飞机。另外，还开发出与森林防火相关的新材料，选育适于火灾频发山林的栽种树种。

第一节 保护森林生态环境研究的新进展

一、研究森林生态变化及其影响的新成果

（一）探索森林面积与高山树线演变的新信息

1. 研究森林面积变化的新发现

发现巴西森林面积 32 年间减少超一成。[1] 2019 年 5 月 1 日，新华社报道，巴西"生物量地图"项目公布的最新数据显示，1985—2017 年巴西森林面积减少了 11%，而减少的森林有 61.5% 位于亚马逊雨林地区。

"生物量地图"项目由巴西一些大学、研究机构、非政府组织以及美国谷歌公司等共同参与。项目研究人员对 1985 年以来的卫星图像进行分析，相关图像详细揭示巴西土地使用情况和植被生长状况。

数据显示，1985—2017 年间，巴西塞拉杜稀树草原区森林面积减少 18%，潘塔纳尔沼泽森林面积减少 11%，卡廷加群落区森林面积减少 9.5%。在巴西六大生态系统中，森林面积增长的区域仅有潘帕斯草原和大西洋沿岸热带雨林区。

不过，潘帕斯草原和大西洋沿岸热带雨林区的森林面积增加，主要是通过人工造林实现的。新种植的树木包括桉树、松树及南美杉树，而不是原有树种。

世界自然基金会巴西分会主席毛里西奥·沃伊沃迪奇表示，虽然相关部门的努力使上述两个地区生态群落退化速度有所放缓，但情况没这么简单，森林很难回归原来的模样。他说："就生物量而言我们实现了复苏；但就生物多样性来说情况并非如此。"

2. 研究高山树线变化的新发现

揭开高山树线变化的驱动机制。[2] 2020 年 5 月，中国科学院青藏高原所研究员梁尔源领导的研究小组在《生物地理学杂志》网络版上发表论文称，他们认为除了气候原因外，树木间的竞争和互利也影响了喜马拉雅山中段树线变化的速率，这是在高山树线变化驱动机制研究领域取得的一项重要理论成果。

高山树线是树木分布的海拔上限，往更高处，山上的植被就变成了草甸。在喜马拉雅山区，连续分布的高山树线是观察气候变化对高寒生态系统影响的敏感

指示器，其变化速率一直受到国际生态学界关注。

梁尔源说："在气候变暖背景下，理论上讲树线位置将向高海拔迁移。但是，已有研究显示树线上升滞后于变暖速率。"

研究人员调查发现，树线上升速率不仅受降水和种间竞争限制，还受种内关系影响。所谓种内关系，就是指树木间的竞争和互利等。随着降水减少，树木幼苗趋于集群分布，集群强度与树线爬升速率显著负相关，树木之间相邻距离越大，爬升速率越快，反之爬升速率越慢，树线爬升速率的34.7%由树木集群分布强度决定。

研究人员表示，进一步的研究证实，温度与降水交互作用影响树木幼苗集群分布状态，进而调控树线爬升速率，这是高山树线变化驱动机制研究的重要发现。

（二）探索森林生物物种变化的新信息

1. 研究森林树种演变的新发现

（1）研究显示亚马逊森林一半树种或将"灭绝"。[3] 2015年11月，英国东英吉利大学环境科学学院卡洛斯·佩雷斯教授等来自21个国家的158位科学家参与的国际研究团队，在《科学进展》杂志发表研究报告称，他们的研究显示，亚马逊地区大约一半树木种类将濒临灭绝，最高可达57%的亚马逊树种可能已经达到了全球濒危水平。

如果这一研究结果得以确认，那么地球上濒危的植物种类将增加1/4。几十年来亚马逊地区的森林覆盖率一直在下降，但是对于个体树种所遭受的影响人们所知甚少。

在这项研究中，研究人员用将近1500份过去亚马逊地区的森林图，与现今的森林图进行对比后，预测了这一地区森林所遭受的损失，并估算了21世纪中叶有多少树种可能会消失。

研究发现，世界上树木种类最丰富的亚马逊森林，可能孕育着超过1.5万种树木。国际自然保护联盟的濒危物种红色名单，被认为是国际上评估植物和动物物种现状最全面、最客观的标准。按照这一标准，亚马逊地区36%~57%的树种可能会被列为全球濒危物种。受到威胁的树木种类，包括标志性的巴西坚果树和可以用来生产巧克力的可可树等，还有一些连科学家都不认识的稀有树种。

佩雷斯表示，亚马逊地区的湖泊和水库正面临大坝建设、矿物开采、火灾和洪水等多种威胁，只有这些湖泊和水库得到合理对待，才能防止这些濒危物种走向灭绝。佩雷斯说："从某种意义上来说，这个研究结果是在呼吁人类在亚马逊森林走向灭绝之前，投入更多力量来抓住最后的机会认识这一地区的树木多样性。"

（2）发现古老树种"称霸"亚马逊雨林。[4] 2017 年 3 月，巴西国立亚马逊研究所科学家卡罗莱纳·利维斯领导的研究团队在《科学》杂志发表论文称，前哥伦布时期的当地居民对亚马逊雨林的多样性有深远影响，他们让喜爱的物种成为了这里的优势物种。

在 15~16 世纪，欧洲人把天花等传染病带到亚马逊地区后，数百万土著居民死亡，诸多当地文化土崩瓦解。但并非所有的东西都消失了，这里留下了数不清的翠绿"遗产"：棕榈树等植物依旧欣欣向荣。

未参与该研究的巴拿马城史密森热带研究所生态学家乔·怀特提到："这项发现，支持了一种新兴理论，即前哥伦布时期居民改变了亚马逊的大部分面貌。"研究人员也表示，这些结果表明，过去的人类影响对植物物种的分布有重要且持久的作用，在理论上它可被用于尚未识别的其他文明区域。

在亚马逊地区，植物栽培最早始于 8000 多年前。为了更好地理解这一栽培的持久影响，巴西研究团队对一个现有数据集进行分析，其中包括亚马逊地区内 1000 多块林地及超过 4000 种植物。结果他们发现，85 种曾被前哥伦布时期的人短暂、部分或完全栽培的植物，比未经栽培的植物更可能成为优势物种。

此外，研究人员表示，栽培的植物还被发现集中于考古遗址附近，这些遗址包括哥伦布之前的居住地和岩石艺术场所等。而且，栽培植物在亚马逊东部和西南部尤其丰富。作者称，前哥伦布时期居民对亚马逊雨林的影响，或比之前预期的要大得多。

2. 研究森林物种多样性受损原因及影响的新进展

（1）发现人为因素干扰严重影响雨林物种多样性。[5] 2016 年 6 月 29 日，英国兰开斯特大学教授约斯·巴洛领衔，美国康奈尔大学学者亚历山大·利斯等参加的一个国际研究团队在《自然》杂志网络版上发表报告称，仅加强对森林滥伐控制并不足以真正保护热带雨林的生物物种多样性，还需要采取综合措施减少多种人为因素对雨林生长的干扰。

研究团队以位于亚马逊地区的巴西帕拉州为样本，对选择性伐木作业（有别于滥伐）、山林大火以及森林景观片段化等人为因素，给当地 1538 个树种、460 种鸟类以及 156 种粪甲虫带来的影响进行了评估。

研究人员发现，这些人为因素干扰，给当地雨林物种多样性所带来的影响，相当于让帕拉州附近原始雨林面积减少了 9.2 万 ~13.9 万平方千米，这一面积损失与当地自 1988 年有记录以来森林滥伐造成的雨林面积损失相当。

巴洛说，这一研究结果显示，要真正保护热带雨林，就需要采取措施同时应对森林滥伐以及其他人为干扰因素，如果不采取及时行动，选择性伐木作业会不断扩大，森林野火也会在人类引起的气候变化助推下越来越频繁发生。这些人为因素，都会导致热带雨林退化，生物物种多样性也将严重受损。

研究人员还发现，帕拉州雨林中濒临灭绝的物种，所受人为因素干扰影响的程度最深。利斯说，生活在帕拉州的鸟种类数量占全球所有已知种类的 10%，它们中许多还是当地特有的鸟类，而人为因素干扰对这些鸟类的生存影响尤其大。

（2）认为全球森林树种多样性受损可致高昂经济代价。[6] 2016 年 10 月 14 日，美国西弗吉尼亚大学助理教授梁晶晶主持的一个研究小组在美国《科学》杂志上发表论文称，保护森林树种多样性不仅能帮助应对气候变化，也有助于它产出更多的经济效益。他们的一项新研究表明，如果全球森林树种多样性遭到破坏，那么每年森林的经济损失可多达数千亿美元。

研究人员收集了美国、俄罗斯、叙利亚与日本等 45 个国家和地区，约 80 万处林业样地的数据。他们的评估显示，在全球范围内，全球森林的生产力，随着树种多样性的升高而升高，但升高的速度会随着多样性的增加逐渐降低。

所谓森林生产力，是评价森林生态系统功能的主要指标之一，在该研究里是以森林年均木材增长量来衡量的。这项发现意味着，如果目前全球的森林树种多样性消失，全球树林均为单一树种，即使树木的数量和其他条件不变，全球森林的生产力将会降低 26%~66%。

研究人员估计，森林树种多样性，在维持生产力方面的价值，介于每年1600 亿 ~4900 亿美元。梁晶晶说："光这个价值，就在全球每年保护物种多样性所需要开支的两倍以上。"

研究表明，树种多样性损失，对生产力影响较大的地区性森林有北美北方针叶林，北欧东部、西伯利亚中部，包括中国在内的东亚地区的森林以及非洲、南美洲和东南亚的部分热带和亚热带森林。

梁晶晶指出，保护生态多样性带来的经济效益大大高于保护它的成本。保护生态多样性，特别是植物多样性以及树种多样性，对于人类具有重大意义，因为这不仅维持着相关物种，以便我们的子孙在将来可以看到、用到它们，同时还维持着与社会经济息息相关的生态系统的生产力。

(三)探索森林砍伐及其影响的新信息

1.研究推进森林砍伐活动因素的新发现

发现富国产品消费会推进热带森林砍伐活动。[7] 2021 年 3 月 30 日,日本京都综合地球环境学研究所金本圭一郎和阮进皇等人组成研究团队在《自然·生态与进化》杂志上发表一篇生态环境方面的论文称,富裕国家对牛肉、大豆、咖啡、可可、棕榈油、木材等产品的消费,与热带地区濒危生物群落的森林砍伐直接相关,该研究所获全球森林砍伐足迹地图,揭示热带森林面临着日益严重的威胁。

研究人员指出,全球对农业和林业商品的需求上升,导致世界范围内的森林砍伐。此前,已有研究分析全球供应链与森林砍伐之间的关系,但大部分研究只在地区层面开展,或是只关注一些特定商品。

这项成果中,该研究团队把之前发表的关于森林损失及其主因的信息,与2001—2015 年 1.5 万个产业部门的国内与国际贸易关系的全球数据库相结合。他们利用这些数据,根据每个国家人口的消费,量化各国国内和国际的森林砍伐足迹。

研究发现,多个国家的国内森林净增有所增加,但其森林砍伐足迹(主要在热带森林)也因为进口货物而增加。该研究显示,七国集团(美、英、法、德、意、加、日)的消费相当于每年每人平均 3.9 棵树的损失。研究人员在研究了特定商品的森林砍伐模式后发现,德国的可可消费,对于科特迪瓦和加纳的森林构成了很高的风险。坦桑尼亚海岸的森林砍伐,则与日本对农产品的需求相关。

他们的研究还显示,各国国内的森林砍伐主因或各不相同:越南中部高地的森林砍伐主要源于美国、德国、意大利的咖啡消费,而越南北部的森林砍伐主要与向中国、韩国、日本出口木材有关。

研究人员总结表示,为完善监管制度,并通过科学干预来保护森林,很有必要理解全球贸易和森林砍伐之间的特定关系。

2.研究湿地森林砍伐带来的影响

发现砍伐湿地森林会让世界变得更潮湿。[8] 2014 年 11 月 14 日,生物生态学家克雷格·伍德沃德及其同事组成的研究小组在《科学》杂志上发表文章称,他们的研究发现,把世界上的湿地如沼泽和湖泊中的树木清除掉,会让那些环境变得显著更潮湿。

研究人员说,这种现象未被人们所重视,在很大程度上的原因是由于以往大多数有关人类对环境影响的研究，都没有把它列入考察对象。通常报道砍伐湿地森林所造成的影响，大多是关于养分载荷和流域侵蚀等内容。

该研究小组的成果表明，砍伐世界湿地森林的主要作用，是每年降水量上扬15%。研究人员应用一个地球与大气间水交换的详细模型，一个对全世界24.5万个湿地的汇总分析，以及来自澳大利亚和新西兰的化石记录显示，砍伐森林一直在制造新的湿地，并增加了已经存在数千年之久的湿地的水含量。

他们的研究结果表明，由于砍伐湿地森林带来的影响，湿地保护及管理措施必须加以修订。另外，目前在世界许多地区计划实施的一个策略，即湿地森林再造，可能会获得意想不到的后果。

3. 研究森林砍伐给鹰科动物带来的影响

发现森林严重砍伐威胁巨鹰物种生存。[9]2021年7月，南非夸祖鲁·纳塔尔大学埃弗顿·米兰达和同事组成的一个研究小组在《科学报告》杂志上发表的论文称，在亚马逊遭受严重砍伐的森林地区，世界最大的鹰科物种之一的角雕难以喂饱后代，生存面临威胁。

该研究小组发现，角雕的生存依赖林冠中栖居的特定猎物，包括树懒和猴。在砍伐严重的地区，林冠生物有限，小角雕陷入饥饿。

他们利用相机以及鉴定猎物骨骼碎片等方式，对巴西马托格罗索的亚马逊森林中16个角雕巢的猎物物种、猎物送达频率进行观察，并评估猎物重量。同时，研究人员还参考了地图等工具，计算巢周围3~6千米范围内的森林砍伐水平。他们找到了306个被捕食猎物，近半数（49.7%）是二趾树懒、卷尾猴和灰绒毛猴。

论文作者的观察表明，生活在森林砍伐地区的角雕并没有转向其他猎物，而是继续给幼鸟捕捉林冠猎物，只是频率更低、猎物体重更轻。在森林砍伐达到50%~70%的地方，3只小雕死于饥饿，而在砍伐超过70%的地区没有找到角雕的巢。

研究人员计算显示，森林砍伐超过50%的地区不适合角雕成功养育后代，估计在马托格罗索北部有35%的地区不适合角雕繁殖。这可能是1985年以来繁殖数量下降的原因。

他们总结认为，角雕繁殖依赖特定食物，而这些食物难以在森林砍伐地区捕猎得到，因而角雕的生存有赖于森林保护。

4. 研究森林砍伐对当地碳平衡带来的影响

发现森林砍伐和气候变化使亚马逊雨林碳汇能力下降。[10]2021年7月15日，巴西国家空间研究所卢西亚娜·加蒂和同事组成的一个研究小组在《自然》杂志上发表论文指出，森林砍伐和区域气候变化，可能威胁到亚马逊雨林大气中碳的缓冲潜力。

该研究发现，亚马逊雨林一些地区的碳排放超过碳吸收。这项研究结果，帮助人们进一步了解了气候变化和人为干扰的相互作用，以及这种相互作用对全球最大热带雨林碳平衡的长期影响。

亚马逊雨林是全球面积最大的热带雨林，其对于大气中碳的累积和储存具有关键作用。人为森林砍伐和气候变化这类因素被认为引起碳汇能力下降，改变了当地含碳气体的平衡，而这种平衡是衡量生态系统健康的指标。

该研究小组对 2010—2018 年巴西亚马逊流域上空对流层二氧化碳和一氧化碳浓度的飞机观测结果进行整理。他们对 4 个地点 600 多例垂直分布，即从地表到海平面以上约 4.5 千米的数据进行分析，结果显示亚马逊流域东部的总碳排放量高于西部。

研究人员指出，具体而言，亚马逊流域东南部被锁定为一个净碳排放源，在研究期间从碳汇直接变成了碳源。他们认为，森林砍伐和旱季的加剧对当地生态系统构成压力，导致火灾事故增多，这些可能是造成东部碳排放增加的原因。

（四）探索被砍伐森林再生恢复的新信息

1. 发现绢毛猴能帮助被砍伐雨林恢复生机 [11]

2019 年 7 月，一个由生物学家组成的研究小组在《科学报告》杂志上发表论文称，在 1990 年被砍伐并变成水牛牧场后，秘鲁东北部郁郁葱葱的亚马逊雨林失去了大部分树木。不过，在人类遗弃这个地区约 10 年后，森林开始慢慢再生。如今，他们找到了一种关于这里为何复苏得如此之快的解释：绢毛猴的觅食活动。

绢毛猴是一种当地特有的松鼠大小的猴子。长期以来，科学家一直怀疑绢毛猴在雨林恢复中起到了一定作用。因此，在 20 多年里，研究人员通过 GPS 跟踪设备和田野观察，测量了这些猴子在先前被砍伐的森林里待了多长时间。他们还跟踪了猴子排泄出从果树上食用的种子的频率和地点。其中，大部分果树来自附近森林。

在最初的 3 年里，这些猴子在之前被砍伐的森林里待的时间不到 1.5%。但到 2016 年，这一比例上升到 12% 左右。在被追踪的数百颗种子中，有 15 颗存活下来，并且长成了高于 2 米的树。

研究小组收集了这些树的叶子并分析了它们的基因。结果发现，超过一半的树木由最初来自附近森林的种子发芽长大。研究人员表示，这证实了猴子在使森林被砍伐地区恢复生机方面发挥着关键作用。

不过，尽管这片森林已经恢复了20多年，但它仍然没有足够的植物多样性和植被覆盖率为猴子们提供一个合适的家。对于这一点，只有时间才能告诉人们，森林可能需要多长时间才能完全恢复。

2. 发现砍伐后重新形成的次生林也能调节气候[12]

2016年5月，美国康涅狄格大学生态学家罗宾·察士登主持，他的同事，以及巴西里约热内卢国际可持续性研究所专家等60多名研究人员参与的研究团队在《科学进展》杂志上发表研究成果称，他们发现，原始雨林砍伐后重新形成的次生林，也能发挥调节气候的作用。

研究人员表示，砍伐热带地区原始雨林（通常是为了创建牧场），对于气候来说，是一个重大打击。砍伐森林向大气中释放了大量二氧化碳。同时，树木也无法再吸收二氧化碳。不过，这并非故事的结局。当牧场被遗弃时（通常是在多年后），树木开始重新生长，形成次生林。这些森林可能缺少原始森林的巨大林木，以及丰富的生物多样性，但它们仍能在调节气候方面扮演重要角色。

该研究团队，首先分析了拉丁美洲43个地区次生林的范围，然后建立了估测其碳储存能力的模型。

事实证明，次生林占据了相当大的比例：2008年，17%的森林拥有20年或者更短的树龄，另有11%的森林拥有20~60年的树龄。模型显示，如果所有这些森林，在接下来的40年里继续生长，它们将储存85亿吨碳，其中71%的碳储存量位于巴西。

研究人员说，这个碳储存量，相当于1993—2014年间，整个拉丁美洲和加勒比地区所有化石燃料产生的碳排放量。研究结果表明，次生林的生长连同停止砍伐一起，能为实现气候目标提供很大帮助。

二、研究气候变化影响森林生态的新成果

（一）探索气候变化对森林植被与林业产品的影响

1. 研究气候变化对森林植被影响的新发现

（1）气候变化致使刚果雨林绿色程度下降。[13]2014年5月1日，生态学家周黎明等人组成的一个研究小组在《自然》杂志上发表研究报告称，他们利用遥感数据进行专项分析发现，过去10年刚果森林绿色程度出现大规模下降现象，

究其原因，是与当地日益干旱气候的趋势直接相关的。

刚果雨林位于非洲刚果盆地，地处赤道附近，盛产乌木、红木、灰木、花梨木、黄漆木等 25 种贵重木材。它是地球上第二大雨林，仅次于亚马逊雨林，但关于其对最近气候变化的反应，人们却知之甚少。

研究人员表示，与亚马逊雨林曾出现过的突然干旱事件不同，刚果雨林遭遇的干旱气候变化，是一个渐进的过程。这种雨林逐渐"变棕"的过程，有可能正在造成林木群落组成，朝向更耐旱的物种偏移。

（2）气候变化会增强亚马逊雨林因转换树种而构成的压力。[14] 2018 年 11 月，英国利兹大学生态学家阿德里安娜·穆尔伯特博士领衔的一个国际研究团队在《全球变化生物学》杂志上发表论文称，气候变化正导致亚马逊雨林的树木种类构成逐渐出现变化，但雨林的变化速度还不足以适应地球大环境的变化，这样，就使其面临更大的生态压力，因此需要加强保护。

该研究团队利用长期收集的亚马逊雨林植被资料，跟踪分析了该地区树木的生长情况。他们发现，自 20 世纪 80 年代以来，全球气候变化带来诸多影响，如干旱加剧、温度升高、大气中二氧化碳浓度升高等，大环境的改变逐渐影响到亚马逊雨林中不少树种的生存，许多喜潮湿环境的树种更频繁地死亡，而能适应较干燥气候的树种还不足以取代死亡的树种。

穆尔伯特说，数据显示，近些年的干旱，给亚马逊雨林的树种构成带来很大影响，那些在干旱面前比较脆弱的树种死亡概率变高，而能适应这种干旱环境的树种生长速度又没跟上，致使整个生态系统的反应落后于气候变化的速度。

研究人员说，在气候变化之外，与农业和畜牧业发展有关的森林滥伐也加剧了亚马逊地区的干旱状况，加重了雨林面临的生态压力，因此需要采取加强保护亚马逊雨林的措施。

2. 研究气候变化对林业产品影响的新发现

发现气候变化会严重威胁咖啡种植。[15] 2017 年 6 月 26 日，英国伦敦基尤皇家植物园植物学家贾斯汀·莫特主持的一个研究团队在《自然·植物》杂志网络版上发表论文称，到 21 世纪末，气候变化可能会导致埃塞俄比亚约一半的咖啡产区不再适合种植咖啡，但如果通过咖啡产区转移、造林和森林保护，咖啡种植总面积有望扩大 4 倍。

源于埃塞俄比亚的小果咖啡，其通俗名字叫阿拉比卡咖啡，贡献了全球主要的咖啡豆产量，也占埃塞俄比亚出口收益的 1/4。人们一直希望了解气候变化对咖啡产量的影响，但要在局部层面上预测气候变化的影响并非易事。

此次，该研究团队设计了不同的转移场景，并使用世界气候研究计划机构开发的高分辨率气候数据，以及最新卫星影像数据，生成 4 个时间段的咖啡适宜性预测结果，跨度从 20 世纪 60 年代至 21 世纪。

随后，他们根据适合种植咖啡的程度，将埃塞俄比亚每平方千米的土地划分为 5 类：不适合、勉强适合、适合、良好和最优。研究人员为验证该模型的准确性，在 2013—2016 年间，驱车和步行约 3 万千米，实地考察了 1800 多个地点。

他们发现，到 21 世纪末，目前的咖啡产区可能有 39%~59% 不再适合种植咖啡，清楚表明了气候变化带来的威胁程度。但研究团队也认为，与气候变化相关的温度上升，或许会在未来 20 年增加埃塞俄比亚的咖啡种植区域。他们还指出了最适合作为野生小果咖啡遗传多样性"避难所"的森林区域。

（二）探索气候变化对森林树木的影响

1. 研究气候变化对森林原生树木的影响

发现暖冬会损害森林中的原生树木。[16] 2013 年 11 月，有关媒体报道，德国慕尼黑工业大学教授安妮特·门策尔参与的研究小组发现，充足的"冬眠"时间，是树木春季发芽生长所必需的，暖冬会导致一些原生树木生长缓慢，而使不易受气候变暖影响的灌木丛和外来树种占得先机。

研究人员说，冬季越冷，原生树木在春季到来时才会发芽越早，因为它们需要以"冬眠"来应对早春霜冻。他们对取自巴伐利亚州弗赖辛附近森林的 36 种原生树种、灌木丛的枝条进行大棚实验。这些枝条的长度约为 30 厘米，在为期 6 周的实验中，它们接受了不同气温和光照条件的考验。

实验表明，受气候变暖影响最大的是山毛榉、椴树和枫树。由于暖冬的影响，这些原生树木的发芽期明显滞后。相形之下，紫丁香、榛树和桦树等受暖冬的影响不大。

门策尔说，由于暖冬的影响，树种生长的次序发生了混乱，更多的阳光照射到森林的底部，让灌木丛和一些外来树种提前发芽长枝，遮蔽了幼小的原生树种，使得它们无法获得阳光。研究人员还表示，由于没有经受漫长而寒冷的冬季考验，一些原生树种还会缺乏抗冻能力，无法适应早春的霜冻而被冻死。

2. 研究气候变化对树木枝条的影响

研究表明全球气候变暖导致树木枝条减少。[17] 2011 年 8 月 12 日，法国媒体报道，法国环境科技研究院当天发布新闻公报称，该机构科学家韦内迪耶主持，法国国家科研中心、国家农业研究所和马赛大学科学家组成的一个研究团队提供的研究报告表明，全球气候变暖将导致树木枝条减少，此外树木也更容易受到病虫害的侵袭。

研究人员表示，这项研究是法国环境科技研究院发起的干旱研究项目的一部分。为了研究，他们建造了一个面积900平方米的生态系统，栽种了阿勒颇松树和3个品种的橡树，然后通过调节供水量和环境温度，观察这些树木的生长过程。

研究人员发现，如果降水量较少，温度上升，树木枝条"将显著减少，并更容易受到病虫害的侵袭"。此外，树木的生长周期也受到扰乱。

韦内迪耶说，土壤温度同样会对树木造成影响。温度越高，土壤越干燥，树冠越稀疏，而且树木死亡率增加。因此，全球气候变暖除了导致树木枝条减少外，还有可能造成树木死亡，破坏森林。

3. 研究气候变化对树木木材密度的影响

发现全球气候变暖让森林树木更大也更脆弱。[18] 2018年8月26日，德国慕尼黑工业大学森林科学家汉斯·普雷茨奇及其同事组成的研究团队在《森林生态和管理》杂志网络版上发表研究报告称，随着全球气温的上升，世界各地的树木正在经历着更长的生长季节，有时1年会多出额外3周的生长时间。所有这些时间都会帮助树木生长得更快。然而，他们对中欧地区森林进行的研究表明，较高的温度再加上来自汽车尾气和农场的污染物，正在使树木变得更加脆弱、更容易折断，而木材也变得不那么结实耐用。

在过去的100年里，从美国马里兰州到芬兰，再到欧洲中部的温带地区，树木一直经历着生长速度的"井喷"。例如，自1870年以来，山毛榉和云杉的生长速度加快了近77%。假设所有木材的密度都没有发生变化，那么这些收益将意味着有更多的木材用于建筑、燃烧和储存从大气中捕获的碳。

但是，该研究团队想知道木材的质量是否已经发生了变化。为了验证这一点，研究人员从德国南部的41个试验园区入手，其中一些园区在1870年以后就一直受到持续的监控。

研究团队从这些树木，包括挪威云杉、无梗花栎、欧洲山毛榉和苏格兰松树中采集了核心样本，并使用高频探针分析了这些树木的年轮。研究人员发现，在所有4个物种中，木材密度已经下降了8%~12%。

普雷茨奇说："我们预计这种木材密度的趋势应该是这样的，但没有想到会有如此强烈和显著的下降。"温度的升高以及由此导致的更快生长，可能会引发木材密度下降。但普雷茨奇认为，另一个因素是有更多来自农业肥料和汽车尾气的氮，进入到土壤之中。之前的研究表明，肥料使用的增加降低了木材的密度。

随着森林树木样本密度的下降，它们的碳含量也下降了大约50%。有关专家认为，这意味着树木每年从大气中吸收的二氧化碳气体减少了。

4. 研究气候变化对树木长叶时间的影响

发现气候变暖使树木提前长叶会影响鸟类产卵时间。[19]2021年9月，英国牛津大学生态学家夏洛特·里根主持的一个研究团队在《自然·气候变化》杂志上发表的论文指出，对气候变化导致大山雀产卵时间改变的详细记录，可反映出种群内显著的小范围空间尺度上的差异，这种变化可能与附近栎树长叶时间提前与树木的健康状态相关。

该论文称，气候变化会导致气温上升、春天提前到来，迫使动植物种群不得不改变生活事件（如繁殖）的发生时间，以免错过最适宜的条件。大山雀来自一条经过充分研究的食物链，这些鸣禽以毛毛虫为食，而毛毛虫又以新长出的栎树叶为食。更温暖的春天与这三种生物的生活事件提前发生有关。但这种时间上的提前在鸟类中发生得最慢，让它们置身于与食物来源不同步的风险之中。

在英国牛津郡一个385公顷的林地上，有关学者从1961—2020年对大山雀开展了60年研究，积累了1.3多万只大山雀的繁殖数据。该研究团队利用这些数据，通过研究发现，大山雀的产卵时间存在小范围空间内的变化，这种变化在种群水平的分析中看不出来。虽然整个种群的产卵日期在研究期间平均提前了16.2天，但单个巢箱（共964个）水平上的雌鸟产卵日期差异巨大，提前时间从7.5~25.6天不等。

此外，大山雀产卵日期差异的一个重要预测指标是每个巢箱周围75米以内栎树的健康程度。比如，在被健康栎树包围的巢箱中繁殖的鸟，其每年产卵日期提前0.34天，而在不健康栎树包围的巢箱中，雌鸟产卵日期平均每年只提前0.25天。

论文作者认为，这项研究能帮助学界从更小层面上理解生物体在气候变化下存活的能力，后续研究还有必要以复杂的当地选择性因素为背景，来评估生物体对气候变化的响应。

5. 研究以气候为基础的灾害组合对森林木材生物量的影响

欧洲森林或因气候驱动自然干扰失去逾半木材生物量。[20]2021年2月24日，意大利欧盟委员会联合研究中心乔瓦尼·福齐耶里和同事组成的一个研究团队在《自然·通讯》杂志上发表论文称，欧洲森林可能会因气候驱动的自然干扰，失去一半以上的木材生物量，这些自然干扰包括火灾、强风、虫灾等，或其任意组合。

林木一直受到火灾、强风、天然虫害等干扰的影响，但气候变化和土地改造可以让这些威胁加剧。不过，研究人员很难在较大地理尺度上量化森林对这些干扰的脆弱性，以及这些干扰趋势随时间的变化。

针对于此，该研究团队把干扰数据及卫星观测与机器学习模型相结合，对欧洲森林在 1979—2018 年期间受到三种主要干扰的脆弱性进行量化和地图描绘。这三种主要干扰分别为火灾、风倒（大风将树连根拔起）、病虫害。某种干扰发生后的森林木材生物量损失，被作为衡量脆弱性的指标。

他们估算，约 60% 的欧洲森林木材生物量即超过 330 亿吨易受风倒、火灾、虫害或是这三种干扰任意组合的影响。其中，对虫害的脆弱性在过去几十年显著增加。尤其是在快速变暖的北方森林，比如斯堪的纳维亚部分地区、北欧和俄罗斯北部，这些地区对虫害的脆弱性平均每十年增加 2%。

这项研究还确定了在当地气候和地质条件下，导致部分森林对这些干扰格外脆弱的森林结构特征。比如，更高更老的树木更易遭受虫害，特别是在旱灾中。作者认为，气候变暖让欧洲森林易受多种威胁影响，他们的研究结果或为增强欧洲森林韧性的土地管理提供指导。

三、保护森林生态环境研究的新对策

（一）加强森林生态环境变化的监测系统

1. 开发测量森林碳汇变化的新技术

运用激光技术开发测量森林碳汇变化的新方法。[21] 2009 年 12 月，芬兰媒体报道，芬兰拉彭兰塔技术大学研究人员在森林碳汇评估方法方面取得新进展，他们将激光扫描、大地遥感和数学模型等跨学科技术结合在一起，可有效测量森林的二氧化碳吸收和储存能力。

森林碳汇是指森林吸收并储存二氧化碳的能力。据报道，拉彭兰塔技术大学研发的这一系统方法，不仅可用于测量森林碳汇能力，还有助于监测森林管理，以合理分配相关资金。

森林系统是应对气候变化的一个关键因素，增加森林碳汇能力与降低二氧化碳排放，是减缓气候变化的两个同等重要的方面。目前，正在丹麦哥本哈根召开的联合国气候变化大会的重要议题之一，就是协商发达国家对发展中国家的资金支持，用于保护和管理森林，从而提高森林碳汇能力，帮助发展中国家减缓和适应气候变化。

2. 研制探测森林生态系统变化的新设备

发明远程探测森林生物多样性的新系统。[22]2017年11月20日，瑞士资讯报道，瑞士苏黎世大学与美国加州理工学院、美国国家航空航天局喷气推进实验室联合组成的国际研究小组在《自然》杂志上发表论文称，他们开发出一套新系统，利用安装在飞机上的激光扫描仪来测量生物多样化与森林的健康。

研究人员表示，他们利用安装在飞机上的激光扫描仪来测量树林的体积、形状与结构，获取树冠层的高度、树叶及树枝的密度等数据。他们根据这些数据能推算出许多信息，例如一片森林怎样吸收阳光来分解二氧化碳等。

报道称，除了激光扫描仪，这种方式还利用"影像光谱学"，让研究人员对森林中树木的活动与健康状况有更多了解。例如，他们可以使用该技术来查明某棵树是否缺水，观测器如何适应环境。

各种研究表明，森林生态系统的稳定与生产力同植物多样性息息相关。总的来说，越是生物多样化的森林，其抵抗病虫害、火灾、风暴的能力也越强，还能够应对环境条件的更大变化。截至目前，追踪森林植物还需依靠极具劳动密集型的实地勘测工作。

（二）做好保护森林生态环境的基础工作

1. 研究森林树木地下有机体网络的新进展

绘制首张全球森林及微生物系统的"木联网"地图。[23]2019年5月，一个由多国科学家组成的国际研究团队在《自然》杂志上发表研究报告称，他们通过分析涵盖70多个国家及2.8万种树木的数据库，首次在全球尺度上描绘出森林及微生物系统的"木联网"地图，为进一步保护森林生态环境打下扎实的基础。

不论是参天的红木还是纤细的茉萸，只要是树木，一旦离开了它们的微生物"队友"就难以为继。上百万种真菌、细菌在土壤和树根间交换营养物质，编织出一张宽广的有机体网络，遍布整个树林，这是森林生态环境的真实写照。

美国加州大学尔湾分校生态学家凯瑟琳·特雷塞德说："我之前从没见过任何人做过任何类似的事。我真希望之前能想到这些。"

若要描绘森林地下网络系统地图，就必须预先知道一些更基础的东西：树木究竟生活在哪里。从2012年起，瑞士苏黎世联邦理工学院生态学家托马斯·克劳瑟就开始收集相关的海量数据。这些数据有的来自政府机构，有的来自全世界辨别树木和测量参数的个体科学家。2015年，克劳瑟测绘出全球树木分布图，并报告称地球上大约存在 3 万亿棵树木。

受该论文启发，斯坦福大学生物学家卡比尔·皮伊给克劳瑟致信，建议他将同样的工作细分到森林树木的地下有机体网络研究领域。克劳瑟数据库里的每一棵树，都与某些种类的微生物紧密关联。

例如，橡树和松树的根部被外生菌根包围，它们可以在寻觅营养物质的过程中，建立起一张广袤的地下网络。作为对比，枫树和雪松更偏爱丛枝菌根，它们直接藏身在树木根部细胞中，形成较小的土壤网络。其他树木，主要是豆科植物，与其关联的细菌，能把大气中的氮元素转化成可利用的植物性食物，这个过程被称作"固氮"。

研究人员在克劳瑟的数据库里创建了一个计算机算法，以搜寻那些附带外生菌根、丛枝菌根和固氮菌的相关树木，与诸如温度、降水、土壤化学、地形等当地环境因素之间的关联性。他们可以通过这一关联性填补全球木联网地图，并预测亚洲和非洲大部分之前缺乏数据的地区，更可能存在哪种真菌。

当地气候为"木联网"搭建了舞台。研究团队报告称，在凉爽的温带森林和寒带森林中，木材和有机物质降解缓慢，创建网络的外生菌根占据统治地位。研究人员发现，这些地区大约 4/5 的树木都与该真菌相关。结果显示，当地研究中发现的网络，确实也渗透了北美、欧洲和亚洲土壤。

相比之下，在较温暖的热带地区，木材和有机物质降解迅速，丛枝菌根占据主导地位。这种真菌只构成较小的网络，并较少在树木之间缠结交换。这意味着，热带的"木联网"可能更加局域化。这些地区约 90% 的树木与丛枝菌根相关，它们中的大部分集中在生物多样性极高的热带地区。固氮菌则在炎热干燥的地方丰度更高，比如美国西南地区的沙漠。

劳伦斯伯克利国家实验室的地球系统科学家查理·科文，对被自己称作首张全球森林微生物地图的研究成果给予高度评价。但他也好奇，文章作者是否忽略了某些塑造地下世界过程中的重要因素，包括一些难以测量的过程。他说："比如土壤中营养物质和气体的丧失，可能会影响不同微生物的生活位置。若真如此，该研究的预测可能就不那么准确。"

尽管存在诸多不确定性，这些与树木相关的微生物的栖息数据依然用处颇多。特雷塞德表示，这些发现可以帮助研究者建立更优的计算机模型，以预测碳元素在森林中四处流窜和在气候变暖的过程中释放到大气里的数量比例。

2. 研究全球森林覆盖分布状况的新进展

发布全球 30 米分辨率森林覆盖分布图。[24]2019 年 11 月 20 日，新华社报道，据中国科学院空天信息创新研究院告知，该院何国金研究员领导的研究团队在国际上率先获得 2018 年全球 30 米分辨率森林覆盖分布图。该图显示，南美洲亚马逊盆地是世界上热带雨林分布最广的地区，我国的森林则主要集中在东北、西南和东南地区。

据了解，研究团队基于美国陆地卫星系列提供的数据和国产高分辨率卫星数据，构建了全球高精度森林和非森林样本库，利用机器学习和大数据分析技术实现全球森林覆盖高精度自动化提取。研究团队还利用随机分层抽样的方式，在全球范围进行精度验证，验证结果表明，该图总体精度约为 90.94%。

森林是全球碳循环、水循环、生物多样性、土地利用变化和气候变化的重要影响因素。该森林覆盖分布图可以为相关机构、管理部门提供基础数据支撑。

3. 研究确定森林生物群落边界的新进展

开发标记林带边界用途的人工智能系统。[25] 2019 年 8 月 26 日，俄罗斯科学院西伯利亚分院网站报道，该分院克拉斯诺亚尔斯克科学中心生物物理所与计算仿真所的一个联合研究团队，通过对人工智能系统进行培训，使其能够根据地球遥感数据对植被类型进行分类，并确定生物群落的边界，该系统能够很好地识别林带，可用于跟踪林带边界的变化。这项研究的相关成果，发布在《土木工程与材料科学国际会议》的论文集中。

该研究团队采用地球遥感数据对人工智能系统进行培训，使其可识别植被类型并标记边界。研究人员选取 2018 年 5 月至 9 月期间收集的克拉斯诺亚尔斯克若干地域十二频谱卫星遥感照片，培训人工智能系统识别针叶林、阔叶林、混合林及草原的边界，系统可从此类照片每一像素中获得十二个频谱值，由此学会评估植被的类型。培训后的系统现可识别针叶林、阔叶林，但存在草原识别的问题，研究人员拟采用扩大地域数据，对人工智能系统进行补充培训，以提高系统识别的准确性和增加识别类型的多样性。

该系统可用于林带面积变化的跟踪，自动考察和分析不同年代林带照片并描述边界的迁移情况，还可用于森林火灾、砍伐，以及由于气候变暖所造成的植被边界迁移等情况跟踪。

多频谱卫星照片，可用于地面植被情况的研究及诸如森林等不同生物群落边界的确定。由于卫星数据体现为照片，对几千平方千米的图像进行人工分析并从中手工圈定林带，这是一个烦琐的技术难题，人工智能系统在该领域的应用是最佳技术方案，可实现林带变化信息的在线获取。

第二节　防治森林病虫害研究的新进展

一、研究森林病害防治的新成果

(一) 探索防治森林真菌病害的新信息

1. 研究防治真菌危害森林的新进展

揭示巨型真菌蜜环菌破坏森林的基因机理。[26] 2017 年 11 月，西匈牙利大学与匈牙利科学院联合组成的一个研究团队在《自然·生态与进化》杂志上发表论文，报告了蜜环菌 4 个物种的基因组。该研究成功揭示这些真菌扩散并感染植物的基因机理，为制定策略以控制它们破坏森林提供宝贵资源。

蜜环菌属囊括了地球上最大的陆生生物体，以及最具破坏性的森林病原体。一个被称为"巨型真菌"的蜜环菌，个体覆盖面积达 965 公顷，重达 544 吨，是目前地球上最大的陆生生物体之一。蜜环菌属于真菌病原体，在全球各森林和公园中的 500 多种植物上，都可见到它们。它们会先杀死宿主的根，然后分解根部组织，引起烂根病。蜜环菌会在受感染的植物周围成群产生大量子实体，还会生成菌索，即 1~4 毫米宽的绳索状组织，它们在地下生长，搜寻新根，最后长成难以匹敌的庞然大物。

此次，该研究团队对包括奥氏蜜环菌、粗柄蜜环菌等在内的 4 种蜜环菌进行了基因组测序。研究人员把这些蜜环菌基因组，与 22 种亲缘真菌进行对比，发现蜜环菌的某些基因家族扩增了。这些扩增的基因家族，与多个病原性相关基因和可以分解植物组织的酶存在联系。

研究人员还在菌索中鉴定出大量与菌索扩散及新植物定殖相关的基因。对于复杂多细胞生物相关的基因，菌索和子实体表现出类似的基因表达。论文作者认为，它证明这两种结构具有共同的发育起源。研究人员指出，该成果为制定策略以控制蜜环菌蔓延、抗击烂根病奠定了重要基础。

2. 研究防治真菌危害冷杉的新进展

发现危害冷杉的植物病原真菌新物种。[27] 2020 年 5 月，俄罗斯科学院西伯利亚分院网站报道，该分院林业所与瑞典、捷克的联合组成的国际研究团队在《科学报告》杂志上发表论文称，他们发现了危害冷杉的植物病原真菌新物种，最初的病灶于 2006 年在东萨彦岭发现，而此次发现的冷杉溃疡症状出现在其西部几百千米之外。为避免冷杉林的大面积枯死，研究人员呼吁尽快开展病原真菌新物种的研究，研究其传播状况，评估对其他针叶树种的风险。

冷杉广泛分布在欧亚地区，是重要的经济树种。在中西伯利亚地区发现的冷杉新病种，其症状是树干变形、纤管形成层坏死及枝杈枯死，该病种首次产生于东萨彦岭，10 年后在其西部 450 千米再次出现，有关其病原体、物种属性及来源至今未知。

该研究团队从冷杉树干和枝杈中，成功分离出形态学完全相同的真菌株，将其分离到纯净的培养液中，由此形成了一组西伯利亚菌株。通过分子研究发现，西伯利亚冷杉溃疡处存在基因相近的两种子囊真菌物种，族谱上属于 Corinectria 种，但与此前在智利、奥地利、新西兰、捷克、斯洛伐克、苏格兰及加拿大所发现的菌株存在着基因上差异。通过测试真菌的代谢产物和活菌培养物证明，新菌株不仅对冷杉以及白松的细胞和活组织产生致病影响，而且致病性非常高。

研究人员认为，需要尽可能多地收集西伯利亚菌株的病原学信息，分析出其起源及生态特征，并评估对其他树种的潜在风险。

（二）探索防治油橄榄林木病害的新信息

1. 发现叶缘焦枯病菌使大片油橄榄树枯死[28]

2015 年 5 月，国外媒体报道，在意大利有着悠久历史的油橄榄树，正沦为毁灭性的叶缘焦枯病菌的牺牲品。这种细菌在美洲分布广泛，并且自 1981 年起出现在欧洲检疫名单上。其中一个菌株似乎在美国加州油橄榄园引发轻微症状，但并未导致树木死亡。其他亚种则在南美柑橘园和北美葡萄园造成严重破坏。叶缘焦枯病菌通过在维管组织内繁殖，并因此逐渐堵塞树木的水分运送系统来杀死植物。很多看上去不影响植物健康的吸汁昆虫，以及上百种对植物只有轻微影响的宿主传播着这种细菌，从而使其很难控制。

叶缘焦枯病菌袭击意大利，是由意大利国家研究委员会可持续植物保护研究所植物病毒学家多纳托·博西亚发现的。2013 年夏天，他在其岳父的油橄榄园中观察到一些异乎寻常的症状。干枯的叶子粘在树干上好几个月，而不是掉下来。其他农民也注意到这个问题。2013 年 10 月，博西亚和他的同事确认罪魁祸首是叶缘焦枯病菌，并且在莱切省生长在受感染果园附近的巴旦杏树和夹竹桃上发现了这种细菌。很快，欧洲和地中海植物保护组织接到注意这种细菌的通知。数周内，意大利禁止油橄榄树苗和其他受影响植物体从莱切省移出。

不过，疾病仍在传播。至 2013 年 12 月，约 8000 公顷林木遭遇侵害。通常，整片果园都会生病，其中最大和最老的树木受灾最严重。博西亚说："人们眼看着父母和祖父母栽下的树木逐渐衰败。"两个月后，欧盟禁止运送来自受影响地区的大多数植物，而这伤害到了商用苗圃。同时，欧盟要求成员国开始进行针对叶缘焦枯病菌的检测。

博西亚和同事迅速查明了正在发生的事情。他们通过分离从哥斯达黎加出口到欧洲的观赏性咖啡树和夹竹桃所含菌株的基因标记，发现它们与叶缘焦枯病菌基因标记相匹配。受到感染的植物可能在未出现症状时就已到达意大利。巴里阿尔多莫罗大学植物病毒学家乔瓦尼·马尔泰利说，这一事件暴露出欧洲的检验和检测都过于松懈。

2014 年 8 月，博西亚和同事在《经济昆虫学杂志》上报道称，在意大利主要媒介是长沫蝉。这些昆虫在欧洲很普遍，并且在油橄榄园中十分丰富。夏天，成年长沫蝉从草地飞到树上，以液汁为食，并且重复性地感染每棵树。检测发现，在遭受折磨的果园中多达 80% 的长沫蝉携带这种细菌。马尔泰利表示："这非常可怕。它是一支装满了'弹药'的昆虫大军。"

一些环境组织怀疑叶缘焦枯病菌是否是果树衰败的起因。他们怀疑的是过去曾折磨过油橄榄树的地方性真菌或豹蠹蛾。不过，欧洲食品安全局发布报告排除了这种理论。当时，这些组织召集抗议者阻止砍伐染病油橄榄树的行动。2 月，一位特派专员被授权实施树木清除行动，同时警察被召来使抗议者远离挥舞着电锯的林业工作者。

2. 用"空中天眼"监控油橄榄林木病害 [29]

2018 年 7 月 5 日，位于意大利伊斯普拉的欧洲委员会联合研究中心，科学家帕波拉·扎克特加达领导的一个研究团队在《自然》网络版上发表的一篇植物学研究报告称，他们利用一种新型机载遥感成像方法，扫描整个油橄榄树林，可以在树木出现可见症状之前，识别被有害细菌感染的油橄榄树。这种扫描方法，可以通过飞机或无人机部署，或有助于控制感染扩散，挽救欧洲南部标志性的油橄榄树。

研究人员说，叶缘焦枯病菌是一种极具破坏性的细菌，通过常见的刺吸式昆虫传播，会引发各种植物疾病。面对这种细菌，油橄榄树尤其脆弱，该病菌可导致油橄榄树枝干枯萎，树叶呈焦枯状。这种木质杆菌属微生物原本常见于美洲，近年来才在欧洲发现，目前正在地中海地区传播扩散。

意大利研究团队将一种特殊的摄像机安装在小型飞机上，对树林执行高光谱图像和热成像分析，然后在地面对油橄榄树进行木质杆菌属感染检测。

研究团队发现，利用这种监控方式可以在被感染树木出现任何可见症状之前，就远程检测到细菌感染情况，从而做到快速准确地绘制出目标树林里感染了木质杆菌属细菌的油橄榄树的位置。

油橄榄主要分布于意大利、希腊等地中海国家，是这一地区重要的经济林木。研究人员表示，在意大利产橄榄油的阿普利亚地区，许多树林已经被木质杆菌属摧毁，这种疾病无药可治，唯一可以阻止疾病进展的方法是砍掉被感染的树木，而早期诊断则是有效控制疾病的关键所在。利用无人机的"空中天眼"，将有助于控制这种病菌的感染扩散。

（三）探索树木抗病基因的新信息

1. 研究栎树抗病基因的新进展

发现可帮助栎树延长寿命的抗病基因。[30]2018年6月18日，法国波尔多大学植物学家克里斯多夫·普罗米昂领导的一个研究小组在《自然·植物》网络版上发表论文称，他们研究发现树木可以依靠抗病基因延长寿命。这一发现有助于解释某些树木如栎树，为何长期暴露于各种威胁之下，仍能存活几百年。

栎树约有450个种，遍布亚洲、欧洲和美洲，它的无处不在和长寿，已成为一种全球性的文化象征。自史前时代以来，这种树木为人类社会提供了各种宝贵的资源，包括食物和住所。其中，夏栎是一种大型落叶乔木，可自然生长好几个世纪。

法国研究小组对夏栎的基因组进行了测序、组装和注释。然后，研究人员把夏栎基因组与已有的其他植物（包括树木和草本物种）的全基因组序列进行了比较。结果发现，夏栎最近暴发了一次串联基因复制，这似乎占栎树基因家族扩张的73%。扩张的基因家族在很大程度上与抗病基因相关，并表现出正向选择特征。不过，这种情况并不限于栎树。研究人员还发现，相对于草本物种而言，其他树木的基因组也有类似的抗病基因扩张。作者总结表示，这种平行基因扩张，意味着免疫系统对于树木的长寿，具有至关重要的作用。

2. 研究千年桐抗病基因的新进展

研究千年桐抗枯萎病的新基因及其机制。[31]2021年11月，中国林业科学研究院亚热带林业研究所汪阳东研究员、陈益存研究员，以及张启燕博士等人组成的特色林木资源育种与培育研究团队在《园艺研究》杂志上发表论文称，他们以抗枯萎病的千年桐为材料，挖掘鉴定抗枯萎病新基因及其机制，为油桐树和其他植物的抗枯萎病机制和抗性育种提供思路。

汪阳东介绍道，枯萎病是植物十大真菌病害之一，已有 100 余种植物栽培种相继被报道发生了枯萎病。油桐树是原产我国的油料树种和战略资源，其生产的桐油是最好的植物干性油之一。但油桐树主栽品种三年桐规模化种植面临油桐树枯萎病（俗称桐瘟）的危害，严重制约了油桐产业的发展。

目前，油桐树枯萎病已在全国 8 个省份 90 余个县市发生蔓延，全国 60% 以上的油桐树林不同程度地暴发了枯萎病。研究人员发现，与三年桐同一个属的千年桐发病率极低，但其生长结实慢、桐油品质低。如果以千年桐为砧木，而用三年桐为接穗进行嫁接，是目前有效的降低枯萎病发病率的方法。然而，要想彻底防治植物枯萎病，就必须搞清楚植物抵抗枯萎病的机制。陈益存认为，千年桐作为枯萎病的高抗材料可以为抵抗油桐树枯萎病内在机制研究提供宝贵材料。

该研究团队长期围绕南方特色林木资源，开展抗性与品质育种工作，近些年在油桐树抗枯萎病高产品种选育及抗枯萎病机制上取得重要进展。张启燕介绍道，他们通过电镜观察发现，油桐树枯萎病病原菌 Fof-1 能够穿透三年桐侧根的皮层，横向侵染韧皮部和木质部；同时通过侧根木质部，纵向扩展到主根和茎的木质部。但是在千年桐中，病原菌只能传播到侧根的韧皮部，不能侵染到侧根木质部，从而阻断了病原菌向地上部分的传播。

研究人员通过比较转录组分析发现，VmD6PKL2 是关键的抗病中心基因。千年桐该抗病基因特异性地在维管组织的木质部中高表达，而三年桐中该抗病基因主要在韧皮部表达。病原菌侵染后，三年桐该抗病基因的表达量一直维持在较低水平，而千年桐该抗病基因呈现先升高后下降的趋势，表明千年桐的抗病基因可以响应枯萎病菌病原菌的侵染。

为了搞清楚上述现象的原因，研究人员进一步推进了这项研究。结果发现，与野生型拟南芥相比，纯合突变体对枯萎病菌的侵染更敏感，而过表达 VmD6PKL2 拟南芥的抗枯萎病能力提高。与野生型番茄相比，过表达 VmD6PKL2 番茄的抗枯萎病能力提高。

进一步试验发现，千年桐 VmD6PKL2 可以与枯萎病菌的负调控因子突触结合蛋白 VmSYT3 互相作用，过表达 VmD6PKL2 显著下调了 VmSYT3 的表达量。研究结果表明，在千年桐根的木质部 VmD6PKL2 通过抑制负调控因子 VmSYT3 的表达而发挥抗枯萎病作用。

该研究利用抗枯萎病材料千年桐，首次从组织水平、细胞、细胞水平、分子水平揭示侧根木质部对枯萎病病原菌的防御作用，并首次挖掘鉴定了侧根木质部特异高表达基因 VmD6PKL2 的抗枯萎病分子机制，证明其过表达可以增强拟南芥、油桐树等植物抗枯萎病能力。这项研究成果拓宽了探索植物抗枯萎病机制的视野。

二、研究森林虫害防治的新成果

（一）探索森林害虫生理机制的新信息

1. 研究森林害虫基因的新进展

（1）发现皮质基因会让桦尺蛾等飞蛾变暗。[32] 2016 年 5 月，英国利物浦大学伊利克·萨切里研究团队与英国谢菲尔德大学尼古拉·纳多研究团队分别在《自然》杂志上发表各自独立的研究成果，他们共同验证了一个影响蝴蝶和飞蛾翅膀颜色和色彩图案的基因。这个基因和与之相关的一个突变，带来了工业革命期间桦尺蠖颜色变暗的现象，研究还发现，这个基因也决定了一些蝴蝶物种的天然色彩图案变化。

桦尺蠖是桦尺蛾的幼虫。桦尺蛾属动物界节肢动物门昆虫纲鳞翅目，尺蛾总科尺蛾科，主要危害和活动于桦树上。众所周知，工业城市的兴起让桦尺蠖的颜色变暗，这是它为了适应污染的环境和鸟类的捕食。萨切里团队识别出黑色桦尺蠖的遗传背景和精确的 DNA 序列突变。结果发现，这种变异是一大块 DNA 序列插入了一个叫作皮质基因的结果。他们同时也进行了一个系统发育分析，将这个变异发生的时间精确定位到 1819 年，当工业革命刚刚开始时。

在另一项独立研究中，纳多团队用种群基因组学和基因表达分析，揭示了蝴蝶中的袖蝶属的身上图案与皮质基因的表达变化有关。两个研究在一起表明了鳞翅目（包括飞蛾和蝴蝶）颜色图案的一种新型的基本机制。

（2）首次破解枯叶蛾科昆虫马尾松毛虫基因组。[33] 2020 年 5 月 11 日，中国林业科学研究院副研究员张苏芳为论文第一作者的一个研究小组，在《分子生态资源》杂志网络版发表研究成果称，他们成功构建出包含 30 条染色体的马尾松毛虫高质量基因组，这是枯叶蛾科昆虫的首次基因组解析，将为马尾松毛虫和其他枯叶蛾科昆虫的功能和进化研究提供重要依据。

马尾松毛虫是我国发生范围最广、危害面积最大的针叶林食叶害虫，其幼虫取食松针。虫害暴发期间连片松林在数日内被蚕食精光，远看枯黄、焦黑，如同火烧一般，被称为"不冒烟的森林火灾"。但从松毛虫内部分子结构探索其成灾机理目前还鲜有报道。

这项研究，通过对马尾松毛虫的基因组进化、基因扩张收缩分析后发现，马尾松毛虫有 2104 个基因家族发生扩张，1900 个基因家族发生收缩。扩增的基因家族中与外源化合物降解和解毒系统相关的基因显著富集。进一步分析发现，马尾松毛虫和欧洲重要针叶林食叶害虫松异舟蛾同样，有细胞色素 P450 基因的扩张现象，表明马尾松毛虫 P450 基因，尤其是 CYP3 家族基因，可能与松针抗性化合物的耐受性有关。

张苏芳表示，马尾松树体本身分泌的松脂、松香等化合物，在物理性和化学性上能阻挡大部分害虫对其的危害，但松毛虫却可以依附其生存，并在大面积暴发后造成不可挽回的经济损失和生态破坏。从基因水平上研究分析松毛虫的成灾机理，掌握其演变发生规律，控制害虫的种群数量，或将达到"虫不成灾"的防控目的。

2. 研究森林害虫繁殖机制的新进展

发现椿象虫卵具有同步孵化的内在机制。[34] 2019 年 1 月，日本京都大学等机构相关专家组成的一个研究小组在《当代生物学》杂志上发表论文称，俗称"臭大姐"的椿象是一种常见的森林昆虫，雌虫通常会在树叶上一次产下约 30 个虫卵，而一个卵块中的卵会在短时间内同步孵化出幼虫。他们发现了椿象在孵化时保持同步的内在机制。

椿象，是六足亚门，昆虫纲，有翅亚纲，半翅目，蝽科动物，乃半翅目中种类最多的一群，全世界单椿象科种类约有 5000 种，其体长 1.7~2.5 厘米。椿象90% 以上是害虫。研究人员指出，如果将椿象虫卵集中在一起，在卵块中的第一个虫卵孵化后，其他虫卵会很快同步孵化；而如果将卵块中的虫卵分开，这些虫卵全部孵化就需要更长时间。

借助激光多普勒测振仪，研究人员测量了虫卵孵化破壳时的振动，发现第一个虫卵孵化破壳时会产生仅有 0.003 秒的极短脉冲振动，这种振动能迅速传遍整个卵块，其他虫卵随之同步孵化。对于彼此分离且即将孵化的虫卵，如果人为制造这种振动并将其传播给这些虫卵，它们同步孵化的比例也会大幅增加。

研究人员说，这是首次发现让虫卵同步孵化的这种简单而巧妙的机制，他们期待在其他物种中也探索类似机制，并由此发现防控某些有害昆虫的方法。

（二）探索森林害虫危害及虫病传播的新信息

1. 研究森林害虫危害程度的新发现

发现饥饿昆虫或使森林碳汇能力减半。[35] 2016 年 3 月，国外媒体报道，美国威斯康星麦迪逊大学生态学家理查德·林德罗斯领导的一个研究团队发表研究成果称，此前研究表明，二氧化碳浓度增加会使树木光合作用的速率提高约50%。不过，他们研究发现，虫子会大幅降低这种能力。昆虫为应对升高的二氧化碳浓度，可能会发生改变，限制或危及森林作为碳汇的能力。

研究人员表示，大口咀嚼的昆虫也许会使预期林地碳汇能力的增加减半。二氧化碳促进树木生长，因此随着大气中二氧化碳浓度升高，未来几十年中森林面积有望大幅增加。它们的光合作用速率提升，反过来应当会消耗更多的二氧化碳，从而形成一种便捷的天然碳汇。

该研究团队在3年的时间里，从位于威斯康星州北部一片试验场地内年幼的山杨树和白桦树上收集树叶样本。该试验场地包括12片试验田，每片直径为30米，其中一些被不断地用二氧化碳熏蒸。熏蒸过的试验田里，其二氧化碳浓度维持在百万分之五百六十左右。研究表明，由于昆虫吃掉了更多的树叶，树木增加的二氧化碳吸收能力，约有35%甚至在某些情况下有50%并未实现。

林德罗斯解释说："随着大气中二氧化碳增多，树叶中的蛋白浓度变得更低。"这是因为二磷酸核酮糖羧化酶在更高的二氧化碳浓度下"工作"更加高效，所以其需求量减少。二磷酸核酮糖羧化酶是一种主要的植物蛋白，促进二氧化碳向糖分的转化。同时，在二氧化碳浓度较高情况下生长的树木通常会累积碳水化合物，从而稀释树叶中的蛋白浓度。因此，昆虫会通过吃掉更多树叶进行补偿。

2. 研究森林害虫传播虫病的新发现

研究表明木材贸易会助推松材线虫病传播。[36] 2009年8月5日，法国国家农艺研究所发表公报说，松材线虫病被称为松树"癌症"，松树一旦染病，大多无药可治，因此这种植物病虫害的防治工作也成了世界性难题。法国研究人员日前发现，木材贸易会在松材线虫病传播中起到"推波助澜"的作用。

目前，人们普遍认为，松材线虫病超强的传染性和气候变暖是病虫害肆虐的关键因素。不过，农业专家们在这种虫害较严重的国家深入考察后发现，木材贸易在松材线虫病传播过程中也发挥着关键作用。

研究人员说，松材线虫病起源于北美地区，在当地并没有对植物构成很大威胁。通过贸易往来，染病木材被带到其他大洲。登陆亚欧各国后，松材线虫病成为一种危害极大的病虫害。20世纪初，日本30%的松林感染此病。1999年，松材线虫病出现在葡萄牙首都里斯本南部地区后迅速蔓延至葡全境，目前已进入西班牙境内。研究人员表示，欧洲南部的气候非常适宜松材线虫病扩散，北欧虽气候偏冷，但该病一样可通过木材贸易被传播到这一地区。

松材线虫身长不过 1 毫米，主要攻击松柏目植物，它通过阻断树脂分泌使病树迅速萎蔫。树木从染病到死亡的平均时间约为 60 天。

（三）探索森林虫害防治方法的新信息

1. 研究森林植物虫害防御机制的新发现

发现一种热带雨林植物能通过装病躲避虫害进攻。[37] 2009 年 6 月，德国拜罗伊特大学植物学家组成的一个研究小组在《进化生态学》杂志上发表论文称，他们在对厄瓜多尔南部热带雨林中的植物研究后偶然发现，有一种天南星科的植物会以假装生病来躲避一种名为矿蛾的虫害，因为矿蛾只吃健康的树叶。这是人类首次发现能够模仿生病的植物，同时也解释了为什么植物叶上会出现色斑的常见现象。

研究人员认为，色斑是园艺工人经常面对的问题，曾出现在许多种植物身上。杂斑植物的叶子表面会出现不同颜色的斑块，成因则各不相同。其中最常见的一大原因是由于叶细胞中缺乏叶绿素，同时丧失了光合作用的能力，叶子会变成白色。

从理论上讲，植物叶子一旦生有斑块就会处于不利的局面，因为这说明其光合作用能力削弱了。然而，德国研究人员却在偶然中发现事实不尽如此。与此相反，一些长有色斑块的植物，是在假装生病以避免被虫子吃掉，反而变劣势为优势了。

德国研究小组，在对厄瓜多尔南部热带雨林的林下叶层植物进行研究时注意到，一种名为"贝母"的植物身上，绿叶要比斑叶遭受虫子啃咬的多得多，矿蛾会将卵直接产在树叶上，新出生的毛虫会大肆吞噬树叶，并在身后留下一条长长的破坏过的白色痕迹。

对此，研究人员不禁怀疑它们是借此阻止矿蛾在其叶子上产卵。为了证实上述想法，研究人员在数百片健康树叶上，用白色修改液模仿斑叶的外观。三个月过去后，他们再次评估被矿蛾毛虫咬噬的绿叶情况，绿叶、斑叶和涂有白色修改液的绿叶三种情况下，后两者的情况相似，看上去长斑的树叶和斑叶一样，遭受矿蛾侵害的程度和频率要轻得多、少得多，其中出现在绿叶上的频率为 8%，出现在斑叶上是 1.6%，出现在用涂改液伪装的绿叶上为 0.4%。

研究人员对这一结果表示相当惊讶，他们认为，正是植物本身出于需要假装生病，并长出斑叶以模仿那些真已被矿蛾毛虫咬过的样子。这一招可以有效地阻止矿蛾在叶子上产卵或继续产卵，因为害虫会认为之前的幼虫早已吞掉了这些叶子的大部分营养。在植物株上绿叶与斑叶共存的事实说明，两者在它的长期演化的过程中，都发挥了重要作用。斑叶上光合作用的缺失，可能正好与其不易被害虫攻击相抵消，研究人员相信，斑叶能在野生植物环境中生存下来，表明它具备一定的选择有利性。

2. 研究利用昆虫防治森林虫害的新进展

（1）提炼昆虫死后气味来驱赶木蠹蛾等森林害虫。[38]2009年9月，加拿大麦克马斯特大学生物学家大卫·罗洛领导的研究小组在《进化生物学》月刊上发表文章称，他们发现，不管是蟑螂还是毛虫，它们死后都会散发出具有恶臭的酸性脂肪类混合物，而这种气味能够驱赶木蠹蛾等森林害虫。

研究人员在观察蟑螂的社会行为时发现，它在找到像碗橱之类居所时，会发出一种化学信号，吸引其同类。为了查明这种化学信号的具体物质成分，研究人员把死亡的蟑螂身体捣碎，然后将其体液撒播在一些事先设定的地方。结果让人惊奇地发现，蟑螂在爬行的时候，会避开这些撒播了死蟑螂提取物的区域。于是，研究人员就想查出，到底是什么物质让它们要避开这些地方。

为了查明这种物质，必须研究其他虫子是否会在死亡后散发出驱赶同类的味道。研究小组经过试验发现，不仅是蟑螂，蚂蚁、毛虫、树虱以及潮虫等都存在此类现象。进一步研究还发现，尽管甲壳类动物和昆虫，分属于不同物种，但它们死后都会散发出酸性脂肪类混合物，其功能主要是用来表示一种警告信号。对于虫子来说，这种信号可让其确认同类死亡，并且避免与死者靠近，以便减少感染疾病的概率。而且，这种方法也能让动物激活自身的免疫能力。研究人员希望，能够提炼出昆虫死亡后产生的这种气味混合物，并且通过这种方法来保护农作物和森林免受害虫侵害。比如说，在原木上涂上酸性脂肪类混合物，能让其在一个月内不受木蠹蛾的侵害。

（2）运用捕食性天敌昆虫防治森林虫害。[39]2022年10月30日，中国新闻网报道，吉林省林业科学研究院副院长宋丽文研究员率领的研究团队在研究中发现，利用自然界中的昆虫多样性及其相互之间的制约关系，可以把害虫数量控制在较低的水平，实现"有虫无灾"。

宋丽文表示，在大自然的生态系统中，害虫危害林木却也有天敌。生态平衡保持得好，虫害通常不会暴发，生物链平衡遭到破坏，害虫天敌数量没有跟上，虫害才会暴发。

多年来，该研究团队一直进行捕食性天敌昆虫蠋蝽的规模化生产及应用技术研究。通过引进技术，消化、吸收、再创新，并与美国农业部专家合作，研究人员成功解决了蠋蝽规模化生产的环境条件、人工饲料、保存条件等问题。

这一成果对多种农林食叶害虫具有防治效果。宋丽文说："在与美国专家合作的过程中，我们学到了先进的技术和理念。同时，对于美国发生的一些害虫，例如白蜡吉丁，美方也得到了我们的帮助。"中国对于白蜡吉丁的研究时间较长，并且在东北地区有本土的天敌能够控制害虫种群。美国专家引进了中国的寄生蜂，有效解决了白蜡吉丁的棘手难题。

中国的长白山地区、小兴安岭地区栽有大面积的红松果林，红松是当地的主要用材和经济树种。在世界地图上，红松主要分布于日本、朝鲜半岛、俄罗斯远东地区南部。

近年来，红松球果虫害越来越严重，这会大大降低红松种子的产量，造成严重经济损失。对此，该研究团队在国际上首次发现并命名了两种红松球果害虫寄生性天敌新种，并实现了大规模的人工繁育。宋丽文说："对于红松球果害虫，我们用寄生蜂开展生物防治，走在了国际前列。经过在吉林当地连续三年综合防控示范，挽回红松籽损失 60% 以上。这项生物防治技术，对欧美地区云冷杉球果类害虫同样具有借鉴作用。"

目前，研究团队完成的小蠹虫信息素防控、捕食性天敌蠋蝽规模化繁育、红松球果害虫生物防治等技术，已先后在我国东北、内蒙古、北京、山东、云南、青海等地区示范应用 20 余万公顷，生态和社会效益显著。

3. 研究防治森林虫害的新药剂

开发出灭杀森林害虫的新型高效昆虫信息素。[40] 2012 年 2 月，波兰通讯社报道称，波兰科学院物理化学研究所应德国一家公司的要求，开发出新型高效昆虫信息素，试验结果证明使用效果远远超过原有的期望值。

报道说，业内人士众所周知，昆虫的信息素，是生物体为了沟通信息而分泌的一种易挥发的物质。其功能多种多样，有的是雌性生物体通知雄性生物体它的存在，有的是告知附近有大量食物可获取，有的甚至是警告同类有危险赶紧避难。利用信息素灭杀害虫，在森林保护中有很长的历史。

波兰科学家开发的新型昆虫信息素属于环境友好型，使用费用低廉，在德国德累斯顿和莱比锡等种植大量山毛榉、橡树、白桦、松树、枫树的地区，所做的试验结果，令人大喜过望，新型昆虫信息素与捕捉器一起使用，不但能够诱惑常见的侵扰欧洲多年的粉蠹虫，甚至还对同类的一些害虫有显著的作用。

第三节　防治森林火灾研究的新进展

一、研究森林火灾走势与影响的新成果

（一）探索近期森林火灾危害的新信息

1. 韩国山火过火面积逾 1.6 万公顷 [41]

2022 年 3 月 7 日，韩国媒体报道，韩国中央灾难安全对策本部推算，截至当天上午 6 时，东海岸地区发生的大规模森林火灾，已造成 16 755 公顷森林被烧毁，面积超过首尔市的 1/4，相当于 23 466 个足球场。

据报道，虽然尚无人员伤亡报告，但已造成 343 栋民宅被烧毁。截至 6 日晚 9 时，共有 4659 户的 7355 人紧急避险。报道称，截至 7 日上午 5 时，山林和消防部门共投入 1.7 万人力，95 架直升机，781 辆消防车辆展开灭火工作。

韩国总统文在寅 6 日宣布，将发生大规模森林火灾的庆尚北道蔚珍郡和江原道三陟市划为重灾区。

2. 美国山火蔓延威胁到国家天文台观测站 [42]

2022 年 6 月 18 日，美国媒体报道，从 6 月 11 日开始，美国孔特雷拉斯大火在亚利桑那州的群山中肆虐。而在 6 月 17 日清晨，大火已经蔓延到基特峰国家天文台，威胁着该观测站的部分望远镜。据悉，其中一台望远镜或已受损。

基特峰国家天文台始建于 1958 年，位于美国亚利桑那州图森山区，天文台由美国国家科学基金会的国家光学红外天文研究实验室运营。

报道说，火灾从位于基特峰国家天文台以南巴博基瓦里山脉的偏远山脊开始。大火由雷击引起，而该地区的山区地形、大风、干燥植被加剧了火势，使消防工作变得困难。据亚利桑那州紧急信息网络报告，截至 6 月 16 日，孔特拉斯大火已经烧毁了近 47 平方千米土地，并没有放缓的迹象。

根据当地气象台的新闻稿，为了防止大火向天文台设施蔓延，南部山脊的干燥灌木丛和树木被清除。同样，飞机在该地区喷洒了阻燃剂，6 月 17 日上午天文台电力被切断。17 日凌晨 2 点，大火席卷了西南山脊，威胁着 4 台望远镜：包括希尔特纳 2.4 米望远镜、麦格劳·希尔 1.3 米望远镜、甚长基线阵列碟形望远镜和亚利桑那大学 12 米射电望远镜。这台 12 米射电望远镜由亚利桑那大学管

理,是事件视界望远镜的一部分,人类第一张黑洞图像以及最新的银河系中心黑洞图像,就是由事件视界望远镜的观测数据制作而成的。

另据天文台工作人员报告,他们通过梅耶尔望远镜圆顶外的 5 个网络摄像头监视火情,看到的情况是:亚利桑那大学 12 米射电望远镜可能已经受损;附近的超长基线阵列天线四周都是火;希尔特纳 2.4 米望远镜的网络摄像头断了,望远镜目前被烟火挡住。

(二)探索森林火灾变化趋势的新信息

1.分析过去数十年森林火灾的变化趋势 [43]

发现过去数十年全球"火灾天气"延长导致森林火灾增加。2022 年 7 月,澳大利亚联邦科学与工业研究组织专家佩普·卡纳德利等人参与的一个国际研究团队在《地球物理学评论》学术期刊上发表论文称,他们的研究显示,在长期气候变化推动下,最近四十年间,澳大利亚及全球"火灾天气季节长度"明显延长。

研究团队分析了过去数十年来全球和区域的"火灾天气季节长度",在气候变化背景下的变化趋势。据介绍,"火灾天气"是指天气条件有利于野火的发生和蔓延。

研究显示,1979—2019 年,澳大利亚"火灾天气季节长度"增加约 27 天,增幅约为 20%。这期间全球范围的"火灾天气季节长度"平均增幅达 27%,北美西部、亚马逊河流域和地中海等地区"火灾天气季节长度"增长尤为显著。

该研究预测,考虑到未来气候变化情景,假如全球平均气温到 2100 年时上升 1.5~4℃,可能导致全球"火灾天气季节长度"比当前再延长 11~36 天。

卡纳德利说,全球"火灾天气"呈显著增多的趋势,长期气候变化正在推动这一增长趋势。该趋势导致澳大利亚森林火灾数量增加,特别是 2019—2020 年的"黑色夏季",凸显澳大利亚森林火灾日益增长的状况。

卡纳德利表示,通过这项研究可以更深入了解全球"火灾天气"变化趋势,这有助于救援人员、政策制定者和社区更好地应对森林火灾。此外,该研究再次强调遏制全球碳排放的重要性。

2.分析今后数十年森林火灾的变化趋势 [44]

通过建模分析未来三十年山火走势。2009 年 4 月,美国加利福尼亚大学伯克利分校山火生态学家麦克斯·莫瑞兹领导的一个研究团队在《公共科学图书馆·综合》杂志上发表研究成果称,全球气候变暖以及由此产生的灼热高温,像念咒一般点燃了一处又一处的森林大火，以至于人们被迫逃离自己的家园。他们依据真实火灾数据建立首个全球模型，展示未来 30 年山火的可能走势。

建模分析表明，在未来的 30 年中，与那些面临较高山火概率的地区相比，有更多的地区遭遇火灾的可能性减少了。专家强调，森林大火减少并不总是一个好消息，因为世界上的许多灌木地带需要这种周期性的山火才能够存活下来。

判断一个地区是否容易发生森林大火需要考虑两个因素：干燥的植被以及炎热多风的夏季。然而即便是用这种简单的一次方程，研究人员依然很难对全球范围内山火走势作出准确的预测。当他们进行这项研究时，需要基于一些粗略的假设，例如环境的温度高于某一确定值，且湿度低于特定水平。

在这项新成果中，该研究团队对全球森林大火 10 年的卫星数据进行了分析。研究人员把陆地分为了两类，即不易着火的地区和火灾频发的地区。随后，他们着手研究了容易发生火灾的地区与植被数量、气候模式以及点火的时机（不是人为造成就是闪电击中）之间的关系。最终，研究人员把这些数据加入一个气候预测模型中，该模型假设这些山火不会对当前的温室气体排放造成太大的影响。

研究人员说，在未来的 30 年中，超过 1/4 的陆地的山火模式可能出现相对显著的变化。大约 9% 的陆地，包括斯堪的纳维亚半岛、美国西部以及中国的西藏高原将出现森林大火上升的趋势。与此同时，大约 19% 的陆地，包括美国南部、非洲中部以及加拿大的大部分地区，只会有少量的山火。

但是野火的减少也会造成一些麻烦。莫瑞兹指出："在加利福尼亚，我们有茂密的灌木丛。其中一些灌木的种子，必须在一场山火后才能够发芽。"

德国波茨坦市气候影响研究所的地球生态学家安德里亚·梅恩指出，"太好了，终于有人迈出了第一步，在全球尺度上对山火模型的环境驱动因素进行了量化。"研究火灾与气候变化关系的生态学家迈克·巴尔希表示，了解全球山火的变化趋势为构建未来山火事件的模型填补了缺失的环节。

（三）探索森林火灾带来的影响与警示

1. 研究森林火灾带来影响的新发现

发现森林火灾残留木炭可能促进二氧化碳排放。[45] 2017 年 12 月，俄罗斯科学院和日本北海道大学相关专家联合组成的一个国际研究小组在《土壤生物学与土壤生化学》杂志上发表研究报告称，在储存地球温室气体二氧化碳方面，森林发挥着重要作用。然而森林火灾会大大削弱这种作用。他们研究发现，森林火灾后留下的木炭，会促进土壤中树木细根的分解，而这会促使蓄积在细根中的二氧化碳释放。

森林中的植物会吸收大气中的二氧化碳，并将其固定在植被或土壤中。与树叶、树干和树枝一样，在蓄积二氧化碳方面，像胡须一样的树木细根也发挥着重要作用。

受全球气候变暖和人类活动影响，俄罗斯远东地区的森林火灾日益增多。在森林火灾中，树木燃烧会释放大量二氧化碳。但火灾后留下的木炭，会对土壤有机质分解等过程产生何种影响，人们却所知甚少。

该研究小组介绍，他们在北方针叶林开展了500多天野外研究，结果显示，土壤中的木炭含量越高，落叶松细根分解越严重。研究人员说，这表明火灾产生的木炭可能加速落叶松细根的分解，从而促使其中的二氧化碳释放。他们认为，这一发现，可能有助于预测大气中二氧化碳浓度的变化。

2. 研究森林火灾带来警示的新进展

反思澳大利亚森林火灾带来的警示。[46] 2009年2月17日，《自然》杂志网络版刊文对澳大利亚森林火灾进行剖析，试图解答一些人们关注的问题，如在日益变暖之时这种"地狱景象"是否将更加频繁出现？人类能从这场灾难获得什么经验教训？

2月7日，澳大利亚维多利亚州发生史上最严重的山火，至今已造成超过180人死亡，1000多所房屋被毁，4000多人无家可归，预计死亡人数将会增至230人。在奋力灭火的同时，人们也开始反思这次火灾带来的警示。

文章指出，造成此次火灾的原因是多方面的。澳大利亚维多利亚州附近的植被主要是灌木和高高的桉树，当天气干燥时，这些植被很容易被引燃。而且祸不单行，2月7日，维多利亚州的气温达到历史新高48.4℃，再加上大风和可能存在人为纵火嫌疑，火势很快在城郊地区蔓延。种种因素交织在一起，导致了这场灾难性的大火。

闪电通常也会引发山火，但8日之前，该地区一直没有雷电交加的暴风雨的报道，这加深了人们对有人故意纵火的怀疑，如果情况属实，澳大利亚总统陆克文说："这与大屠杀毫无差别。"

气候变化并不是一个"筐"，任何气候事件都可以往里面装。温暖、干燥的夏天是澳大利亚亚热带气候的典型特征，野火也是。如果火势比较温和，将对生态系统有益，例如，小火能够烧掉干枝枯草，为植物生长提供营养。大多数树木和高高的植物都能够在普通的林区大火中存活，而且，频繁的小火也会减少发生灾难性大火的隐患。

然而，气候模型表明，澳大利亚的夏天确实将会变得越来越干燥，越来越炎热，由此带来的火灾风险毋庸置疑。

联合国政府间气候变化专业委员会预计，到 2080 年，澳大利亚中部的平均温度可能增加 8℃。海岸线 400 千米附近范围内陆地的温度将会上升 5.4℃，降雨的数量可能减少 80% 以上。其他地区也置身于极高的野火危险中，包括欧洲南部、非洲南部、美国西南部等。火灾发生频率的增加可能导致植被改变，将会减少植被的生长，减少植被从大气中吸收的碳的数量，进一步使全球温室效应加剧，形成恶性循环。

那么，人类应该如何预防大火，并将大火带来的风险降到最低？

澳大利亚、葡萄牙和美国加利福尼亚等国家和地区都在采用一种名为"计划烧除"的防火方法，其思路是不时地故意引燃森林中的部分枯木以防止大火。但是也有专家称，该方法也存在缺陷，一是火势不好控制，因为受地形和气候等因素的影响；二是费用太高。

生态学家也在评估燃烧不同类植被的最好时间，以期找到最好的策略，尽可能降低对植被造成的损失。但有专家建议，最好的适应野火频繁发生的方法包括采用更加明智的城市规划和建设计划，在城市家庭中安装预警系统等。

二、研究引发或减少森林火灾因素的新成果

（一）探索厄尔尼诺现象诱发森林火灾的新信息

1.认为厄尔尼诺现象或是加拿大林火的一个主要诱发因素[47]

2016 年 5 月 7 日，新华社报道，加拿大西部艾伯塔省发生大面积林火，目前过火面积已经超过 2000 平方千米，近 10 万人被疏散。专家分析认为，此次严重林火的主要诱发因素是全球气候变暖以及厄尔尼诺现象的双重夹击。

全球气候变暖是基本面影响。艾伯塔省气象部门的监测显示，林火所在的麦克默里堡地区近期气温明显高于往年同期。从更长的时间尺度来看，近年来，加拿大北部林区的气温上升幅度高于全球气候变暖幅度，因此林火发生更为频繁。

据统计，仅 2016 年以来，艾伯塔省就已经发生了约 330 次林火，是近年来同期发生林火数量的 2 倍。此外，受全球气候变暖影响，自 1979 年以来，加拿大西部每年的防火季也明显延长。例如，2016 年的防火季从 3 月 1 日开始，2015 年是 3 月 15 日，而以前加拿大西部的防火季要到 5 月才开始。

位于艾伯塔省的莱斯布里奇大学教授朱迪斯·库利格说："我们经历了一个超级干旱的冬季，积雪量不足。"她认为，全球气候变暖和厄尔尼诺现象共同促成了这次严重林火。

2. 发现厄尔尼诺现象大大增加森林火灾次数 [48]

2017年11月28日，美国加州大学科学家陈扬主持的一个国际研究团队在《自然·气候变化》杂志网络版上发表论文称，厄尔尼诺现象大大增加了泛热带森林中的火灾次数和因此产生的碳排放量。研究发现厄尔尼诺现象减少泛热带森林中的降雨和蓄水量，助长火灾的发生和扩散。这些大火遵循大陆热带地区的一条季节性规律，因此具有可预测性，这或许有助于预测火灾发生。

厄尔尼诺及南方涛动现象是一种海洋大气系统的周期性变化，伴随每2~7年东太平洋热带区域海面温度变化现象，即出现暖洋阶段（厄尔尼诺）和冷洋阶段（拉尼娜）。厄尔尼诺及南方涛动现象对气候的年度变化产生巨大影响。

1997—2016年期间出现过6次厄尔尼诺和6次拉尼娜现象，该研究团队利用这段时间的卫星数据，鉴定与火烧地区和燃烧排放物相关的气候条件。他们发现，相比于拉尼娜现象，厄尔尼诺引起的降雨和蓄水量减少，使泛热带森林中的燃烧排放物平均增加133%。这些结果表明，亚洲赤道地区的火灾次数在8—10月达到顶峰，次年1—4月转移到东南亚和南美北部，3—5月则进入中美洲，最后在7—10月转至亚马逊南部。

研究人员所描述的火灾行进路线，揭示了地球系统应对厄尔尼诺及南方涛动现象的重要滞后性，这可以帮助改善火灾风险预报，并解释厄尔尼诺现象期间大气中二氧化碳浓度的增长率加速。

厄尔尼诺是指发生在赤道太平洋中东部的海水大范围持续异常偏暖现象，反之，这一区域海水大范围持续异常偏冷的现象则称为拉尼娜。厄尔尼诺现象可以产生严重影响，在拉丁美洲引发洪水、导致澳大利亚出现干旱和印度的农作物歉收。

（二）探索高温干旱天气导致森林火灾的新信息

1. 因高温干旱天气导致欧洲多国山火频发 [49]

2022年7月21日，国外媒体报道，近来，包括英国、意大利、法国、西班牙、葡萄牙、德国在内的欧洲多国遭遇罕见高温干旱天气，局部地区最高气温达到45℃。高温干旱天气导致多国山林火灾不断。

7月20日，肆虐西班牙多地的林火仍在燃烧。在卡斯提尔和莱昂、加利西亚、阿拉贡、马德里和卡斯提尔－拉曼查等地区，消防队员正在灭火，一些当地服务机构的灭火能力已经耗尽。中部阿维拉省塞布洛斯已有约 4000 人因火灾被疏散。

7 月 20 日，葡萄牙北部穆尔卡市的一场山火已经肆虐了四天，炎热干燥的天气让灭火工作变得更加艰难。当地居民担心，这场大火会对当地的农业生产，以及野生动物的生存造成威胁。自上周，超过 40℃的热浪席卷葡萄牙多个地区以来，葡萄牙全国有 1000 多名消防员，一直在与包括穆尔卡市在内的多处林火搏斗。

7 月 20 日，意大利有多个地区发生林火。其中一场大火有可能导致东北部城市里雅斯特的部分地区断电和缺水。而在中部托斯卡纳区，马萨罗萨村也有上百人因火灾逃离。

在英国温宁顿地区，林火烧毁大量房屋。有当地居民表示，他们在火灾中失去了一切。科学家和气候学家普遍认为这是人类活动造成的。

2. 高温干旱天气或致全球高山森林火灾增强 [50]

2022 年 11 月，重庆大学副教授游超为通讯作者的一个研究小组在《生态地理学》杂志上发表论文称，他们的研究显示，全球高山地区森林火灾在过去 20 年呈现增强态势。

这项研究利用卫星遥感资料发现，21 世纪以来全球植被火燃烧随海拔高度变化呈现迥异的变化规律：在低海拔地区受人类生产活动抑制植被火燃烧表现为减弱趋势，但随海拔高度增加人类生产活动对植被火燃烧的抑制减弱，至海拔 3000 米以上的高山地区，植被火燃烧呈现明显的增强态势。高山地区植被火燃烧主要由森林火灾等自然野火构成，几乎不会受到人为成因农残物燃烧的影响。

进一步研究发现，在 2020 年全球高山森林火灾达到了 21 世纪以来的最高水平，包括亚洲的天山—喜马拉雅山—横断山、北美洲的落基山和南美洲安第斯山等高山的燃烧面积均超过了多年平均值的 2 倍，且 2020 年高山地区森林火灾异常，主要与气温、土壤含水量、相对湿度等相关气候条件异常有关。或者说，高山森林火灾增强主要是由高温干旱原因引起的。

高山地区是全球生物多样性最丰富的区域，因其脆弱的生态环境条件，对气候变化极其敏感，且自 20 世纪末以来高山地区升温速率超过了同时期低海拔地区的 2 倍，引起主要生态环境要素的快速调整适应。以森林火灾为代表的植被火燃烧对塑造全球生物多样性具有重要作用，但早先的研究极少关注全球高山地区的植被火燃烧变化。

游超认为，这项研究，对理解近期全球气候变暖背景下高山森林火灾频发，及制定应对策略具有重要科学意义。近年来，在我国凉山地区和林芝地区等高海拔山区，发生了严重的森林火情，正是近期全球高山植被火燃烧增强的具体体现。我国西部高山占国土面积超过 1/3，随着全球气候变暖引起高温干旱等极端天气频繁出现，要做好应对高山森林火灾频发的准备，以尽量减少因火灾造成的损失和对生态环境的破坏。

（三）探索促使全球火灾减少因素的新信息

发现农业规模增长会驱使全球火灾减少 [51]

2018 年 7 月，国外媒体报道，生态学家尼尔斯·安德拉和同事组成的一个研究小组发表的一项有关火灾的全球性评估报告显示，在过去 18 年中，遭到焚烧的面积大约下降了 24%，而农业规模的扩展在其中起到了主要的作用。

火灾对生态系统的塑造扮演了重要角色，它对气候也有广泛的影响，因为它会影响植被及土壤碳含量、地表反射率及大气中气溶胶和温室气体的浓度。因此，了解发生火灾的趋势对气候变化模型的信息提供至关重要。

研究小组分析了 1998—2015 年间的卫星数据，旨在确认全球范围内遭到焚烧的区域。他们还进行了其他数项分析，以评估焚烧区域长期走势的驱动因子和意义。他们发现，除了欧亚大陆之外的每个大陆都呈现焚烧面积的总体下降，降幅特别大的区域位于南美和非洲的热带稀树草原及整个亚洲草原带的大草原。

研究人员说，降雨模式可解释焚烧地区大部分的短期变化，但对焚烧的长期性减少则无法解释；他们发现，长期性的焚烧减少更多与自然土地向人类管理土地的转变有关。在高度资本化地区（具有高国内生产总值地区），被焚烧地区显著减少，这可能反映了当地为保护高价值作物、牲畜、住房、基础设施和空气品质所实施的消防措施。他们得出结论，这些土地使用的改变提示，所观察到的遭焚烧面积的减少可能会在未来的几十年中持续如此甚或加速。

三、研究森林火灾防治的新成果

（一）开发森林火灾防治的新技术

研制出监测森林火灾的新技术 [52]

2019 年 5 月，国外媒体报道，瑞典皇家理工学院宣布，该校一个研究小组与加拿大不列颠哥伦比亚省自然资源和农村发展部研究人员合作，开发出一种利用卫星数据和机器学习的新技术，用于更有效的监测森林火灾并分析灾后损害。

2018 年瑞典北部森林曾发生严重火灾，由于当时用直升机和无人机采集光学图像、GPS 位置及其他火灾信息，效率低、时效性差，对森林灭火指引效果不佳。

该研究团队开发的新技术，以美国国家航空和航天局的装备红外光传感器、雷达系统的欧洲航天局哨兵 –1 卫星、哨兵 –2 卫星、地球资源卫星、可见光红外成像辐射仪及中分辨率成像光谱仪等 24 小时免费开放数据为基础，通过深度人工卷积神经网络机器学习技术，来分析计算目标区域火灾前后图像之间的比率对数，然后把结果转化为二进制图像，以区分燃烧区域和未燃烧区域，从而更准确的获得火灾位置、燃烧程度等信息。

2017—2018 年，这个瑞典与加拿大合作研究团队，追踪分析了 500 多起森林火灾，对此技术进行了验证改善。瑞典民事应急局将于近期将此纳入火灾监测新手段，以进一步检验其实际效果。

（二）研制森林火灾防治的新设备

1. 开发森林火灾报警设备的新进展

（1）研制仿生低成本新型森林火灾报警器。[53] 2004 年 7 月 27 日，德通社报道说，松甲虫主要生活在北美和加拿大。黑色雌性松甲虫，喜欢把卵产到被烧焦的树木上。由于大多数昆虫不会去光顾被烧焦的树木，松甲虫的卵因此不易受到伤害，而且那里有足够的食物供幼虫享用。所以，在森林着火后，它们会从几里之外蜂拥奔向火场，抢占刚刚被火烧过的树木产卵。近来，德国波恩大学动物学家施密茨领导的研究小组，发现这种甲虫腹部的特殊感应器官，对烟火高度敏感，他们由此得到启发，开始开发新型森林火警传感器。

研究人员说，松甲虫腹部侧面的两个感觉器官对红外线特别敏感，能感觉和确定火源地点。这是因为，松甲虫的感觉器官由大约 70 个感觉细胞组成，每个感觉细胞都是一个微小的硬表皮球体，这个硬表皮球体对 3 微米波长的热辐射的吸收特别好。在吸收过程中，表皮球体会变热、扩张并刺激感受器。松甲虫因此可以利用这种波长的辐射，辨认出几十千米之遥的火灾源。

施密茨研究小组根据上述原理，正在开发一种传感器。他们先制作出由坚硬材料构成的空心球体，球体材料中含有被研究甲虫的甲壳成分。此后，在这个空心球体内放入一个手指状的突起装置。实验中，当波长与森林着火所辐射波长相同的红外线到达空心球时，球体材料受热膨胀，由此产生的压力可传递到内置的突起装置。此外，研究小组还尝试用同样能热胀的聚乙烯塑料，制作这种传感器的部件。

报道说，虽然消防瞭望塔、直升机或卫星等都有助于及早发现火灾，但人们一直都希望能够开发出成本低廉且能自动及时发出火灾警报的新技术。因此，研究小组对这种新型传感器的开发充满信心。

（2）研制出新型火灾自动报警耐火壁纸。[54] 2018 年 5 月，中国科学院上海硅酸盐研究所朱英杰研究员带领的研究团队在《美国化学学会·纳米》杂志上发表论文称，壁纸在房屋装修中颇受青睐，然而大多易燃，具有安全隐患，为了克服这个缺陷，他们成功研制出新型火灾自动报警耐火壁纸。

朱英杰说，这种壁纸由羟基磷灰石超长纳米线为原料制成的耐火纸，以及氧化石墨烯温敏传感器两部分构成。把火灾报警系统集成在该壁纸上，能够及时地发出火灾警报。这是因为氧化石墨烯在室温下不导电，但遇到火灾后，火焰产生的高温可去除氧化石墨烯中的含氧基团，使其由不导电转变为导电状态，这样就可以触发报警装置，在火灾发生的第一时间自动发出警报。

这种新型火灾自动报警耐火壁纸具有优异的耐高温和耐火性能，可耐 1000℃以上的高温，在一般的火中不管灼烧多长时间都不会燃烧；并且环境友好，其主要成分羟基磷灰石超长纳米线是典型的生物材料，生物相容性好，可用于人体骨缺损修复，适合于日常生活中与人体近距离接触；另外，柔韧性好，可以做成各种形状，也可染成各种颜色，还可以打印或印刷彩色图案和文字。

目前，该研究团队正在探索低成本量产方法，希望能尽快把新型火灾自动报警耐火壁纸产业化。

2. 开发森林灭火救灾设备的新进展

（1）研制出扑灭森林大火的新式水陆两用飞机。[55] 2005 年 6 月 30 日，俄罗斯新闻社报道，俄罗斯政府紧急情况事务部，为组织扑灭远东哈巴罗夫斯克边疆区的森林大火，在俄罗斯国内首次正式使用了其刚刚研制出的水陆两用飞机。

据报道，参加此次灭火行动的最新式水陆两用飞机——"别 -200ЧС 多用途水陆两用飞机，由俄功勋飞行员瓦列里·克鲁泽驾驶。这是"别 -200ЧС"型飞机自 2003 年正式出厂后，俄罗斯政府首次在国内公开使用该型飞机。

"别 -200ЧС"型飞机，是塔干罗格市别里耶夫设计局在"信天翁"A-40 型水陆两用飞机的基础上研发制造的。"别 -200ЧС"与世界上同类型水陆两用飞机相比，它的特点是：不仅可以从短距离混凝土跑道，以及一般性湖泊水面上起飞，而且还可以从崎岖不平的土路上起飞。此外，该型飞机在执行灭火任务时可以从河流、湖泊及海洋直接取水；飞机的载重重量可以达到 12 吨。

（2）发明可飞入森林火灾现场的微型救灾直升机。[56]2007 年 1 月，德国《世界报》报道，德国卡尔斯鲁厄大学电子技术和系统优化研究所格特·特罗默尔领导的研究小组研制出一种微型救灾直升机。这种迷你蜂式直升机配有照相机或传感器，能向救援人员提供通常无法获得的信息，能独立飞到人无法进入的森林火灾现场再返回。

据报道，这种迷你蜂式直升机是"会飞的眼睛"。它的驾驶员不在机内而是从地面上进行操控。特罗默尔说："这种飞机，就像民航飞机里的自动驾驶设备那样运作，自动按照指定航线飞行。目前，我们已能让它在很小的空间内工作。"

这种微型直升机，由 4 个旋翼驱动，它的电动马达的蓄电池可供在 5 千米活动半径内飞行 25 分钟，飞行高度最高可达 500 米。它高约 90 厘米，重 1000 克，可选择装载夜视仪、化学传感器或照相机等重量不超过 200 克的仪器。

这种微型直升机，有一个比香烟盒还小的小黑匣子，里面装有不断测量直升机加速度等参数的传感器。此外，它的位置由全球卫星定位系统测定，方向由罗盘确定，气压传感器负责调整高度。

导航系统使这种微型救灾直升机能自动飞行。参与研制的奥利弗·迈斯特说："我可以对它下令，让它飞到指定地点停留 1 分钟，拍摄照片后再飞回。"

（三）研制与森林防火相关的新材料

1. 开发防火消防服装材料的新进展

（1）研制森林消防队员新型防火衣材料。[57]2006 年 3 月，欧洲航天局官方网站报道，意大利、比利时和波兰的 5 家公司正在共同实施一项计划，准备采用疏水纤维等材料，以及宇航员太空行走穿的宇航服工艺，研制森林救火消防队员等专业人员穿的防火衣材料。

实施这项计划的关键是研制嵌入安全冷却系统的新型材料，它将用作确保更好防止热量和水汽的防护服夹层。

据报道，在安全冷却系统中，用了三种工艺：第一种是特殊的三维织物，它是用疏水纤维制成的，疏水纤维不会使自身周围存水，形成细管的疏水纤维能去除水分。第二种是借用宇航服工艺，在织物中安放由细管组成的冷却系统，液体可以沿这些细管循环流动。第三种是添加水黏性聚合物，用来吸收和黏住透过半透膜的水分。在这种情况下，如果表面温度急剧升高，例如在与燃烧材料接触时，聚合物会放出贮存的水，水的高比热可以有效消除大量热量。

（2）研制出纳米级碳素防火消防服面料。[58] 2010 年 1 月，日本媒体报道，日本的帝人技术制造公司与细川微米公司联合发布消息称，作为新能源产业技术综合开发机构推进的"纳米先端材料实用化研究开发事业"的重要一环，他们共同研制出一种新型防火面料，以这种采用纳米技术面料制成的森林消防队员防火服，不但极耐高温，而且穿着舒适。

据介绍，这种新开发的消防服面料，采用可使纳米级碳素系超微粒子平均分布在芳香族聚酰胺纤维上的新技术。纳米级碳素系超微粒子的热传导性非常强，可以很容易地把热量扩散出去，从而降低消防服本身的温度。这种新面料制成的消防服与以往芳香族聚酰胺纤维制成的消防服相比，可使烧伤程度降低 40%，达到业界最高的防火性。同时，比起具有相同防火性能的原有消防服，重量可减轻 15%，舒适性大大提高。

目前，世界上消防服的国际标准主要有两种，一种是注重高防护性的北美标准，一种是重视舒适性的欧洲标准，而日本过去由防灾协会制定的防火消防服性能标准，主要是延续欧洲标准。

此次新面料防火服的开发成功，不但保证了舒适性，而且也符合目前对防护要求最严格的北美标准，因此两公司相信，用该面料制成的消防服在未来具有广阔的市场应用前景。

2. 开发耐高温隔热防火建筑材料的新进展

（1）研制出可耐 1300℃高温的隔热防火建筑材料。[59] 2018 年 3 月，中国科学技术大学俞书宏教授主持的研究小组在《应用化学》杂志上发表研究成果称，钢筋混凝土结构在受热 350℃以上时强度会迅速下降，就会引起坍塌。他们研制出一种具有双网络结构的酚醛树脂与二氧化硅复合气凝胶建筑材料，可将 1300℃高温"隔热"为 300℃左右，在提高建筑物安全及节能等方面具有应用前景。

该研究小组研制的这种双网络结构的复合气凝胶，具有树枝状的微观多孔结构，纤维尺寸在 20 纳米以内，且两种组分各自都成连续的网络，实现了有机、无机组分在纳米尺度上的均匀分散。这种气凝胶可承受 60% 的压缩而不破裂，具有良好的机械强度和可加工性。两组分间具有很强的相互作用，协同其多孔性，从而产生很好的保温隔热效果，优于传统发泡聚苯乙烯、矿物棉等材料。

研究人员使用 1300℃的丙烷丁烷喷灯火焰，检测这种气凝胶的防火性，并用红外热成像仪记录样品背面的温度变化。经过 30 分钟测试，样品背面的温度稳定在 300℃左右，而且随着有机组分的燃烧，二氧化硅网络暴露出来并附着在气凝胶表面而不会脱落，继续发挥隔绝热量作用。

据了解，这种新型材料优异的防火阻燃和耐火焰侵蚀性，可避免火灾时建筑物承力结构的失效，为人员撤离争取宝贵时间。此外，隔热材料的使用可以提高建筑物的能量利用率，降低能耗。

（2）研制出1000℃高温不变形的泡沫陶瓷建材。[60]2020年1月7日，有关媒体报道，中国科学院重庆绿色智能技术研究院研究员崔月华负责的研究小组，近日自主研发出新型建材泡沫陶瓷，不但能够保温、防潮、隔音，还能防火，在1000℃高温下也不变形。

这种泡沫陶瓷看起来与火山石很像，表面粗糙，但重量很轻，每立方厘米仅重0.2克，放在水里能漂浮。在酒精灯500℃高温的烧灼下并未起火，而且另一侧温度仅四五十摄氏度。

崔月华介绍说："我们研发的泡沫陶瓷焙烧温度达到800℃，成品可以耐1000℃高温。"目前，在建筑领域广泛采用的保温材料，使用的原材料是陶瓷黏土、废弃矿渣等，虽然价格便宜也具有保温效果，但由于其中含有大量有机材料，因此不能防火。他们从5年前开始研究，在工艺流程中加入有机无机发泡工艺部分，不仅让泡沫陶瓷具备了质量轻、防潮防水保温性能，同时高温烧制也让泡沫陶瓷具备耐高温的性能，即使在1000℃高温环境下也可以做到不燃烧、不变形，远高于国内外其他泡沫陶瓷高温变形的温度，进一步提高了泡沫陶瓷的安全性。

同时，为实现产业化，通过技术攻关将最初的1300℃焙烧温度降低到800℃。不仅消除了高温焙烧过程空气中氮气氧化过程，避免了生产过程中产生氮氧化物而造成酸雨的环境污染问题，而且将烧制成本降低了1/3，打破了国外产品的垄断。

崔月华表示，这种泡沫陶瓷既能保温又可隔热防火，是建筑外墙保温层的理想材料。同时，通过调变它的组成成分，还可以形成更多新产品。

（四）研究火灾频发山林栽培树种的新信息

发现松树或是火灾频发山林合适的栽种树种[61]

2009年8月，有关媒体报道，法国农艺研究所报告称，法国等16个欧盟国家合作进行的一项最新研究显示，松树在火灾中的生命力十分顽强，或可成为火灾频发地区选用的栽培树种，但不同种类松树的"耐火"能力存在差别。

参与这项研究的法国农艺研究所研究人员说，他们在评估中主要关注两方面内容。一是树木的特性，如树皮的厚度、树木的枝叶特点及其整体结构，这些特性往往能在火灾中发挥关键的保护作用。二是树木的再生能力，这也是研究人员的重点考察对象。

研究结果显示，松树的"耐火"能力远远超过阔叶植物。火势不大时，它们基本不会受到影响。即使火势猛烈，将火灾区域的植物全部烧毁，松树也是最先"重生"的树木，只要有充足的阳光和肥沃的土壤，小松树就能迅速成长起来。

研究人员同时发现，不同种类松树的"耐火"能力存在一定差别，例如海岸松和意大利五针松最"耐火"，而地中海松和辐射松的"耐火"能力相对较弱。

研究小组成员埃里克·里戈洛说，这一成果将帮助人们在火灾频发地区选择合适的树种栽种。受气候和人为等多种因素影响，地中海地区每年都有约 50 万公顷的森林遭受火灾。因此，挑选哪些合适的树种栽种以降低损失，一直是当地生态研究人员很关注的课题。

参考文献

一、著作与期刊

［1］李益敏．灾害与防灾减灾［M］．北京：气象出版社，2012.

［2］祝明，王东明．防灾减灾救灾新格局［M］．北京：国家行政学院出版社，2018.

［3］帕特里克·李昂·艾博特．自然灾害与生活［M］．九版（修订版）．姜付仁等，译．北京：电子工业出版社，2021.

［4］许小峰，郑国光．气象防灾减灾［M］．北京：气象出版社，2012.

［5］向立云，等．洪涝灾害及防灾减灾对策［M］．北京：中国水利水电出版社，2019.

［6］陈鸿汉，刘俊，高茂生．城市人工水体水文效应与防灾减灾［M］．北京：科学出版社，2008.

［7］滨田政则．地下结构抗震分析及防灾减灾措施［M］．陈剑，加瑞，译．北京：中国建筑工业出版社，2016.

［8］王念秦，等．地质灾害防治技术［M］．北京：科学出版社，2019.

［9］李媛，等．中国地质灾害时空分布及防灾减灾［M］．北京：地质出版社，2020.

［10］代德富，胡赵兴，刘伶．地质灾害防灾减灾体系理论与建设［M］．北京：北京工业大学出版社，2021.

［11］国土资源部地质环境司，等．崩塌、滑坡、泥石流防灾减灾知识读本［M］．北京：地质出版社，2010.

［12］李保国，李永涛，任图生，等．土壤采样与分析方法（上、下册）［M］．北京：电子工业出版社，2022.

［13］王茹．土木工程防灾减灾学［M］．北京：中国建材工业出版社，2008.

［14］李风．工程安全与防灾减灾［M］．北京：中国建筑工业出版社，2005.

［15］项勇，苏洋杨，邓雪，等．城市基础设施防灾减灾韧性评价及时空演化研究［M］．北京：机械工业出版社，2021.

［16］蒋树屏．离岸特长沉管隧道防灾减灾关键技术［M］．北京：人民交通出版社，2018.

［17］陈劲松，等．海岸带生态环境变化遥感监测［M］．北京：科学出版社，2020.

［18］于贵瑞，赵新全，刘国华．中国陆地生态系统的增汇技术途径及其潜力分析［M］．北京：科学出版社，2018.

［19］郭书海，等．生态修复工程原理与实践［M］．北京：科学出版社，2020.

［20］周广胜，周莉．现代农业防灾减灾技术［M］．北京：中国农业出版社，2021.

［21］韩衍欣，蒙继华．面向地块的农作物遥感分类研究进展［J］．国土资源遥感，2019（2）：1-9.

［22］李翠娜，石广玉，余正泓，等．农作物实景监测中的图像数据质量控制方法研究［J］．气象，2020（1）：119-128.

［23］王娅，窦学诚．中国农作物品种安全问题分析［J］．农业现代化研究，2015（4）：553-560.

［24］曹永生，方沩．国家农作物种质资源平台的建立和应用［J］．生物多样性，2010（5）：454-460.

［25］陈丽娜，方沩，司海平，等．农作物种质资源本体构建研究［J］．作物学报，2016（3）：407-414.

［26］刘万才，刘振东，黄冲，等．近10年农作物主要病虫害发生危害情况的统计和分析［J］．植物保护，2016（5）：1-9.

［27］张艳，孟庆龙，尚静，等．新型图像技术在农作物病害监测预警中的应用与展望［J］．激光杂志，2017（12）：7-13.

［28］李群，何祖华．主要农作物抗病虫抗逆性状形成的分子基础［J］．植物生理学报，2016（12）：1758-1760.

［29］张礼生，刘文德，李方方，等．农作物有害生物防控：成就与展望［J］．中国科学：生命科学，2019（12）：1664-1678.

［30］邓一文，刘裕强，王静，等．农作物抗病虫研究的战略思考［J］．中国科学：生命科学，2021（10）：1435-1446.

［31］特怀曼.蛋白质组学原理［M］.王恒梁等，译.北京：化学工业出版社，
2007.

［32］惠特福德.蛋白质结构与功能［M］.魏群，译.北京：科学出版社，
2008.

［33］李志勇.细胞工程学［M］.北京：高等教育出版社，2008.

［34］王三根.植物生理学［M］.北京：科学出版社，2016.

［35］张明龙，张琼妮.国外环境保护领域的创新进展［M］.北京：知识产
权出版社，2014.

［36］张明龙，张琼妮.美国环境保护领域的创新进展［M］.北京：企业管
理出版社，2019.

［37］张明龙，张琼妮.国外生命基础领域的创新信息［M］.北京：知识产
权出版社，2016.

［38］张明龙，张琼妮.国外生命体领域的创新信息［M］.北京：知识产权
出版社，2016.

［39］张明龙，张琼妮.美国生命科学领域创新信息概述［M］.北京：企业
管理出版社，2017.

［40］张明龙，张琼妮.农作物栽培领域研究的新进展［M］.北京：知识产
权出版社，2022.

［41］张明龙，张琼妮.国外材料领域创新进展［M］.北京：知识产权出版
社，2015.

［42］张明龙，张琼妮.美国材料领域的创新信息概述［M］.北京：企业管
理出版社，2016.

［43］张明龙，张琼妮.国外电子信息领域的创新进展［M］.北京：知识产
权出版社，2013.

［44］张明龙，张琼妮.美国电子信息领域的创新进展［M］.北京：企业管
理出版社，2018.

［45］张明龙，张琼妮.国外光学领域的创新进展［M］.北京：知识产权出
版社，2018.

［46］张明龙，张琼妮.国外能源领域创新信息［M］.北京：知识产权出版
社，2016.

［47］张明龙，张琼妮.国外交通运输领域的创新进展［M］.北京：知识产
权出版社，2019.

［48］张明龙，张琼妮.美国纳米技术创新进展［M］.北京：知识产权出版社，2014.

［49］张明龙，张琼妮.国外纳米技术领域的创新进展［M］.北京：知识产权出版社，2020.

［50］张明龙，张琼妮.英国创新信息概述［M］.北京：企业管理出版社，2015.

［51］张明龙，张琼妮.德国创新信息概述［M］.北京：企业管理出版社，2016.

［52］张明龙，张琼妮.日本创新信息概述［M］.北京：企业管理出版社，2017.

［53］张明龙，张琼妮.俄罗斯创新信息概述［M］.北京：企业管理出版社，2018.

［54］张明龙，张琼妮.法国创新信息概述［M］.北京：企业管理出版社，2019.

［55］张明龙，张琼妮.澳大利亚创新信息概述［M］.北京：企业管理出版社，2020.

［56］张明龙，张琼妮.加拿大创新信息概述［M］.北京：企业管理出版社，2020.

［57］张琼妮，张明龙.意大利创新信息概述［M］.北京：企业管理出版社，2021.

［58］张明龙，张琼妮.北欧五国创新信息概述［M］.北京：企业管理出版社，2021.

［59］张琼妮，张明龙.新中国经济与科技政策演变研究［M］.北京：中国社会科学出版社，2017.

［60］张琼妮，张明龙.产业发展与创新研究——从政府管理机制视角分析［M］.北京：中国社会科学出版社，2019.

二、创新成果消息资料出处

（一）第一章创新成果消息资料出处

［1］中国气象报 2017 年 06 月 21 日

［2］中国科学报 2017 年 10 月 30 日

［3］中国科学报 2016 年 04 月 13 日

［4］科技日报 2020 年 04 月 20 日

［5］新华网 2020 年 10 月 04 日

［6］中国科学报 2018 年 03 月 14 日

［7］中国科学报 2018 年 06 月 04 日

［8］见分析测试百科网 2010 年 04 月 16 日

［9］科技日报 2013 年 05 月 07 日

［10］新华网 2021 年 07 月 17 日

［11］中国水资源网 2006 年 10 月 23 日

［12］深圳晚报 2005 年 08 月 27 日

［13］新华网 2019 年 05 月 23 日

［14］科技日报 2020 年 07 月 23 日

［15］科技日报 2013 年 09 月 20 日

［16］新华社 2006 年 08 月 11 日

［17］科技日报 2010 年 10 月 11 日

［18］新华网 2022 年 02 月 16 日

［19］央视新闻客户端 2022 年 08 月 27 日

［20］光明日报 2016 年 08 月 13 日

［21］中国新闻网 2020 年 08 月 07 日

［22］新华网 2009 年 09 月 24 日

［23］科技日报 2017 年 05 月 12 日

［24］科技日报 2011 年 12 月 22 日

［25］新华社 2017 年 09 月 22 日

［26］科技日报 2022 年 08 月 09 日

［27］科技日报 2021 年 07 月 12 日

［28］科技日报 2022 年 08 月 15 日

［29］见观研报告网 2007 年 06 月 12 日

［30］新华网 2007 年 11 月 28 日

［31］经济日报 2011 年 05 月 27 日

［32］中国科学报 2017 年 01 月 09 日

［33］见中国中小企业信息网 2006 年 03 月 29 日

［34］中国科学报 2013 年 09 月 17 日

［35］科技部网 2015 年 06 月 08 日

［36］科技日报 2017 年 08 月 04 日

［37］科技日报 2011 年 04 月 15 日

［38］新华社 2018 年 04 月 02 日

［39］新华社 2017 年 07 月 28 日

［40］中国科学报 2018 年 07 月 27 日

［41］中国科技网 2013 年 10 月 25 日

［42］新华社 2016 年 05 月 20 日

［43］中国科学报 2016 年 08 月 24 日

［44］科技部网 2017 年 05 月 22 日

［45］科技日报 2013 年 02 月 05 日

［46］新华网 2020 年 11 月 11 日

［47］科技日报 2022 年 02 月 14 日

［48］新华网 2006 年 08 月 03 日

［49］新华社 2017 年 04 月 05 日

［50］科技日报 2022 年 05 月 13 日

［51］新华社 2012 年 06 月 05 日

［52］光明网 2013 年 01 月 23 日

［53］科技日报 2016 年 02 月 26 日

［54］中国科学报 2017 年 04 月 17 日

［55］环球网 2021 年 07 月 09 日

［56］中国新闻网 2021 年 10 月 28 日

［57］中国科学报 2018 年 08 月 29 日

［58］科技日报 2010 年 05 月 05 日

［59］见科技博览网 2012 年 01 月 16 日

［60］中国新闻网 2021 年 01 月 06 日

［61］见科技博览网 2011 年 05 月 16 日

［62］中国科学院网 2005 年 03 月 06 日

［63］见安友科技网 2015 年 08 月 13 日

［64］新华社 2013 年 12 月 06 日

［65］人民日报 2021 年 01 月 30 日

［66］科技部网 2015 年 06 月 08 日

［67］科技日报 2016 年 12 月 08 日

［68］教育部科技发展中心网 2018 年 06 月 06 日

［69］科学网 2018 年 09 月 05 日

［70］科技日报 2017 年 02 月 22 日

［71］新华网 2009 年 12 月 22 日

［72］新华网 2009 年 05 月 06 日

［73］科技日报 2017 年 04 月 07 日

［74］新华网 2011 年 05 月 17 日

［75］中国科学报 2019 年 06 月 11 日

［76］环球时报 2022 年 08 月 24 日

［77］科技日报 2022 年 07 月 07 日

［78］中国科学报 2015 年 04 月 22 日

［79］新华社 2019 年 07 月 30 日

［80］新华社 2021 年 01 月 01 日

（二）第二章创新成果消息资料出处

［1］科技部网 2012 年 07 月 25 日

［2］科技日报 2016 年 04 月 25 日

［3］科学网 2013 年 09 月 14 日

［4］科技日报 2017 年 03 月 17 日

［5］中国科学报 2017 年 07 月 29 日

［6］新华社 2019 年 09 月 23 日

［7］科技日报 2020 年 09 月 17 日

［8］新华社 2016 年 12 月 29 日

［9］科技日报 2018 年 02 月 13 日

［10］科技日报 2021 年 12 月 01 日

［11］中国科学报 2013 年 01 月 29 日

［12］见分析测试百科网 2014 年 02 月 28 日

［13］中国新闻网 2013 年 02 月 14 日

［14］科学网 2014 年 06 月 24 日

［15］新华网 2015 年 12 月 16 日

［16］新华网 2019 年 12 月 27 日

［17］科技日报 2015 年 07 月 02 日

［18］新华网 2019 年 02 月 13 日

［19］新华社 2018 年 11 月 29 日

［20］中国科学报 2016 年 03 月 09 日

［21］新华网 2021 年 07 月 19 日

［22］澎湃新闻 2021 年 12 月 28 日

［23］科技日报 2022 年 09 月 23 日

［24］科技部网 2015 年 12 月 08 日

［25］科技部网 2019 年 06 月 06 日

［26］新华网 2014 年 03 月 12 日

［27］中国新闻网 2022 年 07 月 08 日

［28］见中国中小企业信息网 2006 年 07 月 21 日

［29］科技日报 2022 年 01 月 21 日

［30］新华社 2014 年 01 月 13 日

［31］科技日报 2019 年 07 月 26 日

［32］科技日报 2017 年 07 月 14 日

［33］新华网 2019 年 07 月 26 日

［34］科技日报 2020 年 04 月 09 日

［35］科技日报 2011 年 11 月 09 日

［36］新华社 2016 年 05 月 16 日

［37］新华网 2009 年 04 月 02 日

［38］科技日报 2022 年 12 月 26 日

［39］新华社 2015 年 05 月 22 日

［40］中国科学报 2015 年 07 月 07 日

［41］科技日报 2021 年 06 月 17 日

［42］新华网 2009 年 11 月 09 日

［43］科技部网 2012 年 04 月 01 日

［44］新华网 2021 年 06 月 06 日

［45］中国新闻网 2022 年 01 月 11 日

［46］新华网 2016 年 12 月 16 日

［47］科技日报 2018 年 02 月 07 日

［48］新华网 2019 年 07 月 07 日

〔49〕科技部网 2014 年 06 月 26 日

〔50〕科技日报 2018 年 02 月 09 日

〔51〕新华网 2012 年 09 月 04 日

〔52〕科技日报 2016 年 01 月 14 日

〔53〕新华社 2014 年 10 月 30 日

〔54〕见分析测试百科网 2014 年 01 月 16 日

〔55〕科技日报 2022 年 06 月 08 日

〔56〕科技日报 2022 年 09 月 02 日

〔57〕科学时报 2009 月 04 月 08 日

〔58〕科技日报 2017 年 11 月 22 日

〔59〕中国气象局微信公号 2021 年 12 月 18 日

〔60〕中国新闻网 2014 年 05 月 27 日

〔61〕中国科学报 2016 年 01 月 25 日

〔62〕科技日报 2014 年 08 月 15 日

〔63〕科技日报 2021 年 09 月 17 日

〔64〕科技日报 2022 年 06 月 01 日

〔65〕新华社 2016 年 12 月 07 日

〔66〕新华社 2016 年 06 月 12 日

〔67〕新华网 2014 年 08 月 06 日

〔68〕新华网 2019 年 05 月 01 日

〔69〕新华网 2015 年 06 月 15 日

〔70〕科技日报 2017 年 11 月 09 日

〔71〕科技日报 2022 年 07 月 21 日

〔72〕新华网 2016 年 07 月 08 日

〔73〕科技日报 2022 年 09 月 20 日

〔74〕科技日报 2011 年 01 月 17 日

〔75〕科技日报 2022 年 05 月 06 日

〔76〕新华社 2020 年 02 月 08 日

〔77〕中国新闻网 2021 年 06 月 30 日

〔78〕央视新闻客户端 2021 月 09 月 08 日

〔79〕科技日报 2015 年 02 月 03 日

〔80〕科技日报 2022 年 08 月 26 日

［81］新华网 2019 年 05 月 02 日

［82］央视新闻客户端 2022 年 07 月 22 日

［83］科技日报 2015 年 03 月 25 日

［84］中国科学报 2019 年 07 月 05 日

［85］人民日报 2021 年 08 月 24 日

［86］中国科学报 2014 年 11 月 05 日

［87］新华网 2022 年 06 月 21 日

［88］新京报 2004 年 08 月 11 日

［89］见中国中小企业信息网 2006 年 04 月 18 日

［90］新华网 2015 年 01 月 27 日

［91］国际在线 2015 月 02 月 04 日

［92］中国科学报 2018 年 12 月 11 日

［93］新华网 2009 年 02 月 12 日

［94］科技部网 2019 年 04 月 09 日

［95］科技日报 2022 年 07 月 07 日

［96］生物通网 2007 年 03 月 08 日

［97］科技日报 2010 年 08 月 27 日

［98］新华社 2018 年 10 月 25 日

［99］科技日报 2006 年 04 月 11 日

［100］中国科学报 2017 年 04 月 12 日

［101］国务院发展研究中心信息网 2005 年 08 月 24 日

［102］科技日报 2021 年 07 月 19 日

［103］中国新闻网 2016 年 06 月 24 日

［104］凤凰卫视网 2016 年 06 月 27 日

［105］新华社 2021 年 12 月 14 日

［106］中国科学报 2018 年 05 月 15 日

［107］中国新闻网 2022 年 08 月 17 日

［108］澎湃新闻 2022 年 10 月 18 日

［109］科技日报 2013 年 10 月 01 日

［110］科技日报 2016 年 10 月 12 日

［111］中国气象局网 2016 年 09 月 30 日

［112］科技日报 2019 年 02 月 25 日

［113］科技日报 2016 年 04 月 22 日

［114］中国新闻网 2022 年 02 月 19 日

［115］科技日报 2018 年 06 月 11 日

［116］中国科技网 2013 年 06 月 25 日

［117］新华网 2021 年 07 月 19 日

［118］央视新闻客户端 2022 年 08 月 28 日

［119］中国科学报 2017 年 01 月 03 日

［120］参考消息 2022 年 02 月 02 日

［121］新华社 2014 年 11 月 15 日

［122］中国科学报 2017 年 09 月 11 日

［123］合肥科技网 2008 年 04 月 28 日

［124］科技日报 2015 年 07 月 03 日

［125］中国科学报 2018 年 09 月 17 日

［126］新京报 2011 年 08 月 02 日

［127］新华社 2018 年 03 月 14 日

［128］见中国中小企业信息网 2006 年 05 月 26 日

（三）第三章创新成果消息资料出处

［1］中国科学报 2017 年 12 月 29 日

［2］中国科学报 2018 年 03 月 16 日

［3］科学网 2019 年 04 月 22 日

［4］中国新闻网 2009 年 07 月 22 日

［5］科技日报 2013 年 07 月 02 日

［6］新华社 2009 年 06 月 25 日

［7］新华网 2013 年 06 月 28 日

［8］新华网 2009 年 09 月 28 日

［9］科技日报 2016 年 03 月 04 日

［10］新华社 2013 年 09 月 21 日

［11］新华网 2014 年 07 月 16 日

［12］科技日报 2022 年 04 月 25 日

［13］中国科学报 2015 年 09 月 01 日

［14］中国科学报 2016 年 09 月 27 日

［15］科技日报 2016 月 09 月 14 日

［16］中国科学报 2019 年 03 月 26 日

［17］新华网 2019 年 05 月 08 日

［18］科技日报 2005 年 09 月 19 日

［19］科技日报 2016 年 12 月 27 日

［20］新华社 2012 年 12 月 26 日

［21］中国科学报 2014 年 09 月 23 日

［22］腾讯科学 2015 年 09 月 01 日

［23］新华社 2017 年 10 月 26 日

［24］新华网 2018 年 08 月 31 日

［25］中国科技网 2013 年 08 月 26 日

［26］人民网 2014 年 07 月 26 日

［27］科技部网 2019 年 12 月 19 日

［28］中国广播网 2013 年 02 月 20 日

［29］新华社 2021 年 02 月 14 日

［30］科技日报 2012 年 07 月 22 日

［31］中国新闻网 2014 年 10 月 20 日

［32］科技日报 2015 年 04 月 14 日

［33］科技日报 2016 年 11 月 23 日

［34］科技日报 2012 年 04 月 27 日

［35］科技日报 2013 年 10 月 25 日

［36］光明日报 2018 年 02 月 03 日

［37］新华网 2019 年 11 月 30 日

［38］中国科学报 2019 年 04 月 25 日

［39］科学时报 2011 年 05 月 05 日

［40］科学网 2016 年 09 月 21 日

［41］中国新闻网 2021 年 03 月 09 日

［42］科技日报 2022 年 05 月 12 日

［43］科技日报 2015 年 04 月 28 日

［44］中国科学报 2017 年 04 月 18 日

［45］中国科学院网 2005 年 05 月 09 日

［46］见中国中小企业信息网 2006 年 04 月 13 日

［47］中国科学报 2013 年 05 月 14 日

［48］中国新闻网 2020 年 06 月 9 日

［49］和讯网 2013 年 09 月 12 日

［50］法制晚报 2005 年 02 月 14 日

［51］见中国中小企业信息网 2005 年 07 月 18 日

［52］网易探索 2009 年 07 月 24 日

（四）第四章创新成果消息资料出处

［1］中国科学报 2016 年 05 月 12 日

［2］新华社 2017 年 06 月 24 日

［3］中国新闻网 2006 年 07 月 14 日

［4］科学时报 2010 年 08 月 23 日

［5］新华社 2020 年 01 月 13 日

［6］央广网 2022 年 05 月 12 日

［7］中国新闻网 2022 年 04 月 25 日

［8］观察者网 2018 年 10 月 14 日

［9］科学网 2017 年 08 月 28 日

［10］文汇客户端 2019 年 04 月 04 日

［11］中国科学院网 2022 年 06 月 10 日

［12］科学网 2010 年 09 月 09 日

［13］中国日报 2011 年 03 月 14 日

［14］新华网 2021 年 08 月 12 日

［15］新华社 2022 年 05 月 16 日

［16］新华社 2022 年 07 月 24 日

［17］央视新闻客户端 2022 年 11 月 20 日

［18］中国科学报 2014 年 01 月 14 日

［19］教育部科技发展中心网 2018 年 08 月 09 日

［20］中国科学报 2016 年 11 月 10 日

［21］科学网 2013 年 12 月 23 日

［22］科技日报 2016 年 04 月 25 日

［23］新华网 2022 年 01 月 20 日

［24］科技日报 2014 年 01 月 24 日

［25］中国科学报 2017 年 08 月 01 日

［26］新华网 2010 年 05 月 02 日

［27］科技日报 2014 年 07 月 15 日

［28］光明网 2018 年 03 月 13 日

［29］新华社 2018 年 09 月 11 日

［30］中国科学报 2018 年 11 月 19 日

［31］澎湃新闻 2021 年 09 月 20 日

［32］科技部网 2020 年 05 月 27 日

［33］中国科学报 2015 年 04 月 22 日

［34］科技日报 2016 年 06 月 21 日

［35］新华网 2019 年 11 月 19 日

［36］新华社 2020 年 11 月 26 日

［37］人民日报 2020 年 08 月 16 日

［38］中国科学报 2015 年 08 月 5 日

［39］中国新闻网 2017 年 01 月 22 日

［40］中国科学报 2018 年 02 月 28 日

［41］新华社 2017 年 09 月 13 日

［42］新华网 2020 年 03 月 12 日

［43］科技部网 2019 年 08 月 09 日

［44］新华社 2020 年 06 月 09 日

［45］人民日报 2017 年 07 月 10 日

［46］科技日报 2021 年 11 月 02 日

［47］人民日报 2022 年 05 月 05 日

［48］科学网 2012 年 07 月 31 日

［49］中国科学报 2016 年 02 月 22 日

［50］科学网 2016 年 09 月 10 日

［51］新华社 2019 年 12 月 06 日

［52］科技日报 2021 年 04 月 22 日

［53］新华网 2021 年 11 月 23 日

［54］科技日报 2010 年 07 月 25 日

［55］中国科学报 2012 年 07 月 13 日

［56］科技日报 2017 年 07 月 12 日

［57］科技日报 2019 年 11 月 04 日

［58］中国新闻网 2022 年 10 月 27 日

［59］新华网 2009 年 12 月 19 日

［60］新华社 2012 年 03 月 15 日

［61］科技日报 2021 年 12 月 28 日

［62］中国新闻网 2022 年 10 月 15 日

［63］新华网 2007 年 03 月 14 日

［64］科技日报 2010 年 08 月 25 日

［65］中国科学报 2015 年 08 月 27 日

［66］科技部网 2017 年 07 月 28 日

［67］新华社 2017 年 09 月 01 日

［68］新华网 2006 年 04 月 13 日

［69］腾讯科技 2009 年 04 月 29 日

［70］新文化报 2009 年 12 月 30 日

［71］科技日报 2016 年 03 月 23 日

［72］新华社 2016 年 12 月 09 日

［73］新华网 2005 年 07 月 28 日

［74］新华社 2009 年 05 月 21 日

［75］科技部网 2012 年 03 月 06 日

［76］宁夏日报 2015 年 08 月 25 日

［77］中国科学报 2019 年 06 月 20 日

［78］腾讯科技 2013 年 09 月 12 日

［79］中国科技网 2013 年 09 月 26 日

［80］见机器人网 2020 年 05 月 11 日

［81］见中国中小企业信息网 2006 年 03 月 27 日

［82］中国青年报 2013 年 05 月 02 日

［83］环球科技 2015 年 08 月 07 日

［84］环球网 2013 年 09 月 17 日

（五）第五章创新成果消息资料出处

［1］中国科学报 2014 年 02 月 14 日

［2］科技日报 2016 年 12 月 21 日

［3］新华网 2011 年 08 月 06 日

［4］科技日报 2018 年 06 月 22 日

［5］中国新闻网 2021 年 07 月 02 日

［6］新华社 2022 年 03 月 27 日

［7］中国新闻网 2022 年 04 月 15 日

［8］搜狐网 2017 年 03 月 16 日

［9］中国科学报 2015 年 07 月 21 日

［10］中国科学报 2016 年 09 月 19 日

［11］中国科学报 2016 年 09 月 22 日

［12］新华社 2021 年 05 月 20 日

［13］中国科学报 2014 年 06 月 24 日

［14］科技日报 2019 年 07 月 30 日

［15］科技日报 2022 年 09 月 13 日

［16］中国新闻网 2022 年 12 月 06 日

［17］科技日报 2016 年 12 月 01 日

［18］中国新闻网 2020 年 09 月 13 日

［19］中国科学报 2015 年 09 月 18 日

［20］科技日报 2016 年 12 月 22 日

［21］中国科学报 2015 年 05 月 13 日

［22］中国新闻网 2021 年 12 月 26 日

［23］央视新闻客户端 2022 年 02 月 16 日

［24］新华社 2014 年 05 月 12 日

［25］新华社 2016 年 07 月 04 日

［26］科技日报 2018 年 10 月 17 日

［27］新华社 2017 年 06 月 07 日

［28］新华网 2005 年 07 月 01 日

［29］科技日报 2022 年 10 月 08 日

［30］科技日报 2014 年 12 月 24 日

［31］新华网 2012 年 02 月 23 日

［32］新浪科技 2005 年 01 月 04 日

［33］分析测试百科网 2019 年 12 月 31 日

［34］中国科学院网 2004 年 07 月 11 日

［35］国际在线 2005 年 07 月 27 日

［36］中国科学报 2017 年 12 月 07 日

［37］科技日报 2012 年 04 月 13 日

［38］新华网 2006 年 07 月 03 日

［39］中国科学报 2016 年 03 月 31 日

［40］分析测试百科网 2009 月 08 月 03 日

［41］科技日报 2016 年 06 月 13 日

［42］中国科学报 2018 月 04 月 04 日

［43］新华社 2018 年 01 月 18 日

［44］中国科学报 2019 年 05 月 24 日

［45］新华网 2019 年 06 月 15 日

［46］中国科学报 2022 年 01 月 17 日

［47］央视新闻客户端 2022 年 09 月 07 日

［48］澎湃新闻 2019 年 12 月 23 日

［49］央视新闻客户端 2022 年 08 月 23 日

［50］科技日报 2022 年 09 月 27 日

［51］见中国中小企业信息网 2005 年 05 月 18 日

［52］科技日报 2019 年 11 月 11 日

［53］科技部网 2012 年 08 月 06 日

［54］新华社 2012 年 07 月 24 日

［55］科技日报 2012 年 05 月 29 日

［56］科技日报 2022 年 03 月 30 日

［57］新华社 2018 年 01 月 31 日

［58］中国青年网 2022 年 06 月 10 日

［59］中国科学报 2017 年 04 月 10 日

［60］科技日报 2011 年 09 月 08 日

［61］新华网 2008 年 05 月 11 日

［62］新华网 2007 年 02 月 12 日

［63］科技日报 2014 年 02 月 14 日

［64］中国科学报 2014 年 08 月 19 日

［65］分析测试百科网 2016 年 09 月 29 日

［66］人民日报海外版 2019 年 08 月 24 日

［67］中国新闻网 2019 年 08 月 19 日

［68］科技日报 2008 年 06 月 06 日

［69］科技日报 2014 年 08 月 21 日

［70］新华网 2008 年 08 月 01 日

［71］科技日报 2018 年 12 月 21 日

［72］央视新闻客户端 2017 年 05 月 29 日

［73］新华网 2018 年 02 月 07 日

［74］科技部网 2013 年 04 月 19 日

［75］科技部网 2013 年 04 月 07 日

［76］科技日报 2022 年 05 月 09 日

［77］新浪科技 2010 年 10 月 04 日

［78］中国科学报 2014 年 11 月 26 日

［79］科技日报 2018 年 04 月 13 日

［80］科技日报 2022 年 06 月 21 日

［81］新华网 2009 年 11 月 30 日

［82］科技日报 2018 年 02 月 01 日

［83］中国日报网 2012 年 02 月 23 日

［84］新华社 2013 年 12 月 23 日

［85］中国科学报 2016 年 01 月 27 日

［86］中国科学报 2016 年 04 月 11 日

（六）第六章创新成果消息资料出处

［1］新华社 2016 年 11 月 26 日

［2］见中国中小企业信息网 2005 年 12 月 22 日

［3］科技日报 2022 年 04 月 26 日

［4］中国科学报 2017 年 12 月 21 日

［5］中国科学院网 2005 年 09 月 13 日

［6］见世界农化网 2013 年 09 月 09 日

［7］科技日报 2022 年 08 月 31 日

［8］新华社 2007 年 03 月 13 日

［9］中国科学报 2019 年 04 月 09 日

［10］科学网 2019 年 08 月 26 日

［11］新华社 2018 年 03 月 28 日

［12］新华网 2021 年 01 月 13 日

［13］科学时报 2007 年 09 月 5 日

［14］科技日报 2016 年 11 月 17 日

［15］中国科学报 2020 年 04 月 10 日

［16］中国科学报 2018 年 06 月 20 日

［17］新华网 2007 年 05 月 23 日

［18］农博网 2006 年 11 月 16 日

［19］科学与发展网 2007 年 07 月 12 日

［20］中国科学报 2017 年 03 月 13 日

［21］中国科学报 2017 年 11 月 22 日

［22］新华网 2019 年 05 月 09 日

［23］新华社 2010 年 08 月 12 日

［24］新浪网 2011 年 11 月 21 日

［25］科学网 2019 年 01 月 06 日

［26］新华网 2019 年 10 月 07 日

［27］新华社 2014 年 08 月 21 日

［28］中国科学报 2019 年 04 月 19 日

［29］中国科学报 2016 月 03 月 07 日

［30］科学网 2017 年 01 月 09 日

［31］央视新闻客户端 2022 年 02 月 04 日

［32］新华网 2015 年 02 月 10 日

［33］科技日报 2005 年 09 月 21 日

［34］科技日报 2022 年 01 月 29 日

［35］新华网 2007 年 03 月 15 日

［36］科技日报 2018 年 09 月 03 日

［37］新华网 2020 年 08 月 13 日

［38］中国科学报 2022 年 01 月 04 日

［39］中科院动物研究所网 2022 年 04 月 28 日

［40］科技日报 2009 年 07 月 31 日

［41］武汉大学网 2009 年 12 月 18 日

［42］新华社 2016 年 09 月 26 日

［43］搜狐网 2017 月 04 月 07 日

［44］中国科学报 2017 年 02 月 22 日

［45］科学时报 2008 年 09 月 19 日

［46］科学时报 2010 年 05 月 17 日

［47］光明日报 2013 年 01 月 14 日

［48］中国科学报 2017 年 07 月 12 日

［49］广州日报 2014 年 09 月 21 日

［50］新华社 2017 年 06 月 14 日

［51］新华社 2016 年 08 月 26 日

［52］教育部科技发展中心网 2006 年 10 月 25 日

［53］新华社 2009 年 08 月 06 日

［54］科技部网 2019 年 12 月 30 日

［55］中国科学报 2016 年 04 月 25 日

（七）第七章创新成果消息资料出处

［1］新华社 2019 年 05 月 01 日

［2］光明日报 2020 年 06 月 23 日

［3］科技日报 2015 年 12 月 01 日

［4］中国科学报 2017 年 03 月 06 日

［5］新华网 2016 年 07 月 01 日

［6］新华社 2016 年 10 月 18 日

［7］中国新闻网 2021 年 03 月 30 日

［8］中国科学报 2014 年 11 月 25 日

［9］中国新闻网 2021 年 07 月 01 日

［10］中国新闻网 2021 年 07 月 15 日

［11］中国科学报 2019 年 07 月 29 日

［12］中国科学报 2016 年 05 月 16 日

［13］中国科学报 2014 月 05 月 15 日

［14］新华社 2018 年 11 月 13 日

［15］科技日报 2017 年 06 月 27 日

［16］新华社 2013 年 11 月 23 日

［17］新华社 2011 年 08 月 15 日

［18］中国科学报 2018 年 08 月 27 日

［19］中国新闻网 2021 年 09 月 28 日

［20］中国新闻网 2021 年 02 月 24 日

［21］新华社 2009 年 12 月 11 日

［22］环球网 2017 年 11 月 22 日

［23］中国科学报 2019 年 05 月 23 日

［24］新华社 2019 年 11 月 20 日

［25］科技部网 2019 年 08 月 27 日

［26］科技日报 2017 年 11 月 13 日

［27］科技部网 2020 年 05 月 06 日

［28］中国科学报 2015 年 06 月 01 日

［29］科技日报 2018 年 07 月 05 日

［30］中国科学报 2018 年 06 月 20 日

［31］中国科学报 2021 年 11 月 12 日

［32］中国科学报 2016 年 06 月 03 日

［33］科技日报 2020 年 05 月 12 日

［34］中国科学报 2019 年 01 月 08 日

［35］中国科学报 2015 年 03 月 05 日

［36］新华网 2009 年 08 月 07 日

［37］新浪科技 2009 年 06 月 24 日

［38］网易探索 2009 年 09 月 17 日

［39］中国新闻网 2022 年 10 月 30 日

［40］见 2012 年波兰科技简讯（三）2012 月 11 月 12 日

［41］中国新闻网 2022 年 03 月 07 日

［42］澎湃新闻 2022 年 06 月 18 日

［43］新华网 2022 年 07 月 04 日

［44］科学时报 2009 年 04 月 14 日

［45］新华社 2018 年 01 月 01 日

［46］中国科学报 2009 年 02 月 17 日

［47］新华社 2016 年 05 月 07 日

［48］中国科学报 2017 年 11 月 28 日

［49］新华社 2022 年 07 月 21 日

［50］科技日报 2022 年 11 月 08 日

［51］中国科学报 2018 年 07 月 12 日

［52］科技部网 2019 年 06 月 20 日

［53］见消防与生活 2005 年 09 月 01 日

［54］中国新闻网 2018 年 05 月 04 日

［55］国际在线 2005 年 07 月 01 日

［56］解放日报 2007 年 01 月 25 日

［57］见中国中小企业信息网 2006 年 03 月 16 日

［58］科技日报 2010 年 01 月 27 日

［59］新华社 2018 年 04 月 01 日

［60］环球网 2020 年 01 月 08 日

［61］新华社 2009 年 08 月 10 日

后　　记

　　我们的研究团队，组织形式上经历了从最初的研究室到研究所，再到省级重点学科和名家工作室的发展过程。研究方向上，经历了从探索制度变迁为主，到探索增长发展为主，再到探索管理创新为主。21世纪以来，主持或参与的国家及省部重要课题研究，都把创新作为重点内容，研究过企业创新、产业创新、区域创新与科技管理创新等问题。

　　研究创新问题，首先必须及时了解科技创新的前沿信息。这需要密切跟踪世界科技发展运行轨迹，广泛搜集国内外的创新成果材料。我们在完成课题研究任务之际，也把搜集到的科技创新信息分门别类整理成书稿。

　　按照科技创新信息学科分类整理的书稿，已出版过有关电子信息、纳米技术、光学、宇宙与航天、新材料、新能源、环境保护、交通运输、生命科学、医疗与健康，以及农作物栽培等领域创新信息的著作。现在，我们又对防灾减灾领域搜集到的创新信息进行专题整理，形成新书稿《防治和减轻自然灾害研究的新进展》。这部书稿所选材料，主要限于21世纪以来的创新成果，其中95%以上集中在2008年1月至2022年12月的十五年期间。

　　本书写作过程中，得到有关高等院校、科研机构和政府部门的支持与帮助。这部专著的基本素材和典型案例，吸收了报纸、杂志和网络等众多媒体的报道。这部书稿的各种知识要素，吸收了学术界的研究成果，不少方面还直接得益于师长、同事和朋友的赐教。为此，向所有提供过帮助的人，表示衷心的感谢！

　　这里说明一下，反映科技创新进展信息的书稿，需要突出创新人员取得的新成果，所以在写作体例上，通常在开头先写出哪些研究人员，在哪些杂志或会议，发表了哪个方面的新观点，以及有哪些重要影响等。从媒体上搜集到的原始消息，很难完全符合如此写作体例。为了尽可能保持逻辑思维的一致性，以及整体框架结构的统一性，本书对不少原始消息的标题作了改动，前后内容也进行了适当调整，但不影响基本事实。为此，敬请有关媒体和原作者多多谅解。

　　还要感谢名家工作室成员的团队协作精神和艰辛的研究付出。感谢台州学院办公室、临海校区管委会、组织部、宣传部、科研处、教务处、学生处、学科建设处、后勤处、信息中心、图书馆、经济研究所和商学院，以及浙江财经大学东方学院，浙江师范大学经济与管理学院等单位诸多同志的帮助。感谢知识产权出版社诸位同志，特别是王辉先生，他们为提高本书质量倾注了大量时间和精力。

　　由于我们水平有限，书中难免存在一些错误和不妥之处，敬请广大读者不吝指教。

张明龙　　张琼妮

2023 年 4 月于台州学院湘山斋张明龙名家工作室